“十三五”国家重点图书
当代化工学术精品译库

氢甲酰化反应的原理、过程和工业应用（上）

Hydroformylation: Fundamentals, Processes, and Applications in Organic Synthesis (Volume 1)

［德］Armin Börner，Robert Franke 著
祁昕欣，张宝昕，郑兴 译

華東理工大學出版社
EAST CHINA UNIVERSITY OF SCIENCE AND TECHNOLOGY PRESS
·上海·

图书在版编目(CIP)数据

氢甲酰化反应的原理、过程和工业应用. 上/(德)阿明·波尔纳(Armin Börner),(德)罗伯特·弗兰克(Robert Franke)著;祁昕欣,张宝昕,郑兴译. —上海:华东理工大学出版社,2018.11
(当代化工学术精品译库)
ISBN 978-7-5628-5576-7

Ⅰ.①氢… Ⅱ.①阿… ②罗… ③祁… ④张… ⑤郑… Ⅲ.①醛化-研究 Ⅳ.①O621.25

中国版本图书馆 CIP 数据核字(2018)第 205753 号

策划编辑/ 周 颖
责任编辑/ 赵子艳
出版发行/ 华东理工大学出版社有限公司
地 址:上海市梅陇路 130 号,200237
电 话:021-64250306
网 址:www.ecustpress.cn
邮 箱:zongbianban@ecustpress.cn
印 刷/ 上海中华商务联合印刷有限公司
开 本/ 710mm×1000mm 1/16
印 张/ 16.5
字 数/ 354 千字
版 次/ 2018 年 11 月第 1 版
印 次/ 2018 年 11 月第 1 次
定 价/ 86.00 元

… while in mathematics, presumably one's imagination may run riot without limit, in chemistry, one's ideas, however beautiful, logical, elegant, imaginative they may be in their own right, are simply without value unless they are actually applicable to the one physical environment we have-in short, they are only good if they work!

Robert Burns Woodward

……数学允许人的想象力信马由缰,然而在化学中,我们的想法或许美妙、合理、别致而看起来充满想象力,但所有的一切在付诸实践之前都是毫无价值的——简而言之,只有实用的想法才是真正的好想法!

罗伯特·伯恩斯·伍德沃德

译者序

2014年底，我来到了莱布尼茨催化研究所工作，跟随Börner教授，在赢创(Evonik)高级催化实验室进行铑催化氢甲酰化的研究。这一实验室由研究所和赢创集团合作创建，专注与应用相关的配体和催化研究。每年来自这两个机构的化学家和工程师们都会会面三次，探讨实验室内研发的新技术，并将工业应用中的问题反馈给研究人员。在多次这样的研讨会议中，我逐渐与赢创氢甲酰化部门的研发主管Franke教授相熟。而当时，他和Börner教授正在共同撰写本专著。

Börner教授的研究生涯一直与应用息息相关。除了赢创集团，他的研究组还和许多其他的企业在不同领域的催化研究上开展着合作。在我们的一次讨论中，他曾对我说："我更喜欢对人类的经济生活有直接作用的、实在的化学，使用公众的资源满足自己好奇心的行为是可耻的。"

2016年，本专著由Wiley出版社第一次出版。当时两位作者向我询问了将它翻译成中文的可能性。我觉得虽然从题目上看，这是一本专业性极强的书籍，但其内容以氢甲酰化反应为中心，辐射到整个应用有机化学领域。书中既有基本的概念讲解，也有复杂的合成应用，几乎涵盖这一技术发现以来所有方面的重要成果，如同一部应用有机化学的断代史。把这样一本书带给中国读者，也是我个人的心愿。但这本书走进我国市场的路也并非一路平坦，中间几经波折，多亏方显杰博士、吴晓峰博士的联络，以及华东理工大学出版社周颖女士、Wiley出版社宋志慧女士的倾力协助，才让它在今天得以和读者见面。

本书从绪论到第8章由Börner教授撰写，第9章由Franke教授撰写。两位作者文字风格的不同在书中体现得淋漓尽致。品味其中，也算另一种阅读乐趣。

特别要感谢我的夫人，也是本书译者之一的郑兴的辛苦付出。在翻译的过程中，我们力求通俗简易，以便更多非专业读者也能够体会到化学的生动和有趣。当然，翻译中难免存在疏漏之处，我们也期待着读者的及时指正。

张宝昕

2018年4月于罗斯托克

序

能被邀请为这本出色的著作《氢甲酰化反应的原理、过程和工业应用》作序我感到无比荣幸。

过去35年来,这是第一本清晰、系统的,且涵盖这一重要反应所有方面的书籍,其内容远不仅仅局限在某一类中心原子或配体的情形。

当我在1967年于鲁尔化学第一次进入氢甲酰化领域时,我对氧合反应,以及它的发现者Otto Roelen——2年前刚刚从这个公司退休——一无所知。我的学术背景是氟化学以及流动操作式小型实验装置化工,重点研究极端反应条件。在奥伯豪森我听到的当时关于氢甲酰化的一条大新闻是配体修饰的钴催化剂被首次成功运行——就是我们现在熟知的Shell过程。当时我还听说了有关氧合反应机理的一场激烈的讨论(还有在产物中出现的除了一般所期待的直链醛之外的支链异构产物的来源)。这场争论,尽管表面上属于学术范畴,但当时世界上很多大公司的董事会成员都参与其中——这在现今的情境下完全不可想象!争论终止于1972年在匈牙利威斯普雷姆举行的氢甲酰化和相关反应年会,大会的组织者是我们极其尊敬和永远缅怀的Lazlo Márko。

接下来的十年为我们带来了很多激动人心和具有决定性的成果:比如威尔金森(Wilkinson)铑催化剂在氧合反应中的启用;Union Carbide/Johnson Matthey对铑催化的低压氧合过程(尽管这一用法多年前就被BP引入)的商用化。在清楚了全部反应机理,以及添加剂的启用,特别是能让整个氧合化工运行更有效的磷配体研究的开创性进展后,技术研发的成功接踵而至。首次商用水相氢甲酰化装置投入运行为这一个十年的结束写下了浓重的一笔,其为氢甲酰化工艺向不间断式过程改进打下了基础。

过去的30年见证了氧合知识的爆炸式发展,其中包括:未官能化烯烃的转化;不对称、串联作用,或分步反应;还有通过非常复杂的工艺设计使反应在其他和非传统介质中进行。这份成就单现在仍在扩充。我很幸运地参与了其中的一些发展,并且直到20世纪90年代,一直与Otto Roelen先生保持联系,向他汇报这一学科的发展近况。我至今以此为荣。

后续的发展以不断加速的步伐进行。能够写这样一本最新、最全面的关于氢甲酰化及其基础、过程和应用的专著,我们要向两位作者Börner和Franke表示祝贺。作者用吸引人的叙述笔法,成功地对这一课题的各个方面进行了讲述。科技前进的步伐不会放缓,将来对这一反应的新发现也肯定不会减少,因此留给他们修订第二版的时间要远远少于过去的35年。作为一名在科技书籍撰写和出版领域积累了一些经验的同行,我祝福他们,也希望将来的再版能如这一版一样成功!

Boy Cornils
Hofheim/Taunus

目　录

下册目录

绪论

1[①]

2013 年，世界上许多大型化工企业和研究机构都在庆祝一个重要的纪念日：氢甲酰化 75 周年。其中尤其重要的是在德国奥伯豪森的 Oxea GmbH 举办的活动[1]。1938 年，当这里还是鲁尔化学工厂时，Otto Roelen 意外地发现，在钴、钍和氧化镁组成的催化剂存在的条件下，乙烯和一氧化碳及氢气反应，不仅生成了烷类，还生成了二乙基甲酮和丙醛，也就是人们所称的氧合产物。所以他也将此反应命名为氧合过程，此术语至今仍然被化学家们使用。同样是在奥伯豪森，这里建成了世界上第一个相关化工技术设备，虽然由于第二次世界大战的爆发，导致原计划的 10 000 t 的产量根本无法实现。1945 年以后，人们立刻意识到这一反应过程的巨大潜力。近年来，每年全世界范围内要生产超过千万吨的不同链长的脂肪族醛：约 1×10^5 t/y 由大型化工企业生产，较少的产量来自小公司的精细化工。此外，纵观 2010 年至 2015 年的专利和学术文献不难发现，氢甲酰化仍旧是工业研究的重要关注点(如表 1 所示)。

表 1　最近 5 年与氢甲酰化相关的专利与文献[2]

	2010	2011	2012	2013	2014	2015
专利	81	80	79	82	109	48
学术论文	192	153	163	195	162	106
综述	38	31	29	26	21	8

氢甲酰化可以直接用由特殊反应物、试剂、催化剂和反应产物组成的化学方程式描述(图 1)。

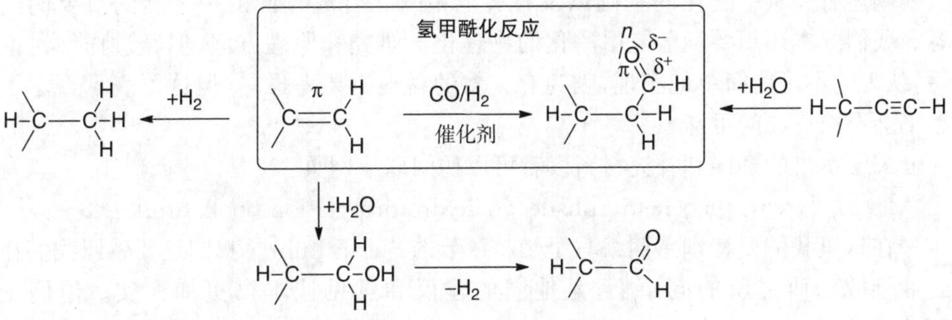

图 1　其他转化框架中的氢甲酰化反应

① 边栏方框内页码对应原版图书页码，与索引(见下册)中的页码对应。

起始的反应物通常是烯烃(环氧化合物除外),其反应活性来自双键的 π 电子。在诸如氢化反应的相关反应中,这一化学键变换为化学(近似)惰性的烷;而氢甲酰化产生二价的甲酰基团,由于碳氧双键的存在以及碳和氧不同的电负性,它比起始的碳碳双键结构更加具有反应活性。此外,氧的自由电子对为羰基提供了路易斯碱的特性。

自然界中,羰基是最重要的基团之一。它能够和众多的亲核基团反应,同时也是许多碳碳单键生成和周围位置的断裂反应的起点和先决条件。但是只有很少的
2 微生物能结合有毒的 CO 生成有机化合物。迄今为止,通过酶的途径来制备产品只适用于生产低相对分子质量的产物,比如醋酸盐、乙醇、丁酸盐和丁醇[3]。在高级生命体中,羰基只能由烯烃的水合作用及随后的除氢作用形成。另一种得到羰基的可能性是通过炔烃的水合经由烯醇得到醛。但是由于三键的高反应性,炔类在生物体中十分罕见。在合成化学中,这一途径就更加困难了,因为水到端碳碳双键的反马氏加成并不容易[4]。

氢甲酰化反应由过渡金属来催化。这其中,除了钴之外,其他过度金属对于生物体均无作用。这些金属包括钌、钯、铱和铂,它们通常既罕见又昂贵。

因为在自然界中几乎没有先例,所以氢甲酰化应该可以代表人类的一大发现。它与现代化学合成息息相关且意义重大。CHO 基作为功能基团,其氧化数介于醇和羧酸之间。这些重要的化合物类别就可以简单地通过氧化或还原来得到。类似地,甲酰基可以转化为亚胺、胺、半缩醛、缩醛、缩醛胺等,依此类推。另外,碳碳单键偶联反应会因为甲酰基的活化而变得容易。氢甲酰化反应的产物大多用于原料
3 化工,也用于制药工业和香料化工。最近,由于 Otto Roelen 的发现,再生能源化学研究也开始启动了。

近几十年,出现了不少优秀的关于氢甲酰化的综述和书籍。但是由于此领域发展十分迅速,新发现和成果层出不穷,这些总结很快就变得不够完善,而且相对落后。不仅如此,在过去的 75 年中的一些关于氢甲酰化的重要发现也面临着遗失的危险。在一本著作中总结有关氢甲酰化的所有相关内容已经不太可能,故本书主要阐述有关氢甲酰化的基础以及有关氢甲酰化合成方面的一些新的重要的内容。我们原本还想要涵盖氢甲酰化的物理化学研究和原理方面,但经过详细讨论后,认为这不可能简单地实现,因为有太多的材料需要考虑。(但这不表示否定了本书会有第三卷的可能)

关于本书的勘误和补充材料读者可以访问以下网页:

http://www.theochem.rub.de/go/hydroformylation-book.html

在这里我们要特别感谢编写了 2.5 章节的 Susan Lühr。我们还要感谢我们在工业领域和研究所的同事们,是他们的建议和意见让本书更加充实。他们是 Wolfgang Baumann, Arno Behr, Matthias Beller, Stefan Buchholz, Kathrin Marie Dyballa, Dirk Fridag, Frank Geilen, Irina Gusevskaya, Harald Häger, Bernd Hannebauer, Dieter Hess, Ralph Jackstell, Christoph Kubis, Ronald

Piech，Detlef Selent，Ivan Shuklov，Marcelo Vilches，Dieter Vogt 和 Klaus-Diether Wiese. 同样还要感谢 Wiley-VCH 的编辑 Anne Brennführer 和 Stefanie Volk，还有他们来自 SPi Global，Chennai 的同事们，感谢他们优秀的组织和编辑工作。

参考文献①

1. Frey, G. and Dämbkes, G. (eds) (2013) *75 Jahre Oxo-Synthese, 75 Years of Oxo Synthesis*, Oxea GmbH.
2. *Chem. Abstr.* Search at 06.06.2015.
3. Henstra, A.M., Sipma, J., Rinzema, A., and Stams, A.J.M. (2007) *Curr. Opin. Biotechnol.*, **18**, 200–206.
4. Alonso, F., Beletskaya, I.P., and Yus, M. (2004) *Chem. Rev.*, **104**, 3079–3159.

① 为方便读者查阅，本书按原版复制参考文献

1 氢甲酰化中的金属

1.1 含氢配合物的重要作用

在文献中有许多关于评估氢甲酰化中不同金属及对应有机配体的研究。2013年，Franke 和 Beller[1]对不同金属在氢甲酰化反应中的应用性给出了简明的总结。同年，一家法国、意大利合资公司也做出了纵览[2]。为了避免重复，我们将只提及某些在上述两份综述中没有讨论到的基本结论。

若干种含氢金属羰基配合物可以催化氢甲酰化反应(图解 1.1)。前提条件是生成相关中间产物的能力和重要步骤的通路，比如对烯烃加入金属—H 键形成烷基金属配合物[(a)]，接下来通过配位的 CO 配体的迁移实现将 CO 插入金属—烷基键[(b)]，最后由金属—酰基键的氢解作用释放我们期望得到的醛并回收催化剂[(c)]。中间产物金属-酰基配合物的类型决定了醛的异构体的形成。在此处我们用循环 I 和循环 II 区分。若要形成成功的催化通道，除了反应条件外，选择适合的金属和配体也是十分重要的。

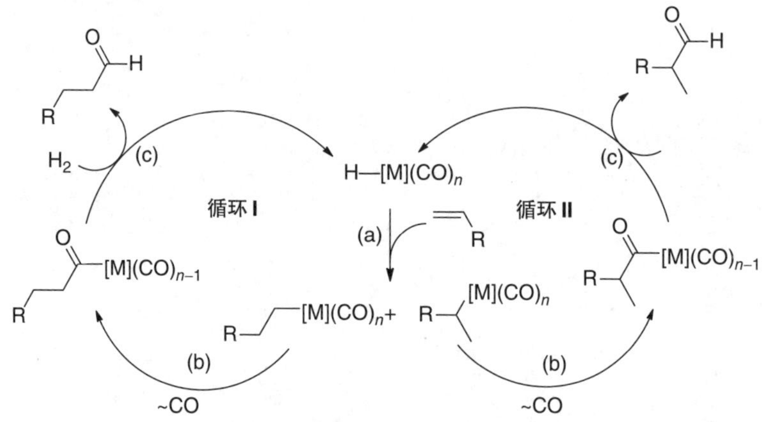

图解 1.1 简化的氢甲酰化催化循环

在早期(大多数为专利)文献中，除了钴、铑、镍、铱和其他 VIII 族金属，铬、钼、钨、铜、锰甚至是钙、镁和锌都曾被建议或声明可以用于氢甲酰化[3]。但是，其中一部分金属并不能表现出任何活性。

含氢羰基配合物带有的足够的氢甲酰化活性主要归功于金属—H 键的极

性[4]。据推测，强酸性有利于烯烃的加入和随后的中间产物金属-酰基配合物在催化循环内的氢解。在这里，$HCo(CO)_4$ 较之 $H_2Ru(CO)_4$，$H_2Fe(CO)_4$，$H_2Os(CO)_4$ 或 $HMn(CO)_5$ 酸性更强[5]。此外，阴离子性的含氧配合物，如
$[HRu(CO)_4]^-$，则表现为强碱[6]。后者转化为 $H_2Ru(CO)_4$ 有可能是成功进行氢 6
甲酰化的先决条件，也解释了为何 $Ru_3(CO)_{12}$ 比 $[HRu(CO)_4]^-$ 活性更强。前者与 H_2 反应生成 $H_2Ru(CO)_4$[7]。$[HOs_3(CO)_{11}]^-$ 经观测同样具有低活性和低热稳定性[8]。$[Co(CO)_4]^-$ 也不是好的氢甲酰化催化剂[9]。但是加入强酸后，生成的 $HCo(CO)_4$ 具有活性。

值得注意的是，$HCo(CO)_4$ 倾向生成 $Co_2(CO)_8$ 的不稳定性部分来源于分子间氢气的快速消除反应。如果是这样，在烯烃的氢化作用中，烷的形成也可被理解为一个重要步骤。另一方面，$HCo(CO)_4$ 的酸性也使其可以转化为水溶性的钴盐，为氢甲酰化后产物和催化剂的分离提供了便利(俗称“去钴”)[10]。

强酸性金属含氢配合物例如 $HCo(CO)_4$ 或具有路易斯酸特性的配合物例如 $Rh_2Cl_2(CO)_4$、$[Ru(MeCN)_3(triphos)](CF_3SO_3)_2$、$[Pt(H_2O)_2(dppe)](CF_3SO_3)_2$(dppe 为二苯基膦乙烷的简称)、$[Pd(H_2O)_2(dppe)](CF_3SO_3)_2$ 或 $[Ir(MeCN)_3(triphos)](CF_3SO_3)_3$ 能够在醇中充当具有缩醛作用的催化剂。这意味着它们可以促使新生成的醛转化为缩醛(见第 5.3 节)。

同一金属对应不同的 CO 配体的数量可能会影响其催化特性(图解 1.3)[11]。钴(铑也一样)的四碳或三碳配合物被认为是催化剂(图解 1.2)。人们认为不饱和的配合物 $HCo(CO)_3$ 比 $HCo(CO)_4$ 更具活性。而且，由于金属中心的空间排列状况不同，人们认为这两种配合物在形成中间产物烷的时候具有不同的区域辨别倾向，并由此导致不同的异构体的生成。因此，对由不同的 CO 分压力下产生的效应的最好解释应为：假设在含有 $HCo(CO)_4$ 和其母体 $Co_2(CO)_8$ 的溶液中，在氢气条件下，生成了 $HCo_3(CO)_9$[12]。$HCo_3(CO)_9$ 与氢气反应生成 $HCo(CO)_3$[13]。后者
在异构化时更活跃，所以生成的醛的异构体是最终产物。 7

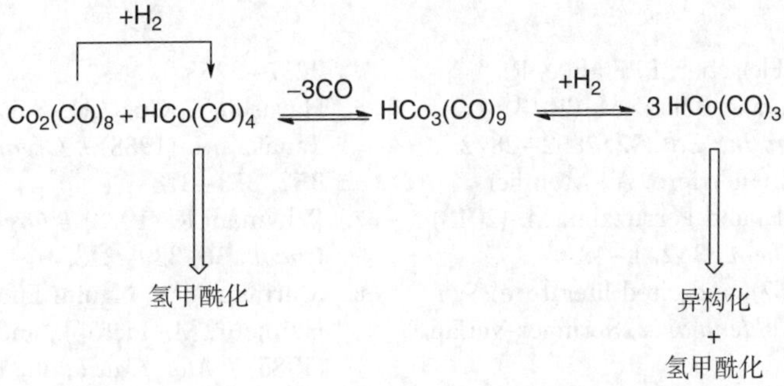

图解 1.2 与 CO 压力相关的异构化和氢甲酰化的竞争

与 $HCo(CO)_4$ 相比,铑的同类化合物更倾向于放出一个 CO 配体[14]。也就是说,在见图解 1.3 的平衡中,与基于钴的系统相比,此平衡向左侧的移动并不显著。

$$HM(CO)_4 \underset{M=Co}{\overset{M=Rh}{\rightleftharpoons}} HM(CO)_3 + CO$$

图解 1.3 具有催化活性的含氢羰基配合物之间的平衡

铑比钴有着更大的原子半径。这就不难解释为何未修饰的铑催化剂与同类钴催化剂相比能形成更多数量的支链醛。比如,在 1-戊烯的氢甲酰化中,前者和后者催化得到的 l/b 比例分别为 1.6∶1 和 4∶1。人们推测还有一种相似的关联是,当反应由金属簇 $Ru_3(CO)_{12}$、$Os_3(CO)_{12}$ 和 $Ir_4(CO)_{12}$ 推进时,由于有着较大的原子半径,在氢甲酰化中这些催化剂催化的反应与 $Co_2(CO)_8$ 催化的反应相比能生成更多的支链醛。但遗憾的是,大部分反应结果是在不同的反应条件下生成的,或者由于低反应率很难做解释,所以从严格意义上来说并不具有可比性。

多核金属簇和其对应的单核类相比在催化过程中的作用会有差异[15]。$[HRu(CO)_4]^-$ 的催化活性要比 $[HRu_3(CO)_{11}]^-$ 好很多[6]。值得注意的是,$H_4Ru_4(CO)_{12}$ 在与 CO_2 的氢甲酰化中特别活跃。[16]

8 到目前为止,人们接受的未修饰的金属羰基配合物在氢甲酰化中的活性排序如下(按活性降序排列)[17]:

$$Rh \gg Co > Ir > Ru > Os \sim Tc > Pt > Pd > Mn > Fe > Ni \gg Re$$

在接下来的章节里,仅对金属钴、铑、钌、钯、铂、铱和铁相关的氢甲酰化反应进行更为细致的讨论。人们偶尔也会研究钼的配合物(如 $m\text{-}Mo(CO)_3(p\text{-}C_5H_4N\text{—}CN)_3$)[18]或锇的配合物[如 $HOs(\kappa^3-O_2CR)(PPh_3)_2$][19]。就在最近,人们评估了 $HOs(CO)(PPh_3)_3Br$ 在几种烯烃的氢甲酰化中的作用[20]。其高异构化倾向(可高达 39%)是主要发现。

参考文献

1. Pospech, J., Fleischer, I., Franke, R., Buchholz, S., and Beller, M. (2013) *Angew. Chem. Int. Ed.*, **52**, 2852–2872.
2. Gonsalvi, L., Guerriero, A., Monflier, M., Hapiot, F., and Perruzzini, M. (2013) *Top. Curr. Chem.*, **342**, 1–48.
3. Falbe, J. (1967), and cited literature) *Synthesen mit Kohlenmoxid*, Springer-Verlag, Berlin.
4. Imjanitov, N.S. and Rudkovskij, D.M. (1969) *J. Prakt. Chem.*, **311**, 712–720.
5. Moore, E.J., Sullivan, J.M., and Norton, J.R. (1986) *J. Am. Chem. Soc.*, **108**, 2257–2263.
6. Hayashi, T., Gu, Z.H., Sakakura, T., and Tanaka, M. (1988) *J. Organomet. Chem.*, **352**, 373–378.
7. Whyman, R. (1973) *J. Organomet. Chem.*, **56**, 339–343.
8. Marrakchi, H., Nguini Effa, J.-B., Haimeur, M., Lieto, J., and Aune, J.-P. (1985) *J. Mol. Catal.*, **30**, 101–109.
9. Dengler, J.E., Doroodian, A., and Rieger, B. (2011) *J. Organomet. Chem.*, **696**, 3831–3835.
10. (a) See e.g.: Gwynn, B.H. and Tucci,

E.R. (to Gulf Research & Development Company) (1968) Patent US 3,361,829; (b) Tötsch, W., Arnoldi, D., Kaizik, A., and Trocha, M. (to Oxeno Olefinchemie GmbH) (2003) Patent WO 03/078365.

11. For a detailed discussion, compare: Cornils, B. (1980) in *New Syntheses with Carbon Monoxide*, Reactivity and Structure, Concepts in Organic Chemistry, vol. 11 (ed. J. Falbe), Springer-Verlag, Berlin, pp. 38–45.
12. (a) Pino, P. (1983) *Ann. N.Y. Acad. Sci.*, **415**, 111–128; (b) Pino, P., Major, A., Spindler, F., Tannenbaum, R., Bor, G., and Hórvath, I.T. (1991) *J. Organomet. Chem.*, **417**, 65–76.
13. Tannenbaum, R. and Bor, G. (1999) *J. Organomet. Chem.*, **586**, 18–22 and ref. cited therein.
14. Marco, L. (1974) in *Aspects of Homogeneous Catalysis* (ed. R. Ugo), D. Reidel Publishing Company, Dordrecht, Holland; cited in Cornils, B. (1980) in *New Syntheses with Carbon Monoxide*, Reactivity and Structure, Concepts in Organic Chemistry, vol. 11 (ed. J.,Falbe), Springer-Verlag, Berlin, pp 1–225 as Ref. 75.
15. Fusi, A., Cesarotti, E., and Ugo, R. (1981) *J. Mol. Catal.*, **10**, 213–221.
16. Tominaga, K.-i. and Sasaki, Y. (2000) *Catal. Commun.*, **1**, 1–3.
17. Pruchnik, F.P. (1990) *Organometallic Chemistry of Transition Elements*, Plenum Press, New York, p. 691.
18. Suárez, T., Fontal, B., Parra, M.F., Reyes, M., Bellandi, F., Diaz, J.C., Cancines, P., and Fonseca, Y. (2010) *Transition Met. Chem.*, **35**, 293–295.
19. Rosales, M., Alvarado, B., Arrieta, F., De La Cruz, C., González, À., Molina, K., Soto, O., and Salazar, Y. (2008) *Polyhedron*, **27**, 530–536.
20. Wu, L., Liu, Q., Spannenberg, A., Jackstell, R., and Beller, M. (2015) *Chem. Commun.*, **51**, 3080–3082.

1.2 双金属催化剂 9

早期关于钴-酰基配合物在无 CO 或者低 CO 分压情况下的化学计量学反应研究表明,第二分子的钴配合物有助于氢解作用(图解 1.4)[1]。

$$\text{R}\!\!\diagup\!\!\diagdown\!\!\overset{\text{O}}{\overset{\|}{\text{C}}}\!-\!\text{Co(CO)}_4 + \text{HCo(CO)}_4 \longrightarrow \text{R}\!\!\diagup\!\!\diagdown\!\!\overset{\text{O}}{\overset{\|}{\text{C}}}\!-\!\text{H} + \text{Co}_2\text{(CO)}_8$$

图解 1.4 通过第二分子催化剂来帮助氢解步骤

这就给人们指出了一个方法:为了达到协同作用,可以使用不同的金属进行组合(例如 Co/Rh, Co/Pt, Co/Fe, Co/Mo, Rh/Fe, Rh/Mn, Rh/Re, Rh/W, Rh/Mo)[2]。最近十年,特别是 Garland 和其同事从光谱测量和密度泛函理论(DFT)计算中得到的数据表明,在由铑催化的非异构化烯烃(环戊烯或 3,3-二甲基丁-1-烯)的加氢甲酰基化反应中,较不活跃的羰基配合物,比如 $HMn(CO)_5$ 或 $HRe(CO)_5$[3],可
以在其第二个催化循环中,借助另一个平行的催化循环,协助醛从铑-酰基中间体 10
的还原消去(图解 1.5)[4]。由此,整个加氢甲酰基化反应的速率得到显著提高。

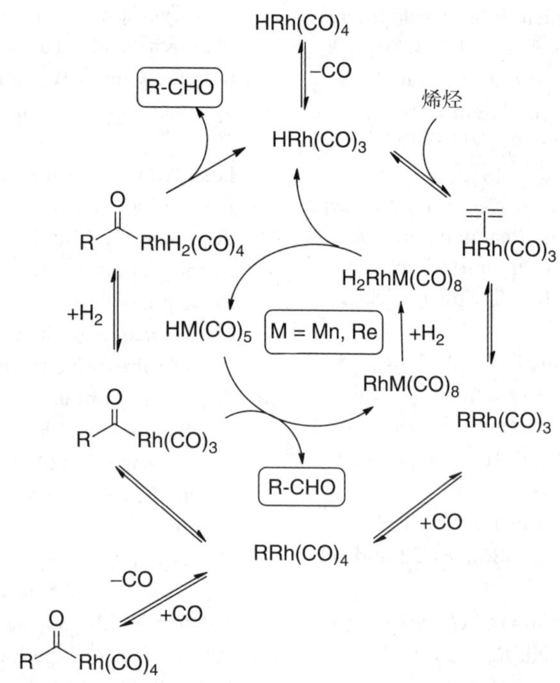

图解 1.5 通过使用双金属催化剂的方法达成的协同作用

参考文献

1. Rupilius, W. and Orchin, M. (1972) *J. Org. Chem.*, **37**, 936–939.
2. Klähn, M. and Garland, M.V. (2015) *ACS Catal.*, **5**, 2301–2316 and ref. cited therein.
3. Jessop, P.G., Ikarya, T., and Noyori, R. (1995) *Organometallics*, **14**, 1510–1513.
4. (a) Li, C., Widjaja, E., and Garland, M. (2003) *J. Am. Chem. Soc.*, **125**, 5540–5548; (b) Li, C., Chen, L., and Garland, M. (2008) *Adv. Synth. Catal.*, **350**, 679–690; (c) Li, C., Cheng, S., Tjahjono, M., Schreyer, M., and Garland, M. (2010) *J. Am. Chem. Soc.*, **132**, 4589–4599.

1.3 有机配体的作用

有机配体可对原有羰基配合物在电子和空间排列特性上做几乎无限的改变。配体的 σ 电子给体特性和 π 电子受体特性决定着金属和配体相互作用的稳定性。此外，金属中心的其他配体（CO、H、烷基或者丙烯酰基）也可被稳定或去稳定[1]。尤其是一个放置得当的对位配体的反位作用（trans effect）控制着对位的金属—H 键或金属—CO 键的强度[2]。因此，能够测定催化剂的几何结构和催化中间体的种类是有价值的科研优势，也是无数科研项目的主题。

例如，在配合物 $HCo(CO)_4$ 中，用较强的 σ 电子受体配体 $P(OPh)_3$ 或 PPh_3 替换一个 CO，可以增强钴—H 键并使得 pK_a 值显著降低[3]。在这里，$HCo(CO)_3PPh_3$（$pK_a=6.96$）相当于二级离解的磷酸（$pK_a=6.92$）。$HCo(CO)_3P(OPh)_3$（$pK_a=4.95$）的酸性与乙酸相似（$pK_a=4.95$）。尽管有些溶剂的 pK_a 测定还存在一些问题[4]，与某些无机酸诸如 HI、HBr 或 H_2SO_4 相比，$HCo(CO)_4$ 是目前为止这些配合物中最具酸性的[5]。膦配位修饰的钴配合物的热稳定性优于 $HCo(CO)_4$，也是其有利的副作用。

$SnCl_3^-$ 配体在铂催化的氢甲酰化反应中也有类似的作用。$SnCl_3^-$ 因其固有的反式效应激活铂—H 键从而为置入烯烃提供便利[6]。在用量子化学计算 CO 迁移插入铂—烷基键时，也有同样的作用，只是较前者并不显著[7]。

有机配体由于其特性可以加速整个催化循环，又或者在最糟糕的情况下，会阻碍整个催化循环。连续反应或者副反应会更容易发生。用膦配位修饰的钴催化剂改进了其热稳定性，但同时降低了氢甲酰化反应的活性。此外，氢化作用也成为严 11
重的问题。同样是膦配体，铑催化剂中的膦配体加强了稳定性，但与钴相反，它还大大增强了氢甲酰化的效率。三烷基膦有助于氢甲酰化的主要产物醇的生成。

配位的有机配体的数量对于金属周围的空间特性有着决定性的影响。这一情况不仅影响了催化剂的活性，也影响了催化剂的区域辨别能力。通过选择适当的手性配体可以达到立体空间区分。在氢甲酰化中，三价膦配体的使用特别受青睐（见第 2.1 节）[8]。也有大量的学术文章致力于卡宾的研究（见第 2.5 节）[9]。偶尔人们也会研究胂，还有较不常见的锑化氢也在专业文献中曾被试验或提及[10]。特殊的氮配体，比如胺或含氮杂环（如 2,2′-双吡啶，1,10′-邻二氮杂菲）也被用作修饰 $Ru_3(CO)_{12}$[11] 或 $Mo(CO)_6$[12] 的催化特性。在极个别的例子中，η^5-环戊二烯和 η^6-芳烃配体也同样被成功使用[13]。引人注意的例子是，通过环戊二烯配体（Cp 或 Cp*）在钌(II)配合物中置换配位的氢，可以降低生成配合物在氢化反应中的活性（图 1.1）[14]。

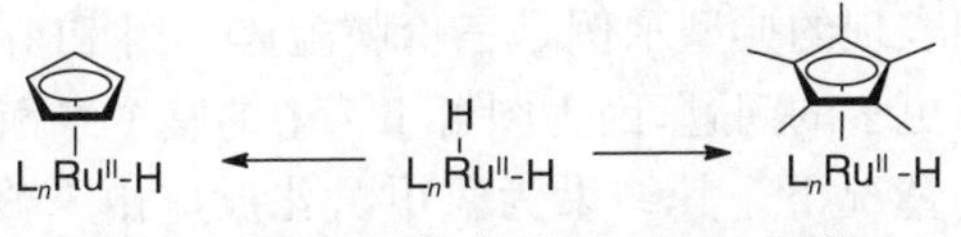

图 1.1 在钌配合物中用 Cp 或 Cp* 置换 H

配位修饰的效果不仅由电子特性和空间特性决定，还取决于金属配位层中有机配体的数量。合适的有机配体可以逐步取代配位的 CO[15]。这一复杂的过程可以通过一个最好的研究体系表现出来，那就是由三价膦配体修饰的铑催化剂（图解 1.6）。“火山形”曲线简明地描述了反应效率和膦/铑比例之间的关系[16]。

反应平衡的移动取决于配体的浓度、其配位特性和 CO 分压。对于每个催化循环必须要确定一个最佳条件以防止未修饰的催化剂 $HRh(CO)_4$（**I**）的催化作用。另一方面，当有机配体过量时，CO 几乎会被完全去除，阻碍了所需要的配位空间

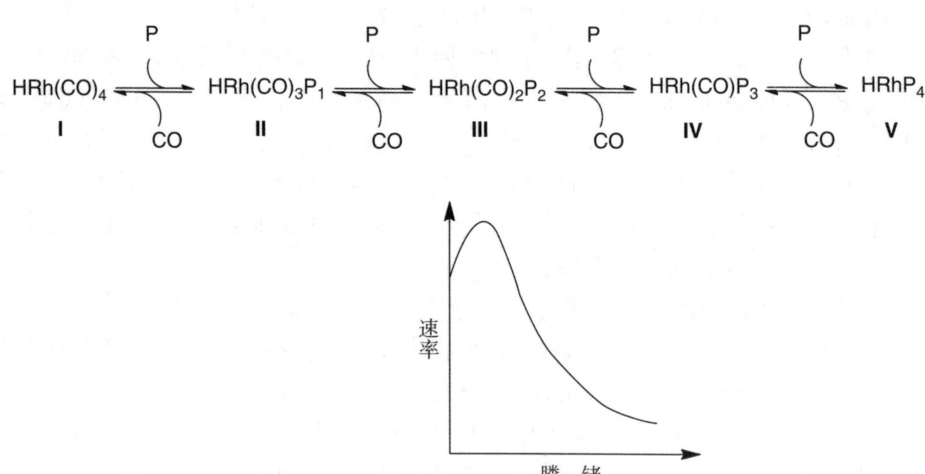

图解 1.6 含氢铑配合物与不同数量膦配体的平衡和典型的“火山形”曲线

(**V**)。其后果为氢甲酰化效率的降低。有一个(**II**)或两个(**III**)膦配体的配合物被认为是氢甲酰化中最具活性的催化剂。相反的是,由三个单齿膦配体或一个三齿膦配体,甚至是两个双齿二膦配体修饰的铑在相关反应中就足够有效,比如脱羰作用(见第 8 章)。

12 在金属中心的螯合配位体能增加两配位体结合的趋势。在配合三齿配体时,氢甲酰化只能通过去除一个配位基团来继续进行(“断臂机理”)[17]。

总的来说,因为有着较强的 σ 电子给体和较弱的 π 电子受体特性,三价磷配合物、胂、锑化氢和一些胺可以改善含氢金属-羰基配合物的热稳定性[18]。这一电子特性能增加金属中心的电子密度,电子反馈作用增强从而使金属—CO 键得到加强。但是,对于不同的金属,配体的特殊效应的活性和选择性有可能会存在很大的个体差异,因此在得出此结论时必须与所使用的金属相关联。在这里我们只挑选并详细描述了几个发现,用以阐明每个催化系统的特异性。

关于金属的不同表现的典型示例是三价膦配体。用 PPh_3 来修饰钴配合物的尝试被证明只会带来更多的问题,因为图解 1.7 中的整个平衡会向左侧移动,特别是在增加 CO 分压的情况下。其结果为氢甲酰化反应由未修饰的钴配合物来催化。Ph_2PZPPh_2[Z=$(CH_2)_2$,$(CH_2)_4$,CH=CH]型的二膦造成了反应性的极大降低[19]。亚磷酸盐和钴也不能生成具有活性的氢甲酰化催化剂。看起来只有基本的三烷基膦化氢对于生成稳定的氢甲酰化催化剂适用。

$$HCo(CO)_4 + PPh_3 \rightleftharpoons HCo(CO)_3PPh_3 + CO$$

图解 1.7 在增加 CO 压力的情况下 PPh_3 修饰的钴催化剂不稳定

13 与此相反的是,当金属为铑时,不仅是多数的三芳基膦,甚至是更少 σ 电子给体的膦配体,比如单烷氧基膦酯、次膦酸二酯、亚膦酸三酯、亚磷酰胺都是形成高效催化剂的理想候选。在典型氢甲酰化条件下，CO 不取代有机配体。单齿的、双齿的，包括潜在多齿的膦配体都被试验过。配位的三价膦基团常常与其他配位基团(例如氧化膦、乙醚和胺)结合使用来达到半稳定特性[20]。以下总结了不同配体的铑催化剂在氢甲酰化中的活性顺序[21]：

$$P(OPh)_3 \gg Ph_3P \gg Ph_3N > Ph_3As, Ph_3Sb > Ph_3Bi$$

这些配体不仅影响了活性和区域选择性，还影响了化学选择性。基于三烷基膦的铑催化剂有着高氢化活性，这使得氢甲酰化和氢化的同釜反应成为可能(见第 5.2 节)。胺作为配体除了活性比膦低外，化学选择性也较低；其反应生成烷醇和烷类[22]。在个别例子中，桥联硫醇盐也被用于双核铑配合物中，希望它能在两个金属中心产生协作效应[23]，但是很大的可能性是，在活跃的催化剂中，硫配体已经不再配位了[24]。

在比较钌催化的氢甲酰化反应中基于元素周期表第五族元素的配体时，可以得到以下顺序[25]：

$$PPh_3 < AsPh_3 \approx SbPh_3$$

当 PPh_3 与合适的钌催化剂前体配合时，其结果为对烯烃和醛的强氢化活性[24]。杂环氮配体也可增强还原醛的趋势[26]。相反地，用亚磷酸酯置换膦可生成相应的醛[27]。更具碱性的 $P(t\text{-}Bu)_3$ 作为配体则几乎中断了整个氢甲酰化反应。人们对钌配合物与单齿、双齿或多齿膦如 $RuCl_2$(三脚架)类型或 $RuCl_2$(tetraphos)类型{tetraphos=1,2-双[(2-(二苯基膦)乙基)(苯基)膦]乙烷}也进行了研究[28]。在研究钌的同时人们还发现，与铑相反，带有三价胂的铂催化剂与带有对应膦配体时相比具有更高的反应活性[29]。

在氢甲酰化中，带有一个 PPh_3 配体的铱催化剂比对应的带有两个 PPh_3 的配合物更具活性(图解 1.8)[30]。所以，哪怕只是轻微过量的 PPh_3 或者是使用了双配位的二膦都可能阻止反应进程。相反，铑催化剂带有两个 PPh_3 配体时反应可正常进行，所以其对 CO 分压存在反向依赖关系[31]。最终，保持较高的活性仍然是对使用双齿配体修饰的铑催化剂在催化高 n 区域和立体空间选择性的氢甲酰化反应时的先决条件。

14

$$HM(PPh_3)(CO)_3 \underset{-PPh_3,\ +CO}{\overset{+PPh_3,\ -CO}{\rightleftharpoons}} HM(PPh_3)_2(CO)_2$$

M = Ir, Rh

图解 1.8 CO 或者 PPh_3 过量对铱或者铑配合物平衡移动的影响

基于 $P(n\text{-}Bu)_3$ 的钌催化剂被证明活性不如未修饰的配合物[32]。反之，对于铑配合物而言，用 PPh_3 或 $P(OPh)_3$ 修饰可以大幅提高反应性。在原有活性很弱的 $Fe(CO)_5$ 中加入 PPh_3 可以显著提高醛的产率[33]。直接使用 $Fe(CO)_3(PPh_3)_2$

或 $Fe(CO)_4PPh_3$，也可以达到同样的效果。

均相和异相的金属羰基簇也可以从膦配体中获益。由 $Ru_3(CO)_{12}$ 和大量二膦产生的催化剂在乙烯或丙烯的氢甲酰化中活性要远高于 $Ru_3(CO)_{12}$[34]。由螯合的二膦修饰铑/钌簇可增加其区域选择性[35]。用 $Os_3(CO)_{12}$ 成功进行氢甲酰化的先决条件是特殊设计过的 P、O 配体[12]。

在树状聚物或聚合物中植入配体基团以及随后生成金属催化剂时，有时会产生结构不明的新结构。我们必须牢记，无机或有机矩阵体也可以改变植入催化剂的催化特性。

参考文献

1. Moore, D.S. and Robinson, S.D. (1983) *Chem. Soc. Rev.*, **12**, 415–452.
2. Appleton, T.G., Clarke, H.C., and Manzer, L.E. (1973) *Coord. Chem. Rev.*, **10**, 335–422.
3. Hieber, W. and Lindner, E. (1961) *Chem. Ber.*, 1417–1426.
4. Abdur-Rashid, K., Fong, T.P., Greaves, B., Gusev, D.G., Hinman, J.G., Landau, S.E., Lough, A.J., and Morris, R.H. (2000) *J. Am. Chem. Soc.*, **122**, 9155–9171.
5. Moore, E.J., Sullivan, J.M., and Norton,
15 J.R. (1986) *J. Am. Chem. Soc.*, **108**, 2257–2263.
6. (a) Rocha, W.R. and De Almeida, W.B. (1998) *Organometallics*, **17**, 1961–1967; (b) Dias, R.P. and Rocha, W.R. (2011) *Organometallics*, **30**, 4257–4268.
7. (a) Toth, I., Kégl, T., Elsevier, C.J., and Kollár, L. (1994) *Inorg. Chem.*, **33**, 5708–5712; (b) Rocha, W.R. and De Almeida, W.B. (2000) *J. Comput. Chem.*, **21**, 668–674.
8. Kamer, P.C.J. and van Leeuwen, P.W.N.M. (2012) *Phosphorus(III) Ligands in Homogeneous Catalysis*, John Wiley & Sons, Ltd., Chichester.
9. Gil, W. and Trzeciak, A.M. (2011) *Coord. Chem. Rev.*, **255**, 473–483.
10. Richter, W., Schwirten, K., and Stops, P. (to BASF Aktiengesellschaft) (1984) Patent EP 0114611.
11. Alvila, L., Pakkanen, T.A., and Krause, O. (1993) *J. Mol. Catal.*, **84**, 145–156.
12. Suárez, T., Fontal, B., Parra, M.F., Reyes, M., Bellandi, F., Diaz, J.C., Cancines, P., and Fonseca, Y. (2010) *Transition Met. Chem.*, **35**, 293–295.
13. Maitlis, P.M. (1980) Tilden Lecture at Queen Mary College, London, March 13, 1980.
14. Takahashi, K., Yamashita, M., Tanaka, Y., and Nozaki, K. (2012) *Angew. Chem. Int. Ed.*, **51**, 4383–4387.
15. Reppe, W. and Kröper, H. (1953) *Liebigs Ann. Chem.*, **582**, 38–71.
16. (a) van Leeuwen, P.W.N.M. (2000) in *Rhodium Catalyzed Hydroformylation* (eds P.W.N.M. van Leeuwen and C. Claver), Kluwer, Dordrecht Netherlands, pp. 1–13; (b) van Santen, R. (2012) in *Catalysis: From Principles to Applications* (eds M. Beller, A. Renken, and R. van Santen), Wiley-VCH Verlag GmbH, Weinheim, pp. 3–19.
17. (a) Bianchini, C., Meli, A., Peruzzini, M., Vizza, F., Fujiwara, Y., Jintoku, T., and Taniguchi, H. (1988) *J. Chem. Soc., Chem. Commun.*, 299–301; (b) Thaler, E.G., Folting, K., and Caulton, K.G. (1990) *J. Am. Chem. Soc.*, **112**, 2664–2672.
18. Calderazzo, F. (1977) *Angew. Chem. Int. Ed. Engl.*, **16**, 299–311.
19. Cornely, W. and Fell, B. (1982) *J. Mol. Catal.*, **16**, 89–94.
20. (a) Bader, A. and Lindner, E. (1991) *Coord. Chem. Rev.*, **108**, 27–110; (b)

Weber, R., Englert, U., Ganter, B., Keim, W., and Möthrath, M. (2000) *Chem. Commun.*, 1419–1420; (c) Andrieu, J., Camus, J.-M., Richard, P., Poli, R., Gonsalvi, L., Vizza, F., and Peruzzini, M. (2006) *Eur. J. Inorg. Chem.*, **2006**, 51–61.
21. Carlock, J.T. (1984) *Tetrahedron*, **40**, 185–192.
22. Mizoroki, T., Kioka, M., Suzuki, M., Sakatani, S., Okumura, A., and Maruya, K. (1984) *Bull. Chem. Soc. Jpn.*, **57**, 577–578.
23. (a) Vargas, R., Rivas, A.B., Suarez, J.D., Chaparros, I., Ortega, M.C., Pardey, A.J., Longo, C., Perez-Torrente, J.J., and Oro, L.A. (2009) *Catal. Lett.*, **130**, 470–475; (b) Pardey, A.J., Suárez, J.D., Ortega, M.C., Longo, C., Pérez-Torrente, J.J., and Oro, L.A. (2010) *Open Catal. J.*, **33**, 44–49 and references cited therein.
24. (a) Diéguez, M., Claver, C., Masdeu-Bultó, A.M., Ruiz, A., van Leeuwen, P.W.N.M., and Schoemaker, G.C. (1999) *Organometallics*, **18**, 2107–2115; (b) Rivas, A.B., Pérez-Torrentea, J.J., Pardey, A.J., Masdeu-Bultó, A.M., Diéguez, M., and Oro, L.A. (2009) *J. Mol. Catal. A: Chem.*, **300**, 121–131.
25. Srivastava, V.K., Shukla, R.S., Bajaj, H.C., and Jasra, R.V. (2005) *Appl. Catal., A: Gen.*, **282**, 31–38.
26. Knifton, J.F. (1988) *J. Mol. Catal.*, **47**, 99–116.
27. Jenck, J., Kalck, P., Pinelli, E., Siani, M., and Thorez, A. (1988) *J. Chem. Soc., Chem. Commun.*, 1428–1430.
28. Suarez, T. and Fontal, B. (1985) *J. Mol. Catal.*, **32**, 191–199.
29. van der Veen, L.A., Keeven, P.K., Kamer, P.C.J., and van Leeuwen, P.W.N.M. (2000) *Chem. Commun.*, 333–334.
30. Hess, D., Hannebauer, B., König, M., Reckers, M., Buchholz, S., and Franke, R. (2012) *Z. Naturforsch.*, **67b**, 1061–1069.
31. Imyanitov, N.S. (1995) *Rhodium Express*, **10–11**, 3–64.
32. Sanchez-Delgado, R.A., Bradley, J.S., and Wilkinson, G. (1976) *J. Chem. Soc., Dalton Trans.*, 399–404.
33. Evans, D., Osborn, J.A., and Wilkinson, G. (1968) *J. Chem. Soc. A*, 3133–3142.
34. Diz, E.L., Neels, A., Stoeckli-Evans, H., and Süss-Fink, G. (2001) *Polyhedron*, **20**, 2771–2780.
35. Rida, M.A. and Smith, A.K. (2003) *J. Mol. Catal. A: Chem.*, **202**, 87–95.

1.4 钴催化的氢甲酰化

1.4.1 相关历史与评论

Otto Roelen 将钴催化反应与氢甲酰化反应(氧合反应)的发现直接进行了关联。1938 年,他在专利领域里著有一篇名为“Verfahren zur Herstellung von sauerstoffhaltigen Verbindungen”[1] 的专利。此专利在 1951 年以德语正式发表[2]。文中 Roelen 阐述了乙烯与合成气在以硅为基底的钴-钍存在的情况下的反应。反应事先由氢气预处理(图解 1.9)。反应的主要产物为丙醛和二乙基酮。且此专利中还描述了用异相钴催化剂和水煤气转化丙烯、乙炔、松节油、油醇和油酸。 16

Co/Th/SiO$_2$,
CO/H$_2$(1:1, 100 atm①),
80 °C, 1h

CHO + (O) + 高沸点产物

40% 30% 30%

图解 1.9 Otto Roelen 发现的氢甲酰化反应

早在 1953 年,第一个以钴作为催化剂的通过丙烯的氢甲酰化生产丁醛的反应装置就在德国的鲁尔化学投入使用了。至今,钴羰基配合物作为催化剂仍然是工业用氢甲酰化研究的重点。Cornils 在 1980 年给出了第一篇也是至今为止最全面的一篇关于此方面的综述[3]。主要关注的问题是建立完整的催化循环的不同方法,也包括潜在中间产物的描述。此外,文章还分析了不含其他官能团的烯烃的氢甲酰化的活性和区域选择性与典型反应条件,如温度、H_2 和 CO 分压、溶剂效应、推进剂、毒剂以及催化剂和底物的浓度的相互关系。同时还第一次给出了关于修饰配体的效果的总结。这些配体主要为膦、亚膦酸三酯、胂和吡啶。文中还讨论了一些异相化的方法。由于作者在学术研究和工业应用研究上都有极大的造诣,文中还分析了一些工业相关的内容以及其特有的特征,如催化剂的生产和最终金属的移除。另外一些与其他具有催化活性金属的比较的内容在文中也有所提及。

随着铑催化的氢甲酰化反应的重要性日渐提高,后来的综述文章中对于钴催化剂也只有少量提及。尽管如此,其反应机理的研究到现在对化学家们还是存在巨大的吸引力。2004 年,来自 Sasol 的研究小组给出了关于用高压反应中核磁共振(NMR)谱和红外光(IR)谱进行机理研究的趋势和新发现的综述。Hebrard 和 Kalck 在 2009 年给出了关于原理方面研究的概述。

1.4.2 反应原理、催化剂和配体

值得注意的是,1960 年 Heck 和 Breslow[6] 对于单烯烃(1-戊烯、丙烯酸甲酯)
17 的氢甲酰化的机理阐述至今仍然有效(图解 1.10)。人们主要通过光谱学和理论方法或是考虑可替换的底物(如 1,3-丁二烯或丙烯)来完善了其中的某些步骤[7]。首先,具有催化活性的 16e$^-$ 类型的 HCo(CO)$_3$ 通过 HCo(CO)$_4$ 丢失一个 CO 形成。接下来烯烃的结合可逆地生成了两种钴-烷基配合物的异构体[7c,d]。支链的烷基中间产物最终形成支链(异构)醛,而直链钴-烷基配合物直接得到直链的产品。在氢气的作用下,中间产物烷基配合物会发生副反应,即钴-碳键的氢解作用形成烷。在期望的氢甲酰化反应路径中,第四个 CO 结合到钴中心形成一个五配位的烷基配合物。CO 的插入得到相应的钴-酰基配合物。在 CO 过量的情况下生成五配位酰基配合物可以被看作催化循环的"休眠状态"[8]。加入氢气得到钴的二氢化物,其分解释放产物醛和催化剂。在典型催化反应条件下,只可观察到 Co$_2$(CO)$_8$ 和 HCo(CO)$_4$。

① 1atm=101.325 kPa。

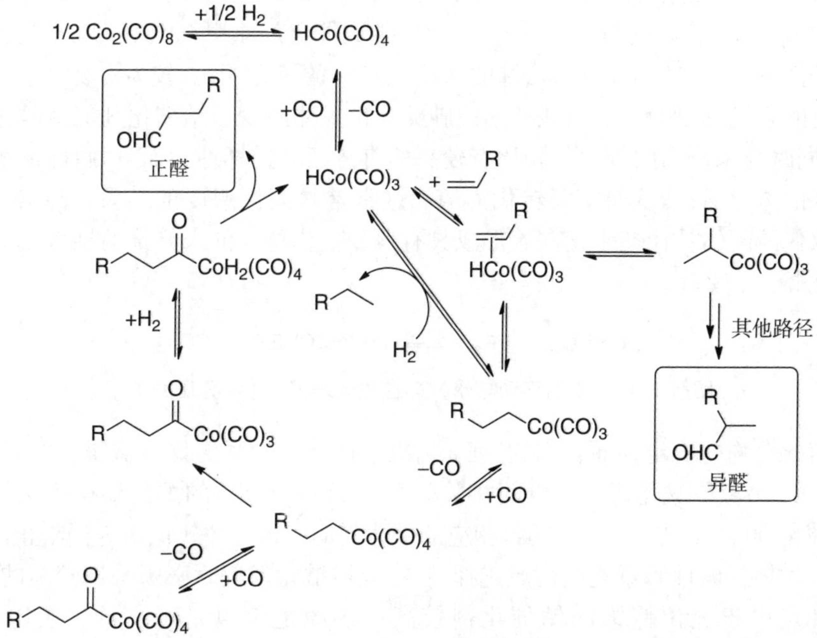

图解 1.10 使用未修饰的钴催化剂催化的氢甲酰化反应机理(来自参考文献[6,7e])

与钴催化的氢甲酰化关系密切的是生成的醛快速氢化产生相应的醇(见第
5.2.2 节,第 5.1 节)(图解 1.11)[9]。其产生原因可解释为在醛中加入了 $HCo(CO)_4$,
形成的烷氧基-钴配合物与氢气紧接着反应。由 CO 插入烷氧基—金属键中以及 18
随后的氢解反应得到相应的副产物甲酸酯[10]。

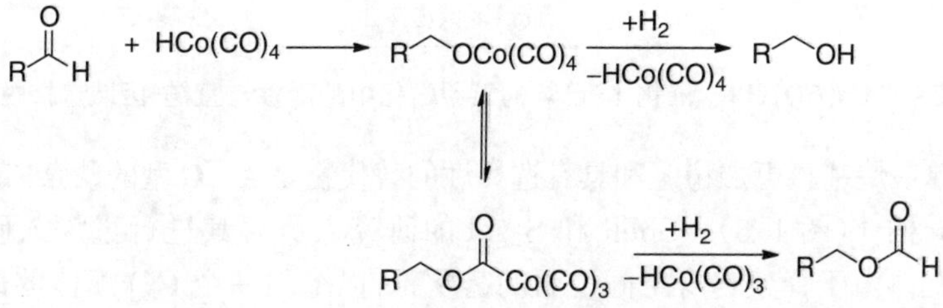

图解 1.11 钴催化的氢甲酰化中生成醇和甲酸酯

$HCo(CO)_4$ 在氢甲酰化条件下可直接由 $Co_2(CO)_8$ 制备[11]。在工业领域,还有一些其他可供选择的前体,特别是水溶性的盐,比如 $Co(OAc)_2$、$Co(HCOO)_2$ 或 Co(己酸乙酯)$_2$。这些 Co^{2+} 盐在 H_2 作用下还原为 Co^+。加入不溶于水的醇例如 2-乙基己醇或异壬醇可以加速催化剂的形成[12]。从水溶性的 Co^{2+} 盐中生成催化剂特别适用于制备锚定在异相表面的钴催化剂[13]。

在工业应用上,钴催化剂通常在氢甲酰化结束后通过氧气或空气氧化得到 Co^{2+} 盐[14]。Co^{2+} 盐可以通过水简单地提取("去钴")[15]。

图解 1.10 描述的原理大体上也适用于膦修饰的钴催化剂[4,5,16]。值得注意的是，从 $Co_2(CO)_6L_2$（这里 L＝P(n-Bu)$_3$）中生成催化剂原型 $HCo(CO)_3L$ 与在氢甲酰化条件下、75～175℃时（未修饰的）$Co_2(CO)_8$ 的氢化相比，较为不易[17]。

总的来说，诸如膦、亚膦酸三酯或胂的有机配体减少了钴催化剂氢甲酰化的活性，但同时与未修饰的催化剂相比有较高的直链区域选择性。而且，膦配体增加了催化剂的氢化活性，从而使醛转化为醇。这常常是人们想要的结果。高 CO 分压可以取代膦配体从而使平衡向着形成具有典型催化特性的未修饰的钴催化剂方向移动（图解 1.12）。

$$HCo(CO)_4 + PR_3 \rightleftharpoons HCo(CO)_3PR_3 + CO$$

图解 1.12 平衡移动与膦的存在或者增强的 CO 分压的关系

就配合物的稳定性而言，具有强 σ 给电子体特性的膦更好。值得注意的是，叔
19 膦的 pK_a 与氢甲酰化速率有着间接关联[18]。这里，PPh_3 的配位能得到活性最高的钴催化剂（图 1.2）。另一方面，相应的催化剂的 l/b 比率较低。为了阻止活性的降低并发挥强碱性膦卓越的区域选择性，在氢甲酰化反应时必须采用较高的温度，而这一点由于配位修饰的钴催化剂较高的热稳定性也是可行的。在这方面，P(n-Bu)$_3$ 也是工业领域最为偏好使用的配体之一（壳牌公司方法）。

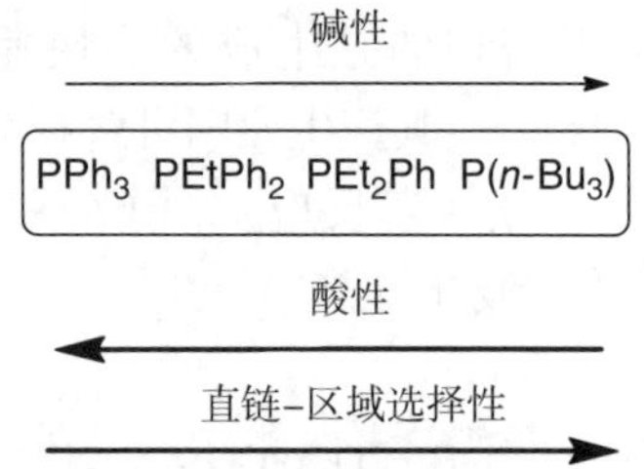

图 1.2 使用 $HCo(CO)_3PR_3$ 催化 1-己烯的氢甲酰化中的活性与直链-区域选择性的相关性

比简单三烷基膦更加稳定和具有选择性的替代物是 **A**～**C** 型的磷杂二环[3.3.1]壬烷或其异构体（图 1.3）。Shell 和 Sasol 的研究人员对其进行过深入研究[19-21]。此种大型配体由于释放自身空间位阻的需要，可以增强一个 CO 配体的离解性，从而辅助了从催化剂前体和钴-酰基配合物中生成活性催化剂[22]。

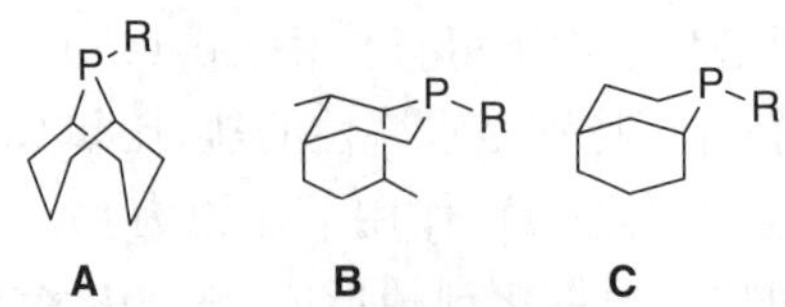

A = 9-磷杂二环[3.3.1]壬烷 (Phobanes)
B = 8,9-二甲基磷杂二环[3.3.1]壬烷 (LIM)
C = 2-磷杂二环[3.3.1]壬烷 (VCH)

图 1.3 双环膦作为钴催化的氢甲酰化的标准配体

Ph_2PZPPh_2[Z＝$(CH_2)_2$，$(CH_2)_4$，CH＝CH]类型的二膦可造成反应活性的剧烈下降[23]。有趣的是，几乎只有同步进行的烯烃的异构化被抑制。最近，人们还合成了 phobanes，其带有一个氧化膦基团作为第二个弱配位的配体[24]。在实验室应用中，期望的催化剂前体可以在合成气条件下由 $Co_2(CO)_8$ 和膦在 2-乙基己酸和 KOH/乙醇的混合物中反应得到[25]。这一方法的中间产物是不含矿物精油的钴-己酸乙酯，这也是工业应用中最常见的钴的来源。

在水中应用硫化的膦修饰的钴催化剂[如 TPPTS(3,3′,3″-次膦基三(苯磺酸)的三钠盐)]来催化氢甲酰化反应对金属的回收利用较为有利[26]。最终在有
机相中剩余的钴的浓度约在 6～70×10^{-6}。这种水溶性的钴催化前体是由混合 20
$Co_2(CO)_8$ 和两倍的膦配体而制备的，也可以使用 $CoCl_2$(TPPTS)[27]，可由 $CoCl_2$ 和 TPPTS 在热酒精中合成得到[28]。为了使更长链的烯烃具有更好的水溶性，Monflier 小组建议使用化学修饰的环状糊精[29]。

$HCo(CO)_2[P(OPh)_3]_2$(III，图解 1.13)可以由 $Co_2(CO)_8$ 经过 H_2 处理再加入两个膦配体到 $HCo(CO)_4$(I)制备得到，其可以使 1-戊烯异构为 2-戊烯[30]。意外的是，在平衡中只发现少量的对应的配合物 $HCo(CO)_3[P(OPh)_3]$(II)的氢甲酰化活性很低。在采用需要更多空间的配体 Alkanox® 240[三(2,4-二叔丁基苯基)亚磷酸酯]时，只带有一个膦的配合物 IV 可以被选择性地生成[31]。但此配合物也只是很缓慢的氢甲酰化催化剂。这与铑催化的氢甲酰化显著不同。在使用铑金属时，这样的单膦可以产生很好的活性。

$Co_2(CO)_8$ —(H_2)→ $HCo(CO)_4$ (I)

$HCo(CO)_2L'_2$ (III) ⇌(+L′, −CO) $HCo(CO)_3L'$ (II) ⇌(+L′, −CO) $HCo(CO)_4$ (I) ⇌(+L″, −CO) $HCo(CO)_3L''$ (IV)

L′ = $P(OPh)_3$
L″ = $P[O\text{-}2,4\text{-}(t\text{-}Bu)_2Ph]_3$ = Alkanox® 240

图解 1.13　基于亚磷酸三酯的钴配合物的形成

Rieger 和其同事[32]用$[Co(CO)_4]^-$的离子性溶液作为阴离子源。成功进行接下来的氢甲酰化的先决条件是阳离子(如 *N*-甲基胍)中有布朗斯特酸的存在，这样使得质子化平衡向 $HCo(CO)_4$ 方向移动(图解 1.14)。

$[MeNH\text{-}C(NH_2)\text{=}NH_2^{\oplus}]\,[Co(CO)_4]^-$ ⇌ $MeNH\text{-}C(\text{=}NH)NH_2$ + $HCo(CO)_4$

图解 1.14　通过$[Co(CO)_4]^-$被离子溶液中的阳离子质子化生成具有活性的氢甲酰化催化剂

1.4.3 近期应用和特殊应用

钴催化剂除了在化工领域常见的烯烃的氢甲酰化中大量应用，还有一些特
21 殊的应用。含氢钴配合物的酸性特征偶尔也会被使用在生成氢甲酰化的底物上。

2013 年，Arias 等[33]研究了 3,4-二氢-2*H*-吡喃的氢甲酰化反应（图解 1.15）。反应主要形成 2-甲酰产物，还形成少量 3-甲酰-四氢吡喃和一些如四氢吡喃或双（四氢-2*H*-吡喃-2-基）甲醇的副产物。有趣的是，没有醇的生成，加入 PPh_3 会使反应减速。

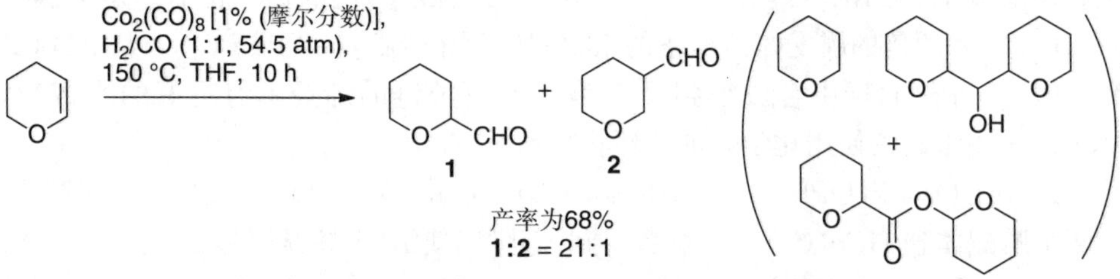

图解 1.15 使用未修饰的钴催化剂的二氢吡喃的氢甲酰化

Alper 小组在最近的研究中给出了一些烯烃在较低压力条件下氢甲酰化-氢化的同釜反应的最优化工序（图解 1.16）[25]。产率可高达 99%，且可达到中等的区域选择性。

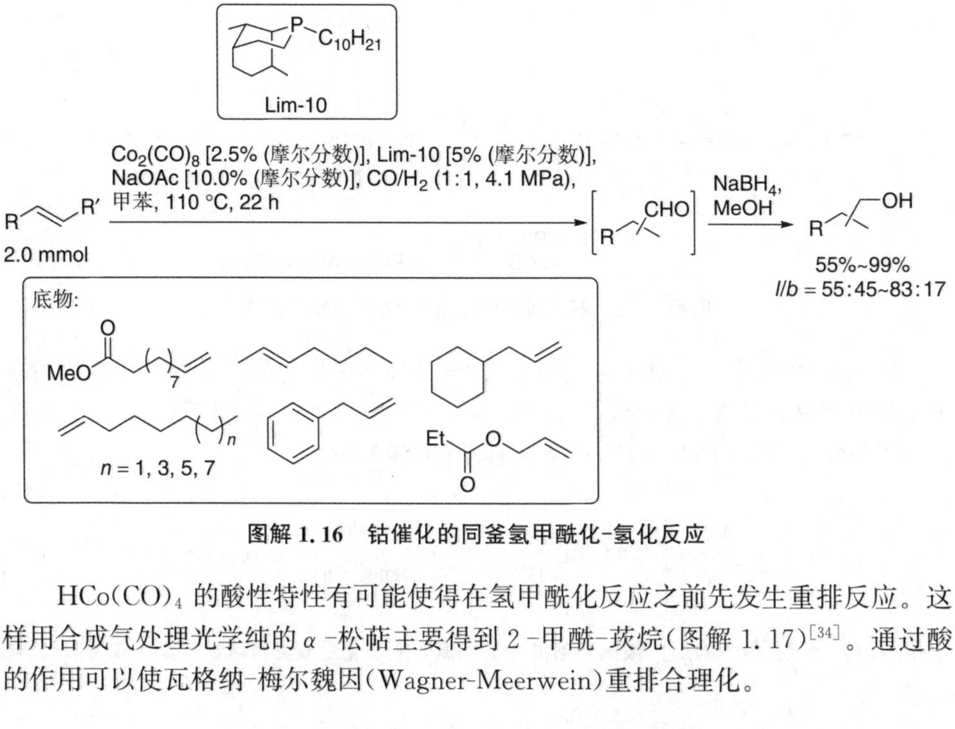

图解 1.16 钴催化的同釜氢甲酰化-氢化反应

$HCo(CO)_4$ 的酸性特性有可能使得在氢甲酰化反应之前先发生重排反应。这样用合成气处理光学纯的 α-松萜主要得到 2-甲酰-莰烷（图解 1.17）[34]。通过酸的作用可以使瓦格纳-梅尔魏因（Wagner-Meerwein）重排合理化。

22

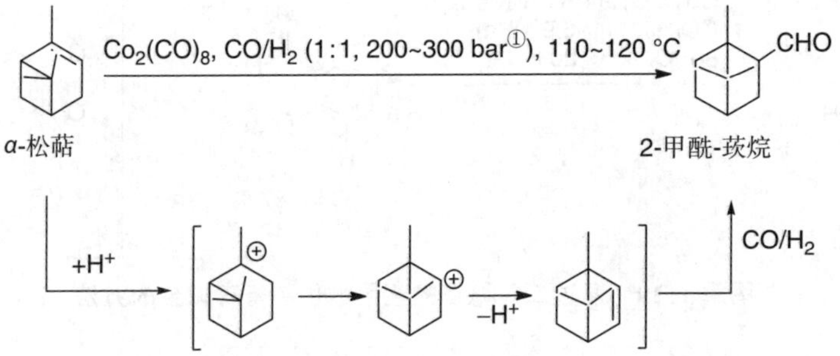

图解 1.17 酸催化的异构化和随后的 α-松萜的氢甲酰化

注：在源文献中，旋光度(−)和(+)不正确，因此没有在此处标注。

过去几年中，Coates 小组给出了一种有可能是利用 $HCo(CO)_4$ 的酸性特性的方法(图 1.18)[35]。在第一步中，含氢配合物质子化了 2-芳基-1,3-唑啉中的氮原子，开环后形成钴-烷基键从而得到一般的金属-烷基配合物。通过 CO 的迁移插入，钴-酰基配合物形成并经过氢解得到 β-氨基醛。同时催化剂再生。

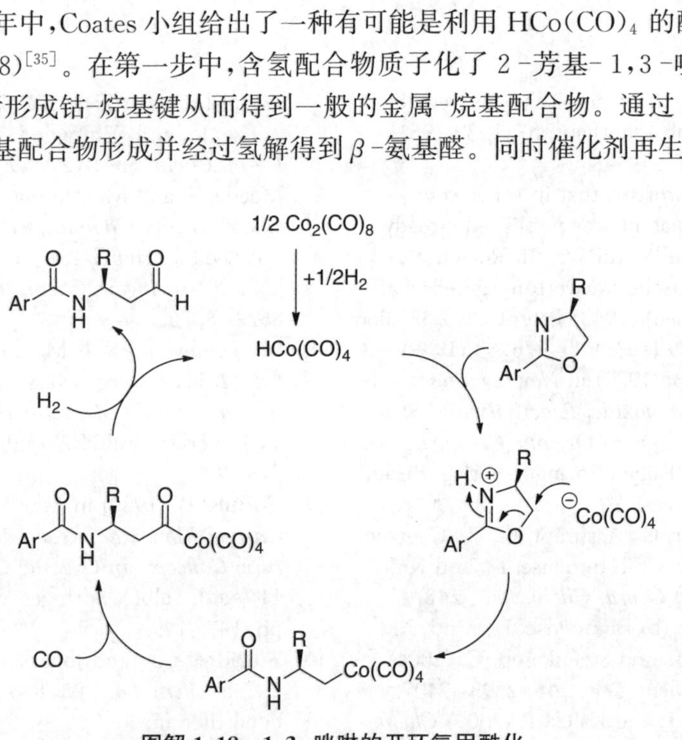

图解 1.18 1,3-唑啉的开环氢甲酰化

最近，另一套方案已经延伸到 ampakines(安帕金)的合成。安帕金是始于相关二氢噁嗪的一组化合物，用于治疗阿尔茨海默病或帕金森病(图解 1.19)[36]。

① 1 bar$=10^5$ Pa。

$Co_2(CO)_8$ [4% (摩尔分数)], CO/H_2 (1:1, 6.9 MPa), 80 °C, 甲苯, 20 h

64 %~87 %

n = 1: CX-554
n = 2: CX-614
安帕金

图解 1.19 通过二氢噁嗪的氢甲酰化制备安帕金的方法

值得注意的是，在加入胺、二胺或酰胺时，$Co_2(CO)_8$ 也可以很好地催化环氧乙
23 烷的氢甲酰化[37]。特别是 $HCo(CO)_4$ 催化的环氧乙烷的氢甲酰化，它最近又成为学术研究的重点(见第 6.3 节)。

参考文献

1. Roelen, O. (to Chemische Verwertungsgesellschaft Oberhausen) (1938/1951) Patent DE 849548.
2. It is noteworthy, that in other countries the patent was published already during the World War II: Roelen, O. (to Chemische Verwertungsgesellschaft Oberhausen) (1943) Patent US 2,327,066; FR 860289 (1939); IT 376283 (1939).
3. Cornils, B. (1980) in *New Syntheses with Carbon Monoxide, Reactivity and Structure, Concepts in Organic Chemistry*, vol. 11 (ed. J. Falbe), Springer-Verlag, Berlin, pp. 1–225.
4. (a) Dwyer, C., Assumption, H., Coetzee, J., Crause, C., Damoense, L., and Kirk, M. (2004) *Coord. Chem. Rev.*, **248**, 653–669; (b) Damoense, L., Matt, M., Green, M., and Steenkamp, C. (2004) *Coord. Chem. Rev.*, **248**, 2393–2407.
5. Hebrard, F. and Kalck, P. (2009) *Chem. Rev.*, **109**, 4272–4282.
6. Heck, R.F. and Breslow, D.S. (1961) *J. Am. Chem. Soc.*, **83**, 4023–4027.
7. (a) Torrent, M., Solà, M., and Frenking, G. (2000) *Chem. Rev.*, **100**, 439–493; (b) Huo, C.F., Li, Y.-W., Beller, M., and Jiao, H. (2003) *Organometallics*, **22**, 4665–4667; (c) Huo, C.-F., Li, Y.-W., Beller, M., and Jiao, H. (2005) *Organometallics*, **24**, 3634–3643; (d) Godard, C., Duckett, S.B., Polas, S., Tooze, R., and Whitwood, A.C. (2005) *J. Am. Chem. Soc.*, **127**, 4994–4995; (e) Maeda, S. and Morokuma, K. (2012) *J. Chem. Theory Comput.*, **8**, 380–385; (f) Rush, L.E., Pringle, P.G., and Harvey, J.N. (2014) *Angew. Chem. Int. Ed.*, **53**, 8672–8676.
8. van Leeuwen, P.W.N.M. and Chadwick, J.C. (2011) *Homogeneous Catalysts, Activity-Stability-Deactivation*, Wiley-VCH Verlag GmbH, Weinheim, pp. 223–227.
9. Cornils, B. (1980) in *New Syntheses with Carbon Monoxide, Reactivity and Structure, Concepts in Organic Chemistry*, vol. 11 (ed. J. Falbe), Springer-Verlag, Berlin, pp. 147–149.
10. Aldridge, C.L. and Jonassen, H.B. (1963) *J. Am. Chem. Soc.*, **85**, 886–890 and ref. cited therein.
11. Yokomori, Y., Hayashi, T., Ogata, T., and Yamada, J. (to Kyowa Yuka Co., Ltd) (2004) Patent EP 1057803.
12. Gubisch, D., Armbrust, K., Kaizik, A., Scholz, B., and Nehring, R. (to Hüls AG) (1998) Patent DE 19654340.
13. Roussel, P.B. (to Exxon Chemical Patents, Inc.) (1997) Patent US 5,600,031.
14. Blankertz, H.-J., Grenacher, A.V., Sauer,

F., Schwahn, H., and Schönmann, W. (to BASF Aktiengesellschaft) (1998) Patent WO 98/12235.

15. Cornils, B. (1980) in *New Syntheses with Carbon Monoxide, Reactivity and Structure, Concepts in Organic Chemistry*, vol. 11 (ed. J. Falbe), Springer-Verlag, Berlin, pp. 162–165.
16. For some recent investigations, see e.g.: Godard, C., Duckett, S.B., Polas, S., Tooze, R., and Whitwood, A.C. (2009) *Dalton Trans.*, 2496–2509.
17. Klingler, R.J., Chen, M.J., Rathke, J.W., and Kramarz, K.W. (2007) *Organometallics*, **26**, 352–357.
18. Tucci, E.R. (1970) *Ind. Engl. Chem. Prod. Res. Dev.*, **9**, 516–521.
19. (a) Mason, R.F., van Winkle, J.L. (to Shell Oil Company) (1968) Patent US 3,400,163; (b) van Winkle, J.L., Lorenzo, S., Morris, R.C., and Mason, R.F. (to Shell Oil Company) (1969) Patent US 3,420,898.
20. Steynberg, J.P., Govender, K., and Steynberg, P.J. (to Sasol Technology Ltd.) (2002) Patent WO 2002014248.
21. Steynberg, J.P., van Rensburg, H., Grove, J.J.C., Otto, S., and Crause, C. (to Sasol Technology Ltd.) (2003) Patent WO 2003068719.
22. Birbeck, J.M., Haynes, A., Adams, H., Damoense, L., and Otto, S. (2012) *ACS Catal.*, **2**, 2512–2523.
23. Cornely, W. and Fell, B. (1982) *J. Mol. Catal.*, **16**, 89–94.
24. De Boer-Wildschut, M., Charernsuk, M., Krom, C.A., and Pringle, P.G. (to Shell Internationale Research Maatschappij B. V.) (2012) Patent WO 2012/072594.
25. Achonduh, G., Yang, Q., and Alper, H. (2015) *Tetrahedron*, **71**, 1241–1246.
26. Mika, L.T., Orha, L., van Driessche, E., Garton, R., Zih-Perényi, K., and Horvath, I.T. (2013) *Organometallics*, **32**, 5326–5332.
27. Dabbawala, A.A., Parmar, D.U., Bajaj, H.C., and Jasra, R.V. (2008) *J. Mol. Catal. A: Chem.*, **282**, 99–106. 24
28. Cotton, F.A., Faut, O.D., Goodgame, D.M.L., and Holm, R.H. (1961) *J. Am. Chem. Soc.*, **83**, 1780–1785.
29. Dabbawala, A.A., Parmar, J.N., Jasra, R.V., Bajaj, H.C., and Monflier, E. (2009) *Catal. Commun.*, **10**, 1808–1812.
30. Haumann, M., Meijboom, R., Moss, J.R., and Roodt, A. (2004) *Dalton Trans.*, 1679–1686.
31. Meijboom, R., Haumann, M., Roodt, A., and Damoense, L. (2005) *Helv. Chim. Acta*, **88**, 676–693.
32. Dengler, J.E., Doroodian, A., and Rieger, B. (2011) *J. Organomet. Chem.*, **696**, 3831–3835.
33. Arias, J.L., Sharma, P., Cabrera, A., Beristain, F., Sampere, R., and Arizmendi, C. (2013) *Trans. Met. Chem.*, **38**, 787–792.
34. Himmele, W. and Siegel, H. (1976) *Tetrahedron Lett.*, **12**, 907–910.
35. Laitar, D.L., Kramer, J.W., Whiting, B.T., Lobkovsky, E.B., and Coates, G.W. (2009) *Chem. Commun.*, 5704–5706.
36. Mulzer, M. and Coates, G.W. (2011) *Org. Lett.*, **13**, 1426–1428.
37. (a) Han, Y.-Z. (to Arco Chemical Technology L. P.) (2001) Patent US 6,323,374; (b) (2002) Patent US 6,376,724; (c) (2002) Patent US 6,376,720.

1.5 铑催化的氢甲酰化

1.5.1 历史和工艺要点

在化工领域中，铑是除钴之外唯一应用在氢甲酰化中的金属。按照 Cornils[1] 对化工领域氢甲酰化反应的分类，前两代氢甲酰化反应是基于钴催化剂，第三代是基于铑催化剂。20 世纪 70 年代，第一批反应装置开始在工业中投入使用[1974

年:鲁尔化学(现在的塞拉尼斯);1976 年:美国联合碳化物公司(现在的陶氏);
25 1978 年:三菱化学]。这些反应装置应用中温(85~130℃)、低压(1.8~6.0 MPa)合成气以及含磷配体的铑催化剂。此种低压羰基合成反应(Low-Pressure Oxo-Processes,简称 LPOs)至今仍在许多大型化工企业中广泛使用。反应中通常优先使用短链纯烯烃作为底物。包括乙烯、丙烯和丁烯的转化在内的约 70%的氢甲酰化是基于此种工艺实现的。

铑催化的氢甲酰化与前两代反应的最主要不同在于产品的分离和铑催化剂中金属铑的再利用。Wiese 和 Obst 曾为一个 400 千吨级的反应装置做过估算,当每千克产品中有百万分之一的铑损失时,经济损失可高达数百万欧元[2]。由此可见有效回收催化剂的重要性。可能的有效回收方法是使用过量的合成气将低沸点产品反萃取(即气体回收法)。这种方法仅适用于上至戊烯的烯烃的氢甲酰化。最近发展出的另一种分离方法是将产品通过蒸馏进行移除(即液体回收法)。此方法中催化剂遗留在含高沸点冷凝产品的残渣中直接进入下一轮使用。这种方法还可以应用在链长大于 C_6 的烯烃的氢甲酰化反应的后处理过程中。在反应过程控制得当、产品纯度得到有效保证的情况下,催化剂的使用寿命可以长达 1 年。

1984 年,第四代氢甲酰化反应,即含水两相氢甲酰化反应在鲁尔化学下属的德国奥伯豪森工厂投入使用。该装置当时的年产量为 100 kt/a[1],现在的产量为 500 kt/a。铑催化剂被固定在水相中,其高水溶性由磺化膦配体(TPPTS)来提供。为避免热应力,催化剂在产品蒸馏前被转移至水相中。这样铑的损失可以维持在十亿分之几的范畴。

当烯烃的链长小于等于 C_{10} 时,主要使用均相未修饰或配体修饰的铑催化剂来实现其转化。这种催化剂比钴催化剂要活跃约 1 000 倍。使用铑催化剂最大的优势在于,减小了合成气的压力,降低了反应温度。这一特点在化学工业中也有所体现:20 世纪 80 年代只有不到 10%的氢甲酰化由铑催化,这一比例在 1995 年增加至约 80%[3]。另外,在一些个例中,复合使用铑和钴催化剂也取得了很好的效果[4]。

使用铑金属的最大问题在于其价格长年居高不下且极不稳定。世界市场上的铑金属价格被汽车工业垄断,因其占用了约 80%的铑用于催化式尾气净化器。

随着铑催化氢甲酰化反应在工艺上的巨大成功,相关工业及学术研究都聚焦于此金属。据不完全统计,近十年来以氢甲酰化为关键词的学术文章及专利有 80%与铑催化剂相关。

26 **1.5.2 催化剂母体**

现今人们不光使用配体修饰的铑配合物,也仍在使用未修饰的铑配合物[5]。作为催化剂母体,许多配合物使用的是铑的 0、I、II 或 III 氧化态。

特别是早些时候,人们使用的是最便宜的铑盐 $RhCl_3$。偶尔 Rh_2O_3[6]、$Rh(OAc)_3$[7]、Rh(2-乙基己酸化物)$_3$[8]、$Rh_2(SO_4)_3$[9]或者 $Rh(NO_3)_3$[10]也会被建议(或者至少在专利中被提及)使用于制备水溶的或者异相的催化剂。

三氯化铑(III)来自 Na_3RhCl_6,此产物由铑从其他铂族金属的分离过程中直接得到(图解 1.20)。钠盐经离子交换色谱法转化为 H_3RhCl_6。盐从水中重结晶得到了水合三氯化物,因其溶解度远高于其他非水合 $RhCl_3$,有时也称之为可溶铑三氯化物[11]。$RhCl_3$ 与取代 1,3 -酮反应得到相应的 1,3 -氧代丙烯醇配合物[12],例如 $Rh(acac)_3$(乙酰丙酮化物,acetylacetonate 简称 acac)[13]。接下来便有可能用乙酰丙酮化物和乙酸阴离子来取代氯配体[14]。二聚铑(II)乙酸盐可以通过在乙酸中加热铑(III)氯化物还原得到(图解 1.20)[15]。

Na_3RhCl_6 —离子交换→ H_3RhCl_6 —重结晶→ $RhCl_3 \cdot 3H_2O$ —乙酸,回流→ $Rh_2(OAc)_4$

图解 1.20 从 $RhCl_3$ 中制备铑催化剂母体

与后来发展起来的铑(I)催化剂母体相比,从铑(III)中得到的相应的催化剂有时会相对较不活跃,且对起始烯烃的异构化作用较强[16]。一般来说,用氢气来取代氯配体并不容易,所以通常会建议使用胺作为反应产物氯化氢的清除剂。近来,$RhCl_3 \cdot 3H_2O$ 的潜力又被重新发掘。在不对称氢甲酰化反应中,$RhCl_3 \cdot 3H_2O$ 可生成铑(0)纳米颗粒。此外它亦可用于催化剂在硅酸盐上的固定[17]。

有时多核簇如 $Rh_4(CO)_{12}$ 或 $Rh_6(CO)_{16}$ 也被用于生成铑催化剂[18]。在小型生产装置中曾试验使用过将金属铑负载在无机材料上(碳,Al_2O_3)。这时加入常用的磷配体[PPh_3,$P(OPh)_3$]可以将铑从异相层中分离,即活化铑催化剂(Activated Rhodium Catalyst,简称 ARC)[19,20]。近期,配体(Xantphos,PPh_3,BIPHEPHOS)修饰的或未修饰的铑(0)纳米颗粒被作为催化剂母体用在无溶剂氢甲酰化反应中[21]。人们推测这种金属颗粒在反应条件下可以分解转化为可溶单核铑化合物,进而催化氢甲酰化。

今天在工业用氢甲酰化中,除了铑(II)乙酸盐[18,22],其他羧酸盐也被推荐使 27
用。其中包括铑的甲酸盐[23]、异丁酸盐[24]、辛酸盐[25]或壬酸盐[26]。这些盐可以通过阴离子交换的方式从铑(II)醋酸盐中得到。特别是对应的双二乙基己酸盐是很常用的催化剂母体[27]。其中阴离子可以从 2 -乙基己醇的氧化中无限量地得到[28],而 2 -乙基己醇是由氢甲酰化反应得到的最多产物之一。

现今许多实验室在氢甲酰化反应中使用 $Rh(acac)(CO)_2$(**1**,图解 1.21),特别是使用在制备有磷配体修饰的催化剂中[29]。它可由含 CO 键的前体如$[Rh(\mu\text{-}Cl)(CO)_2]_2$ 和乙酰丙酮在碱性条件下反应生成[30],或者通过 $RhCl_3 \cdot 3H_2O$ 在乙酰丙酮和 *N*,*N* -二甲基甲酰胺(DMF)中回流得到,后者用来提供 CO[31]。后一种反应在超声效果下更容易实现[32]。随着接下来膦配体的加入,配位修饰的催化剂前体即可得到[32,33]。值得一提的是,Poliakoff 和 George 的研究表明,在有氢气或无氢气条件下,$Rh(acac)(CO)_2$ 单独与烯烃反应生成 Rh(acac)(CO)(链烯)型配合物[34]。此外,$Rh(acac)(链烯)_2$ 型配合物也是已知的[35]。在加压 CO 条件下,两种配合物即便是固态，都能不可逆地形成 Rh(acac)$(CO)_2$[34]。另外，在研究反应机理时，人们偶尔也会使用 Rh(acac)$(ethylene)_2$(ethgylene＝乙烯)[36]。

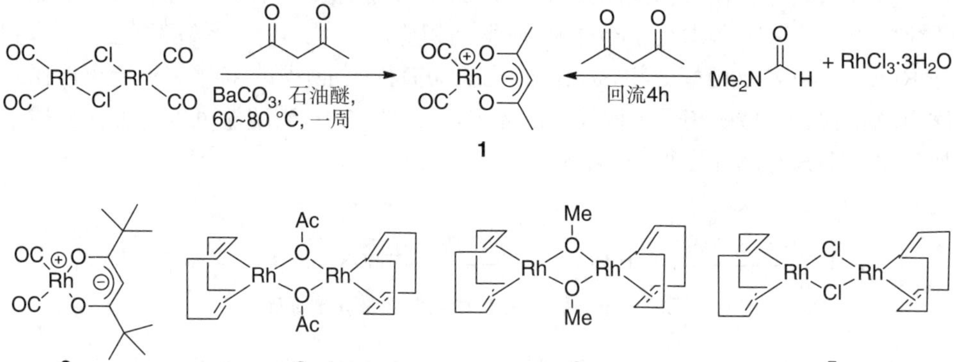

图解 1.21 Rh(acac)$(CO)_2$ 的制备和其他典型铑催化剂母体

近来，Breit 和其同事的研究[37]表明，在苯乙烯的不对称氢甲酰化反应中，金属催化剂母体的活性和对映异构体的选择性会受到影响。[Rh$(NBD)_2$]BF_4(降冰片二烯，简称 NBD)或[Rh(OMe)(COD)]$_2$(1,5 -环辛二烯，简称 COD)能迅速被活化，但只有后者的对映异构体选择性能保持。当使用 Rh(acac)$(CO)_2$ 时，建议需要几个小时
28 的预反应时间。但令人遗憾的是，此种情况下产品会丢失一小部分光学纯度。

Nolte 建议用二羰基二叔戊酰甲烷[2,2,6,6 - tetramethyl - 3,5 - heptanedionate，简称 TMHD，(**2**)]合铑来代替 Rh(acac)$(CO)_2$，因其在溶剂中的保质期更长(图解 1.21)[38]。或者，用[Rh(μ-OAc)(COD)]$_2$(**3**)或[Rh(μ-OMe)(COD)]$_2$(**4**)来生成铑催化剂前体[39,40]。还有许多证据表明[Rh(μ-Cl)(COD)]$_2$(**5**)作为典型氢化反应催化剂的前体，也对诸如催化串联反应和铑催化剂的异相化适用[41-43]。值得注意的是，在氢甲酰化条件下，尤其是在室温下(40℃以下)，从催化前体中生成氢化铑需要一段相当长的时间(5～10 h)，所以有时建议需要一段诱导时间[44]。

Kalck[45]、Pérez-Torrente 和 Oro[46]、Claver[47]以及 Gladiali[48]的研究小组对双核烃硫桥联铑配合物进行了研究，希望能在两个金属中心之间产生合作效应(图 1.4)。由于这种二烃硫基配合物有异构体，研究人员推测，不同的几何结构[(a)～(c)]可能有助于提高催化剂的区域选择性和立体选择性。尽管如此，由于 CO 的竞争，学术界关于硫配体是否保持在整个催化循环中仍存有争议[49]。而且必须考虑的是，使用这种有恶臭的含硫化合物是有缺陷的，尤其是在生产有香气的化合物时。还有一个问题是，硫化合物可能会影响异相铑催化的氢甲酰化反应[50]。与其相反，Rosales 的研究小组对均相的配合物[HRh$(CO)_4$，HRh$(CO)_2(PPh_3)_2$，HRh$(CO)_2$(dppe)，Rh(CO)(μ-Pz)(TPPTS)]$_2$(dppe 为二苯基膦乙烷的简称)的研究并没有显示出在硫化合物高达 2 500 mg/kg 浓度存在的情况下，速率有任何减少[51]。

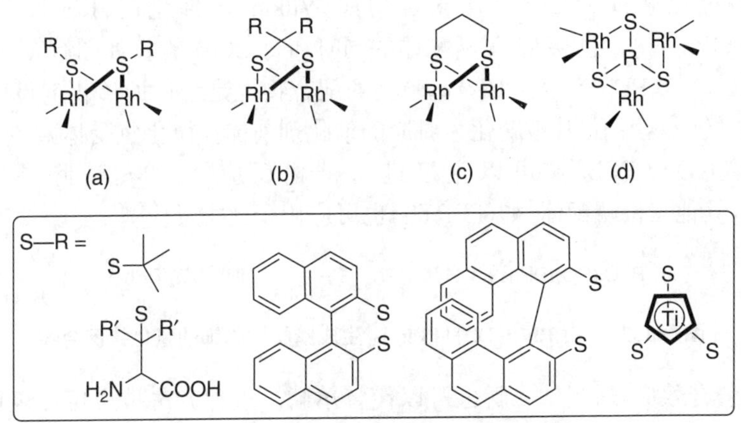

图 1.4 烃硫桥联多核铑簇及硫桥的类型

Alper 在许多研究中使用了两性离子铑配合物(图解 1.22)。这些配合物可以由氯化铑和四苯硼钠及一种环二烯在液体甲醇中简单制备[52]。在合成气的效用方面,双烯(COD 或 NBD)被 CO 取代[53]。NBD 在室温下就可以被取代,而 COD 的取代则需要温和加热。COD 相关的催化剂前体在各种氢甲酰化反应中都被特别地试用研究[54]。 29

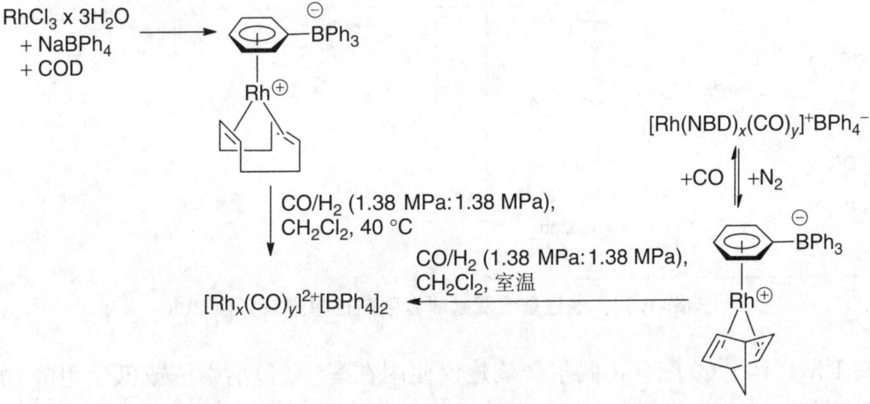

图解 1.22 由两性离子 Rh(BPh_4)配合物形成羰基配合物

通常配位修饰的催化剂前体是由金属催化剂母体和有机配体(三价磷配体、氮配体、卡宾)反应生成得到。参与配位的配体数量取决于配体性质(空间排列特性和电子特性)、配体与铑金属的比例以及氢甲酰化反应过程中 CO 的分压力。在催化剂中,适量的二合配位体在铑中心以螯合的方式进行配位,采用平展-平展(ee)或平展-直立(ea)的几何结构[55]。

在催化反应中,磷和氮配体大多数情况下都需过量加入适当的金属配合物中。而使用卡宾配体时,就不需要过量加入了(见第 2.4 节)。在合成气存在的条件下，膦配位修饰无 CO 的铑化合物如 Wilkinson 催化剂、$RhCl(PPh_3)_3$，或 $HRh[(P(OPh_3)_3]_3$ 可以在丢失膦配体的同时加入 CO[56,57]。如图解 1.23 的例子所示，$RhX(CO)(PPh_3)_2$(X=Cl,Br,I)型的配合物也是合适的催化剂母体[58]。在合成气/氢气的效用下，其被转化为对应的催化剂前体。卤化氢受体减少了预制时
30 间。$HRh(CO)(PPh_3)_3$ 可以直接进入催化反应[59]。当然，除了 PPh_3 或 $P(OPh)_3$，其他三价磷配体(如 TPPTS)也可应用于此类反应[60]。

$$RhCl(CO)(PPh_3)_2 + H_2 + PPh_3 \xrightarrow[-HCl]{} HRh(CO)(PPh_3)_3$$

图解 1.23　由 $RhCl(CO)(PPh_3)_2$ 生成膦配位修饰的氢化铑配合物

因为螯合效应，适当的二膦也可以代替单膦。这种方法被应用在氢甲酰化领域，用来由 $HRh(CO)(PPh_3)_3$ 合成对应的螯合配合物(图解 1.24)[61]。值得一提的是，强碱性单膦如 $PEtPh_2$ 可以取代配位的 PPh_3。

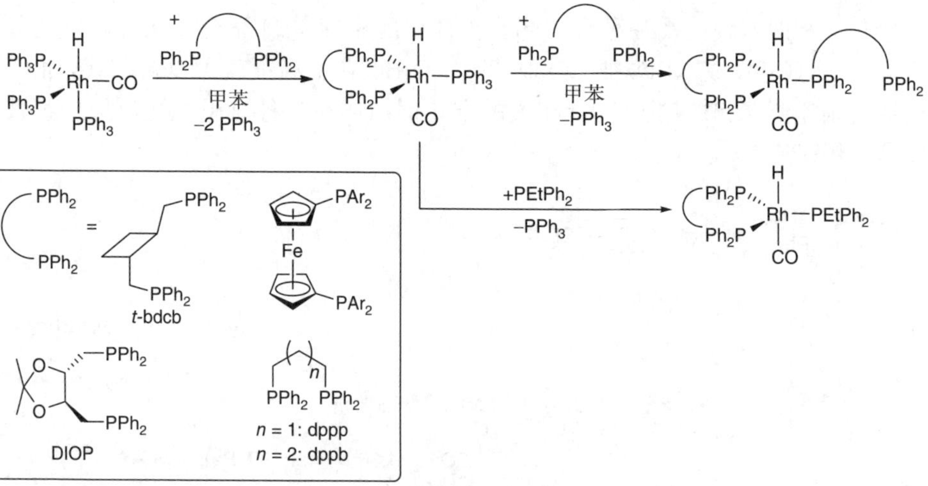

图解 1.24　通过螯合双膦或者强碱性单膦来置换 PPh_3

$[Rh(P\text{-}P)_2]Cl$ 配合物偶尔会被建议使用在醛类(包括甲醛或低聚甲醛)的脱羰中(见第 3 章、第 8 章)[62]。其制备方法为混合 $RhCl_3 \cdot 3H_2O$ 与两倍量的二膦。带有三配位三膦的铑催化剂也同样用在醛类脱羰中，此催化剂通过在$[RhCl(NBD)]_2$ 中用三膦置换配位的 NBD 得到[63]。

在 Wilkinson 配合物中，卡宾可以置换一个配位 PPh_3(图解 1.25)[64]。

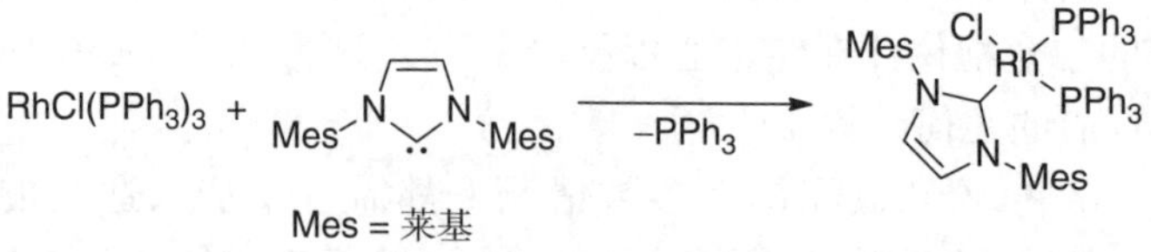

Mes = 莱基

图解 1.25　置换一个配位 PPh_3 得到卡宾配合物

两性离子铑配合物中的二烯有可能被螯合膦置换。NMR 图谱显示，如图解 31
1.26 的例子，第一步反应中与二膦形成的阳离子铑在空气条件下失去 COD，并形成了新的两性离子配合物[52]。在氢甲酰化反应中常常可以发现这样的化合物[65]。

dppb = 1,4-双（二苯基膦基）丁烷

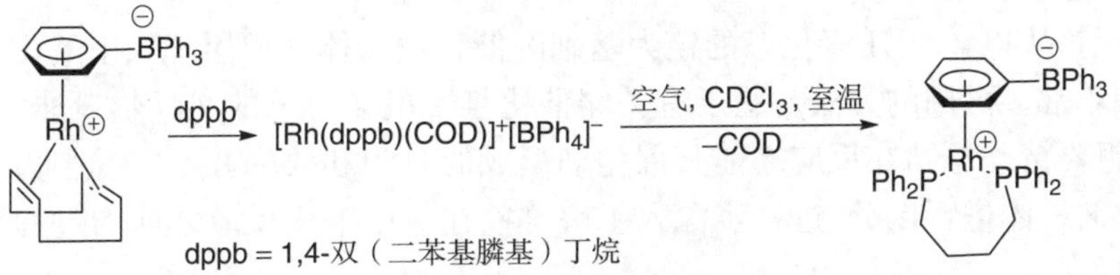

图解 1.26　在两性离子铑配合物中用螯合二膦置换二烯

在联合氢化步骤（例如氢化胺甲基化，见第 5.4 节）的氢甲酰化反应中，同时使用 Rh(acac)$(CO)_2$ 和[Rh$(COD)_2$]BF_4 及一种单配位修饰配体是有其优势的[66]。前一种铑配合物形成了活性氢甲酰化催化剂 **A**，后一种则是氢化催化剂 **B** 的母体。这两者处于平衡中（图解 1.27）。

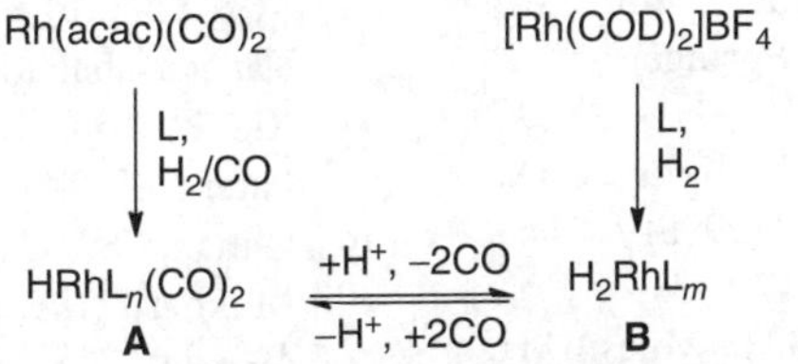

图解 1.27　合成气或氢气条件下一种典型的氢甲酰化和氢化反应催化剂的平衡

由催化剂前体生成催化剂时，有可能导致酸性化合物的形成（如 Hacac、酸、醇），并由此造成含 P—O 键配体的分解。这一问题可以通过使用邻位金属化的铑配合物来避免[67]。图解 1.28 中的有机金属化合物 **1** 是被单齿亚磷酸三酯 Alkanox® 240 配位的结晶质，易于保存和操作[68]。只有在合成气（氢气）条件下，相应的催化剂前体才能迅速通过由氢解作用造成的 Rh—C 键断裂释放出来[69]。在预制反应中，COD 中的一个双键被氢甲酰化，另一个双键被氢化，产生环辛烷甲醛。

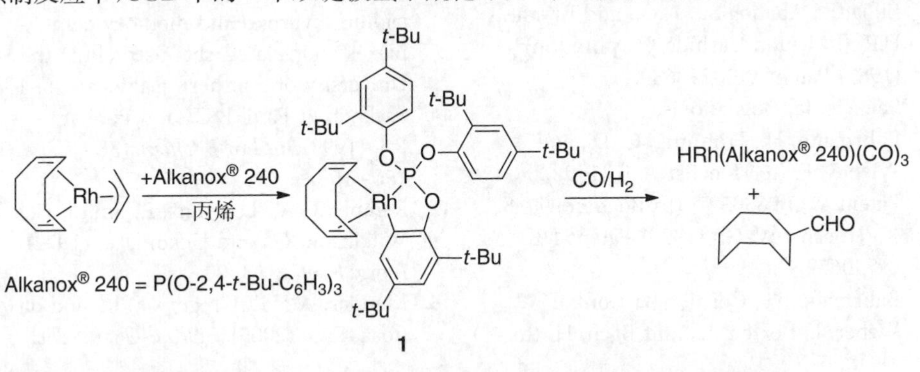

Alkanox® 240 = P(O-2,4-*t*-Bu-C_6H_3)$_3$

图解 1.28　从邻位金属化催化剂前体中制备配位修饰的铑催化剂

在对流动反应釜中的氢甲酰化反应产物进行蒸馏时，催化剂的邻位金属化也
32 会发生。特别是当烯烃过量时，用纯CO取代氢后，就更倾向于生成邻位金属化铑配合物[70]。由此，催化剂可能的分解途径就被阻止了。

1.5.3 总结和结论

目前，从以0～III氧化态的铑为基础的催化剂母体生成用于氢甲酰化的铑催化剂有非常多可用的方法。鉴于有关铑催化氢甲酰化工艺的文献数量非常庞大，因此，想要精确总结在反应之前其催化剂形成的时间和效率并不容易。为了对不同催化剂母体进行区分，进一步深入了解这些在氢甲酰化反应之前的过程还是很有必要的。

参考文献

33
1. Bohnen, H.-W. and Cornils, B. (2002) *Adv. Synth. Catal.*, **47**, 1–64.
2. Wiese, K.-D. and Obst, D. (2008) in *Catalytic Carbonylation Reactions*, Topics in Organometallic Chemistry, vol. 18 (ed. M. Beller), Springer, Heidelberg, pp. 1–33.
3. Beller, M., Cornils, B., Frohning, C.D., and Kohlpaintner, C.W. (1995) *J. Mol. Catal. A: Chem.*, **104**, 17–85.
4. Kirk, F.A., Whitfield, G.H., Miles, D.H., and Hugh, D. (to Imperial Chemical Industries PLC) (2002) Patent WO 2002072520.
5. Lazzaroni, R., Settambolo, R., and Caiazzo, A. (2001) Hydroformylation with unmodified rhodium catalysts, in *Rhodium Catalyzed Hydroformylation* (eds P.W.N.M. van Leeuwen and C. Claver), Kluwer Academic Publishers, Dordrecht.
6. Billig, E., Abatjoglou, A.G., and Bryant, D.R. (to Union Carbide Corporation) (1987) Patent EP 0213639.
7. See e.g.: (a) Bogdanovic, S., Bahrmann, H., Frohning, C.-D., and Wiebus, E. (to Hoechst AG) (1998) Patent WO 9830527; (b) Bogdanovic, S. (to Hoechst A.-G.) (1999) Patent DE 19740672.
8. Bahrmann, H., Cornils, B., Konkol, W., Weber, J., Bexten, L., and Bach, H. (to Ruhrchemie Aktiengesellschaft) (1986) Patent EP 0216314; DE 3534317 (1987).
9. (a) Xia, Z., Klöckner, U., and Fell, B. (1996) *Fett/Lipid*, **98**, 313–321; (b) Bahrmann, H., Fell, B., Kanagasabapathy, S., Lappe, P., and Xia, Z. (to Celanese GmbH) (1999) Patent EP 0761635.
10. Chuang, S.S.C., Srinivas, G., and Mukherjee, A. (1993) *J. Catal.*, **139**, 490–503.
11. Brauer, G. (ed) (1963) *Handbook of Preparative Inorganic Chemistry*, 2nd edn, vol. 1, Academic Press, New York, p. 1587.
12. Chen, J. and Alper, H. (1997) *J. Am. Chem. Soc.*, **119**, 893–895.
13. Belyaev, A.V., Venediktov, A.B., Fedotov, M.A., and Khranenko, S.P. (1985) *Koord. Khim.*, **11**, 794; cited in: Tenn, W.J. III, (2007) CH activation and catalysis with iridium hydroxo and methoxy complexes and related chemistry. PhD thesis. University of Southern California, p. 108.
14. Sarkhel, P., Paul, B.C., and Poddar, R.J. (1999) *Indian J. Chem.*, **38A**, 150–155.
15. Rempel, G.A., Legzdins, P., Smith, H., Wilkinson, G., and Ucko, D.A. (1972) *Inorg. Synth.*, **13**, 90.
16. Mendes, A.N.F., Gregorio, J.R., and da Rosa, R.G. (2005) *J. Braz. Chem. Soc.*,

16, 1124–1129.

17. (a) Han, D., Li, X., Zhang, H., Liu, Z., Hu, G., and Li, C. (2008) *J. Mol. Catal. A: Chem.*, **283**, 15–22; (b) He, Y., Chen, G., Kawi, S., and Wong, S. (2009) *J. Porous Mater.*, **16**, 721–729.
18. (a) Fell, B., Schobben, C., and Papadogianakis, G. (1995) *J. Mol. Catal. A: Chem.*, **101**, 179–186; (b) Jiao, F., Le, Z., Yang, J., Gao, R., Xu, J., and Yin, Y. (1995) *Fenzi Cuihua*, **9**, 65–70; *Chem. Abstr.*, **122** (1995) 190983.
19. Friedrich, J.P. (1978) *Ind. Eng. Chem. Prod. Res. Dev.*, **17**, 205–207.
20. (a) Frankel, E.N. (1971) *J. Am. Oil Chem. Soc.*, **48**, 248–253; (b) Frankel, E.N. and Thomas, F.L. (1972) *J. Am. Oil Chem. Soc.*, **49**, 10–14.
21. (a) Bruss, A.J., Gelesky, M.A., Machado, G., and Dupont, J. (2006) *J. Mol. Catal. A: Chem.*, **252**, 212–218; (b) Behr, A., Brunsch, Y., and Lux, A. (2012) *Tetrahedron Lett.*, **53**, 2680–2683.
22. (a) Bahrmann, H., Cornils, B., Konkol, W., and Lipps, W. (to Ruhrchemie A.-G.) (1985) Patent DE 3412335; (b) Myazawa, C., Mikami, H., Tsuboi, A., Oomori, and Y. (to Mitsubishi Kasei Corp.) (1988) Patent JP 63218640 ; *Chem. Abstr.*, **110** (1989) 40892; (c) MacDougall, J.K. and Cole-Hamilton, D.J. (1990) *Chem. Commun.*, 165–167; (d) He, D., Pang, D., Wei, L., Chen, Y., Wang, T.-E., Liu, J., Liu, Y., and Zhu, Q. (2002) *Catal. Commun.*, **3**, 429–433.
23. Beavers, W.A. (to Eastman Chemical Company) (1992) Patent US 5,135,901.
24. Wiese, K.-D., Protzmann, G., Koch, J., Roettger, D., and Trocha, M. (to Oxeno Olefinchemie Gmbh) (2002) Patent US 6,492,564.
25. Wiese, K.-D., Trocha, M., Röttger, D., Tötsch, W., Kaizik, A., and Büschken, W. (to Oxeno Olefinchemie GmbH) (2002) Patent EP 1193239.
26. Toetsch, W., Kaizik, A., and Schulte-Althoff, H.-J. (to Oxeno Olefin- chemie GmbH) (2007) Patent US 7232,931.
27. (a) See e.g.: Devon, T.J., Phillips, G.W., Puckette, T.A., Stavinoha, J.L., and Vanderbilt, J.J. (to Eastman Kodak Company) (1987) Patent US 4,694,109; (b) Bahrmann, H., Cornils, B., Konkol, W., Weber, J., Bexten, L., and Bach, H. (to Ruhrchemie Aktiengesellschaft) (1988) Patent US 4,723,047; (c) Beavers, W.A. (to Eastman Kodak Company) (1990) Patent US 4,973,741; (d) Herrmann, W.A., Manetsberger, R., Bahrmann, H., and Kohlpaintner, C. (to Hoechst Aktiengesellschaft) (1994) Patent US 5,347,045; (e) Puckette, T.A., Tolleson, G.S., Devon, T.J., and Stavinoha, J.L. Jr., (to Eastman Chemical Company) (2004) Patent US 6,693,219; (f) Moeller, O., Wiese, K.-D., Hess, D., Borgmann, C., Kaizik, A., and Fridag, D. (to Oxeno Olefinchemie GmbH) (2007) Patent US 7,193,116; (g) Liu, Y.-S. and Rodgers, J.L. (to Eastman Chemical Company) (2011) Patent US 7,872,156.
28. Lu, C., Zhao, B.-X., Zhang, Y.-Z., Zhang, X.-L., and Ma, X.-X. (2011) *Xi'an Keji Daxue Xuebao*, **31**, 205–208; *Chem.* 34
Abstr., **155** (2011) 274124.
29. (a) Trzeciak, A.M. and Ziółkowski, J.H. (1982) *Inorg. Chim. Acta*, **64**, L267–L268; (b) van Eldik, R., Aygen, S., Keim, H., Trzeciak, A.M., and Ziółkowski, J.H. (1985) *Transition Met. Chem.*, **10**, 167–171.
30. Bonati, F. and Wilkinson, G. (1964) *J. Chem. Soc.*, 3156–3160.
31. (a) Varshavskii, Y.S. and Cherkasova, T.G. (1967) *Zh. Neorg. Khim.*, **12**, 1709; *Chem. Abstr.*, **67** (1967) 73670; (b) Varshavskii, Y.S., Kiseleva, N.V., Cherkosava, T.G., and Buzina, N.A. (1971) *J. Organomet. Chem.*, **31**, 119–122.
32. Yang, D., Zhang, Q., Wei, T., and Song, Z. (to Beijing Gaoxinlihua Catalytic Material Manufacturing Co.) (2015) Patent CN 104370972; *Chem. Abstr.*, **162** (2015) 393363.
33. (a) Bayer, E. and Schurig, V. (1975)

Angew. Chem., **87**, 484–485; (b) Yoshida, S., Ogomori, Y., Watanabe, Y., Honda, K., Goto, M., and Kurahashi, M. (1988) *J. Chem. Soc., Dalton Trans.*, 895–897.

34. Zhang, J., Sun, X.-Z., Poliakoff, M., and George, M.W. (2003) *J. Organomet. Chem.*, **678**, 128–133.
35. Jesse, A.C., Gijben, H.P., Stufkens, D.J., and Vrieze, K. (1978) *Inorg. Chim. Acta*, **31**, 203–210.
36. Lochow, C.F. and Miller, R.G. (1976) *J. Am. Chem. Soc.*, **98**, 1281–1283.
37. Almendinger, S., Kinuta, H., and Breit, B. (2015) *Adv. Synth. Catal.*, **357**, 41–45.
38. (a) Coolen, H.K.A.C., van Leeuwen, P.W.N.M., and Nolte, R.J.M. (1996) *J. Org. Chem.*, **61**, 4739–4747; (b) Burke, P.M., Garner, J.M., Tam, W., Kreutzer, K.A., and Teunissen, A.J.J. (to DSM N. V./Du Pont de Nemours and Company) (1997) Patent WO 97/33854.
39. (a) Chatt, J. and Venanzi, L.M. (1957) *J. Chem. Soc.*, 4735–4741; (b) Miyake, T. and Tanaka, Y. (to Mitsubishi Chemical Corp.) (2011) Patent JP 2011246426; *Chem. Abstr.*, **156** (2011) 34830.
40. See e.g.: de Freitas, M.C., de Oliveira, K.C.B., de Carmago Faria, A., dos Santos, E.N., and Gusevskaya, E.V. (2014) *Catal. Sci. Technol.*, **4**, 1954–1959.
41. (a) See e.g.: Lee, B. and Alper, H. (1996) *J. Mol. Catal. A: Chem.*, **111**, 17–23; (b) Bhanage, B.M., Divekar, S.S., Deshpande, R.M., and Chaudhari, R.V. (2000) *Org.*
35 *Proc. Res. Dev.*, **4**, 342–345; (c) Lee, J.-K., Yoon, T.-J., and Young, K. (2001) *Chem. Commun.*, 1164–1165; (d) Hamza, K. and Blum, J. (2007) *Eur. J. Org. Chem.*, **2007**, 4706–4710; (e) Abu-Reziq, R., Alper, H., Wang, D., and Post, M.L. (2006) *J. Am. Chem. Soc.*, **128**, 5279–5282.
42. (a) For use in tandem reactions, compare e.g.: Hollmann, C. and Eilbracht, P. (1999) *Tetrahedron Lett.*, **40**, 4313–4316; (b) Hollmann, C. and Eilbracht, P. (2000) *Tetrahedron*, **56**, 1685–1692; (c) Verspui, G., Elbertse, G., Sheldon, F.A., Hacking, M.A.P.J., and Sheldon, R.A. (2000) *Chem. Commun.*, 1363–1364.
43. (a) For the incorporation of rhodium catalysts in higher molecular structures or for heterogenization, compare e.g.: Diaz-Aunon, J.A., Roman-Martinez, M.C., and Salinas-Martinez de Lecea, C. (2001) *J. Mol. Catal. A: Chem.*, **170**, 81–93; (b) Bourque, S.C., Alper, H., Manzer, L.E., and Arya, P. (2000) *J. Am. Chem. Soc.*, **122**, 956–957.
44. Buisman, G.J.H., Martin, M.E., Vos, E.J., Klootwijk, A., Kamer, P.C.J., and van Leeuwen, P.W.N.M. (1995) *Tetrahedron: Asymmetry*, **6**, 719–738.
45. (a) Kalck, P., Frances, J.M., Pfister, P.M., Southern, T.G., and Thorez, A. (1983) *J. Chem. Soc., Chem. Commun.*, 510–511; (b) Kalck, P. (1989) *Pure Appl. Chem.*, **61**, 967–971; (c) Monteil, F., Queau, R., and Kalck, P. (1994) *J. Organomet. Chem.*, **480**, 177–184.
46. (a) Vargas, R., Rivas, A.B., Suarez, J.D., Chaparros, I., Ortega, M.C., Pardey, A.J., Longo, C., Perez-Torrente, J.J., and Oro, L.A. (2009) *Catal. Lett.*, **130**, 470–475; (b) Pardey, A.J., Suárez, J.D., Ortega, M.C., Longo, C., Pérez-Torrente, J.J., and Oro, L.A. (2010) *Open Catal. J.*, **33**, 44–49.
47. (a) Masdeu, A.M., Orejón, A., Ruiz, A., Castillón, S., and Claver, C. (1994) *J. Mol. Catal.*, **94**, 149–156; (b) Diéguez, M., Claver, C., Masdeu-Bultó, A.M., Ruiz, A., van Leeuwen, P.W.N.M., and Schoemaker, G.C. (1999) *Organometallics*, **18**, 2107–2115; (c) Casado, M.A., Pérez-Torrente, J.J., Ciriano, M.A., Torro, L.A., Orejon, A., and Claver, C. (1999) *Organometallics*, **18**, 3035–3044; (d) Rivas, A.B., Pérez-Torrente, J.J., Pardey, A.J., Masdeu-Bultó, A.M., Diéguez, M., and Oro, L.A. (2009) *J. Mol. Catal. A: Chem.*, **300**, 121–131.

48. Ruiz, N., Aaliti, A., Forniés-Cámer, J., Ruiz, A., Claver, C., Cardin, C.J., Fabbri, D., and Gladiali, S. (1997) *J. Organomet. Chem.*, **545–546**, 79–87.
49. van Leeuwen, P.W.N.M. and Chadwick, J.C. (2011) *Homogeneous Catalysts – Activity-Stability-Deactivation*, Wiley-VCH Verlag GmbH, Weinheim.
50. (a) Eisen, M., Bernstein, T., Blum, J., and Schubert, H. (1987) *J. Mol. Catal.*, **43**, 199–212; (b) Balakos, M.W., Pien, S.I., and Chuang, S.S.C. (1991) *Stud. Surf. Sci. Catal.*, **68**, 549–556.
51. (a) Rosales, M., Chacon, G., Gonzales, A., Pacheco, I., and Baricelli, P.J. (2007) *React. Kinet. Catal. Lett.*, **92**, 105–110; (b) Baricelli, P.J., Lopez-Linares, F., Rivera, S., Melean, L.G., Guanipa, V., Rodriguez, P., Rodriguez, M., and Rosales, M. (2008) *J. Mol. Catal. A: Chem.*, **291**, 12–16.
52. Schrock, R.R. and Osborn, J.A. (1970) *Inorg. Chem.*, **9**, 2339–2343.
53. Zhou, Z., Facey, G., James, B.R., and Alper, H. (1996) *Organometallics*, **15**, 2496–2503.
54. (a) Amer, I. and Alper, H. (1990) *J. Am. Chem. Soc.*, **112**, 3674–3676; (b) Zhou, J.-Q. and Alper, H. (1991) *J. Chem. Soc., Chem. Commun.*, 233–234; (c) Crudden, C.M. and Alper, H. (1994) *J. Org. Chem.*, **59**, 3091–3097.
55. (a) Moasser, B., Gladfelter, W.L., and Roe, C.D. (1995) *Organometallics*, **14**, 3832–3838; (b) van Rooy, A., Kamer, P.C.J., van Leeuwen, P.W.N.M., Goubitz, K., Fraanje, J., Veldman, N., and Spek, A.L. (1996) *Organometallics*, **15**, 835–847.
56. Trzeciak, A.M. and Ziółkowski, J.H. (1994) *J. Organomet. Chem.*, **464**, 107–111.
57. By reaction of $RhCl_3$ with PPh_3 and acetylacetonate mixed complexes are formed: Arvind, M.S. and Ahmad, N. (1981) *Proc. Indian Natl. Sci. Acad*, **47A**, 320–323.
58. Evans, D., Osborn, J.A., and Wilkinson, G. (1968) *J. Chem. Soc. A*, 3133–3142.
59. (a) See e.g.: Deshpande, R.M. and Chaudhari, R.V. (1988) *Ind. Eng. Chem. Res.*, **27**, 1996–2002; (b) Mukhopadhyay, K., Mandale, A.B., and Chaudhari, R.V. (2003) *Chem. Mater.*, **15**, 1766–1777.
60. (a) Arhancet, J.P., Davies, M.E., Merola, J.S., and Hanson, B.E. (1989) *Nature*, **339**, 454–455; (b) Horvath, I.T. (1990) *Catal. Lett.*, **6**, 43–48.
61. Hughes, O.R. and Young, D.A. (1981) *J. Am. Chem. Soc.*, **103**, 6636–6642.
62. Kreis, M., Palmelund, A., Bunch, L., and Madsen, R. (2006) *Adv. Synth. Catal.*, **348**, 2148–2154.
63. Beck, C.M., Rathmill, S.E., Park, Y.J., Chen, J., Crabtree, R.H., Liable-Sands, L.M., and Rheingold, A.L. (1999) *Organometallics*, **18**, 5311–5317.
64. Praetorius, J.M., Wang, R., and Crudden, C.M. (2009) *Eur. J. Inorg. Chem.*, **2009**, 1746–1751.
65. (a) Alper, H. and Zhou, J.Q. (1992) *J. Org. Chem.*, **57**, 3729–3731; (b) Alper, H. and Zhou, J.Q. (1993) *J. Chem. Soc., Chem. Commun.*, 316–317; (c) Totland, K. and Alper, H. (1993) *J. Org. Chem.*, **58**, 3326–3329; (d) Lee, C.W. and Alper, H. (1995) *J. Org. Chem.*, **60**, 499–503.
66. Hamers, B., Bäuerlein, P.S., Müller, C., and Vogt, D. (2008) *Adv. Synth. Catal.*, **350**, 332–342.
67. Parshall, G.W., Knoth, W.H., and Schunn, R.A. (1969) *J. Am. Chem. Soc.*, **91**, 4990–4995.
68. (a) Selent, D., Börner, A., Wiese, K.-D., and Hess, D. (to Evonik Oxeno GmbH) (2008) Patent WO 2008141853; (b) Selent, D., Spannenberg, A., and Börner, A. (2012) *Acta Cryst.*, **E68**, m215.
69. Coolen, H.K.A.C., Nolte, R.J.M., and van Leeuwen, P.W.N.M. (1995) *J. Organomet. Chem.*, **496**, 159–168.
70. Sielcken, O.E., Smits, H.A., and Toth, I. (to DSM N. V.) (2001) Patent EP 1249441.

36 1.6 钌催化的氢甲酰化

1.6.1 概述

由于铑催化的氢甲酰化在工业上的成功，我们不难理解在 20 世纪 70 年代许多主要的学术和工业研究都在致力于发展新的铑催化剂。但是，全世界的化学和化工领域对铑的大量需求及其高昂的价格至今仍促使人们不断地研究可用于替代铑的过渡金属催化剂[1]。其中，人们特别关注的就是金属钌[2]。

早在 1965 年 Wilkinson 和他的同事就发表了关于钌催化剂应用在均相氢甲酰化中的先驱性试验[3]。他们测试了膦修饰的钌催化剂在苯溶剂中催化 1-戊烯的氢甲酰化反应。例如不溶解的配合物 $RuCl_2(CO)_2(PPh_3)_2$ 和溶解度高一些的配合物 $RuCl_3(PPh_3)_3(MeOH)$。$Ru(CO)_3(PPh_3)_2$ 在 100 大气压的合成气中，温度为 100℃时能达到最好的效果（图解 1.29）。反应能以 80％的产率得到异构的己醛，且反应后催化剂前体可以重新回收。

$Ru(CO)_3(PPh_3)_2$,
CO/H_2 (1 : 1, 100 atm),
100 °C, 苯, 15 h
CHO
80%

图解 1.29 钌催化氢甲酰化的首次尝试

在直链丁烯[4]或是极度缺电子的底物 3,3,3-三氟丙烯的氢甲酰化中比较以铑和以钌为催化剂的不同，结果是后者的活性较弱[5]。且在丙烯的氢甲酰化中，与钴和铑催化的反应相比，钌催化的反应的较低的选择性值得注意[6]。在 13bar 合成气压下，温度为 100℃时，铱催化的和对应 PPh_3 修饰的钌配合物催化的一些 α-烯烃氢甲酰化的竞争实验中，钌配合物没有显示任何活性[7]。但是未修饰的钌催化剂的活性要比锇配合物强[8]。所以我们大致得到以下关于反应活性的顺序。

Rh > Co > Ir > **Ru** > Os

值得注意的是，由钴催化的氢甲酰化反应在加入钌之后效果会更好[9]。例如，环己烯的氢甲酰化反应中，使用 $Co_2(CO)_8/Ru_3(CO)_{12}$ 达到的初始反应速率是只使用钴催化剂的 19 倍[10]。联合使用拥有卓越氢甲酰化特性的铑催化剂和有着强
37 氢化活性的钌催化剂，会得到高活性的氢甲酰化/氢化催化剂，最终得到产物醇[11]。但是，伴随这种高氢化反应活性而在氢甲酰化时生成的烷类就有可能成为一个严重的问题。为了解决这一难点，我们必须谨慎地挑选金属前体、配体和反应条件。由于记录在案的氢甲酰化的条件、选择不尽相同，我们很难对反应的产物做清晰的预测。总体来说，提高温度和 H_2/CO 比例可以促使氢化反应的进行。

1.6.2 催化剂前体

中性和离子型的钌-羰基配合物都曾作为氢甲酰化的催化剂前体被测试过。根据使用溶剂的不同,钌(0)、钌(Ⅱ)和钌(Ⅲ)都适用[3,12]。如今,三核 $Ru_3(CO)_{12}$ 簇是生成活性催化剂的最常见的前体。用氮或膦配体替代 CO 可以修饰中心金属的固有催化特性。以前人们使用的是阳离子配合物,例如[$HRu(CO)(NCMe)_2(PPh_3)_2$]BF_4,产物除了少量醛以外,主要为烷和醇[13]。后者与羧酸盐反应,生成 $HRu(\kappa^3-O_2CR)(PPh_3)_2$ 类型的配合物,其氢甲酰化的活性随着对应的酸的 pK_a 增加,顺序如下[8]:

$$ClCH_2COOH < PhCOOH < CH_3COOH < (CH_3)_2CHCOOH$$

在 1-己烯的反应中[催化剂浓度为 3.3%(摩尔分数),$CO/H_2=15$ 大气压,120℃,THF(四氢呋喃)]可以实现高达 180 h^{-1} 的转化率(turnover frequency,TOF)。偶尔人们还使用诸如[$Ru(CO)_2(\eta^5-Cp)$]$_2$ 的环戊二烯基配合物[14]。近来,还原氢甲酰化的优化又开始兴起(见下文)。在内烯烃异构化-氢甲酰化-氢化串联反应中,使用 Ru(甲基烯丙基)$_2$(COD)(COD=1,5-cyclooctadiene,1,5-环辛二烯)已经体现出了其优势[15]。在这些研究中,$RuCl_3$、$RuCl_2(PPh_3)_3$、[$RuCl_2(CO)_3$]$_2$ 和[$RuCl_2(COD)$]$_n$ 都体现出对烯烃底物的高氢化活性。

与离子型配合物[$HRu(CO)_4$]$^-$ 或[$HRu_3(CO)_{11}$]$^-$ 相比,中性的 $Ru_3(CO)_{12}$ 对端烯烃到 2-烯烃的异构化有更大的倾向性[16]。生成的醛立刻还原为对应的
醇。相反地①,在以丙烯为底物、阴离子[NEt_4][$HRu_3(CO)_{11}$]簇辅助的反应中,可 38
以观察到清晰的向正丁醛的转化[17]。没有醇的生成,反应后溶液中的催化剂保持原状。

双核钌配合物例如[$Ru_2(\mu\text{-}O_2CR)_2(CO)_4L_2$]可以由二桥联乙酸羰基二钌制备[18]。在氢甲酰化中,必须有过量的 NEt_3 或 PPh_3。加入少量的水可以得到更好的反应效果。

有关单核和双核环戊二烯基金属配合物,即$(\eta^5-Cp)Ru(CO)_2X$(X=Cl,Br,I)和[$(\eta^5-Cp)Ru(CO)_2$]$_2$ 的氢甲酰化的活性的比较研究强调了配合物的亲电性对于整体活性和选择性的影响[19]。

还有一些关于钌在固态载体上异相化的尝试,主要针对反应后催化剂的复原。异相的氢甲酰化催化剂可以通过由包裹在聚(4-乙烯基吡啶)(P4VP)中的[$RuCl_2(CO)_3$]$_2$ 与 25%二乙烯基苯(DVB)交联制备得到[20]。1-己烯的氢甲酰化在温度为 150℃的条件下,在 NMP(*N*-methylpyrrolidone,*N*-甲基吡咯烷酮)溶液中进行。虽然转换率可以高达 93%,但只有 44%的醛生成。此外,得到 26%的对应的醇和己烯异构体的主要副产物。微胶囊包裹的催化剂可以在只有少量活性损失的

① 对苯乙烯,主产物是直链醛。在丙烯酸乙酯的反应中,生成大量的二聚物,如 2-甲酰基-2 甲基戊二酸二乙酯,及 4-乙酯基-4-甲基-δ-戊内酯。

情况下再利用。遗憾的是，整个反应几乎没有观测到区域控制（l/b 高达 1.1），且反应只有很低的总体转换（TON＝2.1～2.8，TOF＝0.13～0.17h^{-1}）。

1.6.3　配体

有机配体可以修饰钌配合物的氢甲酰化特性，还可能降低未修饰的钌催化剂对原料烯烃较高的氢化活性。而且未修饰的钌配合物倾向于异构底物烯烃，这是我们不希望看到的[11]。但是，氮和膦配体有可能增加醛还原的倾向[21]。经测试的典型的氮配体为诸如吡啶、2,2′-双吡啶、2,2′-双嘧啶、1,10′-邻二氮杂菲的芳香胺类和饱和的环状胺（图 1.5），也有如 Et_3N 的脂肪胺或者简单酰胺如 N,N-二甲基乙酰胺的相关应用。

产物的类型似乎与催化剂的种类和所应用的氮配体密切相关。使用在玻璃、无机或有机树脂基底上的双吡啶修饰的 $Ru_3(CO)_{12}$ 催化剂得到的产物主要是
39 醇[22]。相反地，使用同样情况的均相催化剂得到的只有高 n-区域选择性的醛[23]。相同情况下用奎宁环作为配体，生成对应的醇则除外[23b]。使用均相催化剂 $Ru(CO)_2(MeCO_2)$(4,7-dimethylphenanthroline，4,7-二甲基邻二氮杂菲）时可能得到醛[24]。使用二齿配体时，倾向于分别生成正醛和正醇[21,25]。

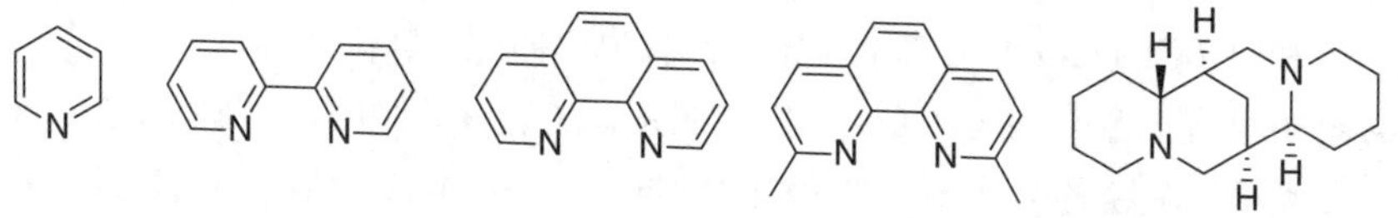

图 1.5　用于修饰氢甲酰化钌催化剂的典型的 N 配体

到现在为止，除了氮配体外，三价磷也被试用于作为钌的辅助配体。在 1-己烯的氢甲酰化中，基于元素周期表第五族元素为配体做比较，产率排序如下：

$$PPh_3 < AsPh_3 \approx SbPh_3$$

PPh_3 修饰的钌催化剂有着我们不希望得到的很强的对底物的氢化活性（60%）[26]。无论使用何种配体，都没有发现异构的烯烃。

在强缺电子底物 3,3,3-三氟丙烯的反应中，将 PPh_3 加入 $Ru_3(CO)_{12}$ 中会降低催化剂的活性[5]。值得注意的是，氢化活性也同时降低了。

在钌催化的 1-庚烯和 1-辛烯的氢甲酰化反应中，分别用 $P(OPh)_3$ 置换 PPh_3 得到少量氢化的底物和 2-异构体，同时得到大量的对应的醛[18a]。相反地，碱性更强的 Pt-Bu_3 几乎阻断了整个氢甲酰化。过量的 PPh_3（P/Ru＝5：1）能增强 n-区域选择性。而且较高的膦的浓度阻止了原料的异构化。唯一一次尝试在钌催化的氢甲酰化-氢化反应中使用著名的配体 Alkanox® 240[三(2,4-二叔丁基苯基)亚磷酸酯]，导致了底物的异构化[15]。

形成强烈对比的是，富电子的用咪唑置换的双烷基磷化氢可以帮助 α-烯烃以较高产率生成期望产物醛并且可以在低膦/钌比率（＜2：1）的前提条件下达到很

好的化学和区域选择性(图 1.6)[27a]。当 H_2/CO 比率(20 bar∶5 bar)较高时,2-辛烯的 n-区域选择异构的氢甲酰化也是可能发生的。NMR 研究证明在活性催化剂中只有一个配体与金属配位。有可能是由一个氮原子通过建立与钌(A)的暂时的相互作用来担任半稳定配体的角色[27b]。

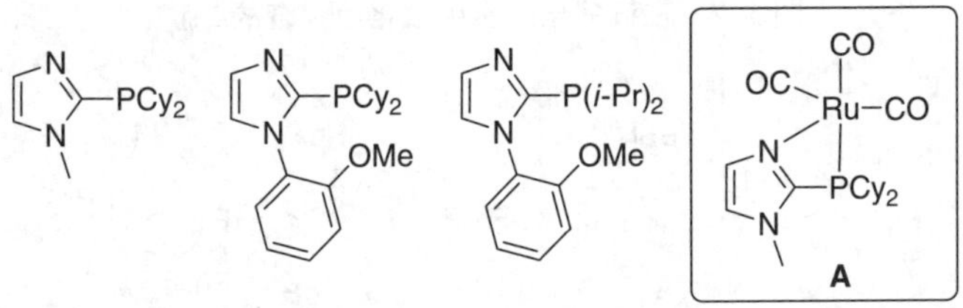

图 1.6 适合钌催化的氢甲酰化的膦配体和可能的中间体催化物质

大位阻二膦配体,例如双(二环己基膦)甲烷和双[双(五氟苯基)膦]乙烷(图 40
1.7),与不同化学计量的 $Ru_3(CO)_{12}$ 三核钌簇主要生成 μ_1-η^2-型配合物[28]。在乙烯和丙烯的氢甲酰化中,与使用 dppe[1,2-bis(diphenylphosphino)ethane,1,2-双(二苯基膦)乙烷]相比,能以较高的活性生成醛。使用 Xantphos 作为配体可以体现杰出的 l/b 选择性[11]。总之,二齿配体能比单齿膦提供更高的产率。

除了单齿和双齿膦,人们还研究了三膦合 $RuCl_2$(**A**)型或四膦合 $RuCl_2$(tetraphos=1,2-bis[(2-(diphenylphosphino)ethyl)(phenyl)phosphine]ethane,四膦=1,2-双[(2-(二苯基膦)乙基)(苯基)膦]乙烷)(**B**)型的带有多齿膦的钌配合物(图 1.8)[29]。在 150℃、100 大气压合成气下与 1-己烯反应时,可观测到醛与醇的生成。

当在乙二醇单甲醚-水混合物中进行的含水双相氢甲酰化反应中监测 TPPTS[$P(m-C_6H_4SO_3Na)_3$]修饰的阳离子配合物[$HRu(CO)(CH_3CN)(TPPTS)_3$]BF_4 时,得到以下的活性排序,这一顺序也可以与同类型基于铑催化剂的结果关联[30]:

1-己烯≫苯丙烯>2,3-二甲基-1-丁烯>苯乙烯>环己烷

1-己烯以相对较低的 l/b 比例(2∶1)转化为 n-庚醛。值得注意的是,上至 500 mg/kg 的噻吩浓度范围内,没有监测到催化剂中毒效应。或者对 1-己烯的含水双相氢甲酰化反应使用 $RuCl_2(DMSO)_2(PySO_3Na)_2$ 配合物,其可以完全转化含噻吩杂质上至 50 mg/kg 的石脑油[31]。

在早期的尝试中,$[(\eta^5-Cp)Ru(CO)_2]_2$ 只展现了很低的氢甲酰化能力[14]。
更有趣的是,在温度达到 150℃时,环戊二烯环也未能从金属上置换出。在反应条 41
件下,烯烃的异构化占主导地位,表现为可以生成金属-烷基配合物,但是酰基的生成却被阻止(图解 1.30)。

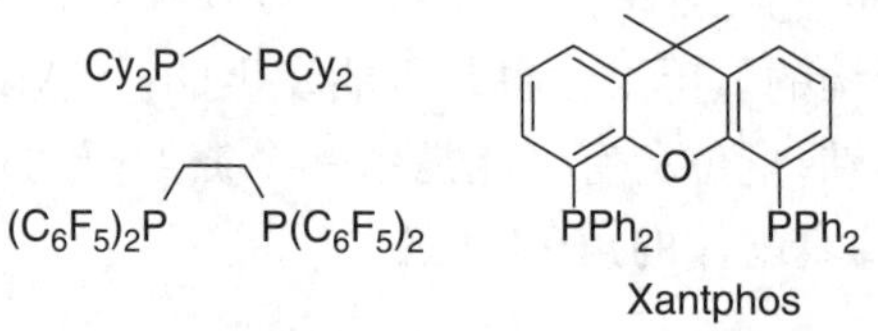

图 1.7 在钌催化的氢甲酰化中筛查的二膦

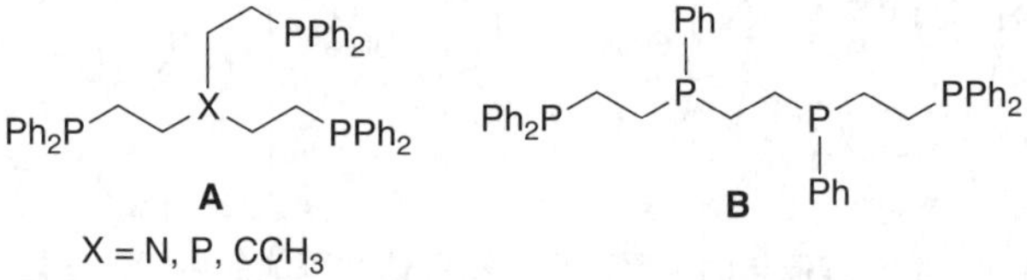

图 1.8 用于钌催化的氢甲酰化的多齿膦

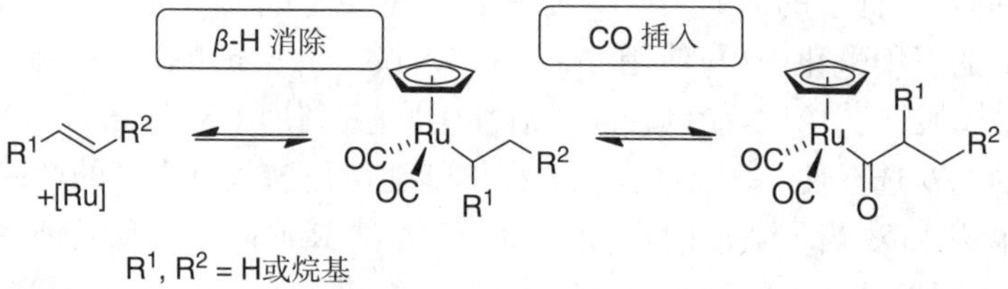

图解 1.30 环戊二烯基钌配合物中的 *β*-H 消去和 CO 的插入

在使用三膦连接的异核双金属铑-钌催化剂催化 1-辛烯的氢甲酰化中，阳离子 Ru(Cp)单位导致了催化剂的半不稳定性(图解 1.31)[32]。与类似的配体为双(二苯基膦)甲烷的铑-钌配合物相比，其实现了更高的 n-区域选择性。这得益于二苯基膦基团的摇摆效应。

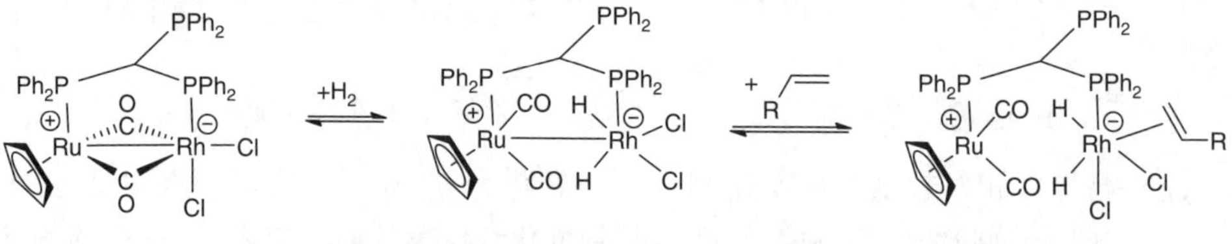

图解 1.31 双金属铑-钌配合物中的"Ru(Cp)配体"的半不稳定性

直到最近人们才重新评价了环戊二烯基配体在钌催化的氢甲酰化反应中的使用。为了阻止不需要的二氢合钌配合物的氢化活性，人们建议将环戊二烯配体(Cp，Cp＊，茚基)和二膦同时使用[11]。典型的催化前体由二聚二氯 Cp＊合钌配合
42 物与 Xantphos 反应产生(图解 1.32)。经过在 MeOH 中用 NaOMe 处理得到需要的单氢的配合物，其被推测为是具有活性的催化剂。

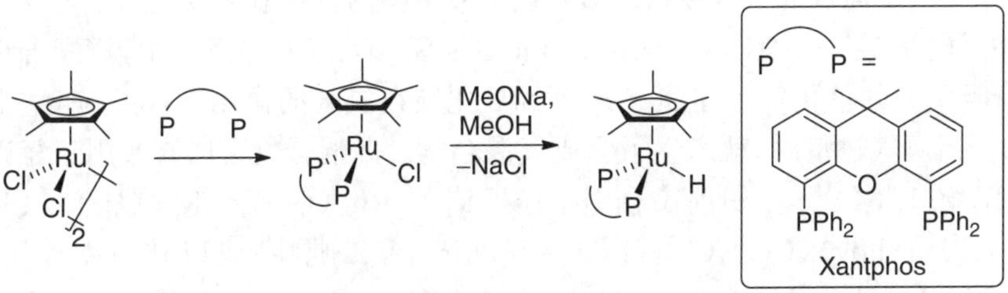

图解 1.32 Xantphos 修饰的(Cp＊)Ru 氢化配合物的形成

1.6.4 反应机理

Wilkinson 及其同事[33]的研究建立了含 $H_2Ru(CO)_2(PPh_3)_2$(**4**)作为活性催化剂种类的催化循环(图解 1.33)。氢向金属中心的氧化加成伴随着一个 CO 配体的离解,这似乎是反应中决定速率的步骤。膦配体的断裂允许烯(**1**)的配位从而形成 π-配合物 **5**。接着 CO 插入 **6** 中暂时的金属-烷基键从而得到相应的酰类 **7**。最后,第二个氢原子转移形成希望得到的产物并再生催化剂 **4**。膦配体的配位增加了金属中心的电子密度并增强了 M—H 键的极化。其结果是反马尔科夫尼科夫规则的加成更容易发生,从而 n-选择性增加(路径 **a** 超过路径 **b**)。由此得出,膦配体的电子和空间效应倾向于直链烷-金属配合物 **6a** 的形成。过量的 CO 有利于加速 CO 的迁移,并使这一过程比与之竞争的 β-氢消去反应更快。当使用单核配合物 $Ru(CO)_3(PPh_3)_2$ 时,很少发现烯的异构化。

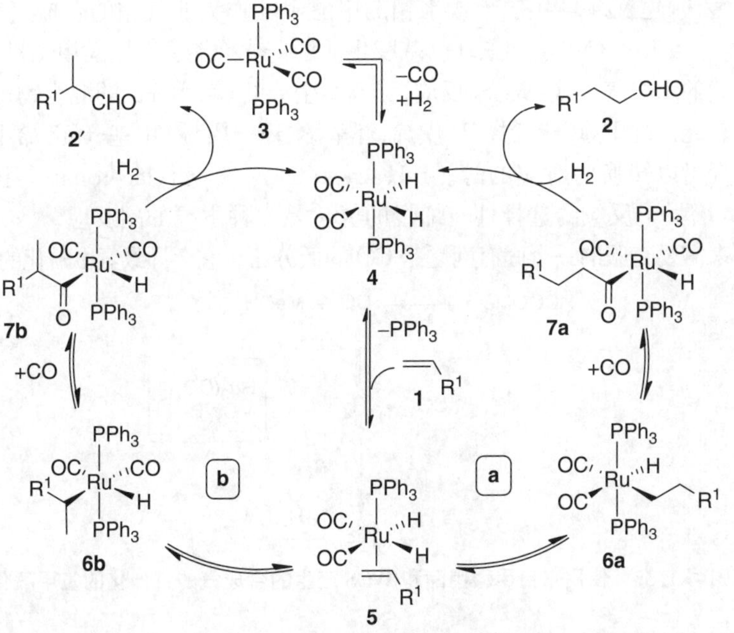

图解 1.33 $Ru(CO)_3(PPh_3)_2$ 催化氢甲酰化的催化循环

43 1.6.5 使用反向水煤气变换(RWGS)或甲酸甲酯的氢甲酰化反应

在反向水煤气变换(Reversed Water-Gas Shift,RWGS)反应中,钌配合物是十分具有吸引力的催化剂[34]。此情况下二氧化碳在氢气的作用下,除了产生水还生成CO。当氢气过量时,就产生了合成气混合物。此混合物可以直接用于氢甲酰化反应(图解 1.34)[35]。如前文所述,有了诸如 $Ru_3(CO)_{12}$、$Ru_6(CO)_{16}$、$H_4Ru_4(CO)_{12}$、$[Ru(bpy)(CO)_2Cl]_2$(bpy=bipyridine,二吡啶)或$(PPN)Ru(CO)_3Cl_3$(PPN=bis(triphenylphosphine)nitrogen $N(PPh_3)_2$,双(三苯基膦)氮)这样的钌配合物,可以实现 RWGS 和烯烃氢甲酰化的同时进行。Tominaga 和 Haukka 的小组对此进行了深入详尽的研究[36,37]。得到的区域选择性可以远远超过由铑催化的反应得到的结果[35]。总的来说,增加 H_2 和 CO_2 的总压力推动了 RWGS,增强了氢甲酰化产物的产率[38]。添加剂如 LiCl、Li_2CO_3 或离子液体([BMIM]Cl,BMIM=1-butyl-3-methylimidazolium,1-丁基-3-甲基咪唑鎓盐)可以阻止烯的氢化。通常由于钌催化剂的高氢化性,生成的醛会立刻还原为对应的醇。我们可以通过增加 CO_2 压力的方式来避免这种情况的发生。

CO_2 + H_2 ⇌ CO + H_2O

钌催化剂 | + 烯烃 ↓

[醛] —$+H_2$→ 醇

图解 1.34 使用来自 RWGS 的 CO 的氢甲酰化

作为替代,建议将仲甲醛[39]或水相的甲酸甲酯作为非气相的合成气来源(图解 1.35)[39,40]。由 $Ru_3(CO)_{12}$ 和三环己基膦生成的催化剂能够对甲酸甲酯进行脱羰,并且协助后续的水煤气变换(WGS)反应。最后,生成的 CO 和 H_2 的混合物可以与烯烃
44 进行反应。此情况下,环状烯烃(环戊烯、环辛烯、环庚烯、1-甲基-环己烯、降冰片烯)和直链烯烃可以转换为对应的醇。$Pd(acac)_2$(acac=acetylacetonate,乙酰丙酮化物)的加入增强了反应的选择性。烯烃的氢化是一种主要的副反应。

在未来需要克服的一个固有问题是 CO 的低分压。它会导致氢甲酰化的低反应率。

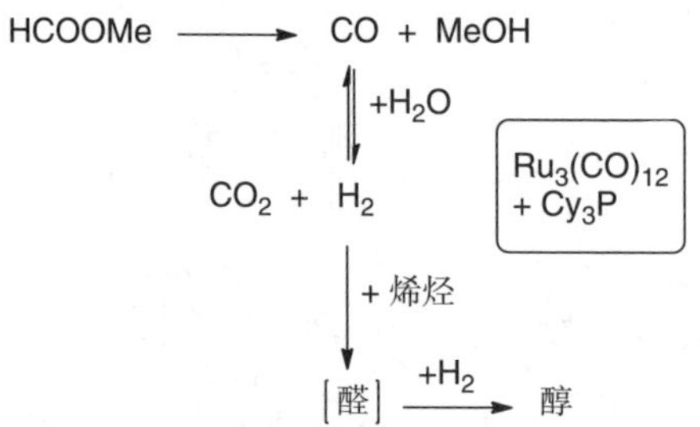

图解 1.35 使用来自甲酸甲酯和 WGS 产生的合成气的钌催化的氢甲酰化

1.6.6 使用钌催化剂的连锁反应

以氢甲酰化作为第一步的串联或连锁反应使得生成的醛能立刻转化为其他有

价值的化学物质(见第5章)[41]。如前文所述,烯烃底物或者产物醛的氢化是以钌为催化剂的氢甲酰化的常见副反应。但醛的还原也有可能是希望得到的结果。

Bell 及其同事得出上述两种反应可以通过同样的钌催化剂在同釜反应里进行调节。调整反应条件使其适宜每一分步反应可能会更有利。为了使 $RuCl_2(PPh_3)_3$ 催化剂的氢化活性得到发挥,就需要移除 CO[42]。因此人们发现,在1-己烯与同化学计量的 CO 进行的分批氢甲酰化中,残余的 CO 会使钌催化剂中毒。只有使用低于化学计量的 CO 并且转化率接近100%或抽除氢甲酰化气体才能使后续的氢化反应有效进行。

Nozaki 小组展示了由 Xantphos 配位修饰的 Shvo 配合物催化可选择的氢甲酰化-氢化同釜反应(图解1.36)[11]。最理想的情况下,在最终产物中只有微量残留的醛。

[Ru], Xantphos, H_2/CO (1:1, 2 MPa), 甲苯, 160 °C, 24 h; 98% 转化率
R = C_8H_{17}; 73%; 1.2%
[Ru] = ; $SiMe_3$; O; Ru; OC; CO; PPh$_2$; Xantphos; 2:1

图解 1.36 使用 Ru(Cp)催化剂的氢甲酰化-氢化反应

2013年,Beller 等通过使用基于咪唑膦的钌催化剂使一系列非环状和环状烯
烃转化为对应的 C_1 增链醇(图解1.37)[43]。使用直链 α-烯烃为底物得到了最佳
结果。值得注意的是,苯乙烯也以较好的产率转化为希望得到的醇。异戊二烯转 45
化为饱和的一元醇。α-甲基丙烯酸甲酯进一步反应生成对应的内酯。

L = ; N; PCy_2; Me
$Ru_3(CO)_{12}$, L, H_2/CO (1:1, 60 bar), LiCl, H_2O, NMP, 130 °C, 20 h
CHO; OH; 0%~15%; 28%~99%; l/b = 40:60 到 99:1
1-辛烯, 1-己烯, 1-壬烯, 1-十二烯, 1-戊烯, 环己烯, 苯乙烯, 3-苯丙烯, 异戊二烯, α-甲基丙烯酸甲酯……
其中 R = Me, R′ = COOMe

图解 1.37 使用咪唑膦修饰的钌催化剂催化氢甲酰化-氢化反应

类似的催化循环也应用在使用过量氢气的异构氢甲酰化-氢化反应中(图解 1.38)[15]。直链 2-烯烃优先给出对应的直链醇,其 l/b 选择性高达 86∶14。在此条件下,2,5-二氢呋喃和 2,3-二氢吡咯也可能完全转化。在 1-甲基-4-(丙-1-烯-2-基)环己-1-烯的反应中达到了最高的选择性,此处只有环外双键发生反应。

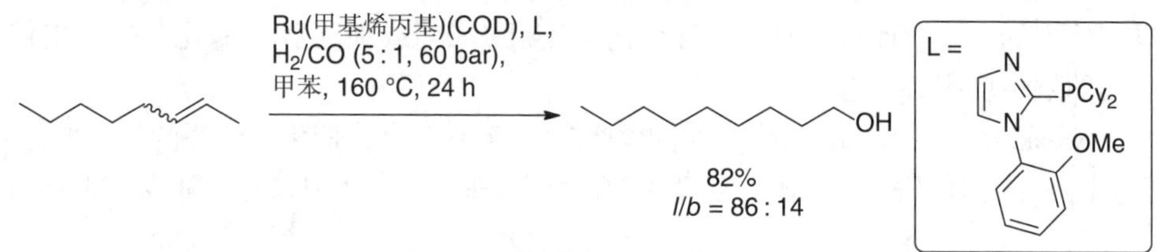

图解 1.38　使用咪唑膦修饰的钌催化剂催化异构氢甲酰化-氢化反应

同样的催化系统也用于催化烯烃的氢氨甲基化(图解 1.39)[44]。除了哌啶以外还可以使用其他几种环状或链状的伯胺或仲胺。端烯烃或是内烯烃均适用于此反应。使用烯胺和烯酰胺均可以较高的产率得到各自的 1,3-双胺。

46

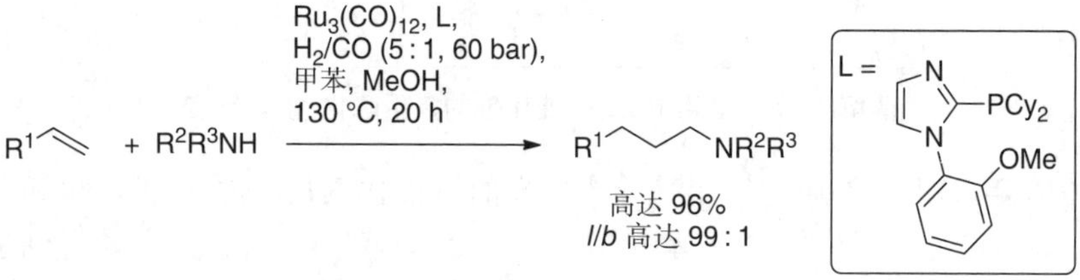

$Ru_3(CO)_{12}$, L,
H_2/CO (5:1, 60 bar),
甲苯, MeOH,
130 °C, 20 h

R^1 + R^2R^3NH → R^1 NR^2R^3

高达 96%
l/b 高达 99:1

L = N, PCy2, N, OMe

图解 1.39　使用咪唑膦修饰的钌催化剂的氢氨甲基化

Börner 及其同事指出,由钌催化的氢甲酰化的中间产物醛有可能以缩醛的形式被捕获(图解 1.40)[45]。产物中只能检测到微量的醛或醇。串联反应只在二醇可以形成热力学稳定的 1,3-二氧戊环和 1,3-二噁烷的情况下继续进行。甲醇作为缩醛作用试剂不能成功。端脂肪烯烃和苯乙烯衍生物可以反应。催化剂至少可以回收和循环利用两次。

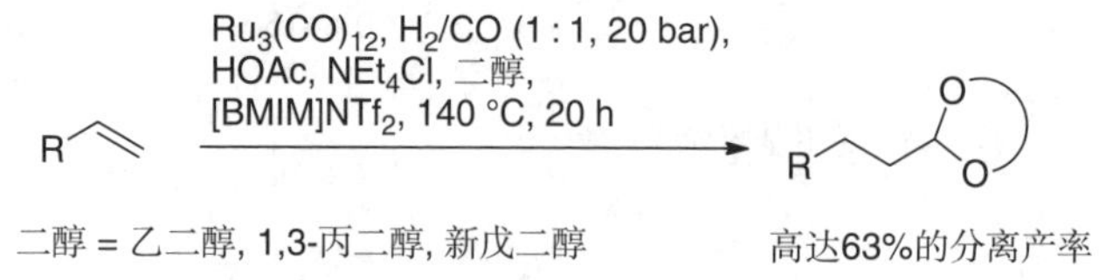

图解 1.40　钌催化的氢甲酰化-缩醛化反应

参考文献

1. Pospech, J., Fleischer, I., Franke, R., Buchholz, S., and Beller, M. (2013) *Angew. Chem. Int. Ed.*, **52**, 2852–2872.
2. (a) Kalck, P., Peres, Y., and Jenck, J. (1991) *Adv. Organomet. Chem.*, **32**, 121–146; (b) Mitsudo, T. and Kondo, T. (2004) in *Ruthenium in Organic Synthesis* (ed S.-I. Murahashi), Wiley-VCH Verlag GmbH, Weinheim, pp. 281–282.
3. Evans, D., Osborn, J.A., Jardine, F.H., and Wilkinson, G. (1965) *Nature*, **208**, 1203–1204.
4. Teleshev, A.T., Kolesnichenko, N.V., Markova, N.A., Slivinskii, E.V., Kurkin, V.I., Demina, E.M., Korneeva, G.A., Loktev, S.M., and Nifant'ev, E.E. (1991) *Neftekhimiya*, **31**, 11–16.
5. Ojima, I., Kato, K., Okabe, M., and Fuchikami, T. (1987) *J. Am. Chem. Soc.*, **109**, 7714–7720.
6. Schulz, H.F. and Bellstedt, F. (1973) *Ind. Eng. Chem. Prod. Res. Dev.*, **12**, 176–183.
7. Piras, I., Jennerjahn, R., Jackstell, R., Spannenberg, A., Franke, R., and Beller, M. (2011) *Angew. Chem. Int. Ed.*, **50**, 280–284.
8. Rosales, M., Alvarado, B., Arrieta, F., De La Cruz, C., González, À., Molina, K., Soto, O., and Salazar, Y. (2008) *Polyhedron*, **27**, 530–536.
9. Zhang, Y., Shinoda, M., Shiki, Y., and Tsubaki, N. (2006) *Fuel*, **85**, 1194–1200.
10. Hidai, M., Fukuoka, A., Koyasu, Y., and Uchida, Y. (1986) *J. Mol. Catal.*, **35**, 29–37.
11. (a) Takahashi, K., Yamashita, M., Tanaka, Y., and Nozaki, K. (2012) *Angew. Chem. Int. Ed.*, **51**, 4383–4387; (b) Takahashi, K., Yamashita, M., and Nozaki, K. (2012) *J. Am. Chem. Soc.*, **134**, 18746–18757.
12. Evans, D., Osborn, J.A., and Wilkinson, G. (1968) *J. Chem. Soc. A*, 3133–3142.
13. Sánchez-Delgado, R.A., Rosales, M., and Andriollo, A. (1991) *Inorg. Chem.*, **30**, 1170–1173.
14. Cesarotti, E., Fusi, A., Ugo, R., and Zanderighi, G.M. (1978) *J. Mol. Catal.*, **4**, 205–216.
15. Wu, L., Fleischer, I., Jackstell, R., Profir, I., Franke, R., and Beller, M. (2013) *J. Am. Chem. Soc.*, **135**, 14306–14312.
16. Hayashi, T., Hui Gu, Z., Sakakura, T., and Tanaka, M. (1988) *J. Organomet. Chem.*, **352**, 373–378.
17. Süss-Fink, G. and Schmidt, G.F. (1987) *J. Mol. Catal.*, **42**, 361–366.
18. (a) Jenck, J., Kalck, P., Pinelli, E., Siani, M., and Thorez, A. (1988) *J. Chem. Soc., Chem. Commun.*, 1428–1430; (b) Kalck, P., Siani, M., Jenck, J., Peyrille, B., and Peres, Y. (1991) *J. Mol. Catal.*, **67**, 19–27.
19. Fusi, A., Cesarotti, E., and Ugo, R. (1981) *J. Mol. Catal.*, **10**, 213–221.
20. Kontkanen, M.-L. and Haukka, M. (2012) *Catal. Commun.*, **23**, 25–29.
21. Knifton, J.F. (1988) *J. Mol. Catal.*, **47**, 99–116.
22. Alvila, L., Pakkanen, T.A., and Krause, O. (1993) *J. Mol. Catal.*, **84**, 145–156.
23. (a) Mitsudo, T.-a., Suzuki, N., Kondo, T., and Watanabe, Y. (1996) *J. Mol. Catal. A: Chem.*, **109**, 219–225; (b) Mitsudo, T.-a., Suzuki, N., Kobayashi, T.-a., and Kondo, T. (1999) *J. Mol. Catal. A: Chem.*, **137**, 253–262.
24. Frediani, P., Bianchi , M., Salvini, A., Carluccio, L.C., and Rosi, L. (1997) *J. Organomet. Chem.*, **547**, 35–40.
25. Taqui Khan, M.M., Halligudi, S.B., and Abdi, S.H.R. (1988) *J. Mol. Catal.*, **48**, 313–317.
26. Srivastava, V.K., Shukla, R.S., Bajaj, H.C., and Jasra, R.V. (2005) *Appl. Catal., A: Gen.*, **282**, 31–38.
27. (a) Fleischer, I., Wu, L., Profir, I., Jackstell, R., Franke, R., and Beller, M.

(2013) *Chem. Eur. J.*, **19**, 10589–10594; (b) Kubis, C., Profir, I., Fleischer, I., Baumann, W., Selent, D., Fischer, C., Spannenberg, A., Ludwig, R., Hess, D., Franke, R., and Börner, A. (2015) *Chem. Eur. J.* accepted for publication.

28. Lozano Diz, E., Neels, A., Stoeckli-Evans, H., and Süss-Fink, G. (2001) *Polyhedron*, **20**, 2771–2780.
29. Suárez, T. and Fontal, B. (1985) *J. Mol. Catal.*, **32**, 191–199.
30. Baricelli, P.J., Segovia, K., Lujano, E., Modroño-Alonso, M., López-Linares, F., and Sánchez-Delgado, R.A. (2006) *J. Mol. Catal., A: Gen.*, **252**, 70–75.
31. Fonseca, Y., Fontal, B., Reyes, M., Suárez, T., Bellandi, F., Diaz, J.C., and Cancines, P. (2012) *Av. Quim.*, **7**, 27–33.

48 32. Rida, M.A. and Smith, A.K. (2003) *J. Mol. Catal. A: Chem.*, **202**, 87–95.
33. Sanchez-Delgado, R.A., Bradley, J.S., and Wilkinson, G. (1976) *J. Chem. Soc., Dalton Trans.*, 399–404.
34. Mitsudo, T. and Kondo, T. (2004) in *Ruthenium in Organic Synthesis* (ed S.-I. Murahashi), Wiley-VCH Verlag GmbH, Weinheim, pp. 277–308.
35. Laine, R.M. (1978) *J. Am. Chem. Soc.*, **100**, 6451–6454.
36. (a) Tominaga, K.-I., Sasaki, Y., Hagihara, K., Watanabe, T., and Saito, M. (1994) *Chem. Lett.*, 1391–1394; (b) Tominaga, K.-I. and Sasaki, Y. (2000) *Catal. Commun.*, **1**, 1–3; (c) Tominaga, K.-I. and Sasaki, Y. (2004) *Chem. Lett.*, **33**, 14–15; (d) Tominaga, K.-I. and Sasaki, Y. (2004) *J. Mol. Catal. A: Chem.*, **220**, 159–165; (e) Tominaga, K. and Sasaki, Y. (2004) *Stud. Surf. Sci. Catal.*, **153**, 227–229; (f) Tominaga, K.-I. (2006) *Catal. Today*, **115**, 70–72.
37. (a) Kontkanen, M.-L., Oresmaa, L., Moreno, A., Jänis, J., Laurila, E., and Haukka, M. (2009) *Appl. Catal., A: Gen.*, **365**, 130–134; (b) Moreno, A., Haukka, M., Venäläinen, T., and Pakkanen, T.A. (2004) *Catal. Lett.*, **96**, 153–155; (c) Jääskeläinen, S. and Haukka, M. (2003) *Appl. Catal., A: Gen.*, **247**, 95–100; (d) Luukkanen, S., Haukka, M., Kallinen, M., and Pakkanen, T.A. (2000) *Catal. Lett.*, **70**, 123–125.
38. Fujita, S.-i., Okamura, S., Akiyama, Y., and Arai, M. (2007) *Int. J. Mol. Sci.*, **8**, 749–759.
39. Jemier, G., Nahmed, E.N., and Libs-Konrath, S. (1991) *J. Mol. Catal.*, **64**, 337–347.
40. Jenner, G. (1991) *Appl. Catal.*, **75**, 289–298; *Tetrahedron Lett.* (1991) **32**, 505–508.
41. Eilbracht, P., Bärfacker, L., Buss, C., Hollmann, C., Kitsos-Rzychon, B.E., Kranemann, C.L., Rische, T., Roggenbuck, R., and Schmidt, A. (1999) *Chem. Rev.*, **99**, 3329–3365.
42. Zakzeski, J., Lee, H.R., Leung, Y.L., and Bell, A.T. (2010) *Appl. Catal., A: Gen.*, **374**, 201–212.
43. Fleischer, I., Dyballa, K.M., Jennerjahn, R., Jackstell, R., Franke, R., Spannenberg, A., and Beller, M. (2013) *Angew. Chem. Int. Ed.*, **52**, 2949–2953.
44. Wu, L., Fleischer, I., Jackstell, R., and Beller, M. (2013) *J. Am. Chem. Soc.*, **135**, 3989–3996.
45. Norinder, J., Rodrigues, C., and Börner, A. (2014) *J. Mol. Catal. A: Chem.*, **391**, 139–143.

1.7 钯催化的氢甲酰化

1.7.1 概述

迄今为止，钯配合物在烯烃的氢甲酰化中并没有起到显著作用[1]。但是，由于其在相关氢羧基化、氢酯化及烯烃和 CO 的共聚合反应中的广泛应用[2]，偶尔也会有关于钯配合物在氢甲酰化中的使用的相关阐述[3]。而且，钯可以用于芳基和烯醇基三氟甲磺酸的氢甲酰化中，生成相应的不饱和醛类[4]。

1.7.2 机理的研究、配合物和配体

一般情况下，$Pd(OAc)_2$ 被用作催化剂前体的母体，或者用二价钯(II)类的 $Pd(acac)_2$(acac=acetylacetonate，乙酰丙酮化物)作为替代。催化剂母体在同双齿二膦与酸的反应中即时生成(图解 1.41)。合成气条件下，可检测到双核和三核钯(I)簇[5]。

Drent 和 Budzelaar 深入研究了此种氢甲酰化的机理[6]。他们分析了一旦钯-酰基配合物从钯的氢化物中生成，其与其他竞争反应间的关系。第二分子烯烃加入反应可得到酮(加氢酰化)和聚酮(共聚合反应)；同时由于钯-酰基键的氢解，醛被释出，氢甲酰化的催化循环结束。因为钯配合物具有高氢化活性，生成的醛有可能立刻转化为对应的醇。

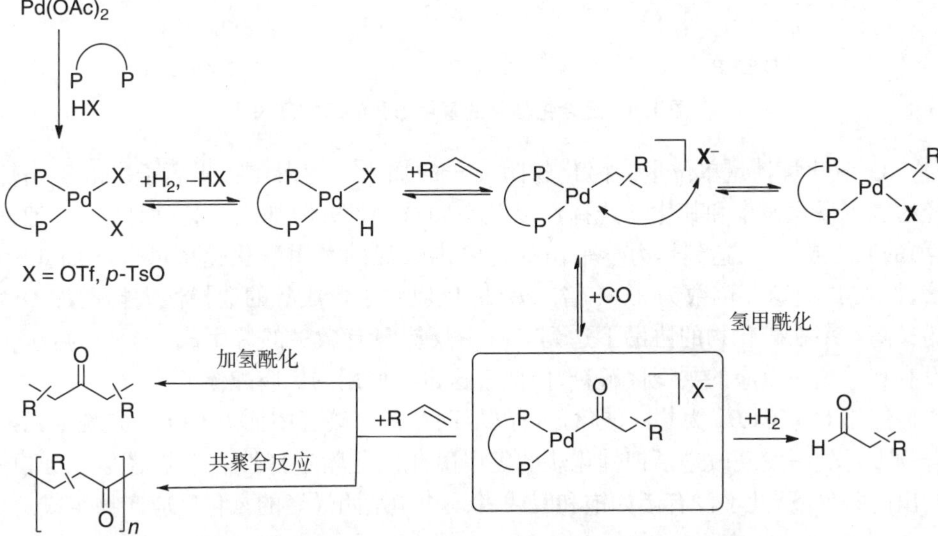

图解 1.41 钯催化的氢甲酰化和其竞争反应路径的机理

现实中观测到的反应路径种类由以下几点决定[6]：

1) 阴离子配体 X^- 的性质　只有弱配位的配体允许在钯—碳键中插入 CO 并 49
进行后续反应[6]。氢甲酰化的化学选择性随着酸强度的增加而降低。加入 HCl 或 HOAc 能彻底终止反应。在丙烯和 1-辛烯的氢甲酰化中酸的活性顺序如下：

$$F_3C{-}SO_2{-}OH < H_3C{-}C_6H_4{-}SO_2{-}OH < F_3C{-}COOH$$

TfOH　　*p*-TsOH = PTSA　　TFA

加入尿素后，它会与阴离子形成氢键，使得配位强度减弱，最终导致加氢酰化路径优先于氢甲酰化[8]。

2）金属的亲电子性　高亲电子性的钯中心可以由强碱性膦配体得到[6]。另外，双齿顺式螯合配体对于将中间态的钯—氢和钯—碳键置入第四配位的顺式位置至关重要，因为此第四配位是下一步底物的配合位置。大位阻的磷取代基可以用来调整钯中心的空间环境。二膦 1,3 - bis[(di-*sec*-butyl)phosphine]propane (DsBPP)(1,3 -双[(二仲丁基)膦]丙烷)，1,3 - bis[(di-*tert*-butyl) phosphine] propane (DtBPP)(1,3 -双[(二叔丁基)膦]丙烷) 和 bis(9 - phosphabicyclo[3.3.1]nonyl)ethane (BCOPE)(双(9 -磷杂二环[3.3.1]壬基)乙烷)可以满足这些要求(图 1.9)[7]。碱性较弱的二膦，如 1,3 -双(二苯基膦)丙烷的效果不好。空间位阻
50 大的磷原子取代基有利于直链醛的形成。强酸可以降低产物的直链化。

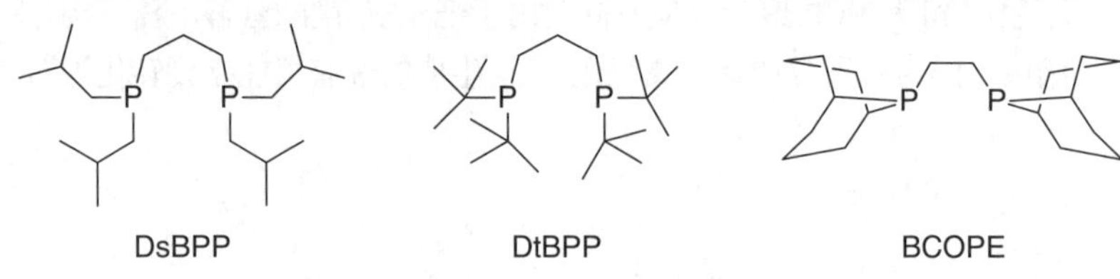

图 1.9　适合钯催化的氢甲酰化的二烷基膦

3）亚化学计量单位量的卤化物阴离子的加入[7]　卤化物阴离子影响了内烯烃的氢甲酰化速率和其化学选择性以及空间选择性[7]。加入亚化学计量(以钯计算)的 Cl^- 或 Br^-，达到热力学平衡的高阶内烯烃的氢甲酰化速率可以增加 6～7 倍，加入 I^- 时这一因数为 3～4 倍。另外，反应对于形成醇的选择性大幅增加。醇的最高产率在碘化物的协助下达到。整个反应只有微量的烷生成。至今为止，也没有有关这一效应的共识性解释，但似乎这也与使用的二膦配体有关。

使用 $Co_2(CO)_8$ 为共同催化剂可以帮助在钯—碳键中插入 CO 形成酰基钯配合物[9]。这一发现改进了钯催化炔的氢甲酰化的化学选择性[10]。在图解 1.42 中给出的条件下，几乎没有诸如饱和醛或者无功能基团烯烃的氢化反应产物生成。

$PdCl_2(PCy)_2$, $Co_2(CO)_8$
CO/H_2 (1 : 1, 35 atm),
苯, 三乙基胺
150 °C, 6 h

R—≡—R → R(CH=)C(R)CHO

R = 烷基, Ph

53%~95% 的分离产率

图解 1.42　通过加入 $Co_2(CO)_8$ 进行的钯催化的炔烃的氢甲酰化

1.7.3　一些应用

Beller 小组研究了在 60 bar 合成气压和 100℃下，一些端烯烃(苯乙烯，1 -辛烯，*N* -乙烯基苯邻二甲酰亚胺，3,3 -二甲基- 1 -丁烯)和内烯烃(顺芪，1 -苯基苯乙烯，环辛烯，环己烯)的由钯催化的氢甲酰化[11]。如图解 1.43 所示，使用的为不对称二膦配体。在顺芪作底物的情况中，生成等量的对应醛；而在环烯烃尤其是环

己烯作底物的情况下，产率低。值得注意的是，在与苯乙烯反应时，l/b 为 85∶15， 51
这与用铑催化剂时得到的结果十分不同。

Pd(acac)$_2$, L,
CO/H$_2$ (1:1, 60 bar),
PTSA, 二甘醇二甲醚,
100 °C, 16 h
转化率为15%~100%

PTSA = 对甲苯磺酸

15%~99%
l/b 高达 99%

L =
PCy$_2$
PCy$_2$

图解 1.43 钯催化的烯烃的氢甲酰化

反应可以延伸到内炔为底物的情况（图解 1.44）[12]。在较温和的反应条件下，几乎可以达到完全的转化。大多数 α,β-不饱和醛可以以很好乃至极优的产率获得。有趣的是，在端炔为 1-辛炔的情况下，α-己基丙烯醛仅以 17%的产率获得。在不对称取代的烷基芳基炔的情况下，甲酰基优先与相邻的芳香取代基相联。大体积烷基被迫在 β 位发生碳—碳键的生成反应。

Pd(acac)$_2$, L,
CO/H$_2$ (1:1, 50 bar),
PTSA, THF,
80 °C, 20 h

PTSA = 对甲苯磺酸

R^1, R^2 = 芳基, 烷基, H

高达 99%

L =
PCy$_2$
PCy$_2$

图解 1.44 钯催化的炔烃的氢甲酰化

参考文献

1. Pospech, J., Fleischer, I., Franke, R., Buchholz, S., and Beller, M. (2013) *Angew. Chem. Int. Ed.*, **52**, 2852–2872.
2. Kiss, G. (2001) *Chem. Rev.*, **101**, 3435–3456.
3. Drent, E. and Budzelaar, P.H.M. (1996) *Chem. Rev.*, **96**, 663–681.
4. Kotsuki, H., Datta, P.K., and Suenaga, H. (1996) *Synthesis*, 470–473.
5. Baya, M., Houghton, J., Konya, D., Champouret, Y., Daran, J.-C., Almeida Leñero, K.Q., Schoon, L., Mul, W.P., van Oort, A.B., Meijboom, N., Drent, E., Orpen, A.G., and Poli, R. (2008) *J. Am. Chem. Soc.*, **130**, 10612–10624.
6. Drent, E. and Budzelaar, P.H.M. (2000) *J. Organomet. Chem.*, **593–594**, 211–225.
7. (a) Drent, E., Pello, D.H., Suykerbuyk, J.C.L.J., and van Gogh, J. (to Shell Internationale Research Maatschappij B. V.) (1995) Patent WO 95/05354; (b) Drent, E. and Jager, W.W. (to Shell Oil Company) (1998) Patent US 5,780,684; (c) Arnoldy, P., Bolinger, C.M., and Mul, W.P. (to Shell Internationale Research Maatschappij B. V.) (1998) Patent EP 0900776; (d) Arnoldy, P., Bolinger, C.M., and Drent, E. (to Shell Internationale Research Maatschappij B. V.) (1999)

52 Patent EP 0903333; (e) Konya, D., Almeida Leñero, K.Q., and Drent, E. (2006) *Organometallics*, **25**, 3166–3174.
8. Scheele, J., Timmerman, P., and Reinhoudt, D.N. (1998) *Chem. Commun.*, 2613–2614.
9. Fukuoka, A., Fukagawa, S., Hirano, M., and Komiya, S. (1997) *Chem. Lett.*, 377–378.
10. Ishii, Y., Miyashita, K., Kamita, K., and Hidai, M. (1997) *J. Am. Chem. Soc.*, **119**, 6448–6449.
11. Jennerjahn, R., Piras, I., Jackstell, R., Franke, R., Wiese, K.-D., and Beller, M. (2009) *Chem. Eur. J.*, **15**, 6383–6388.
12. Fang, X., Zhang, M., Jackstell, R., and Beller, M. (2013) *Angew. Chem. Int. Ed.*, **52**, 4645–4649.

1.8 铂催化的氢甲酰化

1.8.1 概述

尽管学术界做出了许多的努力，迄今为止铂配合物并没有在工业氢甲酰化中起到重要作用。但是，自 1970 年中期起在这一领域的研究就从未停止[1]。特别是不对称氢甲酰化中，手性的铂催化剂已被长期关注[2]。1966 年 Shell 第一次发表了铂催化的氢甲酰化反应[3]。催化剂由 $PtCl_2$ 和 $P(n\text{-}Bu)_3$ 的反应产生。在 195℃、500 psi(约 34 bar)合成气压反应条件下，其以极弱的 n -区域选择性和中等的产率(<50%)将 1-戊烯转化为己醛。乙酸钠的加入使得己醇的异构体生成。同年 Johnson Matthey 的一篇专利中提及一种 $PtCl_2(AsPh_3)_2$ 结构的催化剂，其由 $PtCl_4$ 和 $AsPh_3$ 在乙醇中产生。这种催化剂在 40～45bar 合成气压、70℃条件下，使 1-己烯反应生成庚醛的异构体[4]。

铂催化剂在氢甲酰化反应中应用的突破在于 Knifton 在德士古公司的发现，加入锡(II)的氯化物可使反应在更为温和的条件下进行且产率和区域选择性可以同时增加[5]。在 100℃、1 500 psi(约 103 bar)合成气压下，以 $HPt(SnCl_3)(CO)(PPh_3)$ 为催化剂的 1-戊烯的氢甲酰化速率是以 $Co_2(CO)_8$ 为催化剂的 5 倍左右[6]。$SnCl_2$ 配位的铂催化剂也在烯烃与 CO 和甲醇的氢化反应以及区域选择的甲氧甲酰基化反应中应用成功[7]。烷氧羰基化和氢甲酰化的竞争取决于所使用的溶剂。酮能导向氢甲酰化[8]，而极性溶剂比如 DMF(*N*,*N*-dimethylformamide，*N*,*N*-二甲基甲酰胺)，THF(tetrahydrofuran，四氢呋喃)或乙腈会阻碍反应[9]。烯烃底物的氢化反应是主要的副反应。因此，值得注意的是铂/锡催化剂在脂肪酸的多重双键的可选氢化反应中的活性[10]。在这一转化中，它们还导致了顺/反异构化和烯基团的转移。

53 1.8.2 机理研究、配合物和配体

多数情况下，在氢甲酰化之前，铂/锡催化剂由 $PtCl_2(COD)$(COD＝1,5-cyclootadiene，1,5-环辛二烯)或 $PtCl_2(CH_3CN)_2$ 优先与等化学计量的二齿膦配体(P_2)反应生成。有时也建议使用回流。加入 $SnCl_2$，锡(II)以“类碳烯”方式插入铂—氯键，从而产生活化的双金属催化剂前体(图解 1.45)。

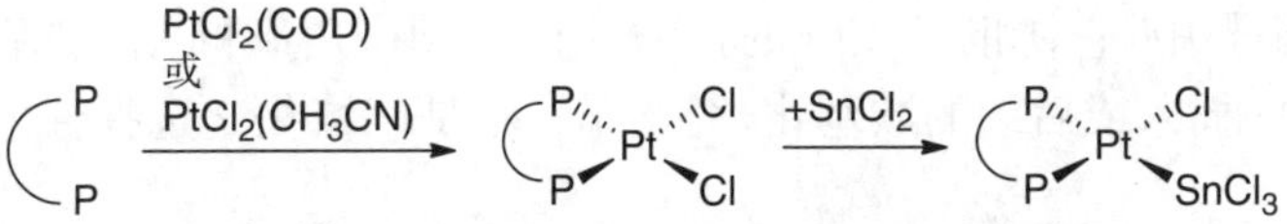

PtCl₂(COD) 或 PtCl₂(CH₃CN)　+SnCl₂

图解 1.45　双金属 Pt/Sn 催化前体的生成

早期的尝试中曾使用过量的 $SnCl_2$。后来的研究显示等物质的量就已足够并且能同时消除副产物(例如起始烯烃氢化产生烷)[11,12]。大部分配合物在温度超过 120℃时仍稳定,但在氢甲酰化超过 150℃的条件下,所有的活性将全部失去[13]。过量的膦有利于 $SnCl_2$ 的插入[14]。用 SnF_2 取代 $SnCl_2$ 可以得到更为稳定的催化剂[15]。其可以在不对称氢甲酰化反应高达 200℃的情况下持续给出高对映体过量(ee)值。另外,相较于 $SnCl_2$ 系统,催化剂的氢化活性可能减弱。由 $SnBr_2$ 和 SnI_2 得到的催化剂活性较弱[9,16]。加入三氟化银也可能影响反应速率,过量的加入会使催化剂中毒[17]。固定在硅胶上的铂-锡氯化物催化剂被用于超临界二氧化碳环境下的氢甲酰化[18]。此外,负载于直链或交联高分子基底上的手性催化剂也被用于不对称的氢甲酰化反应[19]。

较少研究的不含卤化锡(II)的系统由(膦配体)$_2$Pt$(CH_3)_3$ 和 $B(C_6H_5)_3$、BF_3 或 BPh_3 产生[20]。[(膦配体)$_2$Pt(μ-BDT)Rh(COD)]ClO_4(BDT=$^-S(CH_2)_4S^-$)(**1**)类型的杂核双金属二硫醇桥联配合物,在分裂为单核配合物且当单齿膦作为辅助配体时,其在苯乙烯的氢甲酰化中具有相当的活性(图 1.10)[21]。这种情况下,氢甲酰化的结果十分清晰地来源于单核铑配合物。反应在有胶束存在下的水中进行,以[(膦配体)$_2$Pt$(H_2O)_2$]$(OTf)_2$(**2**)类型的阳离子催化剂前体为起始催化[22]。值得注意的是,在这一以苯乙烯为底物的催化系统中,主要生成直链醛。意外的是,苯甲醛作为副产物(达 17%)由 β-芳基消去反应得到。二苯基膦酸也可以类螯
合配体的形式修饰铂金属中心,使其拥有催化活性(**3**)[23]。氢键使得催化剂中心 54
的几何结构更为稳固,从而有利于氢甲酰化的区域鉴别[24]。

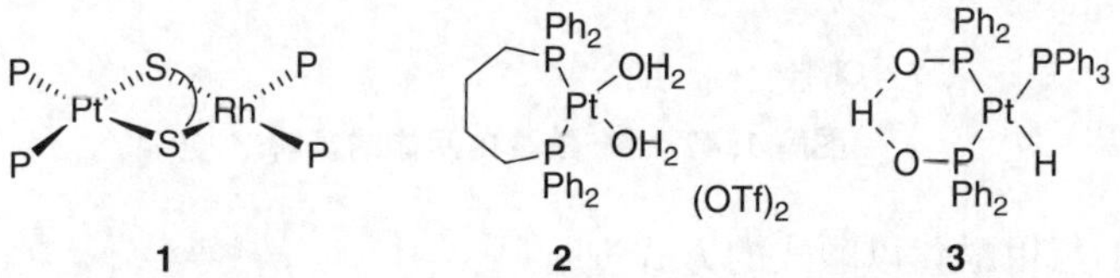

1　**2**　**3**

P = PPh₃
P-P = 二膦

图 1.10　不含卤化锡(II)的铂催化的氢甲酰化

尽管 Kollár 及其同事进行了大量出色的光谱研究,仍未能够明确 $SnCl_2$ 的作用。它有可能作为路易斯酸、反向离子($SnCl_3^-$)或 $SnCl_3$ 配体直接与金属成键。据推测,它涉及了整个催化循环中的不同步骤。其中一点可确定的有利效果是,它

可以稳定在第一阶段中由烯烃插入铂—氢键生成的铂-烷配合物(图解 1.46)[25]。在接下来的步骤中,它协助了 CO 的插入从而帮助了后续的铂-酰基配合物的生成[26]。烯烃的插入或后续的羰基化,究竟哪一个是区域化学选择性的决定步骤仍不明确[27,28]。

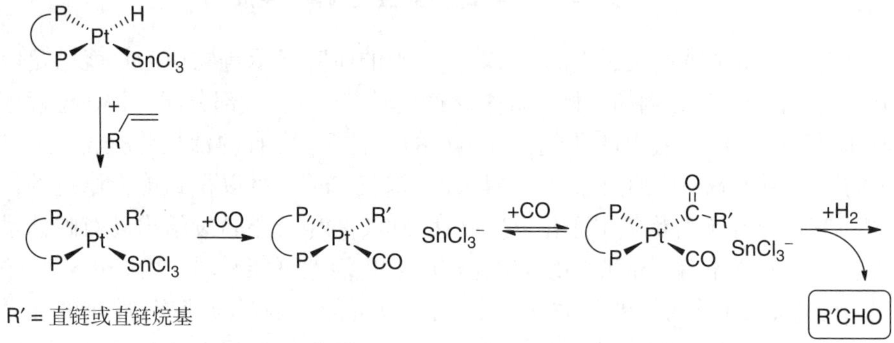

R′ = 直链或直链烷基

图解 1.46 使用 Pt/Sn 催化剂的氢甲酰化中的重要基础步骤

与反式配位 $Pt(PPh_3)_2$ 配合物的发现一样,氯化锡也有可能辅助最终的氢的活化和醛从金属中心的释放,从而重新回收催化剂(图解 1.47)[29]。氢解被认为是决定反应率的步骤[27,28]。加入如 NEt_3 的强碱,通过从活性铂配合物中提取 $HSnCl_3$ 来结束催化反应[30]。

55

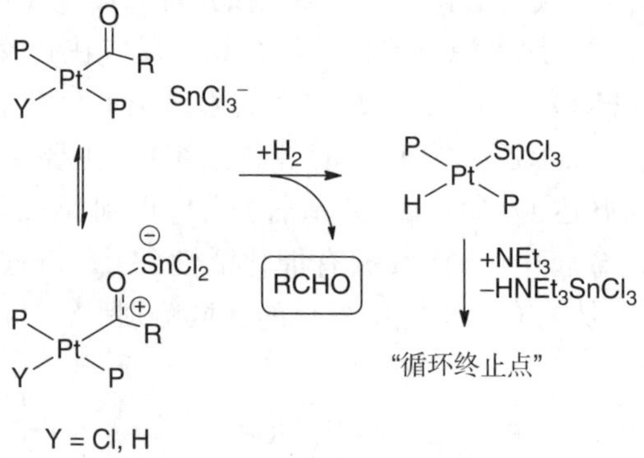

"循环终止点"

Y = Cl, H

图解 1.47 铂-酰基中间体的氢解

内烯烃的氢甲酰化以顺式的方式进行[31]。

作为配体,许多膦被试验于铂/锡催化的氢甲酰化反应。总的来说,二齿膦的表现优于单齿膦[32]。在一系列的 α,ω-二膦中,可以观测到的 1-戊烯的氢甲酰化的最佳活性来自 1,4-双(二苯基膦)丁烷[1,4-bis(diphenylphosphino)butane (dppb,$n=4$)],其 TOF 可达 2 253 h^{-1}(TOF,Turn Over Frequency,转换频率)(图 1.11)。PPh_3 和 1,3-双(二苯基膦)丙烷[1,3-bis(diphenylphosphino)propane (dppp,$n=3$)]会导致活性降低。另外,二膦生成较大的螯合环($n=5$ 或 6)也是其弱点。

活性: $(n = 1) < (n = 2) < PPh_3 < (n = 3) < (\mathbf{n = 4}) > (n = 5) > (n = 6)$

n-区域选择性: $PPh_3 < (n = 2) < (n = 3) \approx (n = 4) \approx (n = 5)\cdots\cdots$

图 1.11 1-戊烯的氢甲酰化中活性和 n-区域选择性与所使用的膦配体的关系

使用反-1,2-双(二苯基膦甲基)环丁烷(**1**,图 1.12)时可以观测到最高的活性和区域选择性(l/b=99∶1)[32]。这一结果可激发相似的、现在也包含手性的二齿双膦的筛选,比如(R,R)-DIOP(**2**)[31]。

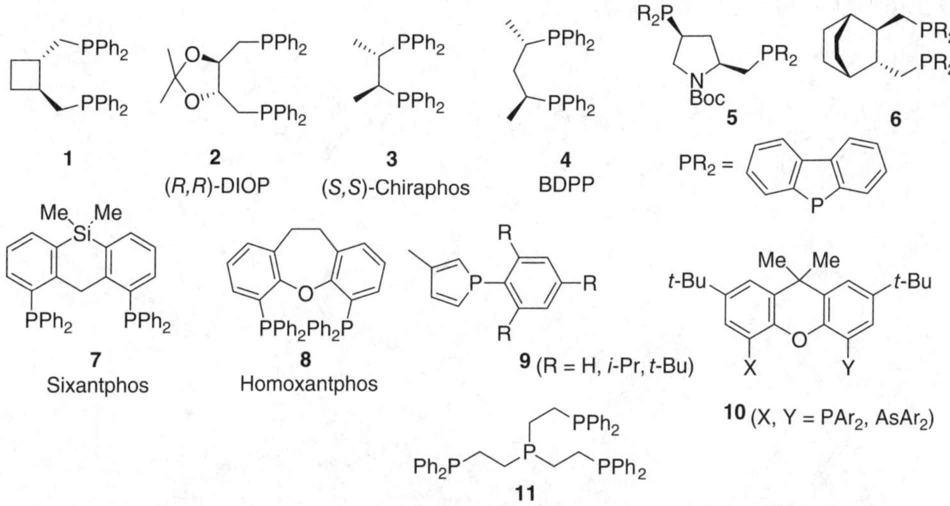

图 1.12 在 Pt/Sn 催化的氢甲酰化中所研究的作为配体的不同的膦

与对映纯的 DIOP 相比,(S,S)-Chiraphos(**3**)则得到较低的活性,但其可以在直链烯烃或苯乙烯反应中得到较高的光学产率[33]。值得注意的是,这两种铂/锡催化剂的效果可与手性同类型的铑催化剂相媲美。当芳基乙烯作为底物时,有可能 π 重叠在空间选择步骤发挥了作用[34]。在苯乙烯使用基于(S,S)-2,4-双(二苯膦基)戊烷(BDPP,**4**)的铂/锡催化剂的氢甲酰化中,人们发现了有趣的温度效应[13,15,35]。在低温时(约 40℃),(S)-苯丙-2-醛形成,而温度高于 90℃时,它的(R)-对应体则成为主要产物。另外,人们也发现了温度对苯乙烯的对位取代基的深度影响[36]。这一特征还有可能使得许多情况下产物中的对映选择性反转。稳定的和大型的二苯膦单位例如图 1.12 中 **5** 或 **6** 的二膦可以使乙烯基芳烃的氢甲 56
酰化催化剂的空间鉴别能力增强[37-39]。与其他咬入角较小的二膦相比,使用 Sixantphos(**7**)时可达到优越的 n-区域选择性[11]。在 4-辛烯的异构氢甲酰化中,也测试了同样的配体[40]。大咬入角[41]的概念还成功地延伸到了 Homoxantphos(**8**)的使用中,其使得 1-辛烯的氢甲酰化转化率 TOF 达到 720 h^{-1}[42,43]。这比其源配体 Xantphos 能达到的 TOF 高了约 40 倍。后者可以以顺式或反式的形态与铂配位[44]。P-arylphospholes(**9**)中的烷取代基(i-Pr,t-Bu)减少了苯乙烯氢甲酰化中的转化率和异构选择性[45]。用 $AsPh_2$ 取代 Xantphos 中的一个或两个膦基团(配体 **10**),在铂/锡催化的氢甲酰化中达到了高活性(起始 TOF=35h^{-1})和高区域选择性(l/b=200∶1)。这与同类的铑催化剂结果相反[46]。人们也尝试了多齿膦(**11**),但没能形成具有活性的催化剂[14]。有可能是其中的一个膦基团协助了 $SnCl_2$ 插入铂—氯键,从而作为半不稳定配体存在。

氨基膦-单烷基膦酯(**1**,AMPPs)原本被 Lyon 小组的 Agbossou-Niedercorn 和 Mortreux 用作不对称氢化的配体[47,48]。目前也在不含锡的铂催化剂催化的不对称氢甲酰化中被试用(图 1.13)。

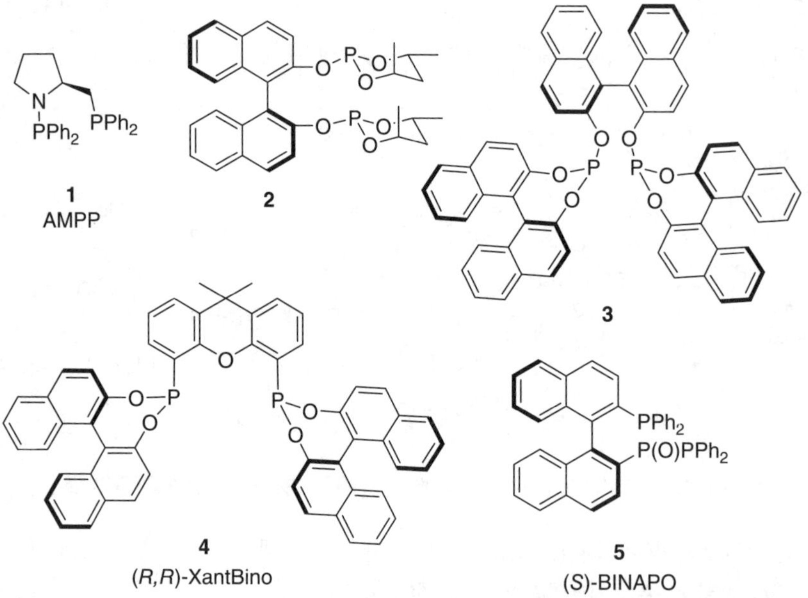

1 AMPP

2

3

4 (*R,R*)-XantBino

5 (*S*)-BINAPO

图 1.13 铂催化的不对称氢甲酰化中研究的手性磷配体

如图 1.13 中的 **2** 所示的手性亚磷酸酯在苯乙烯的不对称氢甲酰化中只能给出中等的对映异构过量值(达 39% ee,b/l=84∶16)[49]。有趣的是,Bakos 小组在同样的转化中,当使用基于如图 1.13 中的 **3** 所示的二萘酚二亚磷酸酯的铂/锡催
57 化剂时,得到了高于对应铑催化剂 30%~40%的 ee[50]。一个罕见的二亚磷酸酯的例子是手性(R,R)- XantBino(**4**),其在以苯乙烯为底物时给出达到 30%的 ee[51]。使用相同的催化剂,以烯丙基醋酸酯和乙烯基醋酸酯为底物时,可得到更为成功的对映选择性(58%~80% ee)。值得注意的是,在这两种底物的情况下,更易得到(非手性)端醛。在所有情况下,氢甲酰化都伴随着底物的氢化。从 20℃加温到 100℃,最终产物中有 78%的苯乙烷。BINAPO(**5**)是带有潜在半不稳定配位性的二苯膦氧化物基团的配体,其被测试得到了中等的结果(苯乙烯:30% ee)[52]。

1.8.3 一些应用

经筛选可用于铂催化的氢甲酰化的烯烃范围十分狭窄。如前文所述,为了搞清催化中间体的结构或寻找结构、活性、区域/空间选择性之间的关系而进行的机理研究中，人们使用的大部分是苯乙烯或 1-烯烃。通常情况下，铂/锡催化剂在很温和的条件下进行反应（10～100 bar 合成气压，50～130℃）[53]。实现的铂/锡①比例高达 2 000∶1。

在苯乙烯的支链区域选择氢甲酰化中，最理想的情况可达到 87% ee[15,19b,37]。偶尔人们也筛选了其他烯烃（*E* 或 *Z*-2-丁烯，2,3-二甲基-1-丁烯，2-苯丙烯， 58
降冰片烯），但是只得到了中等的 ee 值（至 68% ee）[37]。在少量例子中人们也关注内烯烃的异构氢甲酰化[23b]。有一些研究旨在比较基于铂的氢甲酰化催化剂和其他金属催化剂[54]。例如，在乙烯基三甲基硅烷的氢甲酰化中发现了一个十分吸引人的与催化系统性质相关的联系[55]。由铂催化剂只得到端醛而由未修饰的铑催化剂得到的是醛的异构体的混合物。

在 5MPa 合成气压下，以 PPh_3 修饰的铂/锡催化剂催化的 3-丁烯酸乙酯的氢甲酰化中，96%的醛主要由支链醛组成[56]。与之相反，在铂/锡-Sixantphos 催化剂催化的 3-戊烯酸甲酯②的反应中，区域选择性偏向于端醛（图解 1.48）[11,45]。并没有观测到烯烃或产物醛的氢化。

$PtCl_2$(P-P), $SnCl_2$,
CO/H_2 (1:1, 5 bar),
CH_2Cl_2, 60 °C, 50 h
COOMe → OHC COOMe
P-P = Sixantphos
99%
l/*b* = 7.6

图解 1.48 3-戊烯酸甲酯③的氢甲酰化

Gusevskaya 小组对于萜烯领域以铂/锡为催化剂的氢甲酰化进行了研究。β-蒎烯在 90 bar 合成气压、铂/锡为催化剂的条件下，反应以 3∶97 的比例倾向于生成反式空间异构的甲酰蒎烷非对映体（图解 1.49）[57]。这与铑或钴催化剂相反，后两种情况中，非对映体一般只是少量存在。另外，β-蒎烯到 α-蒎烯的异构化十分缓慢。当路易斯酸 $SnCl_2$ 过量或使用 PPh_3 作为配体时，异构化可以进行。使用 dppp 时，烯烃的氢化成为了主要反应。

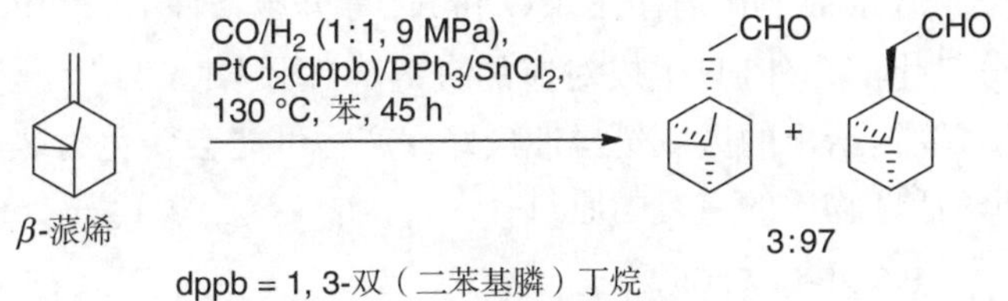

图解 1.49 β-蒎烯的氢甲酰化

---

① 译者注：原文为铂/硫，此处为译者勘误。
② 译者注：原文为 2-戊烯酸甲酯。此处为译者勘误。
③ 译者注：原文为 3-丁烯酸乙酯。此处为译者勘误。

在 9MPa 合成气压下，莰烯可以被转化(图解 1.50)[58]。形成所需的醛的化学选择性优异且与是否使用了 PPh_3 或螯合二膦{如 dppe[1,2 - bis (diphenylphosphino) ethane，1,2 - 双(二苯基膦)乙烷]，dppb[1,4 - bis
59 (diphenylphosphino) butane，1,4 - 双(二苯基膦)丁烷]、dppp[1,3 - bis (diphenylphosphino)propane，1,3 -双(二苯基膦)丙烷]}作为配体无关。有趣的是，使用非手性膦配体时，对热力学更加稳定的外向型化合物只得到了少量的非对映过量(de)[57,58]。较高的 de 值(约 60%)可以由使用如(*R*)-或(*S*)- BINAP 这样的手性二膦来实现[58]。当加入过量的 $SnCl_2$ 时，起始单萜的氢化和异构化就成为了问题。

(a) $PtCl_2$(dppe)/PPh_3/$SnCl_2$, CO/H_2 (1:1, 9 MPa), 100 °C, 苯, 45 h
(b) $PtCl_2(PhCN)_2$/$SnCl_2$, CO/H_2 (1:1, 9 MPa), (*R*)-BINAP, 100 °C, 苯, 45 h

莰烯 → 外型 (CHO) + 内型 (CHO)

(a) 转化率为52%, 选择率为96%, dr = 58:42
(b) 产率为76%, dr = 82:18

dppe = 1, 3-双（二苯基膦）乙烷

图解 1.50　莰烯的氢甲酰化

有着环外双键的 β -柏木烯的氢甲酰化可以以高的化学和区域选择性得到对应的醛(图解 1.51)[59]。

$PtCl_2$(dppp)/$SnCl_2$, CO/H_2 (1:1, 80 bar), 100 °C, 甲苯, 21 h
转化率为 50%

β-(+)-柏木烯 → OHC (H) 选择率为 100%

dppp = 1, 3-双（二苯基膦）丙烷

图解 1.51　*β* -柏木烯的氢甲酰化

在铂/锡(Xantphos)催化剂存在、CO 和 H_2 等分压条件下，2 -甲苯氧基苯乙烯反应，除了部分氢化产物外，只生成对应的直链醛(图解 1.52)[12]。与铑催化剂的类似测试相比，铂/锡给出的区域选择性最好。产物可能会转化为 2 -色原烷醇，它是合成许多药学活性物质的重要的原料。

$PtCl_2$(P-P), $SnCl_2$, CO/H_2 (1:1, 5 atm), 甲苯, 80 °C, 24 h
P-P = Xantphos

OTs → CHO, OTs 64.3% *l*/*b*≥99:1 → O, OH

图解 1.52　2 -甲苯氧基苯乙烯的氢甲酰化

柠烯在氢甲酰化-环化串联反应中，与合成气反应生成双环醇（图解 1.53）[60]。 60
在这一过程中，不需要分离中间产物醛。非对映体几乎等量生成（47∶53）。

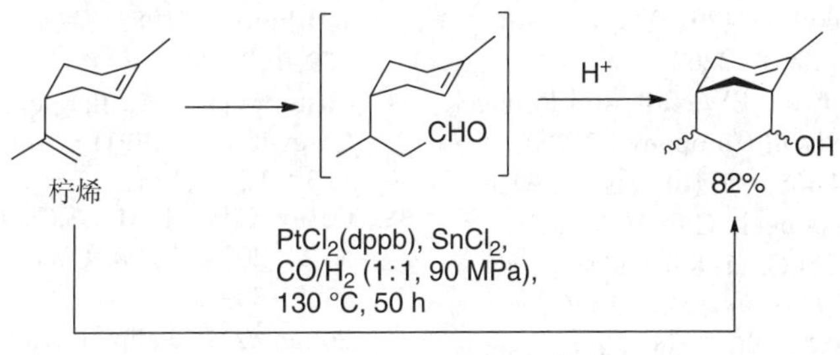

图解 1.53 柠烯的氢甲酰化-环化反应

参考文献

1. (a) Clarke, M.L. (2001) *Polyhedron*, **20**, 151–164; (b) Pospech, J., Fleischer, I., Franke, R., Buchholz, S., and Beller, M. (2013) *Angew. Chem. Int. Ed.*, **52**, 2852–2872.
2. Agbossou, F., Carpentier, J.-F., and Mortreux, A. (1995) *Chem. Rev.*, **95**, 2485–2506.
3. Slaugh, L.H. and Mullineaux, R.D. (to Shell Oil Company New York) (1966) Patent US 3,239,571.
4. Wilkinson, G. (to Johnson Matthey Co. Ltd) (1966) Patent FR 1459643.
5. Schwager, I. and Knifton, J.F. (to Texaco Development Corp.) (1973) Patent DE 2322751.
6. Hsu, C.-Y. and Orchin, M. (1975) *J. Am. Chem. Soc.*, **97**, 3553.
7. (a) Kehoe, L.J. and Shell, R.A. (1970) *J. Org. Chem.*, **35**, 2846–2848; (b) Knifton, J.F. (1976) *J. Org. Chem.*, **41**, 793–797.
8. Cavinato, G. and Toniolo, L. (1983) *J. Organomet. Chem.*, **241**, 275–279.
9. Schwager, J. and Knifton, J.F. (1976) *J. Catal.*, **45**, 256–267.
10. Bailar, J.C. Jr., and Itatani, H. (1967) *J. Am. Chem. Soc.*, **89**, 1592–1599.
11. Meessen, P., Vogt, D., and Keim, W. (1998) *J. Organomet. Chem.*, **551**, 165–170.
12. Botteghi, C., Paganelli, S., Moratti, F., Marchetti, M., Lazzaroni, R., Settambolo, R., and Piccolo, O. (2003) *J. Mol. Catal. A: Chem.*, **200**, 147–156.
13. Kollár, L., Bakos, J., Tóth, I., and Heil, B. (1988) *J. Organomet. Chem.*, **350**, 277–284.
14. Fernández, D., Garcia-Seijo, M.I., Kégl, T., Petőcz, G., Kollár, L., and Garcia-Fernández, M.E. (2002) *Inorg. Chem.*, **41**, 4435–4443.
15. Kollár, L., Kégl, T., and Bakos, J. (1993) *J. Organomet. Chem.*, **453**, 155–158.
16. Farkas, E., Kollár, L., Moret, M., and Sironi, A. (1996) *Organometallics*, **15**, 1345–1350.
17. Kégl, T. and Kollár, L. (1997) *J. Mol. Catal. A: Chem.*, **122**, 95–101.
18. Marteel, A., Davies, J.A., Mason, M.R., Tack, T., Bektesevic, S., and Abraham, M.A. (2003) *Catal. Commun.*, **4**, 309–314.
19. (a) Parinello, G., Deschenaux, R., and Stille, J.K. (1986) *J. Org. Chem.*, **51**, 4189–4195; (b) Parrinello, G. and Stille, J.K. (1987) *J. Am. Chem. Soc.*, **109**, 7122–7127.
20. Jánosi, L., Kégl, T., and Kollár, L. (2008) *J. Organomet. Chem.*, **693**, 1127–1135.
21. Forniés-Cámer, J., Masdeu-Bultó, A.M., Claver, C., Tejel, C., Ciriano, M.A., and

61 Cardin, C.J. (2002) *Organometallics*, **21**, 2609–2618.

22. Gottardo, M., Scarso, A., Paganelli, S., and Strukul, G. (2010) *Adv. Synth. Catal.*, **352**, 2251–2262.
23. (a) van Leeuwen, P.W.N.M. and Roobeek, C.F. (to Shell Oil Company) (1983) Patent US 4,408,078; (b) van Leeuwen, P.W.N.M., Roobeek, C.F., Wife, R.L., and Frijns, J.H.G. (1986) *J. Chem. Soc., Chem. Commun.*, 31–33; (c) van Leeuwen, P.W.N.M., Roobeek, C.F., and Frijns, J.H.G. (1990) *Organometallics*, **9**, 1211–1222.
24. Ustynyuk, Y.A., Babin, Y.V., Savchenko, V.G., Myshakin, E.M., and Gavrikov, A.V. (2010) *Russ. Chem. Bull.*, **59**, 686–694.
25. (a) Scrivanti, A., Botteghi, C., Toniolo, L., and Berton, A. (1988) *J. Organomet. Chem.*, **344**, 261–275; (b) Tóth, I., Kégl, T., Elsevier, C.J., and Kollár, L. (1994) *Inorg. Chem.*, **33**, 5708–5712.
26. Cavinato, G., De Munno, G., Lami, M., Marchionna, M., Toniolo, L., and Viterbo, D. (1994) *J. Organomet. Chem.*, **466**, 277–282.
27. Bedekovits, A., Kollár, L., and Kégl, T. (2010) *Inorg. Chim. Acta*, **363**, 2029–2045.
28. da Silva, J.C.S., Dias, R.P., de Almeida, W.B., and Rocha, W.R. (2010) *J. Comput. Chem.*, **31**, 1986–2000. doi: 10.1002/jcc.21483
29. (a) Ruegg, H.J., Pregosin, P.S., Scrivanti, A., Toniolo, L., and Botteghi, C. (1986) *J. Organomet. Chem.*, **316**, 233–241; (b) Scrivanti, A., Paganelli, S., Matteoli, U., and Botteghi, C. (1990) *J. Organomet. Chem.*, **385**, 439–446; (c) Gómez, M., Muller, G., Sainz, D., Sales, J., and Solans, X. (1991) *Organometallics*, **10**, 4036–4045.
30. Kollár, L., Sándor, P., Szalontai, G., and Heil, B. (1990) *J. Organomet. Chem.*, **393**, 153–158.
31. Haelg, P., Consiglio, G., and Pino, P. (1981) *Helv. Chim. Acta*, **64**, 1865–1869.
32. Kawabata, Y., Hayashi, T., and Ogata, I. (1979) *J. Chem. Soc., Chem. Commun.*, 462–463.
33. Consiglio, G., Morandini, F., Scalone, M., and Pino, P. (1985) *J. Organomet. Chem.*, **279**, 193–202.
34. Castonguay, L.A., Rappé, A.K., and Casewit, C.J. (1991) *J. Am. Chem. Soc.*, **113**, 7177–7183.
35. Casey, C.P., Martin, S.C., and Fagan, M.A. (2004) *J. Am. Chem. Soc.*, **126**, 5585–5592.
36. Pongrácz, P., Papp, T., Kollár, L., and Kégl, T. (2014) *Organometallics*, **33**, 1389–1396.
37. Stille, J.K., Su, H., Brechot, P., Parrinello, G., and Hegedus, L.S. (1991) *Organometallics*, **10**, 1183–1189.
38. Consiglio, G., Nefkens, S.C.A., and Borer, A. (1991) *Organometallics*, **10**, 2046–2051.
39. (a) Gladiali, S., Fabbri, D., and Kollár, L. (1995) *J. Organomet. Chem.*, **491**, 91–96; (b) Tóth, I., Elsevier, C.J., de Vries, J.G., Bakos, J., Smeets, W.J.J., and Spek, A.L. (1997) *J. Organomet. Chem.*, **540**, 15–25.
40. van Duren, R., van der Vlugt, J.I., Kooijman, H., Spek, A.L., and Vogt, D. (2007) *Dalton Trans.*, 1053–1059.
41. Kamer, P.C.J., van Leeuwen, P.W.N.M., and Reek, J.N.H. (2001) *Acc. Chem. Res.*, **34**, 895–904.
42. van der Veen, L., Keeven, P.K., Kamer, P.C.J., and van Leeuwen, P.W.N.M. (2000) *Chem. Commun.*, 333–334.
43. For related diphosphines applied in Pt/Sn catalyzed hydroformylation, compare: van der Vlugt, J.I., van Duren, R., Batema, G.D., den Heeten, R., Meetsma, A., Fraanje, J., Goubitz, K., Kamer, P.C.J., van Leeuwen, P.W.N.M., and Vogt, D. (2005) *Organometallics*, **24**, 5377–5382.
44. Petöcz, G., Berente, Z., Kégl, T., and Kollár, L. (2004) *J. Organomet. Chem.*, **689**, 1188–1193.
45. Csók, Z., Keglevich, G., Petőcz, P., and Kollár, L. (1999) *J. Organomet. Chem.*, **586**, 79–84.
46. van der Veen, L., Keeven, P.K., Kamer, P.C.J., and van Leeuwen, P.W.N.M.

(2000) *J. Chem. Soc., Dalton Trans.*, 2105–2112.
47. Agbossou-Niedercorn, F. (2008) in *Phosphorus Ligand in Asymmetric Catalysis* (ed A. Börner), Wiley-VCH Verlag GmbH, Weinheim, pp. 477–505.
48. Naïli, S., Carpentier, J.-F., Agbossou, F., Mortreux, A., Nowogrocki, G., and Wignacourt, J.-P. (1995) *Organometallics*, **14**, 401–406.
49. Cserépi-Szűcs, S., Huttner, G., Zsolnai, L., and Bakos, J. (1999) *J. Organomet. Chem.*, **586**, 70–78.
50. Cserépi-Szűcs, S., Huttner, G., Zsolnai, L., Szölősy, A., Hegedüs, C., and Bakos, J. (1999) *Inorg. Chim. Acta*, **296**, 222–230.
51. van Duren, R., Cornelissen, L.L.J.M., van der Vlugt, J.I., Huijbers, J.P.J., Mills, A.M., Spek, A.L., Müller, C., and Vogt, D. (2006) *Helv. Chim. Acta*, **89**, 1547–1557.
52. Gladiali, S., Alberico, E., Pulacchini, S., and Kollár, L. (1999) *J. Mol. Catal. A: Chem.*, **143**, 155–162.
53. van Leeuwen, P.W.N.M. and Freixa, Z. (2008) in *Modern Carbonylation Methods* (ed L. Kollár), Wiley-VCH Verlag GmbH, pp. 9–8 and ref. cited therein.
54. Ojima, I., Kato, K., Okabe, M., and Fuchikami, T. (1987) *J. Am. Chem. Soc.*, **109**, 7714–7720.
55. Takeuchi, R. and Sato, N. (1990) *J. Organomet. Chem.*, **393**, 1–10.
56. Moretti, G., Botteghi, C., and Toniolo, L. 62
(1987) *J. Mol. Catal.*, **39**, 177–183.
57. Gusevskaya, E.V., dos Santos, E.N., Augusti, R., de Dias, A.O., and Foca, C.M. (2000) *J. Mol. Catal. A*, **152**, 15–24.
58. Foca, C.M., dos Santos, E.N., and Gusevskaya, E.V. (2002) *J. Mol. Catal. A: Chem.*, **185**, 17–23.
59. Kollár, L. and Bódi, G. (1995) *Chirality*, **7**, 121–127.
60. de Dias, A.O., Augusti, R., dos Santos, E.N., and Gusevskaya, E.V. (1997) *Tetrahedron Lett.*, **38**, 41–44.

1.9 铱催化的氢甲酰化

1.9.1 概述

铱是元素周期表中第Ⅷ B 族的另一种过渡金属。因此铱格外受到关注，尤其在与对应的铑催化剂相比较时[1,2]。总的来说，所有的相关研究中铱催化剂的活性都较低。早在尝试初期，人们就对铱催化剂的高氢化活性有所不满[3]。

1.9.2 机理研究、配合物和配体

铑和铱有着相近的化学性质，且它们的金属配合物的配位几何机构也类似。所以同类的铱偶尔也被当作模型，用来研究在催化条件下较不稳定的铑配合物的催化特性[4,5]。遗憾的是，和铑相比，关于铱的研究很少且各催化系统个体差异较大，所以很难对其进行普遍总结。

1990 年 Deutsch 和 Eisenberg[6] 基于对所选中间产物的 NMR 实验和 X 射线结构分析，成功建立了完整的催化循环。他们在所给出的例子中发现，H_2 向对应铱-酰基中间体的氧化加成是决定反应速率的步骤(图解 1.54)。因此他们得出结
论，所需要的醛只有在高压且氢气过量的情况下才能被最终生成。 63

2004 年，Duckett 小组用 $Ir(CO)(PPh_3)_2(\eta^3-C_3H_5)$ 为催化剂前体，使用仲氢进行了类似的研究[7]。主要结论为，缺乏 CO 的气体环境更倾向于氢化而非氢甲酰化。

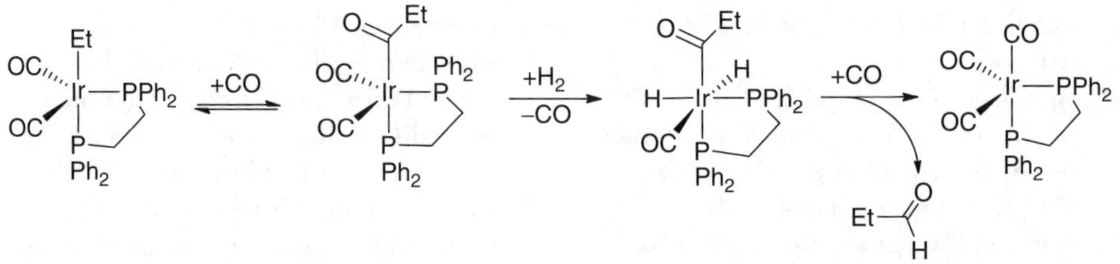

图解 1.54 使用铱(dppe,1,2-双(二苯基膦)乙烷)催化剂催化的氢甲酰化中重要的中间物

Rosales 等[8]对 1-己烯的氢甲酰化进行了动力学的研究。他们使用了从 Ir(acac)(COD)(acac=acetylacetonate,乙酰丙酮化物,COD=1,5-cyclooctadiene,1,5-环辛二烯)得到的催化剂以及过量的 PPh_3。结果显示出了一些与铑催化的反应的相似性(CO/H_2=1∶1,2.5bar,铑的情况温度为 60℃,铱的情况温度为 100℃)。对两种金属来说,负氢向烯烃的转移都是决定反应速率的一步。由于在所选择的条件下没有氢化产物的生成,人们推测 CO 插入金属—烷基键要比对应的烷从金属中心的还原消去进行得更快。

基于量子化学计算与红外光谱测量的结果相关联,Franke 及其同事[9]认为对于 PPh_3 配位的铱催化剂,稍过量的 CO(CO/H_2=2∶1)对于催化剂的活性有帮助(图解 1.55)。也就是说,有一个 PPh_3 配体和三个 CO 配位的铱催化剂更具活性,而 PPh_3 的过量会妨碍催化剂的活性。

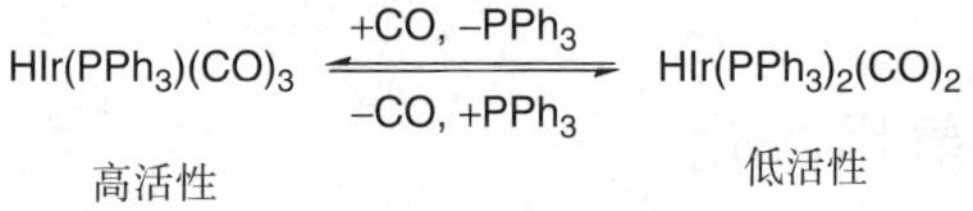

$$HIr(PPh_3)(CO)_3 \underset{-CO,\ +PPh_3}{\overset{+CO,\ -PPh_3}{\rightleftharpoons}} HIr(PPh_3)_2(CO)_2$$

高活性　　　　低活性

图解 1.55 过量的 CO 或者 PPh_3 对铱催化剂反应活性的影响

的确,这些计算与 Beller 小组对于单齿膦配体的实验结果一致,且也能在一定程度上解释,为何在过去的实验中,铱催化剂和铑催化剂相比具有较低活性[10]。在比较三价磷配体对产物醛的产率影响后得到以下顺序(图 1.14):

64

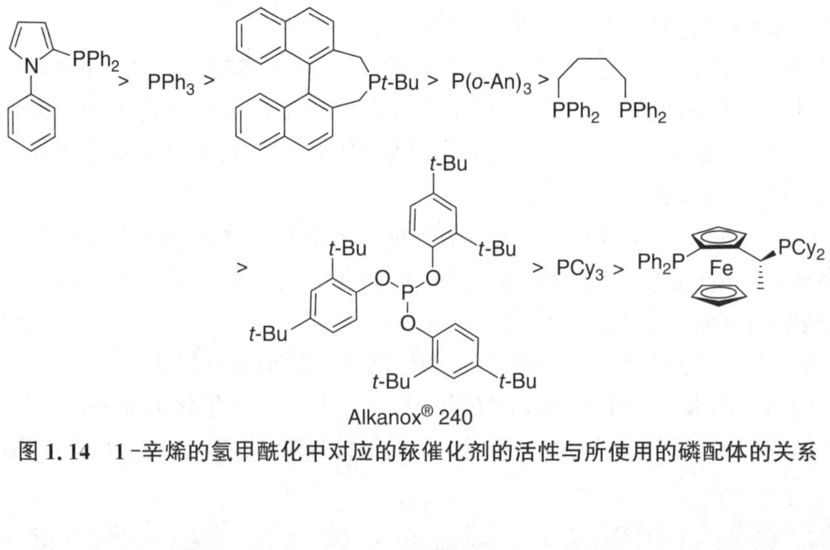

Alkanox® 240

图 1.14 1-辛烯的氢甲酰化中对应的铱催化剂的活性与所使用的磷配体的关系

这一顺序得出的结论为单齿膦配体要优于二齿膦配体。强碱性的烷基膦降低了氢甲酰化的反应活性。

这一结论也确认了 Eisenberg 小组在 2006 年使用 Ir(Xantphos)配合物的结果[11]。在其中一些 H_2Ir 配合物中，发现了二膦的反式配位。氢化配合物 $HIr(CO)_2$(Xantphos)和 $H_3Ir(CO)$(Xantphos)在 1-己烯和苯乙烯的转化(H_2/CO=2∶1,3 atm,75℃)中只展现了中等的氢甲酰化活性。醛的产率为约 10%。大于 50%的 1-己烯的异构化被发现。当二齿配体以两倍过量时，反应完全终止。人们推测在一些情况中，Xantophos 的离解是催化发生的先决条件。

与相关的铑配合物相比，铱的膦-烯醇配合物(图 1.15)在苯乙烯的氢甲酰化中直到 80℃，1 000 psi(约 69 bar)合成气压下都没有活性[12]。在瓦斯卡(Vaska)配合物中 PPh_3 被 Ph_2PPy 取代，前者极低的氢甲酰化活性可以得到显著改善[13]。文献作者推测催化循环中存在膦-吡啶基团对铱的半不稳定配位，并由吡啶中氮的质子化/去质子化来支持。

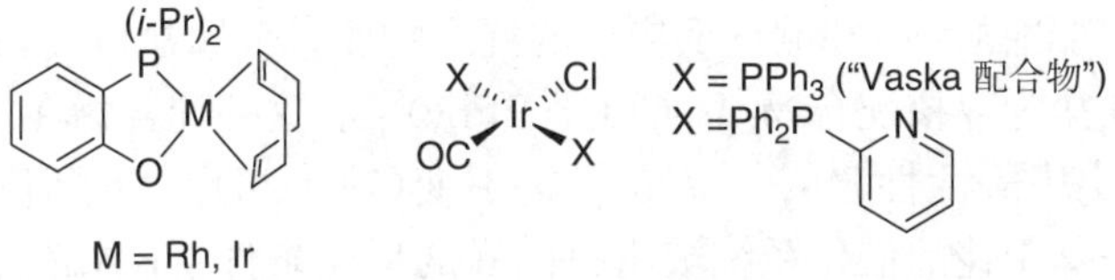

M = Rh, Ir

X = PPh_3 ("Vaska 配合物")
X = Ph_2P-(2-吡啶基)

图 1.15 一些在氢甲酰化中筛查的铱配合物

铱的硅氧配合物，如$[Ir(COD)(OSiMe_3)]_2$ 和 $Ir(COD)(OSiMe_3)(PCy_3)$，在 65
乙烯基硅烷的氢甲酰化中被测试[14]。除了醛的异构体外，主要观测到的是氢化反应。

人们特别注意到，铱催化的氢甲酰化中，氢化活性高导致不必要的烷的生成。Haukka 认为，对于未修饰的铱催化剂，加入无机盐(LiCl 和 $CaCl_2$ 表现最佳)可以克服这一弱点[15]。在此情况下，还可能几乎阻止醇的生成。铱催化剂对生成醛的化学选择性按如下顺序增加：

$$IrCl_3 < [IrCl(CO)]_n < Ir_4(CO)_{12}$$

当 Ir(acac)(COD)与 PPh_3 反应时，可得到化学选择性极好的催化剂[8]。形成强烈对比的是，PCy_3 作为配体导致大于 50%的烷的生成[10]。有趣的是，当 Alkanox® 240 作为配体时，也发现了类似的高氢化活性，而此配体在铑催化的氢甲酰化中是最受欢迎的几种配体之一。至今对此差异极大的表现人们尚无任何解释。

1.9.3 一些应用

Crudden 和 Alper[16]研究乙烯基硅烷的氢甲酰化时发现选择铑或铱为催化剂差异极大(图解 1.56)。当$[Rh(COD)]BPh_4$ 在约 14bar 下以 70%的选择性生成支链醛时，所有测试的铱配合物都以 3-(三烷基甲硅烷基)丙醛为主产物。最高的

n-区域选择性由预先激活的(160℃)$IrCl_3$ 达到。同样地,阳离子配合物[Ir(COD)$_2$]BF_4 可以以高达 97%的 n-区域选择性和 75%～80%的产率在约 48bar 的条件下生成直链醛。要注意的是,CO 的过量(CO/H_2=7∶1)是必须的,因为要阻止烯烃的氢化。加入过量的 PPh_3 可以完全阻碍基于铱的氢甲酰化活性,这在铑催化剂系统里则完全不同。

CHO
Me_3Si
l/b = 30:70
[Rh(COD)]BPh_4, PPh_3,
CO/H_2 (1:2, 200 psi①),
100 °C, 苯, 1.5~3 h
Me_3Si
[Ir(COD)$_2$]BF_4,
CO/H_2 (7:1, 700 psi),
100 °C, $CHCl_3$, 3~5 h
Me_3Si CHO
l/b = 97:3

图解 1.56 使用铑或者铱催化剂的乙烯基硅烷的氢甲酰化②

2011 年,Beller 小组用一种由 Ir(acac)(COD)和 10 倍过量 PPh_3 得到的铱催化剂进行氢甲酰化,以此来转化不同的端烯烃(苯乙烯、3-丙烯基芳烃、环辛烯、直
66 链 α-烯烃)至醛。使用的 CO/H_2 为 2∶1。除了苯乙烯之外,平均区域选择性以 3∶1 倾向生成直链醛。冷却测试反应后的混合物使得金属盐沉淀,经由 X 射线结构分析,可知此盐为双核配合物[Ir(CO)$_3$(PPh_3)]$_2$。这一配合物在 1-辛烯的氢甲酰化中仍显示出中等活性(46%),l/b 保持不变(74∶26)。为了评估催化剂的成本效率,相应的基于铑的催化系统被用在同样的反应条件下(图解 1.57)。比较显示铱催化剂的活性并没有像预想的那样和铑催化剂有很大的差别。

M(COD)(CO)$_2$,
CO/H_2 (2:1, 20 bar),THF,
120 °C
CHO
+ 异构的烯烃 + 烷烃

M = Ir:	65% (l/b = 76:24)	2	19	TOF 163 h^{-1} (20 h)
M = Rh:	75% (l/b = 76:24)	21	3	TOF 1255 h^{-1} (3 h)

图解 1.57 1-辛烯的氢甲酰化中铱与铑催化剂的对比

参考文献

1. Pospech, J., Fleischer, I., Franke, R., Buchholz, S., and Beller, M. (2013) *Angew. Chem. Int. Ed.*, **52**, 2852–2872.
2. (a) Benzoni, L., Andreetta, A., Zanzottera, C., and Camia, M. (1966) *Chim. Ind.*, **48**, 1076–1078; *Chem. Abstr.*, **66** (1967) 22601; (b) Imyanitov, N.S. and Rudkovskii, D.M. (1967) *Zh.*

① 1 psi=6.894 757 kPa。
② 译者注:原文中图解 1.56 错误。此处为译者勘误。

Prikl. Khim., **40**, 2020–2024; *Chem. Abstr.*, **68** (1968) 95367; (c) Yamaguchi, M. (1969) *Shokubai*, **11**, 179–195; *Chem. Abstr.*, **73** (1970) 413787; (d) Oro, L.A., Pinillos, M.T., Royo, M., and Pastor, E. (1984) *J. Chem. Res., Synop.*, **6**, 206–207; (e) Chuang, S.S.C. (1990) *Appl. Catal.*, **66**, L1–L6; (f) Zhang, J., Li, Z., and Wang, C.Y. (1993) in *Studies in Surface Science and Catalysis*, vol. **75** (eds L. Guczi, F. Solymosi, and P. Tétényi), Elsevier, Amsterdam, pp. 919–925; (g) Chan, A.S.C. (1993) *Comments Inorg. Chem.*, **15**, 49–65; (h) Imyanitov, N.S. (1995) *Rhodium Express*, **10–11**, 3–64; (i) Rojas, S., Fierro, J.L.G., Fandos, R., Rodriguez, A., and Terreros, P. (2001) *J. Chem. Soc., Dalton Trans.*, 2316–2324.

3. Slaugh, L.H. and Mullineaux, R.D. (to Shell Oil Company New York) (1966) Patent US 3,239,571.
4. (a) Whyman, R. (1975) *J. Organomet. Chem.*, **94**, 303–309; (b) Casey, C.P., Paulsen, E.L., Beuttenmueller, E.W., Proft, B.R., Matter, B.A., and Powell, D.R. (1999) *J. Am. Chem. Soc.*, **121**, 63–70; (c) Engelbrecht, I. and Visser, H.G. (2011) *Acta. Cryst.*, **A67**, C603.
5. For Ir carbene complexes compare: Dastgir, S., Coleman, K.S., Cowley, A.R., and Green, M.L.H. (2009) *Dalton Trans.*, 7203–7214.
6. Deutsch, P.P. and Eisenberg, R. (1990) *Organometallics*, **9**, 709–718.
7. Godard, C., Duckett, S.B., Henry, C., Polas, S., Toose, R., and Whitwood, A.C. (2004) *Chem. Commun.*, 1826–1827.
8. Rosales, M., Durán, J.A., González, Á., 67
Pacheco, I., and Sánchez-Delgado, R.A. (2007) *J. Mol. Catal. A: Chem.*, **270**, 250–256.
9. Hess, D., Hannebauer, B., König, M., Reckers, M., Buchholz, S., and Franke, R. (2012) *Z. Naturforsch.*, **67b**, 1061–1069.
10. Piras, I., Jennerjahn, R., Jackstell, R., Spannenberg, A., Franke, R., and Beller, M. (2011) *Angew. Chem. Int. Ed.*, **50**, 280–284.
11. Fox, D.J., Duckett, S.B., Flaschenriem, C., Brennessel, W.W., Schneider, J., Gunay, A., and Eisenberg, R. (2006) *Inorg. Chem.*, **45**, 7191–7209.
12. Uh, Y.-S., Boyd, A., Little, V.R., Jessop, P.G., Hesp, K.D., Cipot-Wechsler, J., Stradiotto, M., and McDonald, R. (2010) *J. Organomet. Chem.*, **695**, 1869–1872.
13. Franciò, G., Scopelliti, R., Arena, C.G., Bruno, G., Drommi, D., and Faraone, F. (1998) *Organometallics*, **17**, 338–347.
14. Mieczyńska, E., Trzeciak, A.M., Ziółkowski, J.J., Kownacki, I., and Marciniec, B. (2005) *J. Mol. Catal. A: Gen.*, **237**, 246–253.
15. Andreina Moreno, M., Haukka, M., and Pakkanen, T.A. (2003) *J. Catal.*, **215**, 326–331.
16. Crudden, C.M. and Alper, H. (1994) *J. Org. Chem.*, **59**, 3091–3097.

1.10 铁催化的氢甲酰化

1.10.1 概述

铁是地球上最丰富的金属之一，总质量约占地壳质量的6%，且可以从相应的矿石中轻易获得。由于其存在广泛，获取容易，可以想象由此种材料制成的催化剂也会价格低廉。曾有几篇文献中尝试使用铁作为催化活性金属进行加氢甲酰化以及相关反应。遗憾的是，迄今为止所提及的几种催化剂反应活性都极低，其结果都不适合进行应用。此处要区分以下两种方法：

1）使用单金属铁催化剂；

2）将铁配合物加入用于氢甲酰化的铑或钌催化剂中以达到协同作用。

1.10.2 单金属铁催化剂

由于诸如 $Fe(CO)_5$[1] 的铁配合物的氢甲酰化活性极低，通过使用氢气分子，它们的应用通常会由“雷帕条件”下的氢甲酰化协助（图解 1.58）[2,3]。在这里，$H_2Fe(CO)_4$ 和一氧化碳反应生成氢分子和铁的五羰基化物。加入水后重新回收起始的铁配合物使之重新进入催化循环。碱的加入是必须的，因其可将 CO_2 以碳酸盐的形式从
68 平衡中移除（“Hieber 碱反应”）[4]。在此条件下，烯烃被异构化[5]或转化为氧合产物。二甲基甘氨酸钾[2]或 NEt_3 被证明在氢甲酰化中作为碱尤其有效[6]。

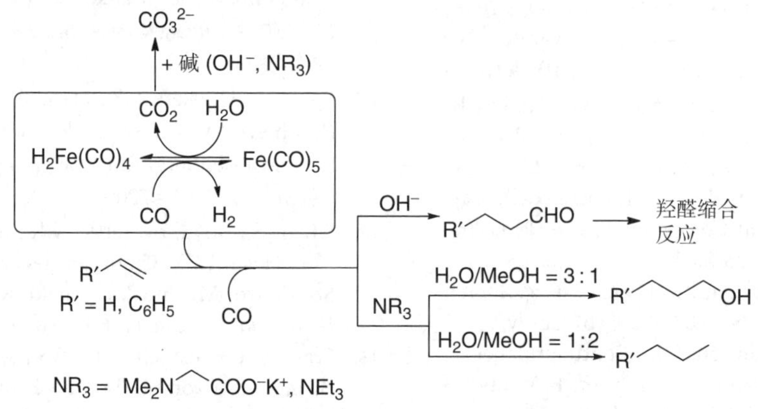

图解 1.58 雷帕条件下铁催化的氢甲酰化

当使用碱性水溶液时，醛可以生成，并立即进行羟醛缩合。与之形成鲜明对比的是，当胺类存在时，醇作为醛的氢化产物生成。Markó 观察到，在 MeOH/H_2O 混合物中，当水的含量较高时，也倾向生成醇[6]。降低水的浓度结果是烷的生成。这些反应的条件为 100～200 bar 合成气压、温度在 60～140℃。总的来说，氧合产物的产率不超过 30%。

Pertici 及其同事[7]在使用合成气和用聚烯烃 1,3,5－环庚二烯和 1,5－环辛二烯稳定的铁催化剂前体时，得到了更高的产率（图解 1.59）。异构的醛几乎等量生成，但只有中等的 *l*/*b* 选择性。

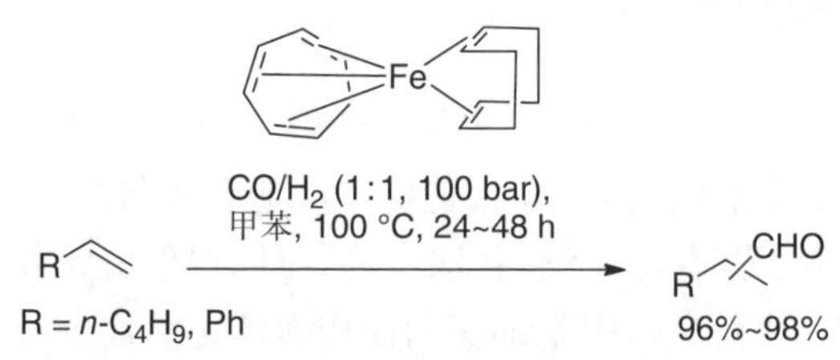

图解 1.59 使用铁催化剂的氢甲酰化

Ioset 和 Roulet 阐述了使用铁的聚烯烃配合物的化学等量氢甲酰化[8]。反应除了生成氢化产物，还优先生成了内型甲酰异构体（图解 1.60）。 69

图解 1.60 铁-聚烯配合物的化学等量氢甲酰化

1.10.3 铁配合物作为传统氢甲酰化催化剂的添加剂

铁作为杂核双金属氢甲酰化催化剂之一的筛选比单金属铁催化剂的使用更受关注[9]。早期的尝试来源于人们假设铁的羰基配合物可以由 CO 在钢制高压釜中形成，造成钴或铑催化剂的中毒[10]。尤其是 $Fe(CO)_5$ 催化产物醛的羟醛缩合的特性被认为对氢甲酰化有害。通常，这个问题可以用技术方法（快速分离产物）来解决，或者通过加入铁的螯合剂来解决[11]。

但是，铁配合物也可能存在有益作用。例如，人们发现以 SiO_2 为载体的 Rh-Fe^{3+} 双金属簇对氢甲酰化有促进作用（图解 1.61）[12]。基于穆斯堡尔谱，人们推测铁协助了 CO 插入铑—碳键。同样，中间产物铑的烷氧基类物质氢化生成醇也得益于这一双金属的相互作用。

图解 1.61 Fe^{3+} 在铑催化的氢甲酰化中的协助作用

苯乙烯的氢甲酰化中，杂核双金属钌-铁簇的活性是同核双金属同类物的 5～10 倍（图解 1.62）[13]。生成主要产物支链醛的选择性与使用钌-钌催化剂在同一范围。

当使用以氧化物为载体的混合碳络羰基铁-铑簇时，也有相似的效应[14]。Trzeciak 和 Ziółkowski 将 $Fe(CO)_5$ 加入 Rh(acac)(CO)L（acac＝acetylacetonate，乙酰丙酮化物）[L＝PPh_3，$P(OPh)_3$，$P(N(C_4H_4)_3)$]，在 1-己烯（合成气压 10atm，80℃）的氢甲酰化中得到醛的产率可增加至 70%[15]。用光谱测定杂核双金属配合物为 $H(PPh_3)_3Rh(\mu\text{-}CO)_2Fe(CO)_4$。它有可能是产生这一有趣结果的原因。 70

亚乙烯基簇 $Fe_3Rh(CO)_{11}(C{=}CH(Ph))$ 由 Mathieu 及其同事用一种三核铁簇与 $[RhCl(CO)_2]_2$ 在 $TlBF_4$ 存在的条件下反应，通过紧接着的质子化生成。其在 1-戊烯的氢甲酰化中表现出的活性与 $Rh_4(CO)_{12}$ 相同（图解 1.63）[16,17]。

$(OC)_3X$–$Y(CO)_3$，两个 PPh_2 桥连

Ph–CH=CH$_2$ → CO/H_2 (1:1, 20 bar), 120 °C, 甲苯, 23 h → PhCH(CH$_3$)CHO

X, Y = Fe: TOF = 0.9 h^{-1}, *b*/*l* = 44
X, Y = Ru: TOF = 0.4 h^{-1}, *b*/*l* = 60
X = Ru,Y = Fe: TOF = 4.0 h^{-1}, *b*/*l* = 58

图解 1.62　杂核和同核双金属催化剂在氢甲酰化中的比较

$[HFe_3(\mu^3\text{-}C{=}CHPh)(CO)_9][PPh_4]$ + $[RhCl(CO)_2]_2$ → 1. $TlBF_4$, 丙酮; 2. CF_3COOH → $(OC)_2Rh$–$Fe(CO)_3$ 簇（84%）

图解 1.63　作为氢甲酰化催化剂的铁-铑簇的制备

除了间质碳原子，氮族化合物也被用来稳定氢甲酰化中铁-铑和铁-铱催化剂的簇结构[18]。

参考文献

1. For practical reasons use of the less volatile and therefore less toxic $Fe_3(CO)_{12}$ can be more advantageous. See also: Marrakchi, H., Effa, J.-B.N., Haimeur, M., Lieto, J., and Aune, J.-P. (1985) *J. Mol. Catal.*, **30**, 101–109.
2. Reppe, W. and Vetter, H. (1953) *Justus Liebigs Ann. Chem.*, **582**, 133–161.
3. Kang, H., Mauldin, C.H., Cole, T., Slegeir, W., Cann, K., and Pettit, R. (1977) *J. Am. Chem. Soc.*, **99**, 8323–8325.
4. Hieber, W. and Leutert, F. (1931) *Naturwissenschaften*, **19**, 360.
5. (a) Sternberg, H.W., Markby, R., and Wender, I. (1957) *J. Am. Chem. Soc.*, **79**, 71 6116–6121; (b) Graff, J.L., Sanner, R.D., and Wrighton, M.S. (1982) *Organometallics*, **1**, 837–842.
6. Palágy, J. and Markó, L. (1982) *J. Organomet. Chem.*, **236**, 343–347.
7. Breschi, C., Piparo, L., Pertici, P., Caporusso, A.M., and Vitulli, G. (2000) *J. Organomet. Chem.*, **607**, 57–63.
8. Ioset, J. and Roulet, R. (1985) *Helv. Chim. Acta*, **68**, 236–247.
9. (a) Cesarotti, E., Fusi, A., Ugo, R., and Zanderighi, G.M. (1978) *J. Mol. Catal.*, **4**, 205–216; (b) Richmond, M.G. (1989) *J. Mol. Catal.*, **54**, 199–204.
10. Zachry, J.B. and Aldridge, C.L. (to Esso Research and Engineering Company) (1966) Patent US 3,253,018.
11. Bryant, D.R. (to Union Carbide Corporation) (1979) Patent US 4,143,075.
12. Fukuoka, A., Ichikawa, M., Hriljac, J.A.,

and Shriver, D.F. (1987) *Inorg. Chem.*, **26**, 3645–3647.

13. He, Z., Lugan, N., Neibecker, D., Mathieu, R., and Bonnet, J.-J. (1992) *J. Organomet. Chem.*, **426**, 247–259.
14. Kovalchuk, V.I., Mikova, N.M., Chesnokov, N.V., Naimushina, L.V., and Kuznetsov, B.N. (1996) *J. Mol. Catal. A: Chem.*, **107**, 329–337.
15. Trzeciak, A.M., Mieczyńska, E., and Ziołkowski, J.J. (2000) *Top. Catal.*, 461–468.
16. Attali, S. and Mathieu, R. (1985) *J. Organomet. Chem.*, **291**, 205–211.
17. For catalysts covering even more iron atoms in FeRh clusters compare: Alami, M.K., Dahan, F., and Mathieu, R. (1987) *J. Chem. Soc., Dalton Trans.*, 1983–1987.
18. Della Pergola, R., Cinquantini, A., Diana, E., Garlaschelli, L., Laschi, F., Luzzini, P., Manassero, M., Repossi, A., Sansoni, M., Stanghellini, P.L., and Zanello, P. (1997) *Inorg. Chem.*, **36**, 3761–3771.

73 2　有机配体

有机配体在氢甲酰化中对改变金属的固有催化特性起着重要的作用。这样的配体对催化剂的反应活性以及化学、区域和空间选择性有着巨大的影响。它们的空间和电子结构以及在金属催化剂中的浓度对转化是否成功起着决定性的作用。所以它们有时也会被称为辅催化剂。

Otto Roelen 的第一个氢甲酰化反应的发现与成功是基于无配体系统的。当然，这些催化剂并不是由裸金属组成的。它们含有 H、CO、双烯烃、羰化物或者卤化物。这些成分在氢甲酰化的起始或者转化过程中被溶剂分子、底物或者试剂取代。现今这种未修饰的催化剂仍然在大规模使用且效果显著。

Wilkinson 开始了革新，他为氢甲酰化引入了第一个 PPh_3 修饰的铑和钌配合物(图 2.1)。仅仅几年后，诸如 $P(OPh)_3$ 的亚磷酸盐的优越特性就被发现了。van Leeuwen 和 Roobeek 将大位阻烷基基团引入芳基膦的取代基位，用来稳定易水解的亚磷酸酯，且增加了端烯烃和内烯烃氢甲酰化的 n -区域选择性。1996 年第一个亚磷酰胺配体筛查成功。一年以后，卡宾作为这一发展史上最后涉及的一大类有机配体，也被引入。当然，简单有机结构的发现总是伴随着更为复杂的配合物的设计诞生，其中也包括手性配体。

与基础研究领域中一些特殊配体如胺、胂、有机锑或芳香化合物也被用于催化筛选不同，在工业氢甲酰化中只使用三价磷化合物[1]。这些配体理论上可以按照 P—C、P—O 或 P—N 键的数量来进行区分(图 2.2)。

膦(又叫作磷烷)的一般特征为三个碳原子包围着中心磷原子。特例是不饱和的磷杂环和伯膦或仲膦，这些特例至今未能作为配体发挥作用。

74

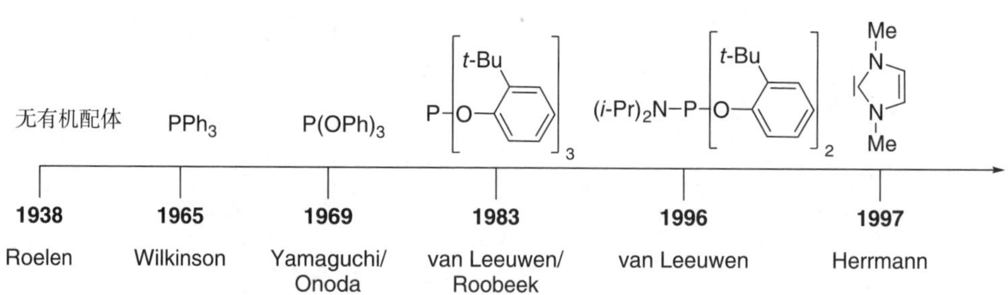

图 2.1　均相催化的氢甲酰化的有机配体的历史发展

膦/磷烷 卑磷酸酯 次磷酸二酯 亚磷酸三酯 SPO HASPO

SPO = 氧化仲膦
HASPO = 杂原子取代氧化膦

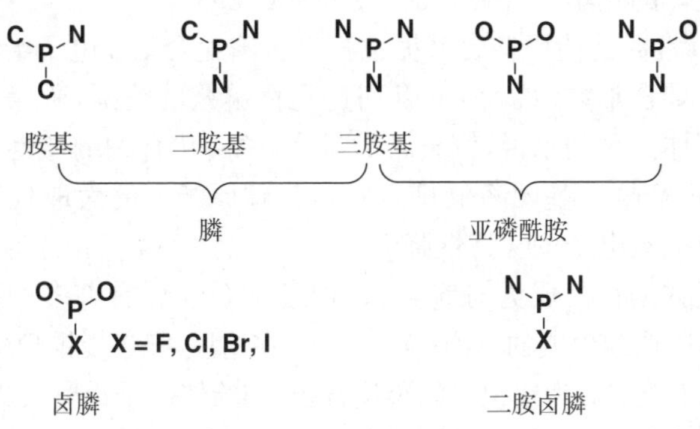

图 2.2 基于磷相邻 α-原子性质的三价膦配体的分类

在膦中用一个烷氧或芳氧基团取代一个 C 取代基可以生成卑磷酸酯(phosphinites)。进一步用氧基团取代烷基或芳基首先得到次磷酸二酯(phosphonites),然后最终得到亚磷酸三酯(phosphites)。氧化仲膦(SPOs)或者杂原子取代氧化膦(HASPOs)由对应的游离酸通过互变异构得到,它们只偶尔被用作配体进行研究。但是,它们作为酯的水解产物,可能对催化反应有一定的影响。

另一种修饰方法是 N 取代基的逐步取代作用,它可以产生胺基膦或二胺基膦
或三胺基膦。还可以通过以不同数量的杂核原子 O 和 N 与中心磷原子结合得到 75
进一步的变化。

在氢甲酰化中常常测试的一种配体是亚磷酰胺,即亚磷酸酯的胺基衍生物。还有较少数情况是磷的卤化物,如氟膦在工业氢甲酰化中也被推荐为配体,前提条件是它们在反应条件下稳定[2]。但是它们的重要性主要在于作为合成试剂的使用。在配体合成中,主要使用的是氯膦,极少数情况下溴膦或它们的胺基同类物也会被应用。其有机结构可以是非环的,但是也可以与磷形成芳香或非芳香的杂环[3]。

在应用中,特别是大规模工业生产时,短途径且可规模化的合成尤为重要。总的来说,P—C 的成键,例如从 P—X 键前体开始,需要使用大多数情况下对空气敏感的强碱。而且生成的膦(特别是烷基膦)极易被氧化。使用 PH_3、伯膦或仲膦需要更精细的操作,因为它们易燃且有剧毒。所以,整个合成需要极其安全的称量条件并在保护气环境下(氩气,氮气)操作,这给规模化生产带来了困难。与此相反,由 P—Cl 或 P—N 键转化为 P—OR 键更容易实现。此种情况下,需保证基本无水的反应条件,从而避免相对较不易被氧化的磷酯的水解。

想要优化已知的反应过程和开发新的催化系统,必须要了解配体的一些重要参

数。有许多方法可以测量膦配体的空间和电子特性[4]。现在这样的实验数据已经越来越多地得到理论计算方法支持[5]。但是需要注意的是，由于在催化循环中金属配合物的几何结构和氧化态的改变，当需要很精确地预测催化特性时，需要慎重对待这些数据。有限的分析数据和催化结果及催化剂稳定性之间不存在简单的联系[6]。

^{31}P 核磁共振谱（NMR）是用来表征膦配体和其对应金属配合物特性的常用方法。与催化相关的膦配体的化学位移在−60～200 mg/kg[7]。

测量^{31}P—^{77}Se 耦合常数是使用核磁共振估算三价磷化合物 σ 电子给体容量的简单又快速的方法[8]。耦合常数（$J_{\text{P-Se}}$）可以到达几百赫兹的范围，所以人们甚至可以精确区分近似的配体。总的来说，耦合常数越大，源磷化合物的碱性越弱。吸电子基团增加耦合常数，给电子基团降低耦合常数。磷原子上的大取代基有可能因为键角的增大而导致孤对电子的 s 特性降低。

76 有关膦配体的表征数据在其成为对应金属-羰基配合物后有许多的描述。最常见的模型配合物是可以快速生成的 $Ni(CO)_3$（膦）。在这里，托尔曼锥角（θ）描述了有机配体的大小[9]。锥角被定义为在顶点的金属（位于与给体原子距离 0.228 nm 的中心）与锥形边缘最外原子的范德华半径形成的立体角[图 2.3(a)][10]。在不对称配体中锥角也可以计算，这里锥角为各半锥角总和的三分之二。这一概念可以用于所有种类的单齿膦配体，也可以有限应用于二膦。值得注意的是，卡宾被描述为另一种模型（见第 2.5.2 节）。

配体的 σ 给电子特性和 π 受电子特性可以通过记录对应金属- CO 配合物的 IR 光谱推测。因为它们显示在一个特殊的强波段，通常范围在 1 900～2 100 cm^{-1}[5b]。基于此，可以得到托尔曼电子参数（TEP）。高 π 受电子特性可以由 A1νCO 峰向高波数的蓝移来显示。与此同时，托尔曼配体图成为了衡量配体效用的指导。

测量 RhCl(P—P)(CO)类型配合物的羰基拉伸频率是估算二膦的电子给体-受体特性的另一种有效的方法[11]。

为了更加深入地了解均相铑催化剂的活性与区域选择性之间的关系，人们专门为氢甲酰化提出了自然咬入角（α）的概念[图 2.3(b)][12]。这一从分子力学计算中得到的参数是为二齿配体设计的，描述了两个磷原子与假想金属原子之间形成的角。一般来说，空间咬入角与电子咬入角是有区别的。前者与配体和金属间的所有排斥作用相关，包括配位的底物；后者表征了当咬入角变化时电子特性的变化。这一作用取决于金属轨道的杂化，所以也可能随着催化循环的进行而改变。
77 由于配体的不同构象的能量略高于自然咬入角的应力能量，人们通常会考虑一个比较灵活的范围。

2015 年，de Bruin 等[13]计算出了由单配位和双配位 $Rh(PPh_3)$配合物催化的氢甲酰化的整个催化循环。由密度函数理论（DFT）计算的基于单膦催化剂前体 $HRh(PPh_3)(CO)_3$（24.5 kcal mol^{-1}①）的路径与双膦同类物 $HRh(PPh_3)_2(CO)_2$

① 1 kcal mol^{-1}＝4.186 8 kJ mol^{-1}。

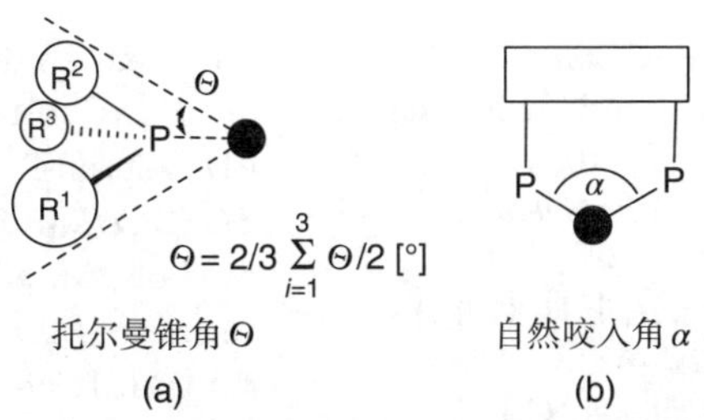

图 2.3 描述膦配体的空间特征时通常所使用的模型

(28.9 kcal mol^{-1})的路径相比，具有较低的自由能障。这为实验中发现的单膦催化剂固有活性高于二膦催化剂提供了理论依据。但是，二膦催化剂的区域鉴别能力更高。这一特性解释了为什么要合理选择 CO 分压。因其影响着与铑金属配位的磷原子的数量，从而会进一步影响活性和区域选择性[14]。

在大规模的化学生产中，只有少数种类的膦和亚磷酸三酯被使用。与在不对称催化中的配体类似，它们被称为"优选配体"。此外，市场上还供应一些其他的品种。在接下来的章节中，只会详细综述以下这些三价磷配体的合成：(i)在专利中记录与工业应用相关的；(ii)有特殊结构的；(iii)在所选择的氢甲酰化反应中有特殊催化效用的。专门有一章节会讨论卡宾的合成、性质及其在氢甲酰化中的应用。

参考文献

1. Kamer, P.C.J. and van Leeuwen, P.W.N.M. (eds) (2012) *Phosphorus(III)Ligands in Homogeneous Catalysis: Design and Synthesis*, John Wiley & Sons, Ltd., Chichester.
2. Puckette, T.A. (2007) *Chem. Ind. (Dekker)*, **115**, 31–38.
3. (a) Matthey, F. (ed.) (2001) *Phosphorus-Carbon Heterocyclic Chemistry: The Rise of a New Domain*, Pergamon, Amsterdam; (b) Kollár, L. and Keglevich, G. (2010) *Chem. Rev.*, **110**, 4257–4302.
4. (a) Ferguson, G., Roberts, P.J., Alyea, E.C., and Khan, M. (1978) *Inorg. Chem.*, **17**, 2965–2967; (b) Wilson, M.R., Liu, H., Prock, A., and Giering, W.P. (1993) *Organometallics*, **12**, 2044–2050; (c) Smith, J.M., Taverner, B.C., and Coville, N.J. (1997) *J. Organomet. Chem.*, **530**, 131–140; (d) Bartholomew, J., Fernandez, A.L., Lorsbach, B.A., Wilson, M.R., Prock, A., and Giering, W.P. (1996) *Organometallics*, **15**, 295–301; (e) Clarke, M.L. and Frew, J.J.R. (2009) *Organomet. Chem.*, **35**, 19–46.
5. (a) Fey, N., Guy Orpen, A., and Harvey, J.N. (2009) *Coord. Chem. Rev.*, **253**, 704–772; (b) Kühl, O. (2005) *Coord. Chem. Rev.*, **249**, 693–704.
6. Clarke, M.L., Ellis, D., Mason, K.L., Orpen, A.G., Pringle, P.G., Wingad, R.L., Zaher, D.A., and Baker, R.T. (2005) *Dalton Trans.*, 1294–1300.
7. Baumann, W. (2008) in *Phosphorus Ligands in Asymmetric Catalysis* (ed. A. Börner), Wiley-VCH Verlag GmbH, Weinheim, pp. 1407–1454.
8. (a) Allen, D.W. and Taylor, B.F. (1982) *J. Chem. Soc., Dalton Trans.*, 51–54; (b) Stec, W., Okruszek, A., Uznanski, B., and Michalski, J. (1972) *Phosphorus Relat. Group V Elem.*, **2**, 97–99; (c) Pinnell, R., Megerle, C., Manatt, S., and Kron, P. (1973) *J. Am. Chem. Soc.*, **95**, 977–978.

78 **9.** (a) Tolman, C.A. (1977) *Chem. Rev.*, **77**, 313–348; (b) Allman, T. and Goel, R.G. (1982) *Can. J. Chem.*, **60**, 716.

10. Tolman, C.A. (1970) *J. Am. Chem. Soc.*, **92**, 2956–2965.

11. Anton, D.R. and Crabtree, R.H. (1983) *Organometallics*, **2**, 621–627.

12. (a) Casey, C.P. and Whiteker, G.T. (1990) *Isr. J. Chem.*, **30**, 299–304; (b) Goertz, W., Kamer, P.C.J., van Leeuwen, P.W.N.M., and Vogt, D. (1997) *J. Chem. Soc., Chem. Commun.*, 1521–1522; (c) Dierkes, P. and van Leeuwen, P.W.N.M. (1999) *Dalton Trans.*, 1519–1529; (d) Achord, P.D., Kiprof, P., and Barker, B. (2008) *THEOCHEM*, **849**, 103–111; (e) Birkholz, M.-N., Freixa, Z., and van Leeuwen, P.W.N.M. (2009) *Chem. Soc. Rev.*, **38**, 1099–1118.

13. Jacobs, I., de Bruin, B., and Reek, J.N.H. (2015) *ChemCatChem*, **7**, 1708–1718.

14. Imyanitov, N.S. (1995) Hydroformylation of olefins with rhodium complexes – a review. *Rhodium Express*, **10–11**, 3–64.

2.1 膦——典型结构和个体、合成及部分特性

2.1.1 单齿膦

历史上，第一个配体修饰的钴、铑或者钌催化的氢甲酰化过程就是通过易得、便宜且在空气中稳定的 PPh_3 来实现的。文献中也有关于较不稳定的三烷基膦[PEt_3，P(n-Bu)$_3$]的阐述，但是它们使用时需要严格地排除氧气[1]。PPh_3 可以由对-溴苯或者对-氯苯与钠和 PCl_3 反应大量制得(图解 2.1)[2]。

图解 2.1 工业制备 PPh_3 和其他三芳基膦

或者，反应可以在 PCl_3 和 PhMgBr 之间进行[3]。与对应的苯基锂或者芳基锂
79 化合物反应也可以合成含有取代基和(或)功能基团以及不同芳香基团的三芳基膦[4,5]。适合于磷化反应的杂环芳基镁可以通过 Knochel 方法制备得到[6]。苯甲基二烃基膦可以由对应的二氯配合物通过镁粉激活最终与二烃基氯膦反应得到[7]。残留的氧化三苯基膦(TPPO)可以用热乙醇或异丙醇通过重结晶移除。

在某些情况下，在合成中我们或多或少需要使用复杂的保护基团策略。在氢甲酰化-维蒂希烯化串联反应中 Zhou 和 Breit[8] 建议使用特殊的单齿膦，例如能够通过对应铑配合物中的氢键自结合的环膦 1（图解 2.2）。配体可以通过 2,2′-二溴-4,4′-二叔丁基-1,1′-二苯锂化，与 Cl_2PNEt 反应后再与锂化的 6-叔丁氧基吡啶偶联，最终用甲酸移除保护基团叔丁基。

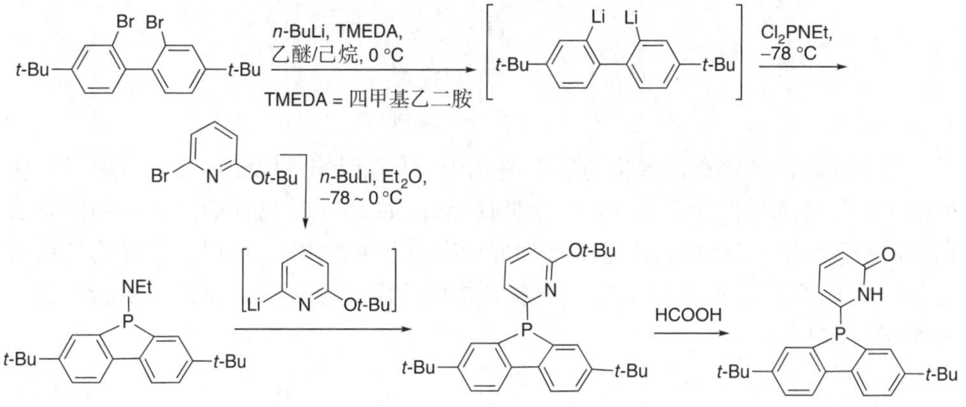

n-BuLi, TMEDA, 乙醚/己烷, 0 °C
TMEDA = 四甲基乙二胺
Cl_2PNEt, −78 °C
n-BuLi, Et_2O, −78 ~ 0 °C
HCOOH
1
总产率为32 %

图解 2.2 可以自结合的单齿吡啶酮膦的合成

另一种可以自结合的配体 *N*-(6-二苯基膦吡啶-2-羰基)-胍是在肽偶联剂 BOP 存在的情况下以约 10 g 的规模由二苯基膦吡啶-2-羧酸和 Boc 保护的胍缩合得到（图解 2.3）[9]。移除 Boc 保护基团后，这种多功能的膦就可以在许多铑催化的连锁反应中筛选使用了[10]。

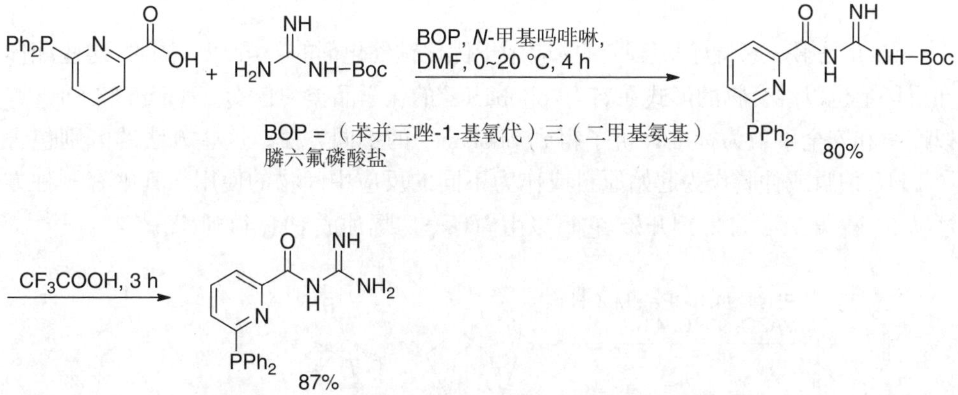

BOP, *N*-甲基吗啡啉, DMF, 0~20 °C, 4 h
BOP =（苯并三唑-1-基氧代）三（二甲基氨基）膦六氟磷酸盐
80%
CF_3COOH, 3 h
87%

图解 2.3 带有胍基团的可以自结合的单齿膦的合成

三取代膦的空间体积可以很方便地通过托尔曼角的方法得到[11]。通过这一参数可以得到有关氢甲酰化催化剂的区域鉴别性的结论。必须注意的是催化中想要得到的效果与配体和金属配位倾向之间存在的微妙平衡。最近，van Leeuwen 80

及其同事[12]给出了一些光谱学的证据，证明了一些在其他过渡金属催化中常作为配体使用的二芳基单膦在很平稳的氢甲酰化条件下有可能不与铑金属配位。例如，下图中的两种膦具有非常大的锥角(θ)，分别是 165°和 188°。

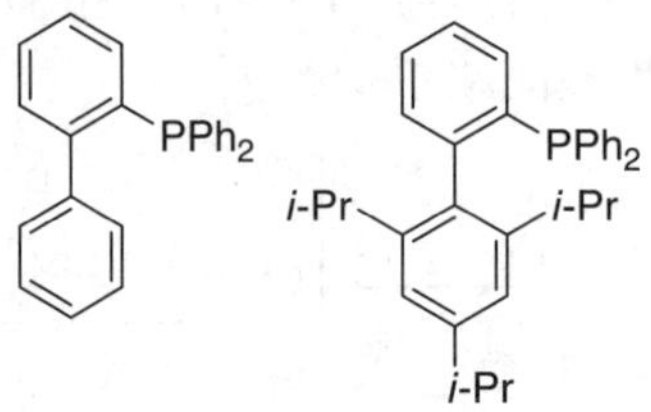

基于强碱性的膦在钴催化的氢甲酰化中有优异表现的发现，人们考虑寻找更加稳定且具有选择性的简单三烷基膦替代品，比如 PBu_3。这样的三烷基膦的合成在由伯膦到 1,5 -二烯的自由基辅助加成中有着巨大的潜力，可以得到异构的或者同系的 A-C 型的磷杂二环[3.3.1]壬烷。相似的设计理念在 D 型的笼状膦中已经实现(图 2.4)。

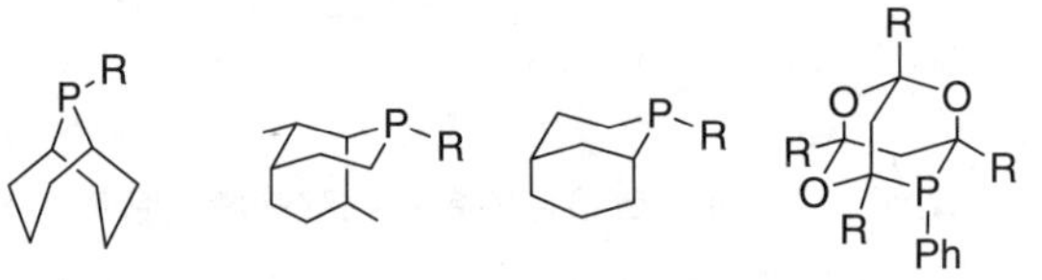

A = 9-磷杂二环[3.3.1]壬烷（Phobanes）
B = 8, 9-二甲基-2-磷杂二环[3.3.1]壬烷（LIM）
C = 2-磷杂二环[3.3.1]壬烷（VCH）
D = 8-苯基-2, 4, 6-三氧杂-8-磷酰金刚烷（CgPPh）

图 2.4 在钴和铑催化的氢甲酰化中用作配体的二环膦和三环膦

Shell 是第一家将环状三烷基膦应用于优化钴催化剂的公司[13]。同时，这些配体在市场上也以混合物的形式在名为“phobanes”的化学品类中售卖。Bungu 和 Otto[14]以产率和安全事项为标准评价了得到 phobanes 的不同方法。这些方法的区别包含
81 了 PH_3、伯膦或仲膦作为起始原料或作为不同的反应中间物的使用。其中有一种方法从 9 -磷杂二环[3.3.1]开始，它可以由向环辛二烯加成 PH_3 得到(图解 2.4)[15]。

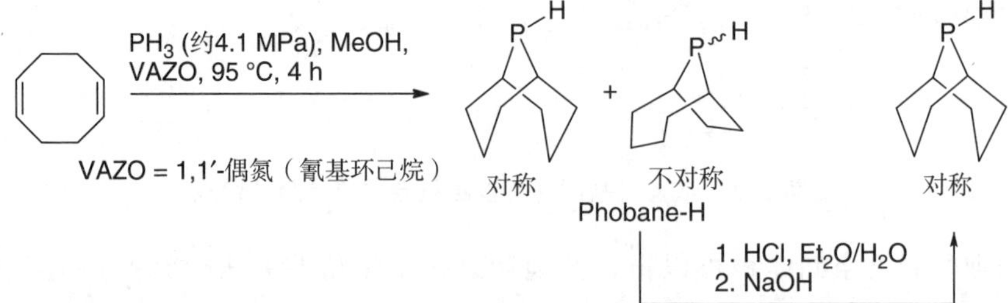

图解 2.4 Phobane-H 的合成和异构体的分离

这种短合成存在的严重问题当然是高度易燃的、有恶臭和毒性的 PH_3 的使用。在图解 2.4 所描述的反应条件下，主要以大约 3∶2 的比例生成 9-磷杂二环[3.3.1]壬烷（对称-phobane）和其异构体 9-磷杂二环[4.2.1]壬烷（不对称-phobane）。反应在大于 1 kg 的范围进行。根据 Pringle 及其同事建议的流程[16]，在 30 g 范围下两种异构体可以通过在两相体系中的酸化进行分离。用 NaOH 处理后，对称 phobane 可以以 78%的产率分离。

反过来，Phobane-H 也可以作为构建不同叔膦的起始原料（图解 2.5）。值得注意的是，通过对应的氯膦及最终烷基化的路径(a)会生成一些不需要的二聚 P-P 偶联产物。作为替代，人们建议了一种不含氯的避开 Phobane-Cl 的方法(b 路径)。钯催化的 P-C 偶联反应（其中 R＝Ar）对水较不敏感且能够允许第三个带有功能基团的 P 取代基的引入(c 路径)。直接向环辛二烯加成伯膦或许十分具有吸引力(d 82
路径)，但是一些国家出于安全考虑，会限制伯膦的操作处理。

图解 2.5 显示了以异构体混合物形式在氢甲酰化中被筛选使用的典型的 Phobanes。异构的[3.3.1]-Phobanes 和[4.2.1]-Phobanes 也可以在 50～100 g 范围内通过如之前 Phobane-H 一样的选择性质子化方法分离得到[17,18]。通过选择性氧化或对应的双(羟甲基)磷盐来实现制备也是可能的[18]。PBu_3 和 phobanes 的主要区别在于，前者的锥角为 132°，而一些 Phobanes 家族的个体锥角约为 165°。

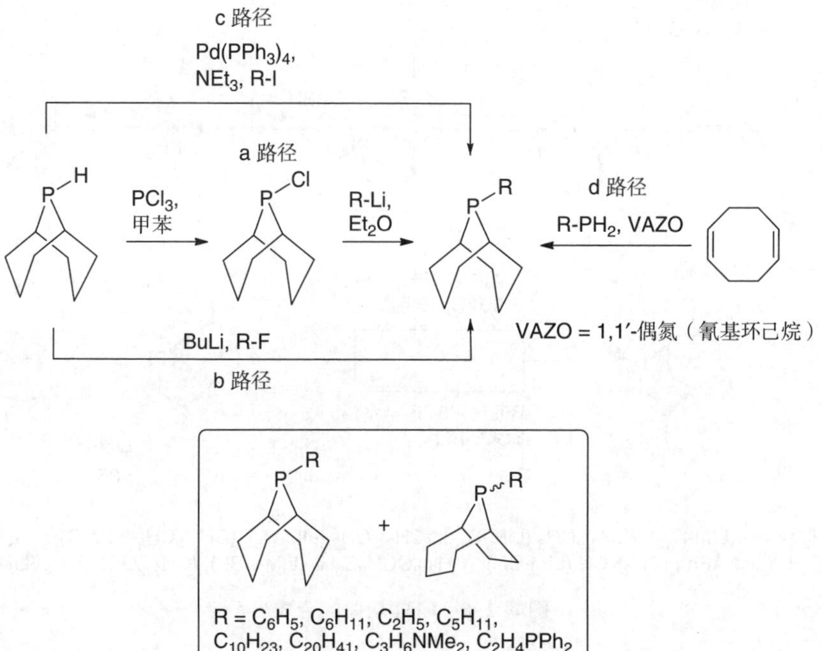

图解 2.5 叔 phobanes(在参考文献[14]中，以 R＝Ph 为示例)的合成路径和一些典型例子

除了对称的 phobane *s*-PhobPR，不对称的 phobanes 以两种非对映异构体 a_5-

PhobPR 和 a_7 - PhobPR 的形式存在(图 2.5)。它们可以通过各自的 BH_3 加合物区分[19]。给电子强度的衰减顺序是 $a_7 > s > a_5$,但是其空间体积顺序相反[20]。当钴催化的氢甲酰化中使用 a_5 - PhobPR 作为配体时,可以得到最高的反应速率,但是在工业应用中使用的是所有异构体的混合物。

83

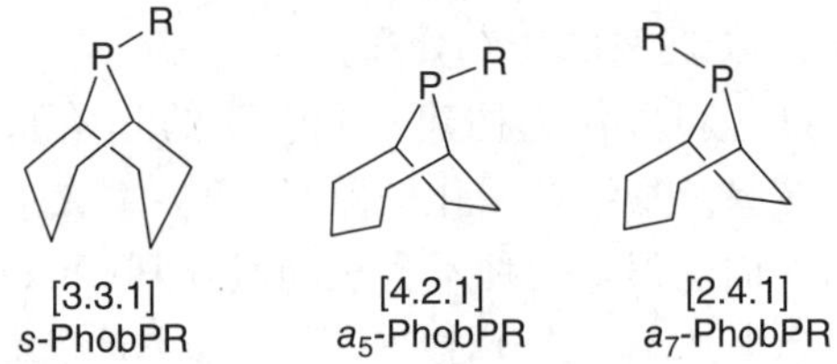

[3.3.1] s-PhobPR　[4.2.1] a_5-PhobPR　[2.4.1] a_7-PhobPR

图 2.5　phobanes 的异构体

Sasol 为钴催化的氢甲酰化定义了被称为 LIM 的配体(图解 2.6)[21]。它们包含了 4,8 -二甲基- 2 -磷杂-二环[3.3.1]壬烷的 P -烷基衍生物,其可以通过自由基辅助反马氏加成向(*S*)-/(*R*)-柠烯加成 PH_3,最终反应得到 LIM-H 和长链端烯烃,以非对映体的混合物形式生成[22]。最后一个步骤可以由自由基链引发剂 AIBN(偶氮二异丁腈)引发或者在强碱的辅助下进行[23]。

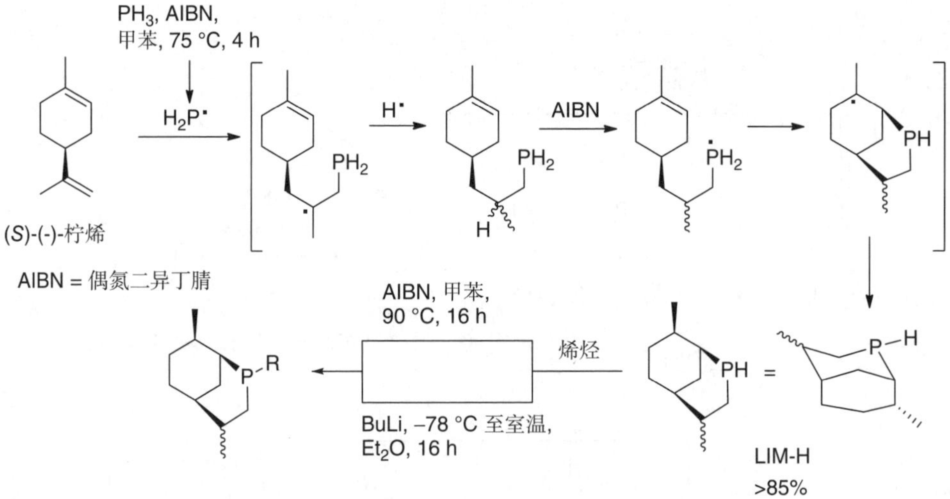

R = $(CH_2)_{17}CH_3$ (LIM-C_{18}), $(CH_2)_9CH_3$ (LIM-C_{10}), $(CH_2)_5CH_3$ (LIM-C_5), $(CH_2)_3CH_3$ (LIM-C_4), $(CH_2)_3C_6H_5$ (LIM-APh), $(CH_2)_3CN$ (LIM-CN), $(CH_2)_3OCH_2C_6H_5$ (LIM-ABE), $(CH_2)_2OCH_2CH_3$ (LIM-EVE).

图解 2.6　LIM 配体的合成

在钴催化的氢甲酰化中,配体具有例如 LIM - 18 的长烷基链时表现得更好,所以人们对这一类型配体的催化机理进行了细致的研究。不同的 LIM - 18 立体异构体可以通过对应的[$Co_2(CO)_{8-n}$(LIM - 18)$_n$](n=1,2)或[$Co(CO)_3$(LIM -

18)$_2$][Co(CO)$_4$]型配合物引入[24]。

LIM 配体的“近亲”是 VCH 族的膦(图解 2.7)。Sasol 在专利中定义了这一类 84
单膦,它由自由基辅助伯膦向 4-乙烯基环己烯加成得到[25]。有些制备流程是在约 1/2 kg 的规模进行的。

R-PH$_2$, VAZO68,
甲苯, 70 °C, 24 h

VAZO68 = 1,2-偶氮二异戊腈

VCH[3.3.1]
R = $C_{12}H_{25}$: 85%

R = $C_{10}H_{21}$ (VCH-C_{10}), $C_{12}H_{25}$ (VCH-C_{12}), C_6H_5 (VCH-Ph),
三甲基戊基 (VCH-2,4,4), CH_2=$CHOC_2H_4$ (VCH-乙基乙烯醚)
C_6H_{11} (VCH-环己基)

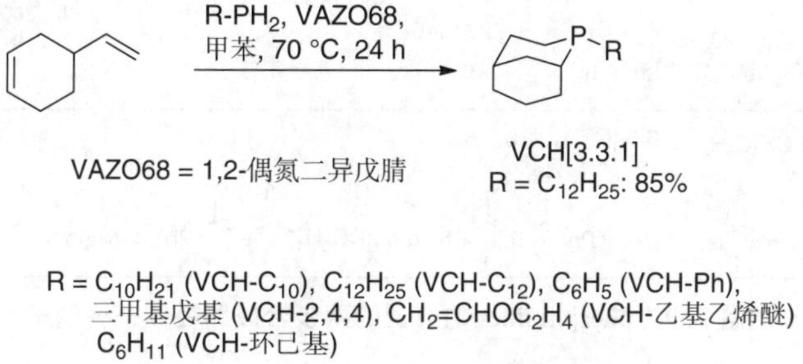

图解 2.7 VCH 配体的合成和典型的例子

BASF 为铑催化的氢甲酰化提出了有杂金刚烷结构的三环笼状膦(图解 2.8)[26]。其可以用 Clarke 和 Pringle 的流程,用 $PhPH_2$ 和 1,3-二酮在酸的水溶液中反应得到[27]。在这一条件下,C_1 对称的产物,又缩写为“CgPPh”,以较好的产率形成外消旋物。在铑催化的氢甲酰化中,这些配体达到的高活性与大型亚磷酸酯类似。Pruchnik 等在许多其他反应以及铑催化的氢甲酰化中测试了一种相关的笼状膦 1,3,5-三氮杂-7-磷杂三环[3.3.1.1^{3,7}]癸烷(tpa),同样取得了成功[28]。

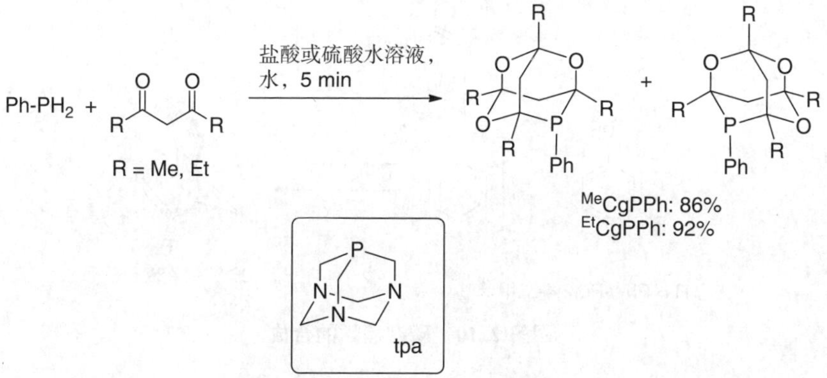

Ph-PH_2 +
R = Me, Et
盐酸或硫酸水溶液,
水, 5 min
^{Me}CgPPh: 86%
^{Et}CgPPh: 92%
tpa

图解 2.8 笼状膦的合成和典型的个体

Breit 和 BASF 合作研究出了一种磷杂苯(phosphinines)的短合成路径(图解
2.9)[29-31]。由于能够取得大量不同种类的吡喃鎓盐前体,许多同类型的磷化合 85
物可以用这种方法来制备。这一巧妙地与 PH_3 的反应可以在 20 g 左右的规模进行。

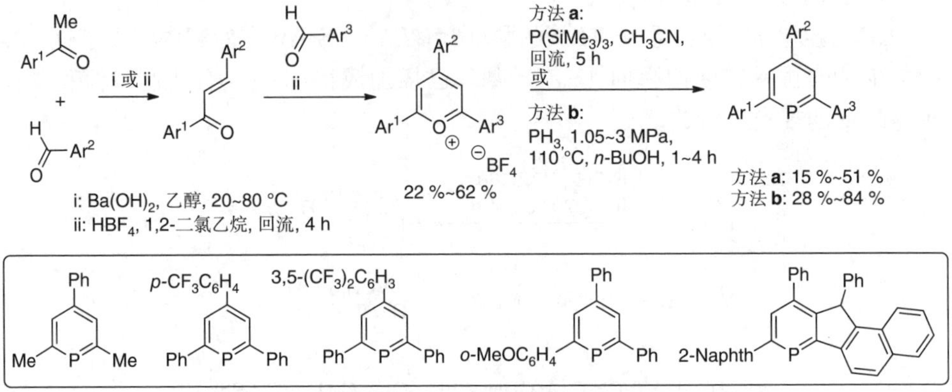

图解 2.9　phosphinines 的典型的两步合成路径和一些例子

磷杂苯(phosphinines)的电子特性介于膦和亚磷酸三酯之间，一定程度上更接近于亚磷酸三酯。总的来说，磷杂苯具有相当的 π 电子受体特性，因此有利于许多催化应用[32]。有关铑-磷杂苯配合物的理论研究证明，不是整个受体能力，而是 π 的反键作用决定了高催化活性[33]。以磷杂苯作为配体的铑催化苯乙烯的氢甲酰化，与 PPh_3 或普通三芳基亚磷酸酯相比，能得到更为优异的转化结果和转化率(TOF)[34]。Müller 小组制备了阻转异构的 2-芳基磷杂苯[35]。在反-2-辛烯的氢甲酰化中，会更倾向于生成 2-甲基辛醛。

通过狄尔斯-阿尔德反应可以将磷杂苯转化为磷杂桶烯(图解 2.10)[36]。

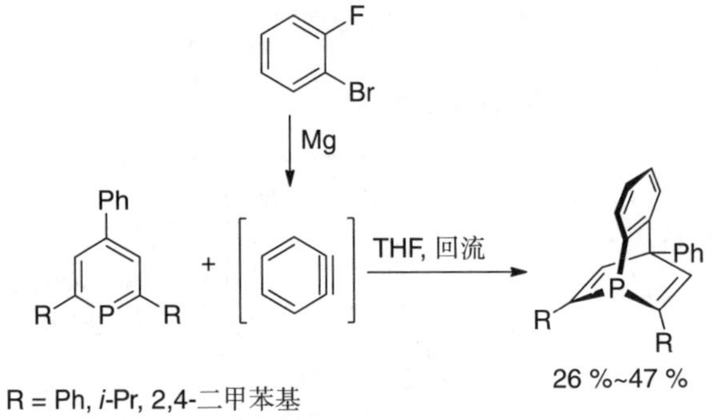

图解 2.10　磷杂桶烯的合成

86 邻溴氟苯与镁在反应内生成必需的苯炔。这种在所有三个空间维度内构象都被严格限制的配体为铑催化的氢甲酰化提供了高活性，但更值得注意的是，它们几乎没有带来任何烯烃的异构。

磷杂苯可以被均相铑催化剂氢化生成如图解 2.11 中所列举的类型 I 的 2,6-二芳基取代的磷杂环己烷[37]。这里并没有必要进行产物分离，因为含铑的氢化产物溶液可以直接用于氢甲酰化反应。

1. Rh(acac)(CO)$_2$, H$_2$ (80 bar), 甲苯, 150 °C, 72 h
2. 辛烯, H$_2$ (80 bar), 150 °C, 24 h

Ar Ar P Ackyl Ar I Ackyl=烷基

81 %

图解 2.11　铑催化的磷杂苯的氢化

2.1.2　二膦

在一些例子中，通用化学式为 $Ph_2P\text{-}(CH_2)_n\text{-}PPh_2$ 的螯合 α,ω -二膦作为氢甲酰化的二齿配体几乎与所有催化活性金属进行了测试。典型的制备方法是 α,ω -二氯链烷与磷化物反应，后者是由金属（Li、K、Na）在 PPh_3 上作用产生（图解 2.12）[38]。反应可以在液氨、四氢呋喃（THF）或者 1,3 -二环氧乙烷中进行。通过一个 P—Ph 单键的选择性断裂产生金属磷化物，用于与芳基作用。带有混合 P—芳基基团的二膦可以由 $NaPAr^1Ar^2$ 和二甲苯磺酸盐反应得到[39]。同时，碳支链也是允许存在的。

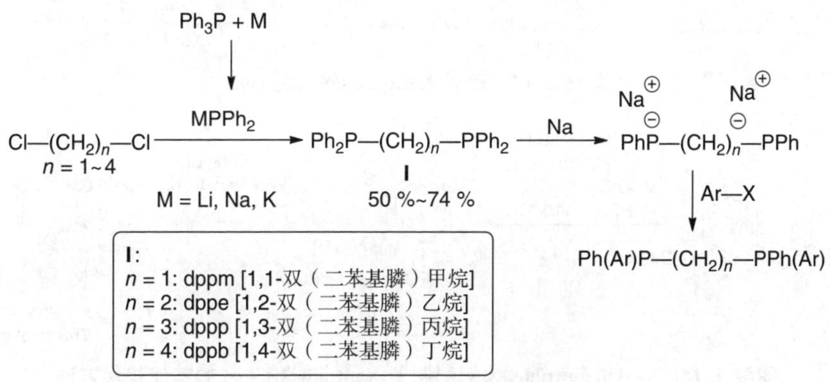

图解 2.12　α,ω -二膦的合成

当两个膦基团以坚硬的脚手架形式连接时，构象的自由变化空间较少，这可能有利于实现高 n -区域选择的氢甲酰化。关于这方面最好的例子是 Xantphos 家族。Xantphos 是 Haenel[40] 和 van Leeuwen[41] 小组各自独立合成的一类含有许多 87
个体的二膦配体家族的通用名称（图 2.6）。Haenel 的小组致力于研究这些配体与镍和钯的配位[42]，而 van Leeuwen 小组首先认识到了 Xantphos 衍生物作为配体在铑催化的 n -区域选择性氢甲酰化中的巨大潜力。许多文献都论证了配体在探索结构-活性/选择性的相互关系和高价醛类的工业生产中有着特殊的价值[43]。目前某些 Xantphos 配体甚至可以在市场上以大剂量购得。通过改变咕吨骨架的结构可以调整 P-Rh-P 的咬入角[44]。另外，结合不同的 P—芳基基团还可以进行更多空间和电子性质的精细调整[45]。

Y = CMe_2 (Xantphos)
Y = SiMe (Sixantphos)
Y = S (Thixantphos)
Y = $(CH_2)_0$ (DBFphos)
Y = NMe (Nixantphos)
Y = CH_2CH_2, P-R′

R = Me, *t*-Bu
PAr_2 = PPh_2, P(*p*-MeOPh)$_2$,

咬入角

图 2.6 Xantphos 和其相关物

源配体 Xantphos 的制备可以由二甲基咕吨的二锂盐与 $ClPPh_2$ 反应得到(图解 2.13)[41b,46]。

另一种合成方法是将咕吨结构用 PCl_2 官能化，随后与格氏试剂反应，如示例中的由 2,7-二甲基吩黄质开始合成的 Thixantphos(图解 2.14)[47]。

88

1. *s*BuLi/TMEDA, Et_2O
2. $ClPPh_2$, THF, 0 °C
TMEDA = 四甲基乙二胺
PPh_2 PPh_2
75%
Xantphos

图解 2.13 制备 Xantphos 的典型方法

1. *n*-BuLi, TMEDA, Et_2O, 25 °C
2. $ZnCl_2$, 0 °C
3. PCl_3, −110 °C
TMEDA = 四甲基乙二胺
PCl_2 PCl_2
61%
PhMgBr, THF, 0 °C, 6 h
PPh_2 PPh_2
53%
Thixantphos

图解 2.14 以 Thixantphos 为例的制备 Xantphos 衍生物的其他替代方法

在苯乙烯的氢甲酰化中使用一系列的 Thixantphos 配体得到以下 *l*/*b* 比例(图 2.7)[47]。很明显地吸电子基团帮助了直链醛的形成。同时也能观测到 TOF 的增加。

Xantphos 和其衍生物之所以价格十分可观是因为合成中有时要使用极低的温度和极度易燃的有机锂试剂。通过相近的流程也可以制备构象更为灵活的 DPEphos 配体(图解 2.15)[44,48]。

Thixantphos

Ar = 4-R-C$_6$H$_4$

R	NMe$_2$	OMe	Me	H	F	Cl	CF$_3$
l/b 比例	0.75	0.85	1.1	1.3	1.3	1.4	1.8

图 2.7 带有不同电子性质的 P—芳基基团的 Thixantphos 配体在铑催化苯乙烯的氢甲酰化中所达到的区域选择性[反应条件：CO/H_2 (1∶1)，1MPa，配体/铑＝10，底物/铑＝1 746，[Rh]＝0.50 mmol/L]。

n-BuLi, TMEDA, $ClPPh_2$, THF, 16 h

TMEDA = 四甲基乙二胺

83%

DPEphos

图解 2.15 DPEphos 的合成

Eastman Kodak 的研究人员为铑催化的氢甲酰化设计了 BISBI 配体[49]。这一可规模化的合成流程从联苯酸开始(图解 2.16)[50]。与 LiP(O)(*i*-Bu)$_2$ 的 C—P 偶联反应，及最终与 $ClSiMe_3$ 还原或与 LiPPhBn 偶联，使得 BISBI 衍生物 I 和 II 得以合成。或者，2，2′-二甲基-1，1′-二苯也可以作为起始原料，它是由 Ni(0)催化的 2-氯甲苯的偶联制备的[51]。接下来的自由基辅助溴化得到了二溴化物。再与 89

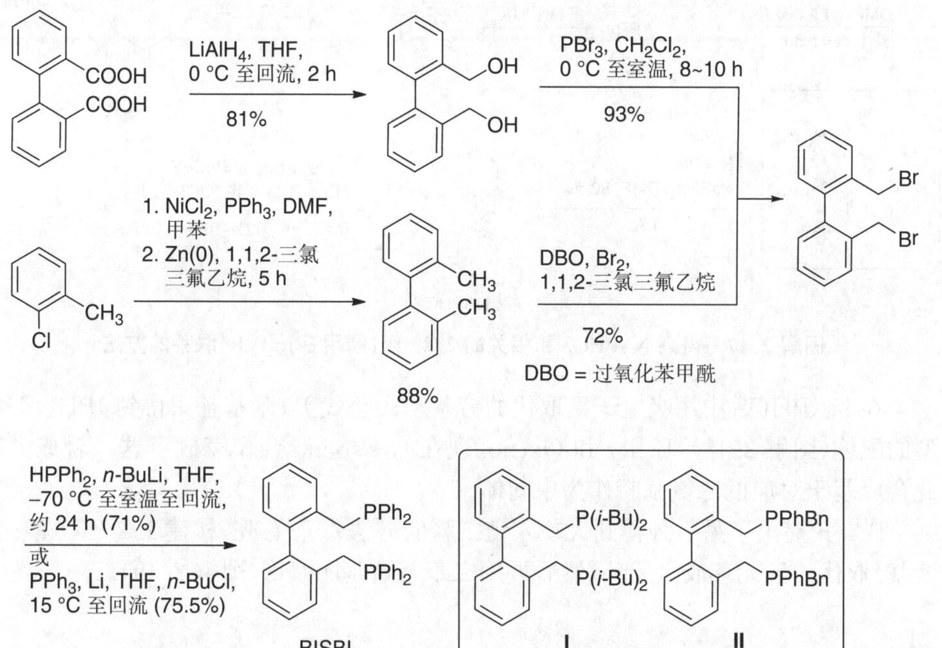

图解 2.16 得到 BISBI 和相关的 2，2′-双(苯甲基膦)的方法

反应过程中从 $HPPh_2$ 或 PPh_3 得到的 $LiPPh_2$ 作用，可以以很好的总产率得到 BISBI。BISBI 的咬入角约在 125°，它被尤其是 Casey 和其同事[52]在铑催化的端烯烃的氢甲酰化中广泛用于研究咬入角和 n -区域选择性的联系。至今，它还是实验中被筛选使用的重要配体[53]。

与 BISBI 类似，联萘被命名为 NAPHOS（图解 2.17）。其通用的合成方法来自 Hoechst 的研究组，使用了与 Eastman Kodak 的 BISBI 相同的合成步骤[54]。2，2′-二甲基-1，1′-二萘被作为起始原料，可以通过格氏反应生成或通过钯催化的芳
90 基-芳基偶联生成得到。膦基团的加入可以通过两种方法实现，其一是阿尔布佐夫（Arbuzov）反应和随后生成的膦氧化物基团的还原，或者使用磷化钠将对应膦盐的磷杂环开环。NAPHOS 可得到晶体，且在空气中几乎稳定。只有在溶液中才会开始快速氧化。通过 Schmutzler 小组的方法，环状的膦盐可以用于某些相关个体的合成，如图 2.17 中的 I 所示[55]。

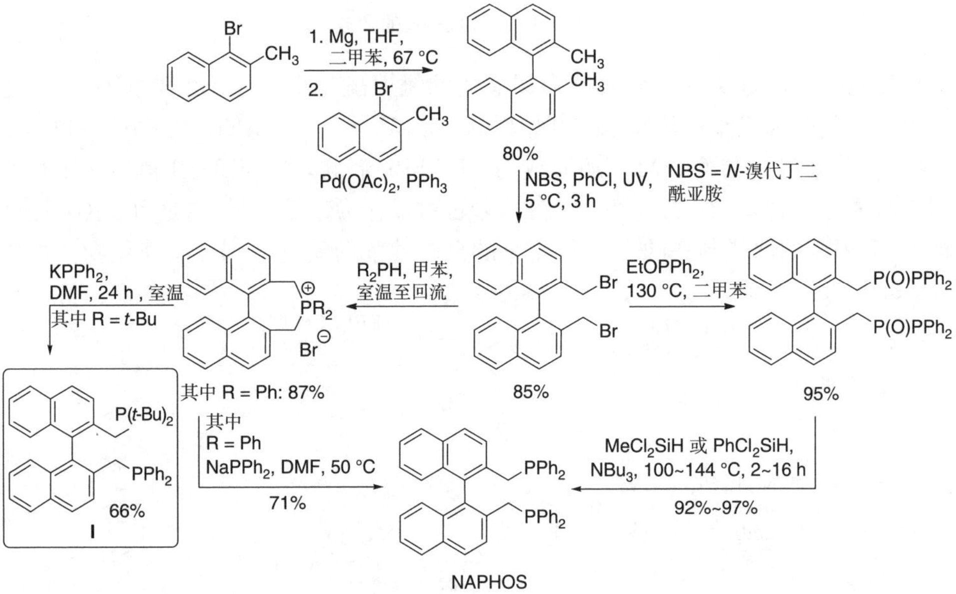

图解 2.17　得到 NAPHOS 和相关的 2，2′-双（膦甲基）-1，1′-联萘的方法

在 NAPHOS 中用吸电子氟取代的芳基基团替代 P -苯基基团得到 IPHOS 类型的配体（图解 2.18），Beller 和 Oxeno（现在的 Evonik）合作完成了这一合成[56]。此合成基于对应的二氨基膦作为中间体。

BASF 提出了另一种得到大咬入角二膦的方法[57]。首先，构建 1，2 -双（邻-氯苯基）取代的五元环或六元环，然后再用二苯基膦基团修饰（图解 2.19）。

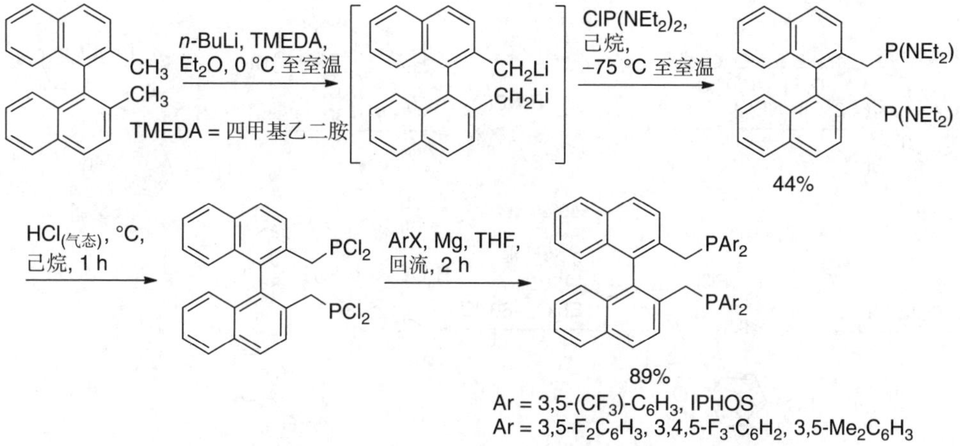

图解 2.18 IPHOS 和相关 2,2′-双(二芳基膦甲基)-1,1′-联萘的合成

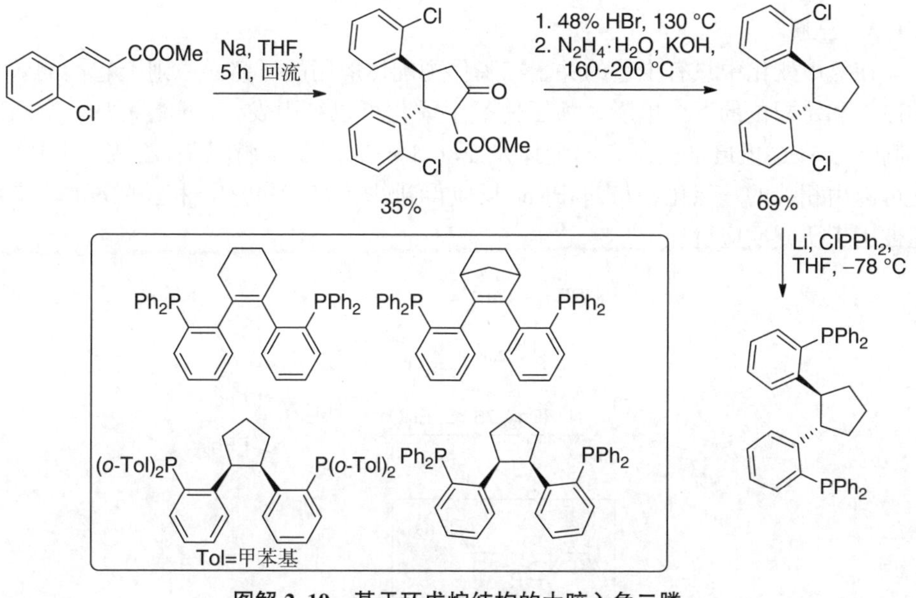

图解 2.19 基于环戊烷结构的大咬入角二膦

具有更大空间稳定性的二芳基膦可以通过使用吩噁膦结构达到(图解 2.20)[45d]。它可以通过芳基溴和氯化吩噁膦的 P—芳基化,或者通过二氯化磷与 2,2′-二锂-芳基醚的闭环反应,与碳链连接。图解 2.20 展示了这两种合成方法。

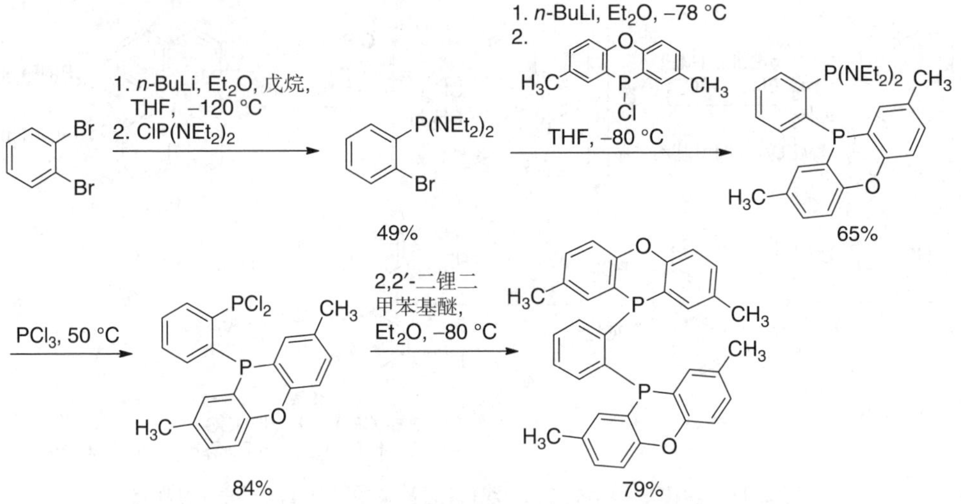

图解 2.20 有空间需求的双-吩噁膦的合成

91 ### 2.1.3 三膦

在氢甲酰化中只有少量的关于三膦作为配体应用的研究。原则上它们的效果
92 类似于和铑配位的三个单膦。为了使氢甲酰化可以被引发，有可能需要一个断臂机制[58]。在这里最常被研究的配体是 1,1,1-三(二苯基膦甲基)乙烷(triphos)，它可以由相关的三氯化物与 $NaPPh_2$ 反应得到(图解 2.21)[59]。相关的配体 I 有可能被用于研究反应机理[60]。

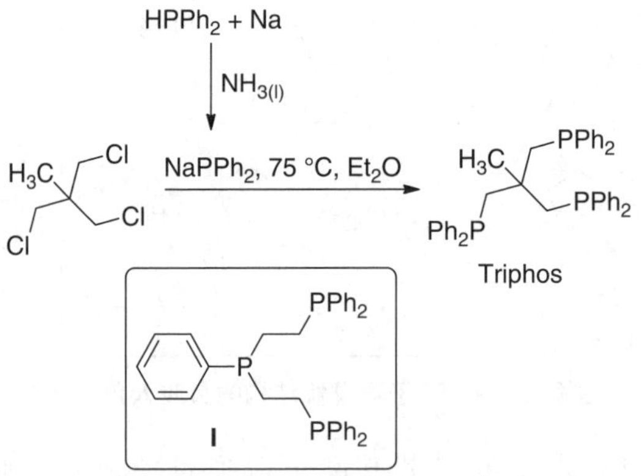

图解 2.21 三膦配体的典型合成

作为二苯基四膦研究(如下)的后续，2014 年 Lv、Zhang 和 Zhang[61] 阐述了催化氢甲酰化的二苯基三芳基膦的合成(图解 2.22)，并研究了外来膦如 PPh_3 的作用。配体的碳架结构由 Suzuki-Miyaura 反应得到，然后氧化甲基，并将形成的羧
93 基转化为羟甲基，最后通过亲核取代引入二芳基膦基团。

1. $KMnO_4$ 2. $SOCl_2$ 3. MeOH, NEt_3, Py., 二甲基吡啶

$Pd_2(dba)_3$, 碱; dba=二亚苄基丙酮

$LiAlH_4$, Et_2O; $SOCl_2$, DMF, CH_2Cl_2; $HPAr_2$, BuLi, Et_2O

Ar =
Ph, 对甲基苯基, 间三氟甲基苯基, 对三氟甲基苯基, 3, 5-双（三氟甲基）苯基, 3, 5-二氟苯基, 3, 5-二甲基苯基, 3, 5-二叔丁基苯基, 3, 5-二叔丁基-4-甲氧苯基, 对甲氧苯基, 对二甲基氨苯, 2-吡啶基, 对氟苯基, 2, 3, 4, 5, 6-五氟苯基

图解 2.22　阻转异构的三膦配体的合成

2.1.4　四膦

四膦与铑金属的配位和它们的几何结构相关。没有任何空间限制的配体可能会形成无催化活性的铑配合物，因为四个已配位原子阻止了底物和(或)试剂的配位。只有当两个膦基团从金属中心分离，才能终止这一抑制作用。这一情况与之前描述的三膦的情况类似。

但是，当使用 1,1 -二膦核而使得螯合作用较弱时，生成双核金属催化剂的可能性就变大了。一个典型的示例是 Stanley 和其同事[62]从 1988 年就开始研究的 LTTP 型配体(图解 2.23)。LTTP 可以通过二乙基乙烯基膦向双仲膦的自由基辅助加成来制备。后者是由以 $PhPH_2$ 为起始物、基于由 Stelzer 和 Langhans 研发的一个被广泛应用的途径合成得到的[63]。四膦以含有过量的内消旋化合物的非对映体混合物的形式生成。当外消旋的配体与 Rh(acac)$(CO)_2$(acac = acetylacetonate，乙酰丙酮化物)和接下来的 HBF_4、CO 或合成气作用时，生成双核催化前体[62]，这里两个铑金属中心明确分离，但是在氢甲酰化中以一种特别的合作形式起作用[64]。

Zhang 的小组合成了含有空间独立的 PPh_2 基团的四膦(图解 2.24)[65]。所需 94
要的 2,2′,6,6′-四(溴甲基)二苯是依照 Agranat 和 Rabinovitz 的流程，以芘为起始产物，经过臭氧分解、还原和最终与 BBr_3 作用合成得到的。这一部分的合成可以以 5～15 g 的规模进行。因为四溴化物对于 $LiPPh_2$ 的反应活性与 BISBI 合成中使用的 2,2′-双(溴甲基)- 1,1′-二苯相比完全不同，它被转化成对应的四氯化物[65]。经由和 $LiPAr_2$ 的亲核取代，可以制备一系列的四膦，它们被分离为 BH_3 的加合物。与 DABCO 反应可以实现 BH_3 的去保护。

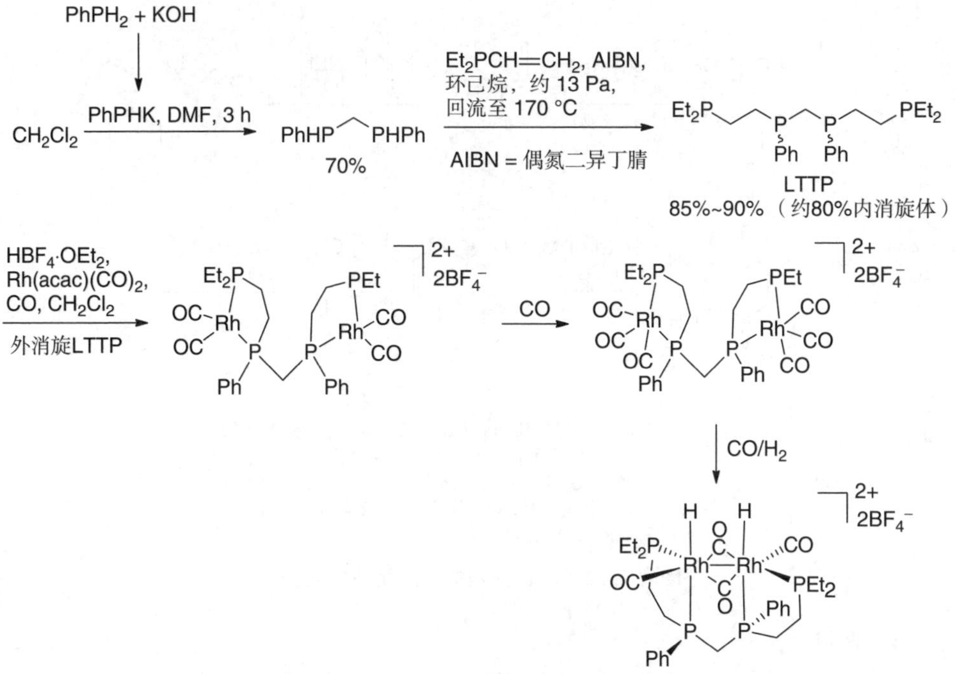

PhPH$_2$ + KOH

CH_2Cl_2 —PhPHK, DMF, 3 h→ PhHP⌒PHPh 70% —$Et_2PCH{=}CH_2$, AIBN, 环己烷，约 13 Pa, 回流至 170 °C; AIBN = 偶氮二异丁腈→ LTTP 85%~90%（约80%内消旋体）

—$HBF_4 \cdot OEt_2$, $Rh(acac)(CO)_2$, CO, CH_2Cl_2; 外消旋LTTP→ [2+] $2BF_4^-$ —CO→ [2+] $2BF_4^-$ —CO/H_2→ [2+] $2BF_4^-$

图解 2.23 可以形成双核铑配合物的四膦的合成

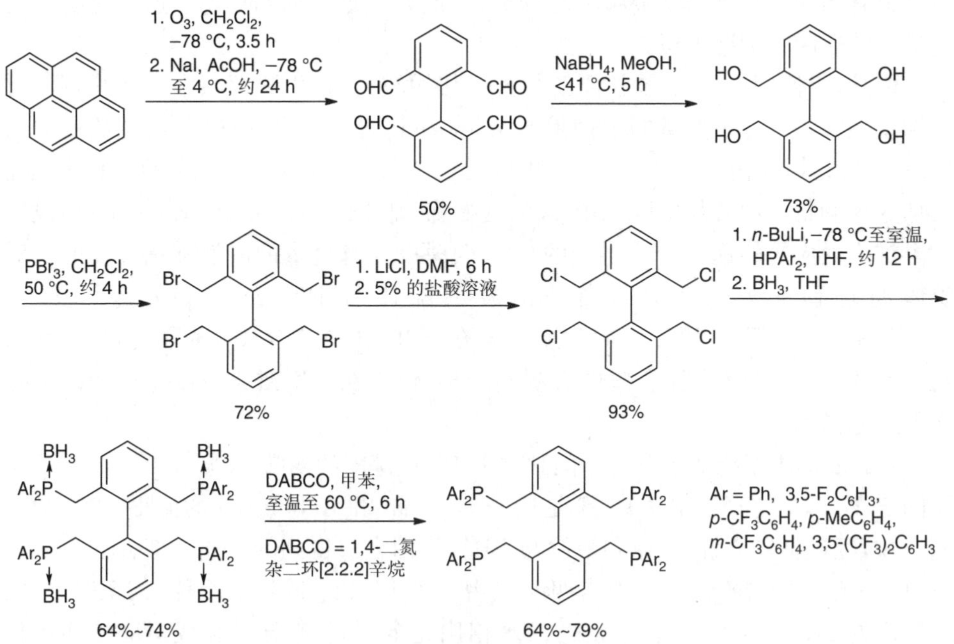

—1. O_3, CH_2Cl_2, −78 °C, 3.5 h 2. NaI, AcOH, −78 °C 至 4 °C, 约 24 h→ 50% —$NaBH_4$, MeOH, <41 °C, 5 h→ 73%

—PBr_3, CH_2Cl_2, 50 °C, 约 4 h→ 72% —1. LiCl, DMF, 6 h 2. 5% 的盐酸溶液→ 93% —1. *n*-BuLi, −78 °C至室温, $HPAr_2$, THF, 约 12 h 2. BH_3, THF→

64%~74% —DABCO, 甲苯, 室温至 60 °C, 6 h; DABCO = 1,4-二氮杂二环[2.2.2]辛烷→ 64%~79%

Ar = Ph, 3,5-$F_2C_6H_3$, *p*-$CF_3C_6H_4$, *p*-MeC_6H_4, *m*-$CF_3C_6H_4$, 3,5-$(CF_3)_2C_6H_3$

图解 2.24 阻转异构的四膦的合成

它在端烯烃的氢甲酰化中，与 BISBI 在高温情况下相比，可以得到更优异的结果($l/b=54.2$，BISBI 的情况下 $l/b=2.4$)[66]。另外，在异构氢甲酰化中，以 2-烯烃(2-戊烯，2-己烯，2-辛烯)为起始物，使用这些四膦可以得到高于 95%的直链选择性和高达 94%的醛的总产率[67]。与芳基取代基的属性相关联的 n-区域选择性增加的顺序如下，其表明了明显的电子效应：

$$\text{p-MeC}_6\text{H}_4 < \text{Ph} \sim m\text{-CF}_3\text{C}_6\text{H}_4 \sim 3,5\text{-(CF}_3)_2\text{C}_6\text{H}_3 < 3,5\text{-F}_2\text{C}_6\text{H}_3 < p\text{-CF}_3\text{C}_6\text{H}_4$$

这种潜在的四齿配体被认为因为有多种螯合模式，从而可能增加了金属中心 95
周围的磷的浓度，故而使螯合能力增强(图解 2.25)[68]。因为二苯基轴周围的膦配位基团有很大的灵活度，在金属中心总是能保证很高的磷浓度，这也使得铑膦配体的配位键在 CO 的进攻下呈现很大的稳定性[69]。因为这一效应的存在，有时候可以选择较低的配体/铑金属比例(4∶1～1∶1)。

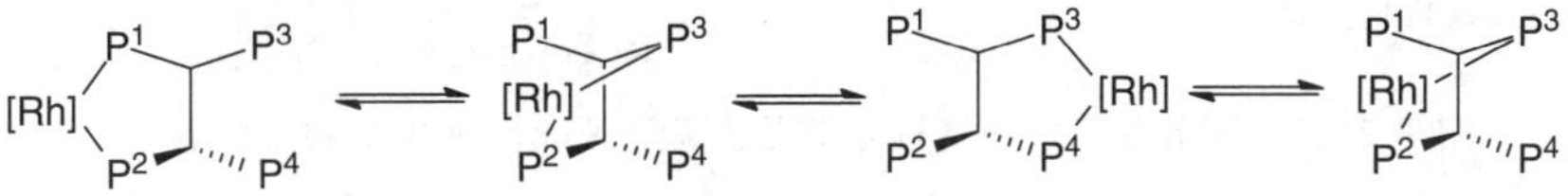

图解 2.25　二芳基四膦铑配合物的多种螯合模式

2.1.5　特殊应用中的配体

在整个氢甲酰化加工过程中非常重要的一点就是产物和催化剂的分离(见第 7 章)。在最好的情况下，后者可以回收和在后续步骤中再次使用。为了达到催化
剂的最高溶解度，其溶解度需要与相应的溶剂匹配。这只能通过设计合适的配体 96
来实现。与非极性的基团的引入有利于增加催化剂在非极性烯烃中的溶解度。另一方面，极性基团(SO_3^-、COOH、COO^-、OH、R_4N^+等)可以大大增加源配体的亲水性，例如在水中的氢甲酰化(水相催化)[70]。

2.1.5.1　*改进膦在芳香溶剂中的溶解度*

Van Leeuwen 和来自 Celanese 的小组发现了一些膦配体在氢甲酰化中的典型的芳香溶剂中，或者在纯烯烃底物和醛产物中有着很差的溶解度[71]。因此，他们将长链烷基基团连接到 Xantphos 类型的配体上。烷基基团由 9,9-二甲基呫吨的弗瑞德-克莱福特酰化作用引入，随后是用联氨还原酮基基团(图解 2.26)[72]。

当与 10-氯苯氧膦反应时，两个大型的膦基团被引入。这种情况下，源配体在甲苯中的溶解度大幅增加。不同的烷基链长可以得到从 2～500 mmol/L 不等的差异。在 1-辛烯和反-2-辛烯的氢甲酰化中，当较少使用大型取代基时，l/b 比
例增加。但是，当配体的溶解度小于 13 mmol/L 时，从反应温度降至室温时会出 97
现沉淀。

$AlCl_3$, R^1COCl

90%~97%

$H_2N—NH_2·H_2O$, NaOH, 120~220 °C

19%~65%

1. CH_3PPh_3I, *n*-BuLi
2. Pd, H_2

19%~65%

n-BuLi, TMEDA, −78 °C, Et_2O, 甲苯, 约 24 h

TMEDA = 四甲基乙二胺

R^1 = H, 甲基, 新己基, 正己基, 叔辛基, 正癸基

PR_2 =

R^2 = H, 甲基, 新己基, 正己基

图解 2.26　在芳香溶剂中溶解度增强的基于 Xantphos 的二膦配体的合成

2.1.5.2　含膦的官能团

膦和其他官能团配合使用可以改变配体的溶解性，从而改变氢甲酰化催化剂的溶解性。特别是磺基、羧基和磷酸基团增加了催化剂在极性溶剂中的溶解度（见第 7.3.2 节）。铵盐基团可以用来建立与特殊带负电反离子的离子相互作用。

2.1.5.2.1　磺化膦

配体中的磺基大幅增加了对应氢甲酰化催化剂在水中的溶解能力。在过去几年中，人们还证明了它们对在离子溶液（ILs）中的催化反应也有帮助（见下文）。大多数磺化钠基团被用于此目的，但也有季铵盐离子（HNR_3^+；R=C_8－C_{22}－烷基）经实验获得成功[73]。在后一种情况下，N 上的取代基对于官能化的配体性质有着十分巨大的影响，使用范围从水溶系统（双相）到非水溶系统（单相）均可。合理设计的含有大型磺化铵基团的配体可以通过膜来回收。

水溶性配体发展的一大突破是 Kunz[75] 为鲁尔化学公司法铑催化的丙烯氢甲酰化推荐使用的磺化芳基膦 TPPTS（3，3′，3″-亚膦基三（苯磺酸）的三钠盐）（图解 2.27）[74]。Cornils 和其同事为优化这种工业应用做出了重要的贡献[76]。同时，人们也尝试了一些 TPPTS 在钴催化的氢甲酰化中的使用[77]。虽然钴催化剂与铑同类物相比活性较低，但其在 130～190℃、20～105 bar 合成气压下的内烯烃的含水两相氢甲酰化中表现十分出众。

TPPTS 可以以 100 g 的规模由 PPh_3 在发烟硫酸中可控磺化约一天的时间来制得（图解 2.27）[78]。对应的氧化膦作为生成的主要副产物约占 20%。在芳环中引入例如烷基或甲氧基等活化基团可以在一定程度上避免这一情况[79]。TPPTS 在水中表现出非常高的溶解度（约 1.1 kg/L）且通常在大部分用于双相反应的有机溶剂中不可溶[74]。应该注意的是，由于间位磺基的存在，和 PPh_3 相比，TPPTS

的锥角要大许多[80]。另外，锥角还取决于与之相对的反离子[80b,81]。Fell 和 Papadogianakis[82]制备了含有氟取代基的 TPPTS 配体，它增强了膦的 π 酸性，从而改进了铑催化剂的区域选择性。

1. 发烟硫酸 [25%(质量分数)SO_3], 5~40 °C, 4~24 h
2. NaOH
3. 水萃取

1. $B(OH)_3$, H_2SO_4(浓), 发烟硫酸[65%(质量分数)SO_3], 58 °C, 4 d 98
2. NaOH溶液萃取

TPPTS, Sulfoxantphos

R = H: TPPTS
R = Me, OMe
TPPDS
TPPMS

Ar = m-C_6H_4-SO_3Na
BISBIS
BINAS
Sulfoxantphos
DMOPPS

图解 2.27　磺化芳基膦的方法以及一些在铑催化的两相氢甲酰化中测试的磺化芳基单膦和二膦

在接下来的时期内，有了许多向更复杂的二膦配体引入磺基的尝试，例如 BISBIS[83]、BINAS[84]或者 Sulfoxantphos(图解 2.27)[85,86]。

总的来说，芳基膦的磺化十分复杂且常常除了氧化膦以外还产生不同磺化程度的区域异构混合产物。因此需要严格地排除氧的存在。反应过程可以通过 ^{31}P NMR 来进行分析[87]。Herrmann 等[88]提出了使用发烟硫酸和正硼酸的方法(图解 2.27)。正硼酸的优势在于它可以增强膦的季碱反应且在这类反应中其氧化能力比 SO_3 要低。二苯并呋喃取代的膦的磺化也减少了副产物的生成[89]。为了提纯，Mul 和 Kamer[85b]建议先进行磺化膦的沉淀，再在水中中和，然后通过过滤和冲洗移除硫酸。还可以用磷酸盐提取游离酸[90]。特别是 Sinou 小组还尝试先形成对应金属配合物，然后用不同的色谱法来提纯配体[91]。

Li 的小组通过浓硫酸与对应膦的二醚(DMOPP)反应合成得到 DMOPPS[92]。
这一配体结合了极性的磺化基团和非极性的烷基基团，表现出两性分子特征。在 99
长链烯烃的含水两相氢甲酰化中对 DMOPPS 进行了测试实验。

磺化所需要的严苛的反应条件和相对较长的反应时间会导致膦的质子化，从而使得芳基倾向亲电取代而失活。为了避免这一问题，Hanson 小组磺化了最外围的苯基，其与 PPh_3 中心距离三个或六个亚甲基的位置(图解 2.28)[93]。外部苯基的磺化可用浓硫酸(非发烟硫酸)进行且完成时间不超过 3 小时。另外,在此情况下源膦的咬合角不受影响。

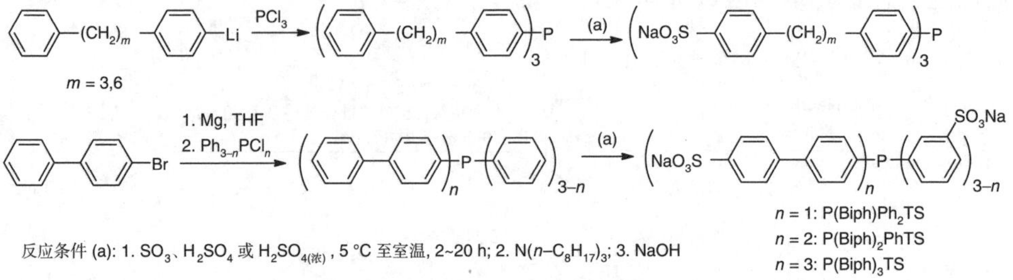

反应条件 (a): 1. SO_3、H_2SO_4 或 $H_2SO_{4(浓)}$, 5 °C 至室温, 2~20 h; 2. $N(n\text{-}C_8H_{17})_3$; 3. NaOH

$m = 3,6$

$n = 1$: $P(Biph)Ph_2TS$
$n = 2$: $P(Biph)_2PhTS$
$n = 3$: $P(Biph)_3TS$

图解 2.28　合成带有远端磺化基团的三芳基膦(BiphTS)的方法

Monflier 和其同事[94]随后跟进了一种相似的方法,他们磺化了二苯基膦,然后在钴催化的含水两相氢甲酰化中检测了上述方法得到的 BiphTS 配体。这些膦在水中的溶解度约为 1.0 kg/L。与 TPPTS 相比,BiphTS 配体碱性更强。值得注意的是,$P(BiPh)_3TS$ 的碱性与 PPh_3 类似,这意味着磺化基团的失活效应被完全消除了。

2009 年,Dow 的 Tulchinsky 小组发表了关于一些脂肪族磺化膦的合成[95]。图解 2.29 中的关键反应是氧化磺化苯基膦在钌催化下的氢化反应。

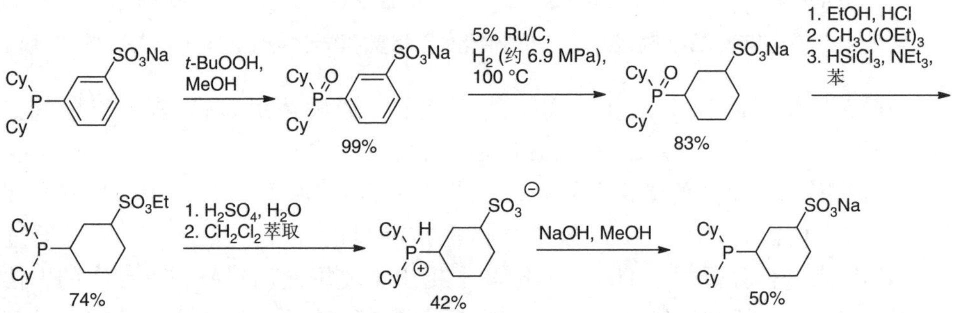

t-BuOOH, MeOH (99%); 5% Ru/C, H_2 (约 6.9 MPa), 100 °C (83%); 1. EtOH, HCl 2. $CH_3C(OEt)_3$ 3. $HSiCl_3$, NEt_3, 苯 (74%); 1. H_2SO_4, H_2O 2. CH_2Cl_2 萃取 (42%); NaOH, MeOH (50%)

图解 2.29　磺化三烷基膦的合成

100 一般这样的三烷基膦在铑催化的氢甲酰化中不会因 P—芳基键断裂而发生降解(见章节“P—芳基键的裂解”)[96]。

带有远端磺酸基团的三环己基膦(图 2.8)由不同的途径通过将三价磷中间保护为 BH_3 加合物的方法制备[97]。

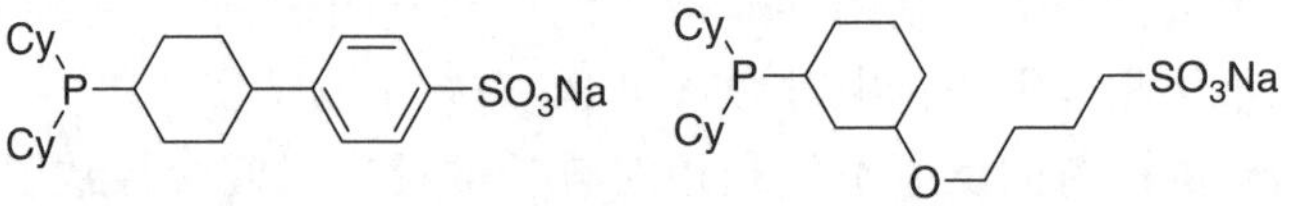

图 2.8　带有远端磺酸基团的三环己基膦

遗憾的是，由于合成流程过于困难，现在仅有 TPPTS 可以用在规模化工业生产中。使用 TPPTS 的氢甲酰化是至今为止仅有的可以工业化的含水两相氢甲酰化过程[98]。到现在为止，BINAS 和相关的磺化二膦只限于氢甲酰化的实验研究[85,99,100]。

2.1.5.2.2 含有其他极性基团的膦

相较于被广泛研究的磺化膦，只有少数含有羟基、羧基或铵阳离子的配体在氢甲酰化中被测试。这样的基团不仅赋予配体水溶性，有些还可以通过改变 pH 来调节配体特性。Baskakov 和 Herrmann[101]通过三(羟甲基)膦与一系列氨基酸的缩合反应制备了官能化的三烷基膦(图 2.9)。这些配体表现出空气中的稳定性且可溶于水，但在极性溶剂中几乎完全不可溶。在丙烯的含水两相氢甲酰化中，人们发现使用来自甘氨酸的配体时，区域选择性具有明显的 pH 相关性。*l*/*b* 比例随着 pH 的减小而增加。很明显地，在酸性介质中氨基被质子化，这影响了配体的给电子能力。Vadde 和其同事[102]在 1-己烯和环己烯的含水两相氢甲酰化中检测了带有 COOH 或 $HOCH_2$ 基团的三烷基膦和三芳基膦。

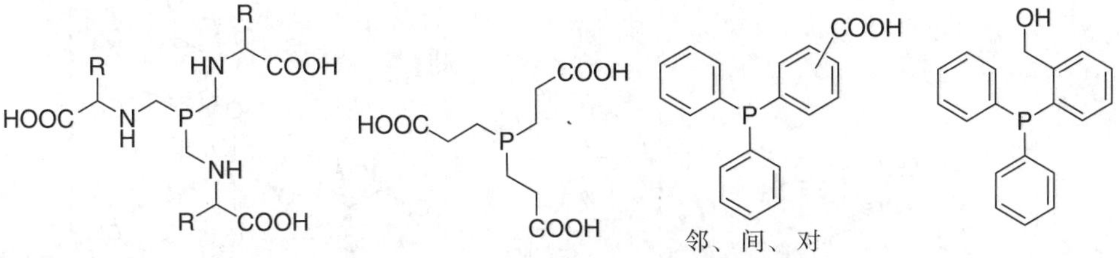

图 2.9 带有其他极性官能团的膦

Bischoff 和 Kant 在丙烯的氢甲酰化中使用了磷酸基修饰的单齿膦[103]。三烷 101
基膦由 Roundhill 提供的方法合成，例如，他用 $LiPPh_2$ 和溴烷基磷酸二乙酯反应(图解 2.30)[104]。通过皂化作用并与 NaOH 反应，生成相应的磷酸钠盐。芳基膦磷酸酯是由氟苯基磷酸酰胺和 $LiPPh_2$ 反应，然后酰胺水解制备的。特别的是，磷酸基修饰的芳基膦显示出特别高的水溶性(约 1 kg/L)。除了 $PhP(4-C_6H_4-PO_3Na_2)_2$ 以外，其他的配体在氢甲酰化中的表现与 TPPTS 相比都较弱。遗憾的是，由于介质具有轻微的碱性，会在一定程度上生成正丁醛、2-乙基己烯醛和其氢化产物 2-乙基己醛的羟醛缩合物。另外，只有使用二磷酸基膦时，才能预防铑的浸析，如果使用的是水溶性较低的单磷酸配体，铑会相当大程度地转移至有机相。

2010 年，Klein Gebbink 和其同事[105]阐述了带 6 个正电荷的离子型 Dendriphos 配体和铑(Ⅰ)的配位化学原理(图 2.10)。

这些配体与 PPh_3 相比是较弱的 σ 电子给体和(或)较强的 π 电子受体。库仑力使配体内部有明显的排斥作用，这同时影响了它们的溶解度和空间效应。这一特点被用于例如结合使用 **1** 的铑配合物与阴离子乳胶催化两相长链烯烃的氢甲酰化[106]。Dendriphos 配体与超大型配体类似，会形成大型树状外壳。当与手性六磷酸盐对位离子配位结合时，得到手性配体(**2**)，这一配体在不对称氢甲酰化中使用。

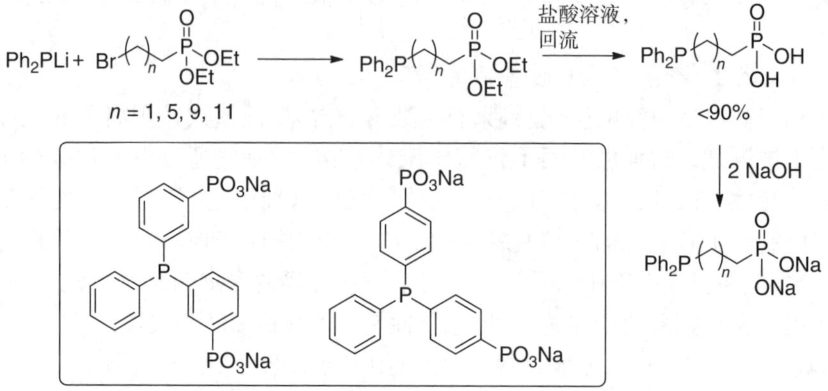

图解 2.30　磷酸化三烷基膦的合成和一些带有磷酸基团的三烷基膦的实例

102

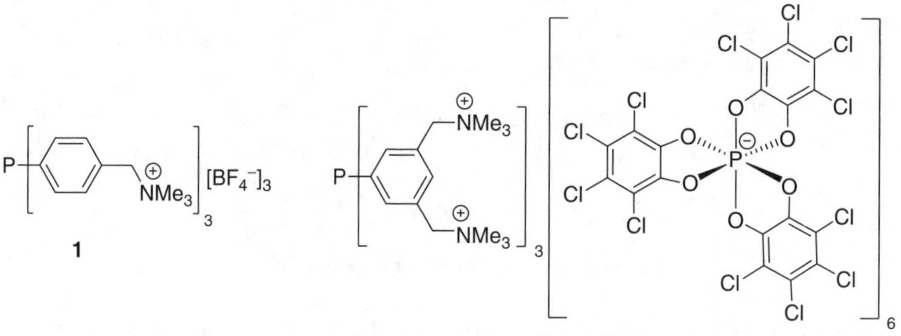

图 2.10　Dendriphos 配体

2.1.5.3　为离子液(ILs)中的氢甲酰化设计的膦

重烯烃在离子液中的氢甲酰化(盐的熔点在 100℃以下)是改进催化剂活性、可回收性和再利用的另一有趣的方法(见第 7.2.6 节)[107]。另外，产物从反应混合物中的分离也可以因其过程得利。足够的溶解度是必要条件，因为需要将催化剂保留在离子液中。通常，人们测试使用的是一般的膦配体(比如 PPh_3)，而不是为此目的特别设计的配体[108]。Wasserscheid 小组与 Evonik 合作指出，专为非极性溶剂设计的配体有利于在支持离子液相(Supported Ionic Liquid Phase, SILP)中的氢甲酰化[109]。但是，引入含盐基团的膦配体可以使催化剂在离子液中的溶解度更好[110]。所以，磷盐或铵盐被用于调节配体在离子液中的溶解度[111]。在许多研究中，TPPMS(三苯基膦的单硫酸盐)、TPPTS 或者 Sulfoxantphos 这样的配体被选择用于使用 SILP 技术的氢甲酰化中[112]。

为了离子液(ILs)中的反应人们也设计了特殊的配体。Olivier-Bourbigou 和其同事[113]通过一个两步短合成制备了二苯基乙基膦的吡啶盐(图解 2.31)。作为比较,还制备了三苯基膦的单取代胍盐并加入铑催化的不同离子液中的氢甲酰化中。这些配体在[BMIM][BF_4](BMIM=1-丁基-3-甲基咪唑鎓盐)中呈现了很好的溶解性。

Stelzer 和其同事[114]用一个类似的方法制备了一系列含有位置或近或远的 *N*-甲基咪唑鎓盐基团的膦(图解 2.32)。芳环可以以 Kosugi-Stille 偶联的方式与咪唑连接。其他相连的官能团比如 I 可以进一步增强在离子液中的溶解性[115]。

Wasserscheid 等[116]通过对应的双(次磷酸二乙酯)、还原和最终的钯催化的芳基化将胍盐基团与 Xantphos 框架相连(图解 2.33)。在[BMIM][PF_6]中,铑催化的 1-辛烯的氢甲酰化的转化率和 *n*-区域选择性随着循环的不断重复而增加。金属浸析被发现不到 0.07%。 103

图解 2.31 为离子液中的氢甲酰化设计的单膦配体的合成

图解 2.32 在靠近或远离膦基团处带有咪唑鎓盐基团的单膦配体的合成

Van Leeuwen 和其同事[117]为 RTILs(室温离子液)中的应用制备了一种含有远端咪唑鎓盐基团的 Xantphos 型配体(图解 2.34)。在第一步中,使用 5-溴戊醛使基于呫吨的碳架通过弗瑞德-克莱福特酰基化反应官能化。当酮基还原后,引入两个 POP 基团。最后与甲基咪唑鎓盐基团作用得到最终的配体。在[BMIM][PF_6]中,在铑催化的 1-辛烯的氢甲酰化最初的催化循环中检测到了活性减弱,很
104 明显是由于催化剂前体没能完全转化为氢化铑类物质。只有使用回收的催化剂才能得到 4 个稳定的催化结果。总共 7 个循环中几乎没有检测到磷(<100 μg/kg)和铑(<5 μg/kg)的浸析。催化剂甚至在空气中能稳定保存 14 天。

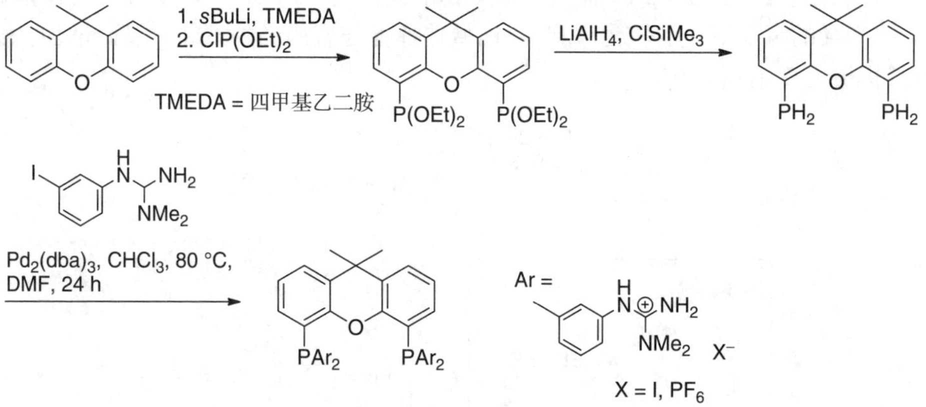

1. sBuLi, TMEDA
2. $ClP(OEt)_2$
TMEDA = 四甲基乙二胺
$P(OEt)_2$ $P(OEt)_2$
$LiAlH_4$, $ClSiMe_3$
PH_2 PH_2
$Pd_2(dba)_3$, $CHCl_3$, 80 °C, DMF, 24 h
PAr_2 PAr_2
Ar =
X = I, PF_6

图解 2.33 带有胍盐基团的 Xantphos 型二膦的合成

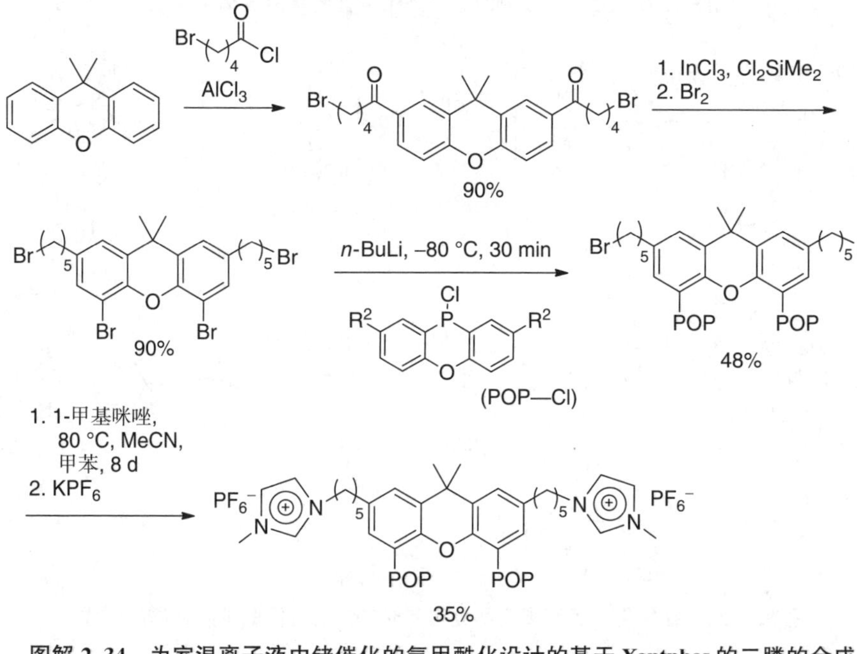

$AlCl_3$
90%
1. $InCl_3$, Cl_2SiMe_2
2. Br_2
90%
n-BuLi, −80 °C, 30 min
(POP—Cl)
48%
1. 1-甲基咪唑, 80 °C, MeCN, 甲苯, 8 d
2. KPF_6
35%

图解 2.34 为室温离子液中铑催化的氢甲酰化设计的基于 Xantphos 的二膦的合成

作为替代，Cole-Hamilton 和其同事将一个咪唑鎓盐标签连接在 Nixantphos 上(图解 2.35)，然后将配体使用在以[OMIM][NTf_2](OMIM=1-辛基-3-甲基咪唑鎓 105
盐)为离子液的流动反应釜中，对长链烯烃进行氢甲酰化[118]。加入[PrMIM][TPPMS](PrMIM=1-丙基-3-甲基咪唑鎓盐)作为氧清除剂可以解决氧化的问题。

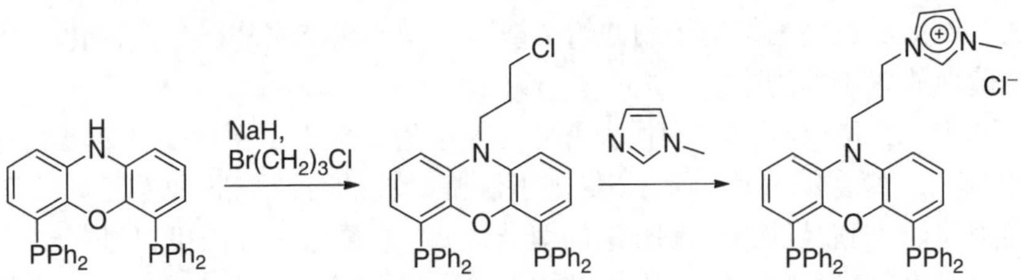

图解 2.35　携带咪唑鎓盐标签的类 Nixantphos 配体的合成

2.1.5.4　树状聚物作为膦的载体

树状聚物是具有一定大分子结构的可以与膦基团相连接的可溶载体。这样可以以和低相对分子质量配体的配合与催化形式类似的方式构建配体。一些树状聚物的球形形状尤其适合通过尺寸排除技术回收催化剂，因此可以实现介于均相和异相催化的效果。另外，由于相互作用可以使树状的膦的反应活性增强。甚至由于对催化位置的空间隔离，催化剂的稳定性也可以提高。必须要注意的是，树状聚物的大小需合适。当它们太密集时，底物就不易接近催化剂。因此，在大多数的研究中都对不同相对分子质量的对应结构进行了比较。Reek 和其同事发表了从 2002 年到 2006 年此类文献的综述[119]。

总的来说，以配体/催化物的位置关系可分为四种树状聚物：(i)位置在外缘；(ii)位置在核上；(iii)位置在楔形物的尖端；(iv)位置在楔形物的边缘(图 2.11)。

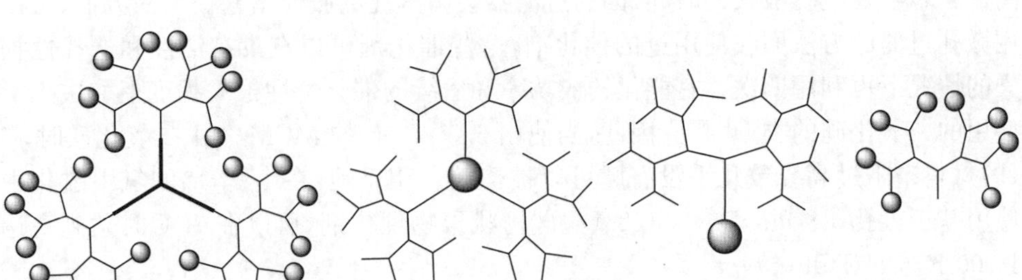

(a)　(b)　(c)　(d)

图 2.11　树状聚物的基本分类：[催化剂位置在(a)外缘、(b)核、(c)楔形物的尖端和(d)楔形物的边缘]

与氢甲酰化的其他领域相比，基于树状聚物的氢甲酰化中的磷配体不仅仅是铑的配位基团，还与胺或氨基醇等官能团一起组成结构骨架[120]。另外，纳米微粒、胶体或者介孔硅胶也被用于稳定未修饰[121]，或者膦(例如 PPh_3、二苯膦基苯磺酸盐)修饰的铑配合物[122]。

树状聚物有两种主要合成策略：发散方法和会聚方法[123]。发散方法尤其适合于大规模制备树状聚物。但是，产物往往会有提纯问题且存在缺陷。相反的是，会
106 聚方法可以提供更好的结构控制并给出缺陷更少的树状聚物。单个催化活性基团可以精确地放置于结构中。

1993 年，以 Reetz 等[124]为代表首先为氢甲酰化提出了树状二膦金属配合物催化剂(图解 2.36)。第一代 1,4 -二氨基丁烷基聚胺的合成以胺和氰乙烯的氰甲基化作用为起始，随后经历与 $NaBH_4$ 的氢化[125]。重复这一方法可以进一步分支从而可以生成第二代产物。第三代也以同样的流程得到。经过最后一步与仲甲醛和 $HPPh_2$ 的膦甲基化，外表面带有 32 个配位基团的树状聚物可以以 96%的产率分离出来。光谱研究也证明了突出的膦基团与金属离子[Pd(II)、Ir(I)、Rh(I)]形成螯合物。对应的铑催化剂在配体略过量的情况下在 1 -辛烯的氢甲酰化中被测试使用。得到的结果与使用单体二膦配体(例如 $n\text{-}C_3H_7N(CH_2PPh_2)_2$)时相近。

除了聚胺碳架以外，基于苯乙烯(PS)的珠状物[126]或者例如二氧化硅[127]或碳硅烷[128]这样的无机材料也可以用来构建树状聚物。Alper 小组做了前期研究，他们将膦基团与锚定在二氧化硅微粒上的聚(酰胺基胺或氨基胺)(PAMAM)连接(不同微粒大小的 PAMAM-SiO_2)(图 2.12)[127]。当这些配体与 Rh(I)配位就可以得到不同相对分子质量(从第零代至第四代)的氢甲酰化活性催化剂。遗憾的是，第三代和第四代催化剂与较低世代的树状聚物相比呈现较弱的活性。后续的优化尝试证明了胺基团之间的链长对于催化性质非常重要[129]。因此，当链从两个碳原子增加到四个碳原子时，活性和可回收性剧烈增加。值得注意的是，合成过程中分
108 离树状聚物要耗费极长的时间，因为过滤器会因沉淀的胺而堵塞。另一方面，可以用微孔过滤的方法回收使用过的催化剂，这些催化剂可以在没有活性和选择性损失的情况下再利用四次。官能化的成功率和后续的催化特性很大程度上取决于所使用的二氧化硅的类型[130]。因此，当使用 6.5 nm 孔的 MCM - 41 二氧化硅时，G(3)材料空阻过高导致几乎没有膦可以被连接。相反地，在 1 -辛烯的氢甲酰化中使用基于大孔(18 nm)Davisil 二氧化硅树状聚物催化剂，可以在 70℃时达到高达 1 700 h^{-1} 的 TOF[127c]。

在相似的过程中，水溶性的树状聚物可由 PAMAM 和不同量的 $Ph_2P(CH_2OH)_2Cl$ 反应构成[131]。添加的磺酸基进一步增进了水溶性。

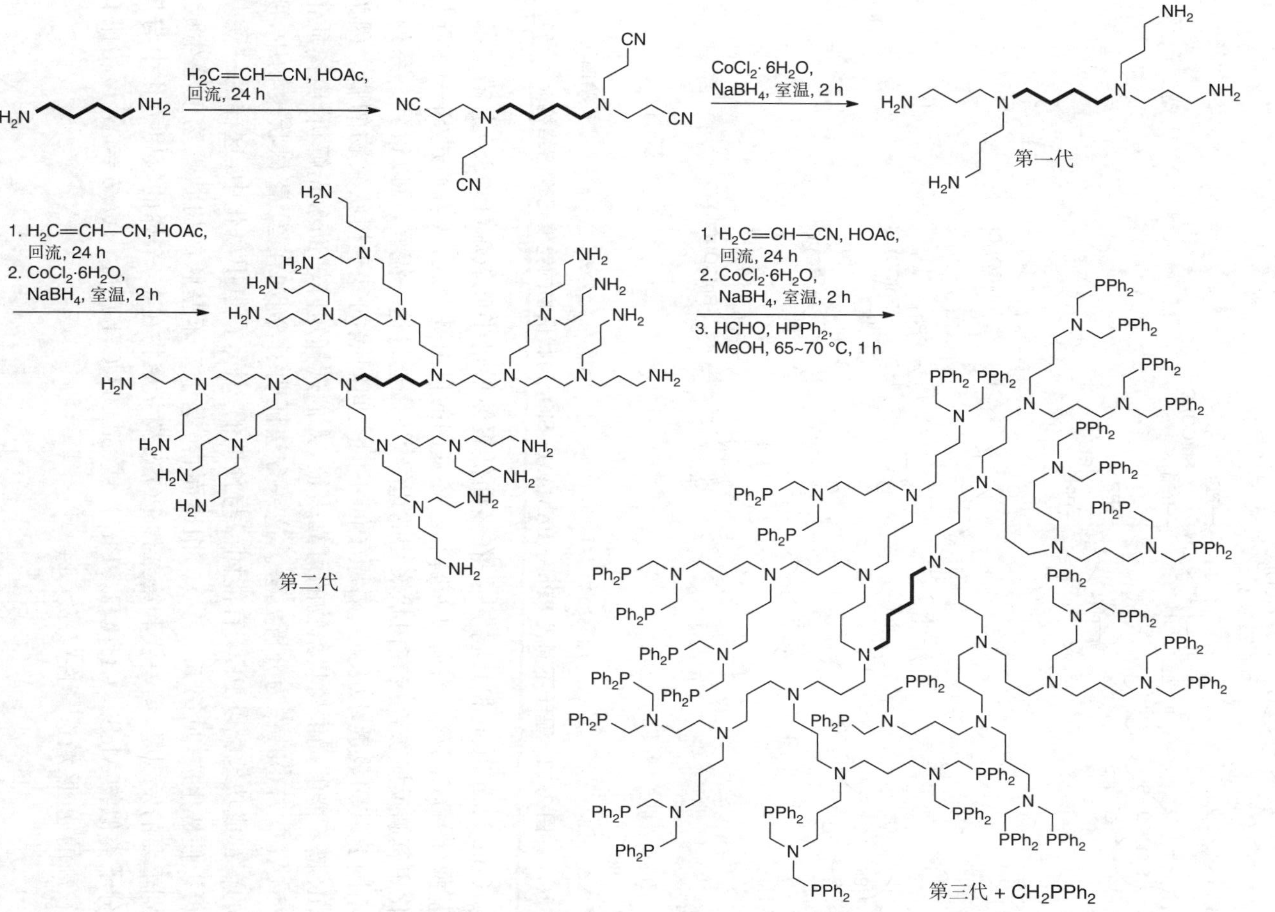

图解 2. 36 外缘官能化的树状聚物膦的合成

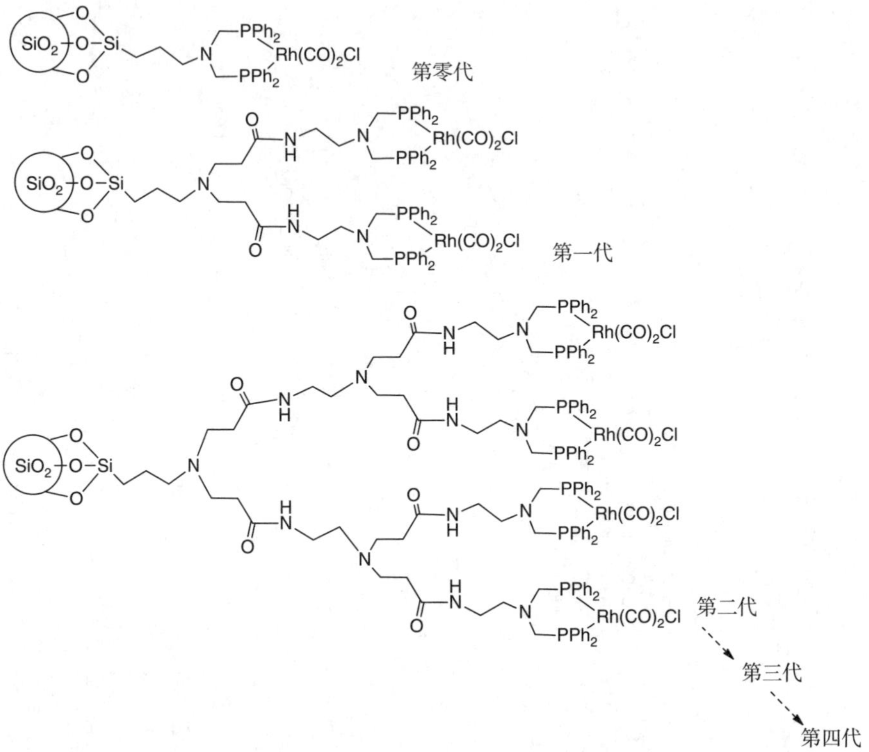

第零代

第一代

第二代

第三代

第四代

图 2.12 基于不同代 PPh_2 - PAMAM - SiO_2 树状聚物的铑催化剂的结构

Cole-Hamilton 和其同事[132]在多面低聚笼形倍半硅氧烷(POSS)上锚定了三
烷基膦(图解 2.37)。膦通过仲膦与乙烯基团的自由基加成,或者通过 Si—Cl 键与
109 锂化甲基膦反应被连接在树状聚物的边缘[133]。通过这一流程,可以得到一系列含
有不同 P 基团数量,以及硅、磷原子间不同空间间隔的基于树状聚物的膦。因为
NMR 谱不能够提供树状聚物的可靠表征,人们选择矩阵辅助激光解析/电离质谱
学(MALDI-TOF)作为分析方法。这一方法证明了,例如在 24 臂树状聚物中,所
有的臂都成功地配以 PEt_2 官能团。与预期的一样,在氢甲酰化中,这样的三烷基
膦可以使醇生成(见第 5.2 节)。相比而言,基于二苯基膦的树状聚物使醛生成。
特别重要的发现是,第一代和第二代 POSS 树状聚物在 1 -辛烯的氢甲酰化中与其
110 小分子类似物 $MeSi_2[CH_2CH_2PPh_2]_2$ 或 $Si[CH_2CH_2PPh_2]_4$($l/b=5:1$)相比有
着较高的 n -区域选择性($l/b=14:1$)[134]。

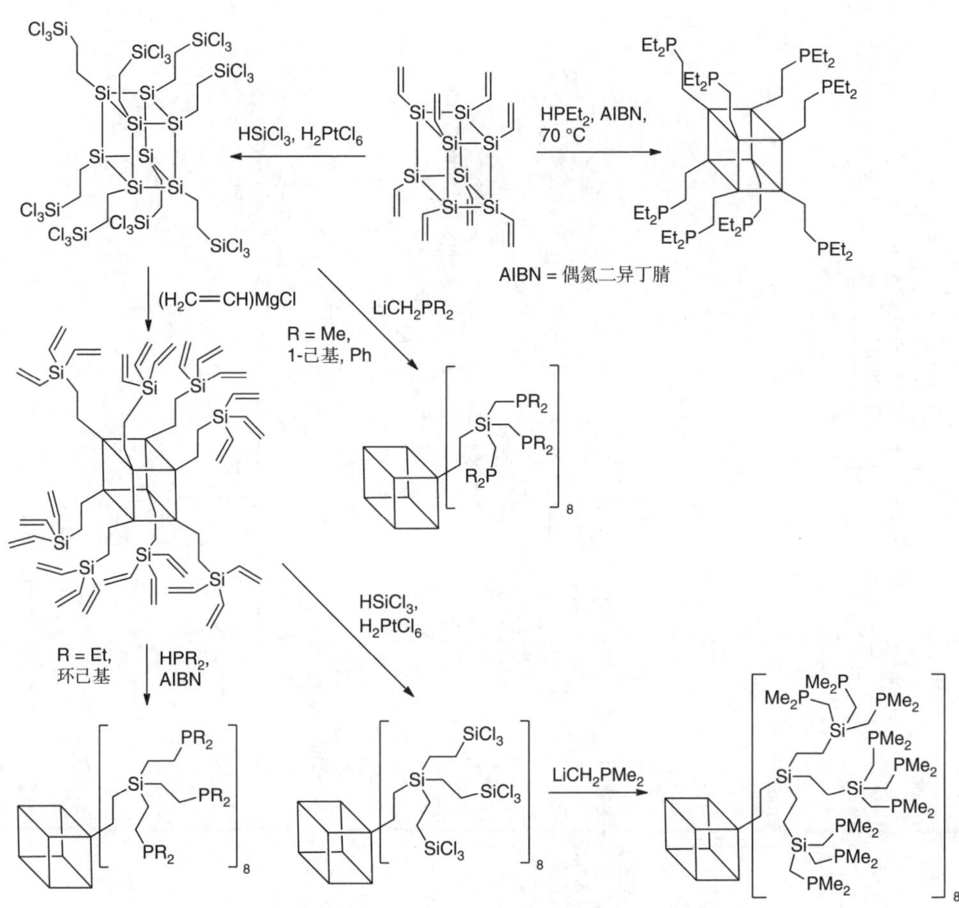

图解 2.37 在多面低聚笼形倍半硅氧烷上的三烷基膦的合成

Morris 将这种末端带有二苯基膦的树状配体的咬入角(P-M-P)作为一种取决于树状聚物组成的时间平均特性进行了计算[135]。他得出结论，当在 HRh(CO)配合物中的这一动态咬入角(β_c)接近 120°时，能使铑上的两个膦基团都达到双平展(ee)配位的最佳角度，也是高 n -区域选择性所必需的。

树状聚物 —(P, P)(β_c) Rh(H)(CO)—CO

为了解决始终存在的浸析问题，Arya 和 Alper[136]提出了配位的膦基团位于核的树状聚物。这样一来甚至可以使催化活性中心被外围环境保护起来，从而使活性催化剂寿命延长。此产物是以 Rink 酰胺树脂为起始物，通过典型的氨基酸保护策略(例如图解 2.38)由固相合成获得。

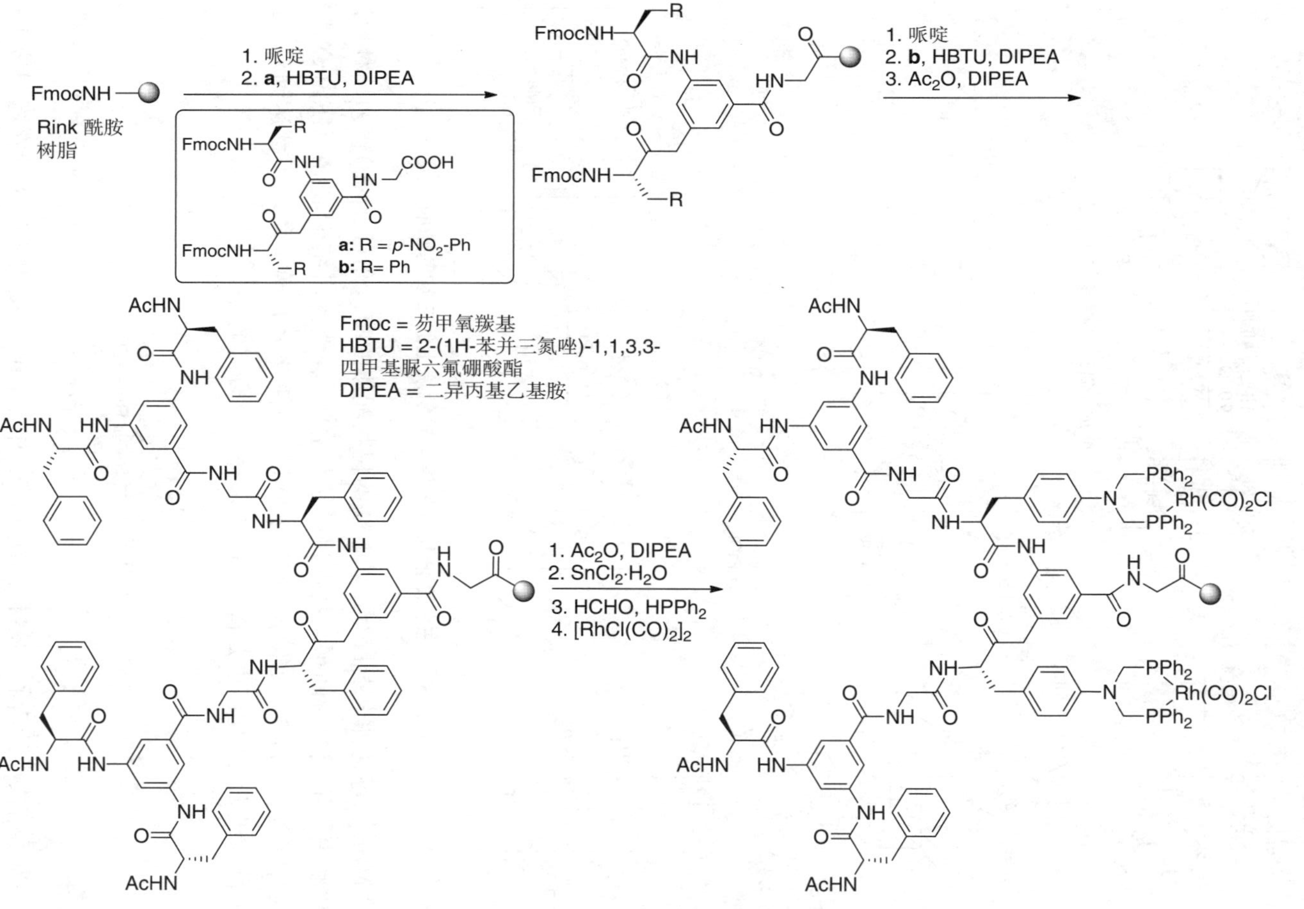

图解 2.38 树状臂上的异相化配体的固相合成

在偶合步骤中由 Fmoc 基团对氨基进行保护。在其中一个最终步骤中，两个氮基团被 $SnCl_2$ 还原得到聚苯胺的衍生物。用在反应过程中从仲甲醛和过量的 $HPPh_2$ 中生成的二苯基膦甲醇缩合新生成的 NH_2 基团，构建可以与 Rh(I)形成六螯合环的二齿配体。因为树状聚物骨架中含有蛋白质或者更具催化活性的酶，文献作者认为以此可以模拟仿生学的情形。在苯乙烯的氢甲酰化中，铑催化剂可以连续使用五个循环。与相应的第一代催化剂相比，反应活性有所改进。

类似的合成方法也被使用于构建在树状聚物外核带有多个催化中心的高相对分子质量催化剂上[137]。下图描绘的催化剂带有 16 个催化中心。它在乙烯基芳烃的氢甲酰化中比它只带有 4 个催化基团的合成前体更具活性。支链醛和直链醛的比例范围在 36∶1～39∶1，转化率大于 99%。通过简单的过滤，树状聚物催化剂就可以从产物中分离出来。直至第 10 次催化循环，活性和选择性也不会有损失。

Wang 和 Fan 制备了在聚醚树状聚物边缘带有 3、6 或 12 个二膦基团的低聚 113
物(图解 2.39)[138]。这一会聚方法的特点是在整个合成中以氧化膦的形态保护了膦基团，使操作更加容易。如图解 2.39 所示，直到最终与 $HSiCl_3$ 的还原反应中，PPh_2 基团释放，进而可以与铑形成配合物。在 1-辛烯或者苯乙烯的氢甲酰化中，与 PPh_3 相比，树状聚物的催化表现(反应性和区域选择性)几乎没有变化。

Reek 和 van Leeuwen 制备了官能团位于核的树状单膦和二膦(图解 2.40，图 2.13)[139]。

一组带有不同性质的膦核、不同数量和长度的周边碳硅烷基团的树状楔形物 114
被制备出来。所有的楔形物都以对溴苯乙烯为起始与氯硅烷反应合成(图解 2.40)。与格氏试剂反应终止链的形成(甲基)，或者生成下一代树状聚物合成的前体(烯丙基)。由此通过氢化硅烷化，更多的丙基硅烷基团生成。最终这些官能化的碳硅烷楔形物和 Xantphos、二茂铁基二膦，或者三苯基膦中的磷原子偶联生成一代至三代的树状聚物，如图 2.13 中以 Xantphos 为例的详情所述[140]。

在 1-辛烯的氢甲酰化(10bar，80℃)中测试所有基于 Xantphos 的配体，在增加树状物环境的情况下，它们几乎对活性和区域选择性没有负面影响。与之相比，若使用二茂铁系列的配体，当碳硅烷的数量和长度增加时，TOF 会降低。有趣的是，当使用第一代基于二茂铁的树状聚物时，体积更大的底物 4,4,4-三苯基丁-1-烯的转化与使用源配体的效果相比更快。但当使用更高一代的树状聚物时，也会发生氢甲酰化的减速，因为底物更难达到具有活性的催化中心。值得注意的是，使用高世代树状聚物时，与使用低相对分子质量配体相比，1-辛烯会很快异构化。很明显，二茂铁树状聚物的高位阻效应导致了快速的 β-氢消去反应。基于 PPh_3 的树状聚物与其源配体相比几乎没有区域选择性的改变。催化活性只在第三代时被破坏。

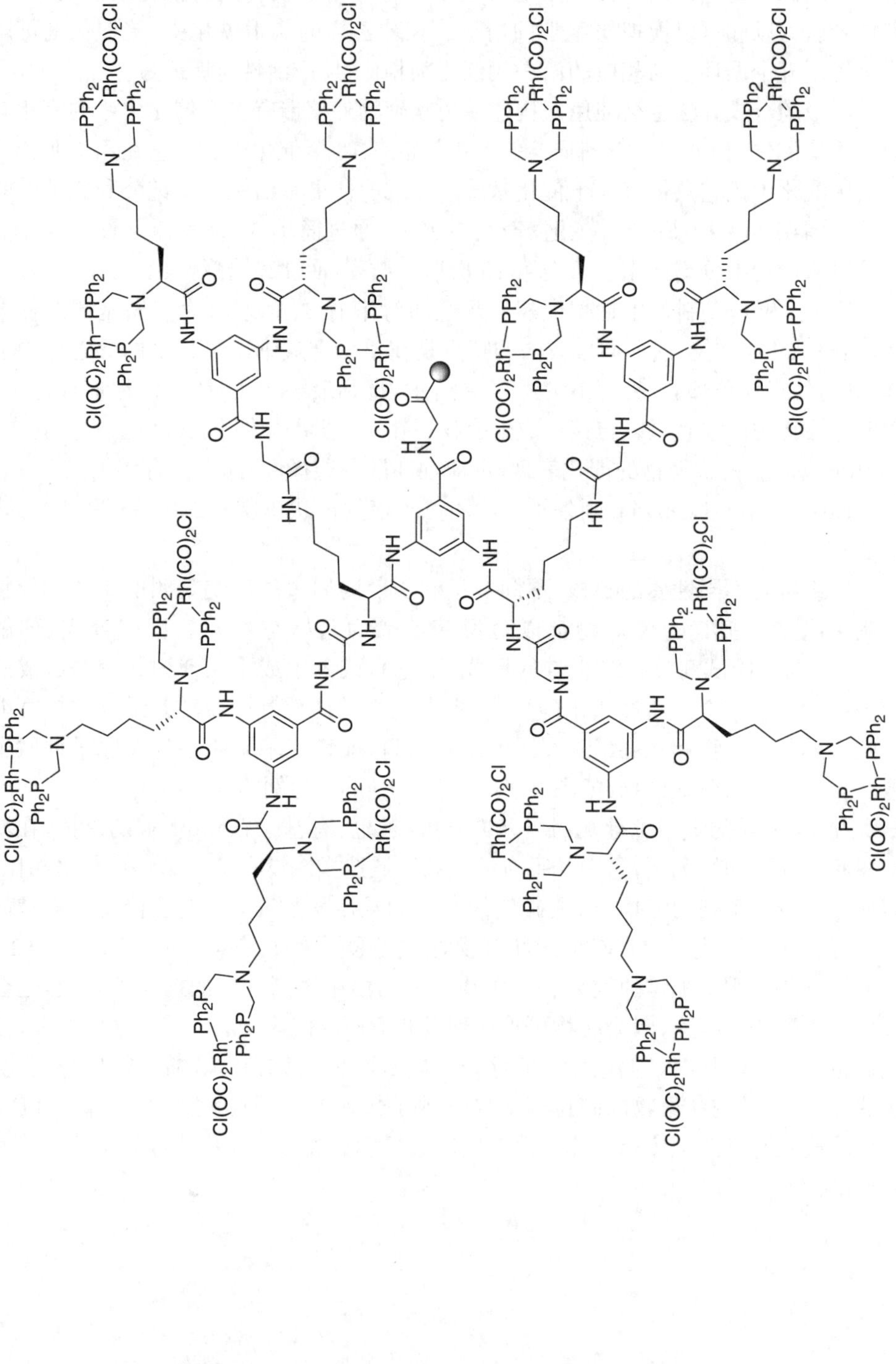

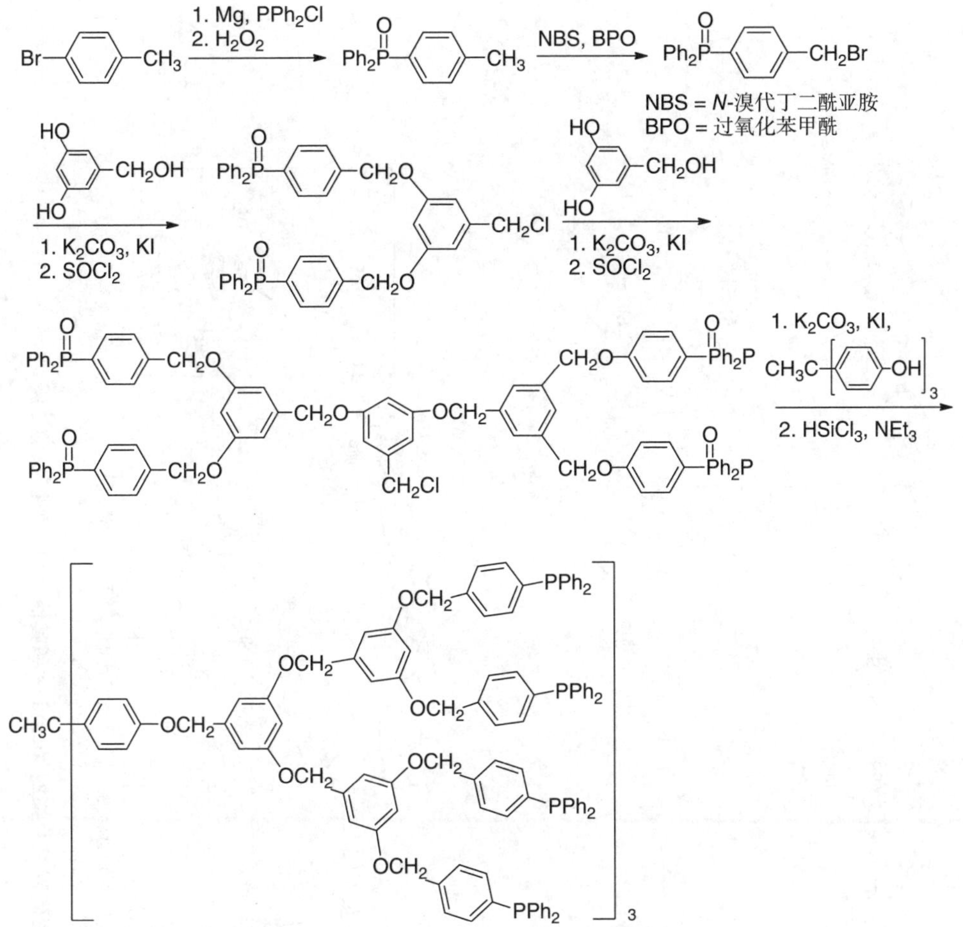

1. Mg, PPh_2Cl
2. H_2O_2
NBS, BPO
NBS = N-溴代丁二酰亚胺
BPO = 过氧化苯甲酰
1. K_2CO_3, KI
2. $SOCl_2$
1. K_2CO_3, KI
2. $SOCl_2$
1. K_2CO_3, KI, $CH_3C[C_6H_4OH]_3$
2. $HSiCl_3$, NEt_3

图解 2.39 第三代基于聚醚的树状聚物膦的合成

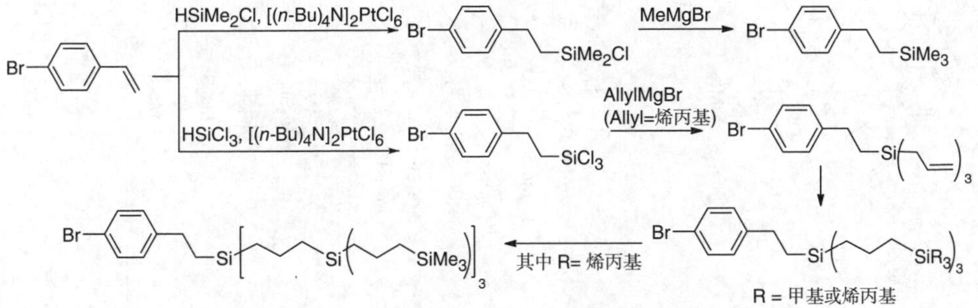

$HSiMe_2Cl$, $[(n\text{-}Bu)_4N]_2PtCl_6$
MeMgBr
$HSiCl_3$, $[(n\text{-}Bu)_4N]_2PtCl_6$
AllylMgBr
(Allyl=烯丙基)
其中 R= 烯丙基
R = 甲基或烯丙基

图解 2.40 用于连接芳基膦的长链碳硅烷的合成

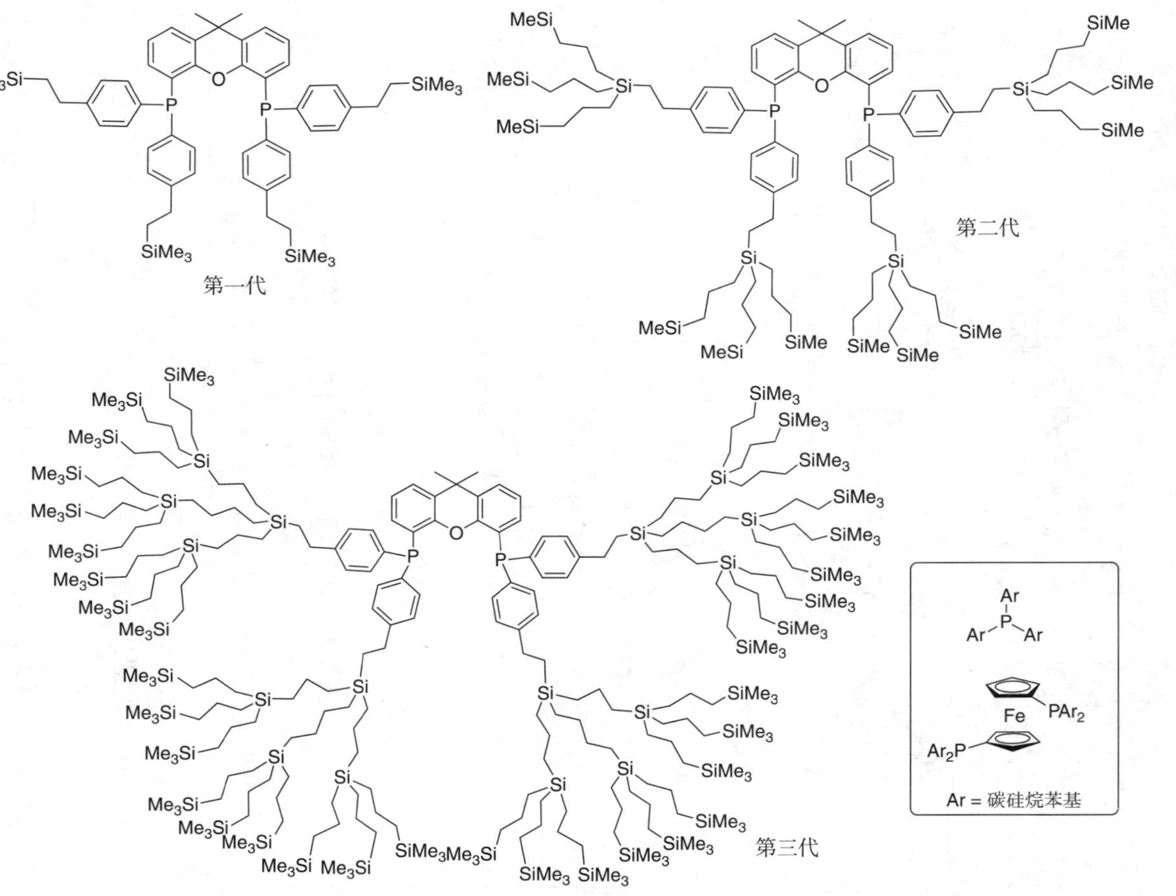

图 2.13 楔形碳硅烷修饰的 Xantphos 和其他两种用作模板的二膦

2.1.5.5 以高分子聚合物为载体的膦

人们曾多次尝试将膦或其对应的均相催化剂与固体载体相连接，通过共价键或者离子键使其达到异相化。另外，传统的小型金属膦催化剂可以直接被包封在异相材料的管道或孔洞中，而无需形成化学键[141]。最近几年，含膦基团的单体也 116
被用于聚合[142]。Leadbeater 和 Marco 总结了到 2002 年为止的关于以聚合物为载体的膦和其对应的金属催化剂的文献[143]。与树状聚物的情况相比，以高度交联的聚合物为载体的催化剂会因为底物更难到达催化剂而丧失更多的活性。

简单地以共价键与聚苯乙烯(PS)相连的三芳基膦可以由溴聚苯乙烯通过锂化随后与 $ClPhAr_2$ 反应制备得到(图解 2.41)[144]。主要的副反应是烷基锂对树脂的作用，它可以最终导致很差的膨胀性或是不希望的产物污染。这一问题可以通过金属磷化物与氯甲基化的树脂反应来解决。锂化和溴化的 PS 都可以通过 PS 制备得到。这一类型的膦配体在铑催化的氢甲酰化中已经被测试使用[145]。

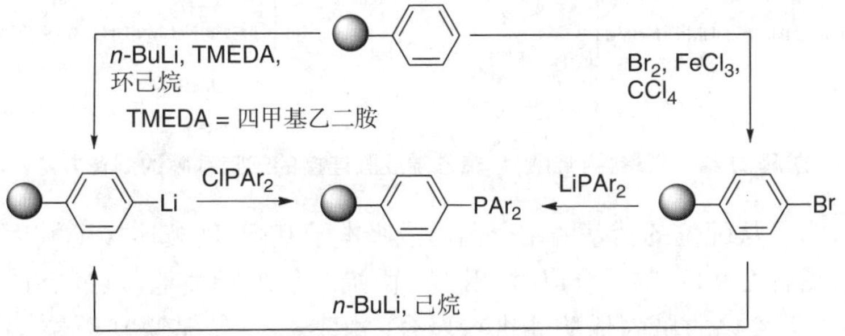

图解 2.41 得到与聚苯乙烯树脂连接的三芳基膦的方法

或者，被 Merrifield 树脂中的氯甲基或者溴甲基锚定的官能团可以与锂或者钾的芳基磷化物反应，从而得到聚合的苯甲基二芳基膦配体[141a]。苯基和苯甲基之外的官能团也可用于连接膦和 PS 或聚乙烯乙二醇-聚苯乙烯(PEG-PS)，如图 2.14 所示[146]。膦与一定链长的聚乙烯乙二醇(PEG)连接(例如 $n=16$，相对分子质量$=750$)可以调整最终催化剂的极性和挥发性[147]。

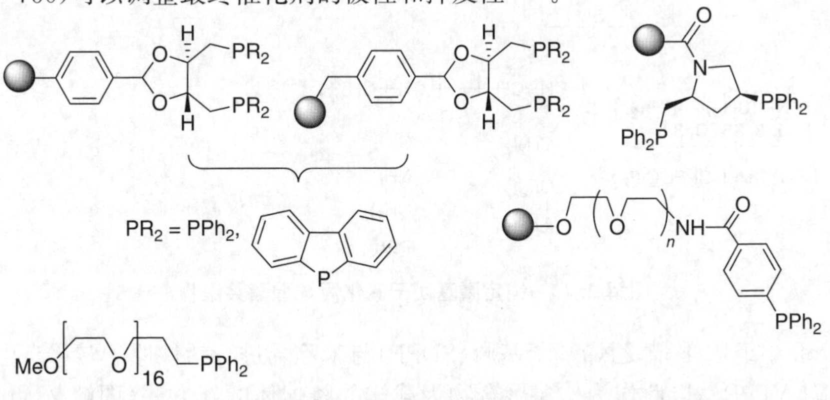

图 2.14 适合作为铂或铑催化的氢甲酰化反应配体的二膦与聚苯乙烯(PS)、聚乙烯乙二醇-聚苯乙烯(PEG-PS)或者聚乙烯乙二醇(PEG)连接

Andersson 和其同事将三苯基膦分别与聚(丙烯酸)和聚乙烯亚胺连接(图解 2.42)[148]。对应的水溶性铑催化剂被用于丙烯的气相氢甲酰化和 1-辛烯的液相氢甲酰化。当加入微粒状的添加剂[如 SDS(十二烷基硫酸钠)]时,1-辛烯的液相氢甲酰化反应会明显加速。

图解 2.42 与聚(丙烯酸)和聚乙烯亚胺连接的三苯基膦的制备方法

或者,为了从配位的膦基团中分离出强吸电子基团,膦被连接于氟化丙烯酸酯
117 共聚物上(图解 2.43)[149]。合成时,用 *N*-丙烯基氧琥珀酰亚胺(NASI)在自由基条件下对商用氟化的单丙烯酸酯进行聚合。用 3-(二苯基膦)-丙烷-1-胺替换 NASI 得到膦配位的氟化丙烯酸酯聚合物。对应的铑催化剂被测试使用于苯乙烯在超临界二氧化碳中的氢甲酰化中。

图解 2.43 锚定膦基团于氟化丙烯酸酯共聚物

Poli 小组用 4-苯乙烯基苯基膦(SDPP)与苯乙烯进行活性原子转移自由基共聚反应(ATPR),以此作为构建聚合物为载体的膦配体的新方法(图解 2.44)[142]。通过以 CuBr/Me_6TREN 为催化剂的方法得到单体以统计分布的共聚物。乙基异

丁酸溴被用作引发剂。加入少量的 $CuBr_2$ 来阻止比传送速率相对较低的失活速 118
率。在这些情况下，SDPP 在大分子链中的插入速率略快于苯乙烯。反应的进程可以由 ^{31}P NMR 光谱进行分析，因为聚合物和单体所表现的共振频率不同。反应终止在如 SDPP 转化率为 80%，得到统计分布的共聚物，如相对分子质量为 18 300 g/mol、色散度指数(D)为 1.37 的 R_0 -(S_{103} - stat - $SDPP_{26}$)-Br(stat=无规)。

3　+　1　PPh_2
CuBr, $CuBr_2$, Me_6TREN,
十二烷, EBIB, 100 °C, 32 h
转化率为80%
R_0　Br　H　103　PPh_2　26
Me_6TREN = 三（2-二甲氨基乙基）胺
EBIB = 溴异丁酸乙酯
R_0-(S_{103}-stat-$SDPP_{26}$)-Br
$M_{n,SEC}$ = 18300 g mol^{-1}
D = 1.37

图解 2.44　4-苯乙烯基苯基膦(SDPP)与苯乙烯的转移自由基共聚反应(ATPR)

与此相比，SDPP 的均聚反应在快速和不可控的情况下发生。在铑催化的 1-辛烯的氢甲酰化中测试此聚合物，与单体 PPh_3 配体相比，l/b 较高但是活性较低。

2.1.6　膦的分解

均相催化中配体的分解一直都是最具挑战性的问题。这方面的相关知识十分
重要，因为我们需要了解催化剂在整个反应中的全部特性。特别是在氢甲酰化中， 119
这是最具决定性的重点之一。其重要性在于，配位修饰的和未配位修饰的催化剂都可以催化氢甲酰化反应，但它们以完全不一样的方式进行。因此配体的分解会造成反应的活性、区域选择性、化学选择性和在不对称催化中的空间选择性的逐步改变(多数是损失)。这样的分解持续发生可能导致无法建立详细的动力学的糟糕情况[150]。根据经验，工业中一天内铑配合物活性损失的最大值必须在 0.3%~0.75%[151]。Bryant 和 Billig 总结为，即便是严格移除了供料中的所有毒剂和使用非常纯净的气体，这样的损失也是不可避免的。因此他们将这一过程命名为催化剂自体失活[152]。

还有一个特殊的问题来自金属中心的配位位置上膦配体与 CO 的竞争，这一问题一般用加入过量膦配体的方法来解决(见第 1 章)。未配位膦配体的降解会影响配体修饰的金属催化剂和未修饰的催化剂之间的微妙平衡。

总的来说，均相催化中使用的有机配体在催化过程的不同阶段均受到降解的影响。首先，有害的结构改变有可能发生在催化前体生成之前。合成配体时产生的杂质，例如酸、碱或者水都可能引起缓慢的分解。另外，这些杂质也可能影响氢甲酰化反应。为了测定来自不同源膦配体的适用性，Celanese 发表了一项用于测试的专利，即将膦与醛加热[153]。将生成的缩合产物的数量作为评判的标准。

众所周知，若保存不当，三价磷化合物会被空气、残留的氧气或氢过氧化物氧化。这些杂质和其他杂质(也叫作致命毒剂比如 H_2S、COS、HCl 和 HCN)[154]甚至

可能被溶剂或者烯烃原料带入氢甲酰化过程中，所以必须对此采取措施[155]。值得注意的是，羧酸也会阻碍氢甲酰化的速率，特别是当过量的自由膦存在时[156]。

我们需谨记配体与金属的配位反应会生成一种与这两种前体化学性质完全不同的全新配合物，且都可以独立存在。这一情况可能对配体的稳定性产生巨大的影响，范围可以从极度稳定到加速分解。同样的情况也发生在催化循环中的不同中间产物上，包括金属催化剂、底物和试剂。另外，新生成的产物也可能对配体和(或)催化剂产生巨大的威胁。

配体和催化剂的分解往往不是学术研究的重点。因此现有文献中只有少量相关文章和总结，其中大多数为专利[155]。

120 2.1.6.1　没有金属存在时对膦有害的物质

如前文提及，最著名的膦的降解反应是它们与氧气或者烷基氢过氧化物的反应(图解 2.45)[157]。主要产物是对应的氧化膦，它们主要以自由基链式反应机理形成[158]。在与氢过氧化物的氧化反应中，醇也同时生成。

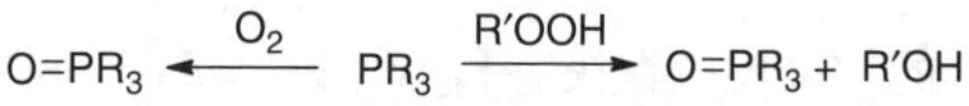

$$O{=}PR_3 \xleftarrow{O_2} PR_3 \xrightarrow{R'OOH} O{=}PR_3 + R'OH$$

图解 2.45　叔膦与氧气或者氢过氧化物的反应

另外，人们也观测到 P—C 键的断裂和因此产生的亚膦酸酯、膦酸酯和磷酸酯，但都只有较少量[158]。Buckler 给出的膦与氧气的反应活性的大致顺序为

苄基＞烷基＞芳基

由膦产生的氧化叔膦的数量随着溶剂极性的增加而增加[158]。芳香溶剂表现出特别的作用。尤其是许多氢甲酰化反应都优先选择溶剂甲苯，60℃以下时膦在其中氧化缓慢，超过此温度后，就会观测到氧化反应的快速加剧。当三丁基膦在干乙醇中与空气作用时，会生成对应的酯和 1 -丁醇(图解 2.46)。在有水存在时，还会另外生成对应的二烷基膦氧化物。

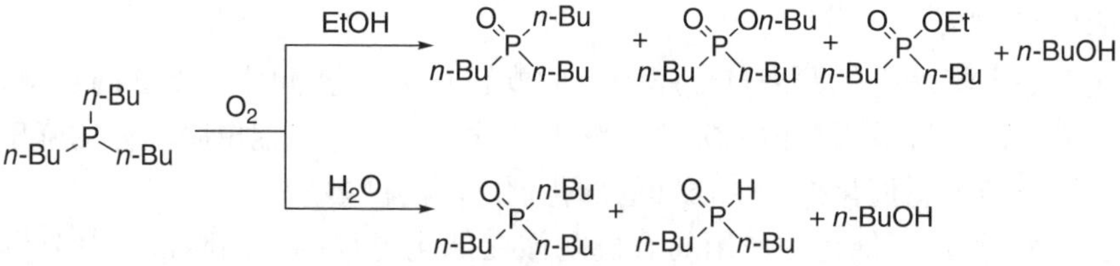

图解 2.46　叔膦在极性溶剂中的氧化

值得注意的是，氢甲酰化中常作为溶剂的环碳酸酯(例如碳酸丙烯酯)，也能使
121 膦氧化(图解 2.47)[159]。当温度升高(120～285℃)且没有任何催化剂和溶剂存在时，PPh_3 会完全转化为对应的氧化膦。同时氧给体也分解为丙烯和 CO_2。

$$PPh_3 + \text{(碳酸丙烯酯)} \xrightarrow{230\ ^\circ C,\ 7\ h} O{=}PPh_3\ (99\%) + \text{(丙烯)} + CO_2$$

图解 2.47 三苯膦被碳酸丙烯酯氧化

小剂量的[0.02%～0.10%(摩尔分数)]二苯基胺和对苯二酚被发现可以有效阻止由氧气和过氧化物造成的氧化[158]。后者的优势在于可以在氢甲酰化之前通过多种方法移除(例如,通过中性氧化铝、高锰酸钾、氢氧化银等过滤)[160]。在普通氢甲酰化条件下氧化膦不会还原。

特殊的配体结构有可能使稳定性提高。Barder 和 Buchwald[161] 提出一种理论,二烷基联芳基膦有着抵抗氧分子氧化的特殊能力(图解 2.48)。他们认为,当磷中心的孤对电子在无磷环上方时,第二分子膦从 $R_3P—O—O$ 夺取第二个氧是困难的。只有当磷中心旋转至较少受阻的环境时才有夺取第二个氧的可能性,从而形成氧化膦。

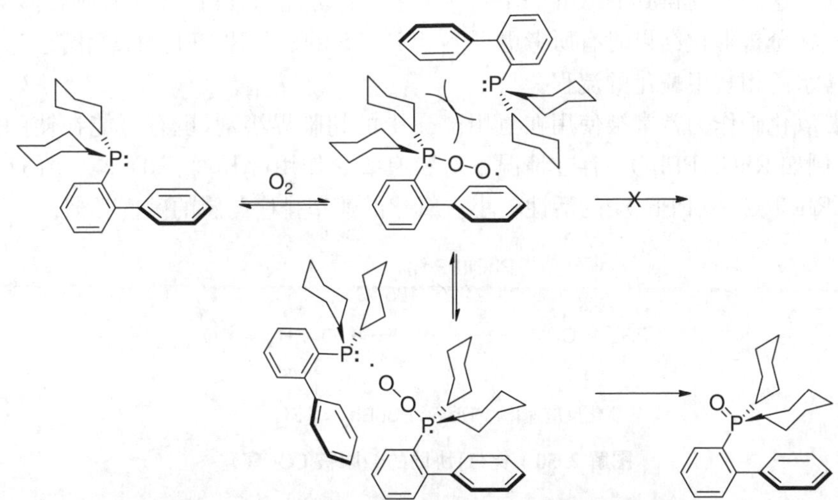

图解 2.48 通过合理放置芳基基团来部分保护膦基团

除了这一特殊性质以外,与 BH_3 生成加成物也可以在合成和保管过程中对膦基团形成可靠的保护。文献中阐述了一些在催化反应之前与胺或酸反应来移除 BH_3 基团的方法[162]。另外,在氢甲酰化条件下,在对于 BH_3 的竞争中,CO 可以完全胜过膦从而使得 P—B 键断裂[163]。这种由膦硼烷加成物得到的膦配体与直接加入催化反应中的膦配体相比,在催化特性上没有发现任何不同。

2.1.6.2 有金属存在时膦的分解 122

2.1.6.2.1 金属参与的膦的氧化

有一些金属可以与不同的氧给体一起催化膦的氧化[164]。醛的存在有利于这一反应("牺牲醛")[165]。膦的氧化物,特别是 $P(O)Ph_3$,可以作为弱配位配体(见下文）。最大的问题是在氢甲酰化中当溶解度界限达到时，它们会沉淀。

Patin 和其同事[166]发现，通过 $RhCl_3$ 与 TPPTS 反应制备催化剂前体，以水为溶剂时，会发生氧化反应（图解 2.49）。在温和条件下，且严格排除氧的存在时，铑(III)还原为铑(I)。后者被 TPPTS 捕获。过量的 TPPTS 作为氧的受体，膦被完全转化为对应的氧化膦（TPPTSO）。值得注意的是，通过这一方法制备铑(I)催化前体，会牺牲部分配体。

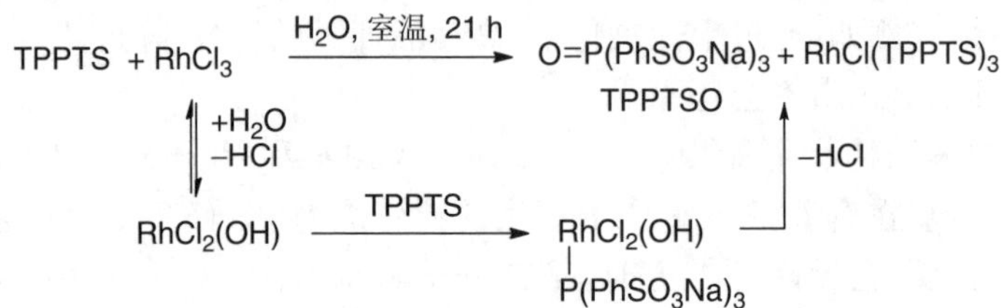

图解 2.49 铑(III)协助的 TPPTS 的氧化

通过这一流程得到的 Rh(TPPTS)催化剂有可能与 TPPTSO 形成胶体溶液，这必须在分析催化结果时有所考虑[167]。TPPTS 的氧化比 PPh_3 的氧化慢，这也解释了含水两相氢甲酰化的流程。

二氧化碳作为常常被使用在氢甲酰化中的超临界溶剂，也有可能在铑的膦配合物（例如 $RhCl(PPh_3)_3$）存在情况下对膦有氧化作用（图解 2.50）[168]。在这一情况下，$RhCl(CO)(PPh_3)_2$ 的活性较小。氧化的速率排序与膦的碱性类似。

$$PR_3 + CO_2 \xrightarrow[\text{几天}]{RhCl(PPh_3)_3,\ \text{十氢化萘},\ 185\ ^\circ C} O{=}PR_3 + CO \quad 60\%$$

氧化反应速率: $PPh_3 < PBuPh_2 < PEt_3$

图解 2.50 铑(I)协助的叔膦被 CO_2 氧化

123 铑(III)碳酸盐在低温下（250K）可以被外部膦还原为铑(I)，碳酸盐脱氧生成 CO_2 同时生成氧化膦[169]。另外，当 $RhCl(CO)_2[P(n\text{-}Bu)_3]_2$ 溶液暴露在 CO_2 下时，还被发现生成了 $RhCl(CO)[P(n\text{-}Bu)_3][O{=}P(n\text{-}Bu)_3]_2$[170]。

Halpern 和其同事[171]在较早之前研究了膦与不同金属配合物的氧化机理。在有钴(II)参与的反应中，他们认为首先是第一步的氧-膦交换，随后形成了 O_2 桥联双核钴配合物（图解 2.51）。第二步中，外部的膦转化为对应的氧化膦。

$$2Co(CN)_2(PMe_2Ph)_3 + O_2 \xrightarrow[-PMe_2Ph]{} Co_2(CN)_4(PMe_2Ph)_5(O_2)$$

$$\xrightarrow{+3PMe_2Ph} 2Co(CN)_2(PMe_2Ph)_3 + 2O{=}PMe_2Ph$$

图解 2.51 钴(II)协助的叔膦被 O_2 氧化

类似的反应机理步骤也在 Pt(0)催化的三苯基膦的氧化中有所体现(图解 2.52)[172]。动力学研究证明了膦的氧化是最快的步骤。也有类似关于 $Pd(OAc)_2$ 对 PPh_3 的氧化的文章[173]。

$$Pt(PPh_3)_3 + O_2 \xrightarrow{k_1} Pt(PPh_3)_2O_2 + PPh_3$$

$$Pt(PPh_3)_2O_2 + PPh_3 \xrightarrow{k_2} Pt(PPh_3)_3O_2 \xrightarrow[\text{快反应}]{+\ 2\ PPh_3} Pt(PPh_3)_3 + 2O{=}PPh_3$$

图解 2.52 PPh_3 与铂配合物的分步氧化

最终必须注意到,虽然我们已明确了氧对于三价磷的致命作用,氧化膦还是偶尔被建议作为配体使用,尤其是在较早的文献中,Halpern 小组基于动力学研究,认为它可以影响 CO 向金属—烷基配合物中的插入步骤[174]。

膦的氧化物作为配体看起来并不是完全没有活性。例如,TPPO 具有一定的配位性质所以仍然可能对整个氢甲酰化结果起作用[1,175]。这也可能是 Kuraray 在铑催化氢甲酰化中使用氧化仲膦的原因[176]。

配体中第二个配位基团的存在有可能增加了氧化膦-铑配合物的稳定性[177]。因此,Alper 小组成功使用了 α-羟基膦氧化物,其在例如 $HPPh_2$ 与苯甲醛的反应中(图解 2.53)[178],可以作为铑催化氢甲酰化的促进配体[179]。

124

THF, 40 °C, 12 h; + $HPPh_2$; O, H; O, PPh_2, OH; 67%

图解 2.53 α-羟基膦氧化物的制备(用于膦基团氧化的氧来自何处,在文献中没有给出相关信息)

2.1.6.2.2 P—芳基键的裂解

P—芳基键的裂解是一种影响源膦配体的浓度,并导致带有新的催化活性的膦配体和去磷化芳香化合物生成的降解步骤。Garrou 给出了到 1985 年为止的综述[180]。反应可以通过邻位金属取代配合物来进行(图解 2.54)[181]。需要注意的是,van Leeuwen 怀疑 C—H 活化是否一直且必须伴随着复杂产物的形成[155b]。例如使用对位取代的芳基膦可以得到有关此机理清楚的证明。金属-磷化物配合物会经历一些转换。特别要注意的是会形成磷化桥联双核或者多核簇,因为它们在氢甲酰化中活性较弱。另外,氢甲酰化之后要从这些惰性的簇中回收金属会有些棘手。所有在氢甲酰化中测试过的金属配合物,如钴、铑、钌、铱、铂、钯或者锇,都可以参与这一反应。

[M]—PPh_3 ⇌ [M]—PPh_2 (H) ? ⇌ [M]—PPh_2 → 金属簇

图解 2.54 金属-磷化物配合物的形成

在芳基膦中的吸电子基团会加速 P—芳基键的裂解，而给电子基团则能改善其稳定性[182]。此处的结论是由化学计量学研究得到或者是在氢甲酰化条件下观测到的结果。

1. P—芳基键的裂解：前期研究

早在 1968 年，Coulson 在 130℃的二甲基亚砜里用 $PdCl_2$ 处理 $Pd(PPh_3)$时就发现了 P—芳基键的裂解[183]。在其他种类的钯中，三核钯簇被发现带有桥接的磷化物基团。在铂配合物存在时，单膦和二膦也会发生 P—芳基裂解[184]。在单核铑
125 或者钌配合物中也发现了类似的碳磷键裂解[185]。即加热时，$RhCl(PPh_3)_3$ 会分解生成联苯[186]。含有不同三芳基膦配体的铑配合物的混合物生成交联的二芳基。Abatjoglou 和 Bryant 测定了 120℃氢气压力在约 0.69 MPa 时芳基在 PPh_3 和 $P(p\text{-tolyl})_3$（tolyl＝甲苯基）之间的交换速率，顺序如下[187]：

$$Rh(acac)(CO)(PPh_3) > RhCl(PPh_3)_3 > RhCl(CO)(PPh_3)_3 > Rh\text{ 簇}$$

有趣的是，增加 PPh_3 会减慢分解的速率。这一发现可以为在氢甲酰化中使用高 P/Rh 提供可信论据。一些铑簇，如 $Rh_4(CO)_{12}$、$Rh_6(CO)_{16}$ 或 $Rh_{12}(CO)_{30}^{2-}$ 可以催化从 PPh_3 和多聚甲醛中生成苯甲醛[188]。Van Leeuwen[155b] 认为这一反应遵循邻位金属化机理，其以合成化学的规模（每小时数百摩尔）生成苯甲醛（图解 2.55）。

$[HCHO]_n$ + PPh_3 —(铑簇, CO (5 atm), 二氧六环, 80 °C, 24 h)→ PhCHO 达 98%

图解 2.55 铑催化的 PPh_3 与甲醛的去芳基化

Geoffroy 和其同事在甲苯里的多核簇$[Co(\mu\text{-}PPh_2)(CO)_3]_x$ 与 CO 或者 PEt_2Ph 的反应中发现了数种产物（图解 2.56）[189]。当经过 CO 作用或辐照作用时，多核钴簇转化为双核化合物。另外，碱性更强的烷基膦裂解了 PPh_2 桥。

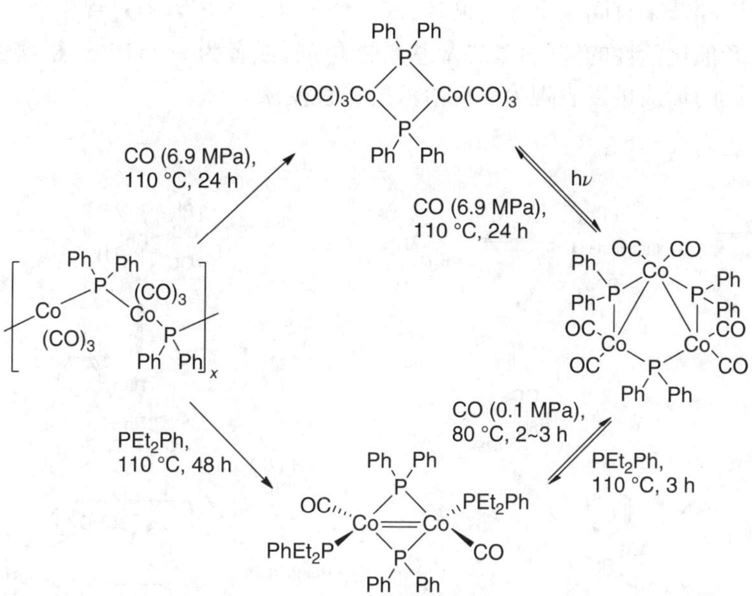

图解 2.56 通过$[Co(\mu\text{-}PPh_2)(CO)_3]_x$ 与 CO 或者 PEt_2Ph 作用形成簇

2. 氢甲酰化条件下 P—芳基键的裂解

早在 1972 年 Chini 和其同事[190]就注意到，在丙烯与 $Rh_4(CO)_{12}/PPh_3$ 或 $Rh_4(CO)_{12}(PPh_3)_2$ 的氢甲酰化中，生成苯和副产物环已烷。其他的金属羰基簇在合成气存在时也能分解三芳基膦生成不同的产物(图解 2.57)[191]。断裂 P—C 键的能力顺序为铑>钴>钌。合成气压增加可提高断裂的速率。值得注意的是，在 $P(n\text{-}Bu)_3$ 存在的情况下没有裂解发生，所以当三烷基膦在相同的反应条件下时没有异构的丁烷、丁醇或丁醛产生。

$$PAr_3 \xrightarrow[\text{或 (b) 200 °C, 6 h}]{\text{[M], CO/H}_2\text{ (1:1, 300 atm), (a) 260 °C, 6 h}} \begin{array}{l} ArH + ArCHO + ArCH_2OH + \\ Ar\text{–}Ar + Ar\text{–}C(O)\text{–}Ar + Ar_3P{=}O + Ar_2PH \end{array}$$

$[M] = Ru_3(CO)_{12}, Co_2(CO)_8, Rh_4(CO)_{12}$

图解 2.57 氢甲酰化条件下金属催化的 PAr_3 的分解

Garrou 和 Allcock[192]在用 PPh_2 官能化的聚苯乙烯的氢甲酰化实验中提出，P—芳基键的裂解是由于 $Co_2(CO)_8$ 的作用和二芳基仲膦的生成。他们推测，在使用配体修饰的催化剂时氢甲酰化活性减少是因为钴参与了 P—C 键断裂[193]。

均相氢甲酰化催化剂也可以分解三芳基膦。Gregario 等注意到，铑催化丙烯 126
的氢甲酰化中，PPh_3 缓慢地转化为 PPh_2Pr[194]。

在铑催化的氢甲酰化中，金属二芳基磷化物会被烷基化生成烷基二芳基膦。例如，当丙烯为底物时，生成丙基二苯基膦、苯和苯甲醛(图解 2.58)[96b]。其中丙基二苯基膦和苯来自同一个催化循环；苯甲醛是从一个不可逆过程生成的，最终结果为具有新催化活性的铑-丙基二苯基膦催化剂，或者为一个 PPh_2 桥接的双核铑配合物。簇的形成可以表现为反应溶液的褐色变淡。

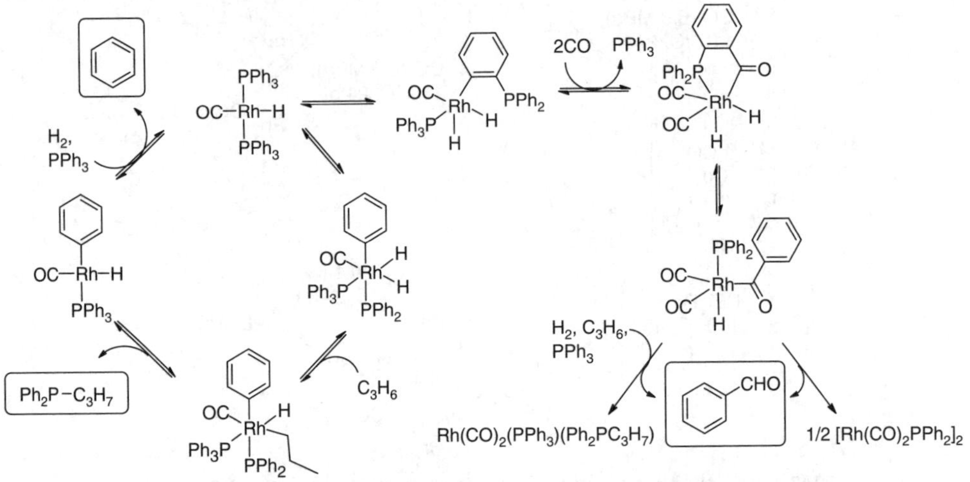

图解 2.58　P—芳基/P—烷基混杂及在铑催化的氢甲酰化过程中形成苯甲醛

形成的烷基二芳基膦作为配体降低了氢甲酰化的速率。但是，因为它们更强
127 的配位特性，它们能使可溶的铑配合物在反应溶液中的稳定性增强，从而使整个反应的速率得以保持。这一有利作用在铑催化的氢甲酰化过程中被用于 PPh_3 不足时加入烷基二苯基膦作为催化剂稳定剂[195]。另一方面，芳基—烷基混杂在 TPPMS 用于含水两相反应时可以引起一系列的工艺问题(图解 2.59)[196]。当极性的磺化芳基基团被非极性的烷基基团取代时，它的水溶性和相关的可回收性就会受到损失。

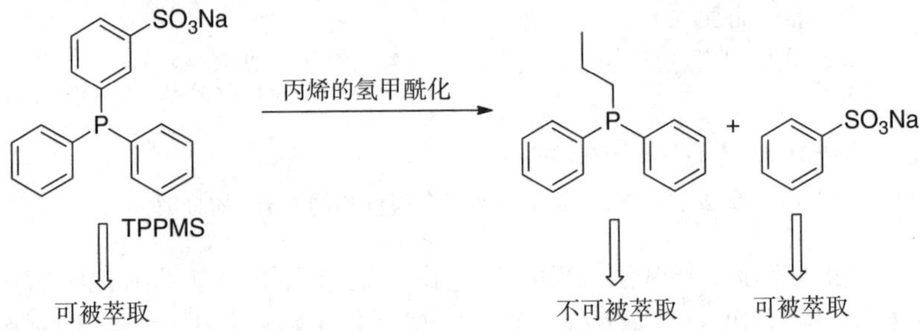

图解 2.59　混杂产物对 TPPMS 的萃取性质的影响

综上所述，特别是在大规模氢甲酰化中，催化剂的外部和内部失活反应会导致严重的问题。只有周全考虑这些方面并进行仔细的设计才能使这样的过程经济可行[152,157]。

128

参考文献

1. Slaugh, L.H. and Mullineaux, R.D. (1968) *J. Organomet. Chem.*, **13**, 469–477.
2. (a) Michaelis, A. and Reese, A. (1882) *Chem. Ber.*, **15**, 1610; (b) Michaelis, A. and Soden, H.v. (1885) *Justus Liebigs Ann. Chem.*, **229**, 298–334; (c) Inventor not nominated (to IG Farbenindustrie Aktiengesellschaft) (1926) Patent DE 508667.
3. Lambdasyn http://www.lambdasyn.org/content/aqua-regia-pdf/Synthese%20von%20Triphenylphosphin.pdf (accessed 14 September 2014).
4. Wan, D.-W., Gao, Y.-S., Li, J.-F., Shen, Q., Sun, X.-L., and Tang, Y. (2012) *Dalton Trans.*, **41**, 4552–4557.
5. (a) Murray, R.E. (to Union Carbide Corporation) (1987) Patent US 4,668,823; (b) Miller, G.R., Yankowsky, A.W., and Grim, S.O. (1969) *J. Chem. Phys.*, **51**, 3185–3190; (c) Eapen, K.C. and Tamborski, C. (1980) *J. Fluor. Chem.*, **15**, 239–243; (d) Reinius, H., Krause, O., Riihimäki, H., Laitinen, R., and Jouni, J. (to Dynea Chemicals OY) (2002) Patent WO 02/20448.
6. Krasovskiy, A. and Knochel, P. (2004) *Angew. Chem. Int. Ed.*, **43**, 3333–3336.
7. Eastham, G.R., Thorpe, J.M., and Tooze, R.P. (to Ineos Acrylics UK Limited) (2002) Patent US 6,335,471.
8. Ruan, Q., Zhou, L., and Breit, B. (2014) *Catal. Commun.*, **53**, 87–90.
9. Šmejkal, T. and Breit, B. (2008) *Angew. Chem. Int. Ed.*, **47**, 311–315.
10. (a) Šmejkal, T. and Breit, B. (2008) *Angew. Chem. Int. Ed.*, **47**, 3946–3949; (b) Rudolph, J., Schmidt-Leithoff, J., Paciello, R., Breit, B., and Smejkal, T. (to BASF SE) (2009) Patent WO 2009/118341; (c) Diab, L., Šmejkal, T., Geier, J., and Breit, B. (2009) *Angew. Chem. Int. Ed.*, **48**, 8022–8026; (d) Fuchs, F., Rousseau, G., Diab, L., Gellrich, U., and Breit, B. (2012) *Angew. Chem. Int. Ed.*, **51**, 2178–2182; (e) Diab, L., Gellrich, U., and Breit, B. (2013) *Chem. Commun.*, **49**, 9737–9739.
11. (a) Tolman, C.A. (1970) *J. Am. Chem. Soc.*, **92**, 2956–2965; (b) Tolman, C.A. (1977) *Chem. Rev.*, **77**, 313–348; (c) Allman, T. and Goel, R.G. (1982) *Can. J. Chem.*, **60**, 716.
12. Rafter, E., Gilheany, D.G., Reek, J.N.H., and van Leeuwen, P.W.N.M. (2010) *ChemCatChem*, **2**, 387–391.
13. (a) Mason, R.F. and van Winkle, J.L. (to Shell Oil Company) (1968) Patent US 3,400,163; (b) van Winkle, J.L., Lorenzo, S., Morris, R.C., and Mason, R.F. (to Shell Oil Company) (1969) Patent US 3,420,898.
14. Bungu, P.N. and Otto, S. (2007) *J. Organomet. Chem.*, **692**, 3370–3379.
15. Bradaric, C.J. and Robertson, A.J. (to Cytec Technology Corp.) (2001) Patent WO 01/40237.
16. Eberhard, M.R., Carrington-Smith, E., Drent, E.E., Marsh, P.S., Orpen, A.G., Phetmung, H., and Pringle, P.G. (2005) *Adv. Synth. Catal.*, **347**, 1345–1348.
17. Bungu, P.N. and Otto, S. (2007) *Dalton Trans.*, 2876–2884.
18. Carreira, M., Charernsuk, M., Eberhard, M., Fey, N., van Ginkel, R., Hamilton, A., Mul, W.P., Orpen, A.G., Phetmung, H., and Pringle, P.G. (2009) *J. Am. Chem. Soc.*, **131**, 3078–3092.
19. Lewis, J.C., Wu, J.Y., Bergman, R.G., and Ellman, J.A. (2006) *Angew. Chem. Int. Ed.*, **45**, 1589–1692.
20. Birbeck, J.M., Haynes, A., Adams, H., Damoense, L., and Otto, S. (2012) *ACS Catal.*, **2**, 2512–2523.
21. Steynberg, J.P., Govender, K., and Steynberg, P.J. (to Sasol Technology Ltd.) (2002) Patent WO 2002014248.
22. Robertson, A., Bradaric, C., Frampton, C.S., McNulty, J., and Capretta, A. (2001) *Tetrahedron Lett.*, **42**, 2609–2612.

23. Crause, C., Bennie, L., Damoense, L., Dwyer, C.L., Grove, C., Grimmer, N., Janse van Rensburg, W., Kirk, M.M., Mokheseng, K.M., Otto, S., and Steynberg, P.J. (2003) *J. Chem. Soc., Dalton Trans.*, 2036–2042.
24. Polas, A., Wilton-Ely, J.D.E.T., Slawin, A.M.Z., Foster, D.F., Steynberg, P.J., Green, M.J., and Cole-Hamilton, D.J. (2003) *Dalton Trans.*, 4669–4677.
129 25. Steynberg, J.P., van Rensburg, H., Grove, J.J.C., Otto, S., and Crause, C. (to Sasol Technology Ltd.) (2003) Patent WO 2003068719.
26. Ahlers, W. and Slany, M. (to BASF Aktiengesellschaft) (2001) Patent WO 2001/85662.
27. Baber, R.A., Clarke, M.L., Heslop, K.M., Marr, A.C., Orpen, A.G., Pringle, P.G., Ward, A., and Zambrano-Williams, D.E. (2005) *Dalton Trans.*, 1079–1085.
28. Pruchnik, F.P., Smoleński, P., and Wajda-Hermanowicz, K. (1998) *J. Organomet. Chem.*, **570**, 63–69.
29. (a) Paciello, R., Zeller, E., Breit, B., and Röper, M. (to BASF AG) (1997) Patent DE 19743197; (b) Paciello, R., Mackewitz, T., Röper, M., and Breit, B. (to BASF AG) (2000) Patent WO 2000055164; (c) Paciello, R., Mackewitz, T., and Rörper, M. (to BASF AG) (2000) Patent DE 19911920; (d) Mackewitz, T. and Roeper, M. (to BASF Aktiengesellschaft) (2000) Patent EP 1036796; (e) Mackewitz, T. and Paciello, R. (BASF Aktiengesellschaft) (2003) Patent WO 03/053571.
30. Breit, B., Winde, R., Mackewitz, T., Paciello, R., and Harms, K. (2001) *Chem. Eur. J.*, **7**, 3106–3121.
31. For bidentate diphosphinines, compare e.g.: (a) Breit, B., Paciello, R., Geissler, B., and Röper, M. (to BASF Aktiengesellschaft) (1997) Patent WO 97/46507; (b) Breit, B., Paciello, R., and Röper, M. (to BASF AG) (1997) Patent DE 19621967; (c) Mackewitz, T. and Röper, M. (to BASF AG) (2000) Patent DE 19911922.
32. Müller, C. and Vogt, D. (2011) in *Catalysis by Metal Complexes* (eds M. Peruzzini and L. Gonsalvi), Springer, pp. 151–181.
33. Aguado-Ullate, S., Baker, J.A., González-González, V., Müller, C., Hirst, J.D., and Carbo, J.J. (2014) *Catal. Sci. Technol.*, **4**, 979–987.
34. Breit, B., Winde, R., and Harms, K. (1997) *J. Chem. Soc., Perkin Trans. 1*, 2681–2682.
35. Weemers, J.J.M., van der Graaff, W.N.P., Pidko, E.A., Lutz, M., and Müller, C. (2013) *Chem. Eur. J.*, **19**, 8991–9004.
36. (a) Breit, B. and Fuchs, E. (2004) *Chem. Commun.*, 694–695; (b) Fuchs, E., Keller, M., and Breit, B. (2006) *Chem. Eur. J.*, **12**, 6930–6939.
37. Mackewitz, T., Ahlers, W., Zeller, E., Röper, M., Paciello, R., Knoll, K., and Papp, R. (to BASF Aktiengesellschaft) (2002) Patent WO 02/00669.
38. (a) Hewertson, W. and Watson, H.R. (1962) *J. Chem. Soc.*, **165**, 1490–1494; (b) Sommer, K. (1970) *Z. Anorg. Allg. Chem.*, **376**, 37–43; (c) Newman, A.R. and Hackworth, C.A. (1986) *J. Chem. Educ.*, **63**, 817.
39. Yoshikuni, T. and Bailar, J.C. Jr., (1982) *Inorg. Chem.*, **21**, 2129–2133.
40. (a) Haenel, M.W., Jakubik, D., Rothenberger, E., and Schroth, G. (1991) *Chem. Ber.*, **124**, 1705–1710; (b) Hillebrand, S., Bruckmann, J., Krüger, J., and Haenel, M.W. (1995) *Tetrahedron Lett.*, **36**, 75–78.
41. (a) Kamer, P.C. J., Kranenburg, M., and van Leeuwen, P.W.N.M. (1994) Book of Abstracts. XVIth International Conference Organometallic Chemistry, University of Sussex, July10–15, 1994, The Royal Society of Chemistry – Dalton Division, abstract no. OC 18; (b) Kamer, P.C.J., van Leeuwen, P.W.N.M., and de Vries, J.G. (to DSM N. V.) (1994) Belgium Patent 9400470; WO 9530680 (1995).

42. Among others, also 9,9-dimethyl-4,5-bis(diphenylphosphine)xanthene has been prepared, which has never tested in hydroformylation: Haenel, M.W., Jakubik, D., Krüger, C., and Betz, P. (1991) *Chem. Ber.*, **124**, 333–336.
43. (a) van Leeuwen, P.W.N.M., Kamer, P.C.J., Reek, J.N.H., and Dierkes, P. (2000) *Chem. Rev.*, **34**, 2741–2769; (b) Kamer, P.C.J., van Leeuwen, P.W.N.M., and Reek, J.N.H. (2001) *Acc. Chem. Res.*, **34**, 895–904.
44. Kranenburg, M., van der Burgt, Y.E.M., Kamer, P.C.J., van Leeuwen, P.W.N.M., Goubitz, K., and Fraanje, J. (1995) *Organometallics*, **14**, 3081–3089.
45. (a) van der Veen, L.A., Kamer, P.C.J., and van Leeuwen, P.W.N.M. (1999) *Organometallics*, **18**, 4765–4777; (b) van der Veen, L.A., Kamer, P.C.J., and van Leeuwen, P.W.N.M. (1999) *Angew. Chem. Int. Ed.*, **38**, 336–338; (c) Bronger, R.P.J., Kamer, P.C.J., and van Leeuwen, P.W.N.M. (2003) *Organometallics*, **22**, 5358–5369; (d) Zuidema, E., Goudriaan, P.E., Swennenhuis, B.H.G., Kamer, P.C.J., van Leeuwen, P.W.N.M., Lutz, M., and Spek, A.L. (2010) *Organometallics*, **29**, 1210–1221.
46. Sergeev, A.G., Artamkina, G.A., and Beletskaya, I.P. (2003) *Russ. J. Org. Chem.*, **39**, 1741–1752.
47. van der Veen, L.A., Boele, M.D.K., Bregman, F.R., Kamer, P.C.J., van Leeuwen, P.W.N.M., Goubitz, K., Fraanje, J., Schenk, H., and Bo, C. (1998) *J. Am. Chem. Soc.*, **120**, 11616–11626.
48. Dube, G., Selent, D., and Taube, R. (1985) *Z. Chem.*, **25**, 154–155.
49. Devon, T.J., Phillips, G.W., Puckette, T.A., Stavinoha, J.L., and Vanderbilt, J.J. (to Eastman Kodak Company) (1987) Patent US 4694109.
50. A first synthesis was based on the Arbuzov reaction between 2,2'-bis(bromomethyl)-1,1'-biphenyl and methyl diphenylphosphinite and final reduction, but gave only low yields: (a) Hall, D.M. and Turner, E.E. (1955) *J. Chem. Soc.*, 1242–1251; (b) Tamao, K., Yamamoto, H., Matsumoto, H., Miyake, N., Hayashi, T., and Kumada, M. (1977) *Tetrahedron Lett.*, 1389–1392.
51. Puckette, T.A., Stavinoha, J.L., Devon, T.J., and Phillips, G.W. (to Eastman Kodak Company) (1990) Patent WO 90/06930; EP 0375576 (1990).
52. Casey, C.P., Whiteker, G.T., Melville, M.G., Petrovich, L.M., Gavney, J.A. Jr.,, and Powell, D.R. (1992) *J. Am. Chem. Soc.*, **114**, 5535–5543.
53. See e.g. Foca, C.M., Barros, H.J.V., dos Santos, E.N., Gusevskaya, E.V., and Bayon, J.C. (2003) *New J. Chem.*, **27**, 533–539.
54. Bahrmann, H., Bergrath, K., Kleiner, H.-J., Lappe, P., Naumann, C., Peters, D., and Regnat, D. (1996) *J. Organomet.* 130
Chem., **520**, 97–100.
55. Okucu, S., Karaçar, A., Freytag, M., Jones, P.G., and Schmutzler, R. (2002) *Z. Anorg. Allg. Chem.*, **628**, 1339–1345.
56. (a) Jackstell, R., Klein, H., Beller, M., Wiese, K.-D., and Borgmann, C. (to Oxeno Olefinchemie GmbH) (2002) Patent WO 02/076996; (b) Klein, H., Jackstell, R., Wiese, K.-D., Borgmann, C., and Beller, M. (2001) *Angew. Chem. Int. Ed.*, **40**, 3408–3411.
57. Ahlers, W., Paciello, R., Röper, M., Hofmann, P., Tensfeldt, M., and Goethlich, A. (to BASF Aktiengesellschaft) (2001) Patent WO 0185739.
58. (a) Bianchini, C., Meli, A., Peruzzini, M., Vizza, F., Fujiwara, Y., Jintoku, T., and Taniguchi, H. (1988) *J. Chem. Soc., Chem. Commun.*, 299–301; (b) Thaler, E.G., Folting, K., and Caulton, K.G. (1990) *J. Am. Chem. Soc.*, **112**, 2664–2672.
59. (a) Hewertson, W. and Watson, H.R. (1962) *J. Chem. Soc.*, 1490–1494; (b) Rosales, M., Chacon, G., Gonzalez, A., Pacheco, I., Baricelli, P.J., and Melean,

L.G. (2008) *J. Mol. Catal. A: Chem.*, **287**, 110–114.

60. Bianchini, C., Frediani, P., Meli, A., Peruzzini, M., and Vizza, F. (1997) *Chem. Ber. Recl.*, **130**, 1633–1641.

61. (a) Zhang, X. and Chen, C. (to Wuhan University) (2014) Patent CN 103804413; *Chem. Abstr.*, **161** (2014) 39832; (b) Chen, C., Pan, L., Hu, Z., Wang, H., Zhu, H., Hu, X., Wang, Y., Lv, H., and Zhang, X. (2014) *Org. Chem. Front.*, **1**, 947–951.

62. Laneman, S.A., Fronczek, F.R., and Stanley, G.G. (1988) *J. Am. Chem. Soc.*, **110**, 5585–5586.

63. Langhans, K.P. and Stelzer, O. (1987) *Chem. Ber.*, **120**, 1707–1712.

64. (a) Broussard, M.E., Juma, B., Train, S.G., Peng, W.-J., Laneman, S.A., and Stanley, G.G. (1993) *Science*, **260**, 1784–1788; (b) Süss-Fink, G. (1994) *Angew. Chem. Int. Ed. Engl.*, **33**, 67–69; (c) Matthews, R.C., Howell, D.K., Peng, W.-J., Train, S.G., Treleaven, W.D., and Stanley, G.G. (1996) *Angew. Chem. Int. Ed. Engl.*, **35**, 2253–2256.

65. Yu, S., Zhang, X., Yan, Y., Cai, C., Dai, L., and Zhang, X. (2010) *Chem. Eur. J.*, **16**, 4938–4943.

66. Agranat, I., Rabinovitz, M., and Shaw, W.-C. (1979) *J. Org. Chem.*, **44**, 1936–1941.

131 67. Cai, C., Yu, S., Liu, G., Zhang, X., and Zhang, X. (2011) *Adv. Synth. Catal.*, **353**, 2665–2670.

68. Yan, Y., Zhang, X., and Zhang, X. (2007) *Adv. Synth. Catal.*, **349**, 1582–1586.

69. Yu, S., Chie, Y.-m., Guan, Z.-h., and Zhang, X. (2008) *Org. Lett.*, **10**, 3469–3472.

70. Cornils, B. and Kuntz, E.G. (1998) in *Aqueous-Phase Organometallics Catalysis, Concepts and Applications* (eds B. Cornils and W.A. Hermann), Wiley-VCH Verlag GmbH, Weinheim, pp. 271–339.

71. (a) Herwig, J., Bohnen, H., Skutta, P., Sturm, S., van Leeuwen, P.W.N.M., and Bronger, R. (to Celanese Chemicals Europe GmbH, Germany) (2002) Patent WO 0268434; (b) Bohnen, H. and Herwig, J. (to Celanese Chemicals Europe GmbH) (2002) Patent DE 10108474; DE 10108476; DE 10108475.

72. Bronger, R.P.J., Bermon, J.P., Herwig, J., Kamer, P.C.J., and van Leeuwen, P.W.N.M. (2004) *Adv. Synth. Catal.*, **346**, 789–799.

73. Bahrmann, H., Haubs, M., Müller, T., Schöpper, N., and Cornils, B. (1997) *J. Organomet. Chem.*, **545–546**, 139–149.

74. Kuntz, E.G. (1987) *CHEMTECH*, **17**, 570–575.

75. Gärtner, L., Cornils, B., and Lappe, P. (to Ruhrchemie AG) (1983) Patent EP 0107006.

76. Cornils, B. and Kunz, E.G. (1995) *J. Organomet. Chem.*, **502**, 177–186.

77. (a) Bartik, T., Bartik, B., Hanson, B.E., Whitmire, K.H., and Guo, I. (1993) *Inorg. Chem.*, **32**, 5833–5837; (b) Mika, L.T., Orha, L., van Driessche, E., Garton, R., Zih-Perényi, K., and Horváth, I.T. (2013) *Organometallics*, **32**, 5326–5332.

78. Inventor not nominated (to Rhone-Poulenc Industries) (1977) Patent FR 7519407.

79. Peng, Q., Yang, Y., Wang, C., Liao, X., and Yuan, Y. (2003) *Catal. Lett.*, **88**, 219–225.

80. (a) Gulyás, H., Bényei, A.C., and Bakos, J. (2004) *Inorg. Chim. Acta*, **357**, 3094–3098; (b) Gulyás, H., Bényei, A.C., Ozawa, Y., Kimura, K., Toriumi, K., Kégl, T., and Bakos, J. (2007) *J. Organomet. Chem.*, **692**, 1845–1851.

81. Darensbourg, D.J. and Bischoff, C.J. (1993) *Inorg. Chem.*, **32**, 47–53.

82. Fell, B. and Papadogianakis, G. (1994) *J. Prakt. Chem./Chem. Ztg*, **336**, 591–595.

83. Herrmann, W.A., Kohlpaintner, C., Bahrmann, H., and Konkol, W. (1992) *J. Mol. Catal.*, **73**, 191–201.

84. (a) Bahmann, H., Bergrath, K., Kleiner, H.-J., Lappe, P., Naumann, C., Peters, D., and Regnat, D. (1996) *J. Organomet.*

Chem., **520**, 97–100; (b) Bahrmann, H., Bach, H., Frohning, C.D., Kleiner, H.J., Lappe, P., Peters, D., Regnat, D., and Herrmann, W.A. (1997) *J. Mol. Catal. A: Chem.*, **116**, 49–53.

85. (a) Schreuder Goedheijt, M., Kamer, P.C.J., and van Leeuwen, P.W.N.M. (1998) *J. Mol. Catal. A: Chem.*, **134**, 243–249; (b) Mul, W.P., Ramkisoensing, K., Kamer, P.C.J., Reek, J.N.H., van der Linden, A.J., Marson, A., and van Leeuwen, P.W.N.M. (2002) *Adv. Synth. Catal.*, **344**, 293–298; (c) Leclercq, L., Hapiot, F., Tilloy, S., Ramkisoensing, K., Reek, J.N.H., van Leeuwen, P.W.N.M., and Monflier, E. (2005) *Organometallics*, **24**, 2070–2075; (d) Shimizu, S., Kobayashi, O., Shirakawa, S., Minamisawa, H., and Kazutomo, K. (2009) *Nihon Daigaku Seisankogakubu Kenkyu Hokoku, A: Rikokei*, **42**, 59–67; *Chem. Abstr.*, **152** (2009) 358121.

86. Herrmann, W.A., Kohlpaintner, C.W., Manetsberger, R.B., Bahrmann, H., and Kottmann, H. (1995) *J. Mol. Catal. A: Chem.*, **97**, 65–72.

87. Amrani, Y., Lecomte, L., and Sinou, D. (1989) *Organometallics*, **8**, 542–547.

88. (a) Herrmann, W.A., Manetsberger, R., Albanese, G., Bahrmann, H., Lappe, P., and Bergrath, K. (to Hoechst Aktiengesellschaft) (1994) Patent EP 0632047; (b) Herrmann, W.A., Albanese, G.P., Manetsberger, R.B., Lappe, P., and Bahmann, H. (1995) *Angew. Chem. Int. Ed. Engl.*, **34**, 811–813.

89. Sollewijn, A.E., Veerman, J.J.N., Schreuder Goedheijt, M., Kamer, P.C.J., van Leeuwen, P.W.N.M., and Hiemstra, H. (1999) *Tetrahedron*, **55**, 6657–6670.

90. Sabot, J.-L. (to Rhone-Poulenc Chimie de Base) (1983) Patent FR 0104967.

91. (a) Lecomte, L., Triolet, J., Sinou, D., Bakos, J., and Heil, B. (1987) *J. Chromatogr.*, **408**, 416–419; (b) Lecomte, L. and Sinou, D. (1990) *J. Chromatogr.*, **514**, 91–96; (c) Herrmann, W.A., Kulpe, J.A., Kellner, J., Riepl, H., Bahrmann, H., and Konkol, W. (1990) *Angew. Chem. Int. Ed. Engl.*, **29**, 391–393.

92. (a) Guo, Y., Ma, M.-L., Peng, Z.-H., Zheng, X.-L., Chen, H., and Li, X.-J. (2007) *Chin. J. Org. Chem.*, **27**, 532–535; (b) Fu, H., Li, M., Chen, J., Zhang, R., Jiang, W., Yuan, M., Chen, H., and Li, X. (2008) *J. Mol. Catal. A: Chem.*, **292**, 21–27.

93. (a) Bartik, T., Bartik, B., Hanson, B.E., Guo, I., and Tóth, I. (1993) *Organometallics*, **12**, 164–170; (b) Ding, H., Hanson, B.E., Bartik, T., and Bartik, B. (1994) *Organometallics*, **13**, 3761–3763; (c) Ding, H., Hanson, B.E., and Bakos, J. (1995) *Angew. Chem. Int. Ed. Engl.*, **34**, 1645–1647.

94. (a) Ferreira, M., Bricout, H., Hapiot, F., Sayede, A., Tilloy, S., and Monflier, E. (2008) *ChemSusChem*, **1**, 631–636; (b) Dabbawala, A.A., Bajaj, H.C., Bricout, H., and Monflier, E. (2012) *Appl. Catal., A: Gen*, **413–414**, 273–279.

95. Tulchinsky, M.L. and Abatjoglou, A.G. (to Dow Global Technologies Inc.) (2009) Patent WO 2009/091671.

96. (a) Bryant, D.R. and Galley, R.A. (to Union Carbide Corporation) (1981) Patent US 4,283,304; (b) Abatjoglou, A.G., Billig, E., and Bryant, D.R. (1984) *Organometallics*, **3**, 923–926.

97. (a) Tulchinsky, M.L. and Peterson, R.P. (to Dow Global Technologies Inc.) (2009) Patent WO 2009/091669; (b) Hefner, R.E. Jr,, Tulchinsky, M.L., and Peterson, R.P. (to Dow Global Technologies Inc.) (2009) Patent WO 2009/091670.

98. Cornils, B. and Kuntz, E.G. (1998) in *Aqueous Organometallic Catalysis – Concepts and Application* (eds B. 132
Cornils and W.A. Herrmann), Wiley-VCH Verlag GmbH, Weinheim, pp. 271–282.

99. Sandee, A.J., Slagt, V.F., Reek, J.N.H., Kamer, P.C.J., and van Leeuwen,

P.W.N.M. (1999) *Chem. Commun.*, 1633–1634.

100. Klein, H., Jackstell, R., and Beller, M. (2005) *Chem. Commun.*, 2283–2285.

101. Baskakov, D. and Herrmann, W.A.
133 (2008) *J. Mol. Catal. A: Chem.*, **283**, 166–170.

102. Vasam, C.S., Modem, S., Kankala, S., Kanne, S., Budige, G., and Vadde, R. (2010) *Cent. Eur. J. Chem.*, **8**, 77–86.

103. Bischoff, S. and Kant, M. (2001) *Catal. Today*, **66**, 183–189.

104. Ganguly, S., Mague, J.T., and Roundhill, D.M. (1992) *Inorg. Chem.*, **31**, 3500–3501.

105. Snelders, D.J.M., Kunna, K., Müller, C., Vogt, D., van Koten, G., and Klein Gebbink, R.J.M. (2010) *Tetrahedron: Asymmetry*, **21**, 1411–1420.

106. Kunna, K., Müller, C., Loos, J., and Vogt, D. (2006) *Angew. Chem. Int. Ed.*, **45**, 7289–7292.

107. Haumann, M. and Riisager, A. (2008) *Chem. Rev.*, **108**, 1474–1497.

108. Keim, W., Vogt, D., Waffenschmidt, H., and Wasserscheid, P. (1999) *J. Catal.*, **186**, 481–484.

109. Dyballa, K.M., Franke, R., Hahn, H., Becker, M., Schönweiz, A., Debuschewitz, J., Walter, S., Wölfel, R., Haumann, M., Wasserscheid, P., Kaftan, A., Laurin, M., and Libuda, J. (to Evonik Industries) (2014) Patent WO 2014/170392.

110. (a) Brause, C.C., Englert, U., Salzer, A., Waffenschmidt, H., and Wasserscheid, P. (2000) *Organometallics*, **19**, 3818–3823; (b) Wasserscheid, P. and Welton, T. (eds) (2003) *Ionic Liquids in Synthesis*, Wiley-VCH Verlag GmbH, Weinheim.

111. (a) Karodia, N., Guise, S., Newland, C., and Andersen, J.-A. (1998) *Chem. Commun.*, 2341–2342; (b) Luska, K.L., Demmans, K.Z., Stratton, S.A., and Moores, A. (2012) *Dalton Trans.*, **41**, 13533–13540; (c) Jin, X., Zhao, K., Kong, F., Cui, F., and Yang, D. (2013) *Catal. Lett.*, **143**, 839–843.

112. (a) Dupont, J., Silva, S.M., and de Souza, R.F. (2001) *Catal. Lett.*, **77**, 131–133; (b) Mehnert, C.P., Cook, R.A., Dispenziere, N.C., and Afeworki, M. (2002) *J. Am. Chem. Soc.*, **124**, 12932–12933; (c) Mehnert, C.P. (2005) *Chem. Eur. J.*, **11**, 50–56; (d) Haumann, M., Dentler, K., Joni, J., Riisager, A., and Wasserscheid, P. (2007) *Adv. Synth. Catal.*, **349**, 425–431; (e) Peng, Q., Deng, C., Yang, Y., Dai, M., and Yuan, Y. (2007) *React. Kinet. Catal. Lett.*, **90**, 53–60; (f) Hamza, K. and Blum, J. (2007) *Eur. J. Org. Chem.*, **2007**, 4706–4710; (g) Williams, D.B.G., Ajam, M., and Ranwell, A. (2007) *Organometallics*, **26**, 4692–4695; (h) Leclerc, L., Suisse, I., and Agboussou-Niedercorn, F. (2008) *Chem. Commun.*, 311–313; (i) Hintermair, U., Gong, Z., Serbanovic, A., Muldoon, M.J., Santini, C.C., and Cole-Hamilton, D.J. (2010) *Dalton Trans.*, **39**, 8501–8510; (j) Despande, R.M., Kelkar, A.A., Sharma, A., Julcour-Lebigue, C., and Delmas, H. (2011) *Chem. Eng. Sci.*, **66**, 1631–1639; (k) Shylesh, S., Hanna, D., Werner, S., and Bell, A.T. (2012) *ACS Catal.*, **2**, 487–493; (l) Jin, X., Yang, D., Xu, X., and Yang, Z. (2012) *Chem. Commun.*, **48**, 9017–9019; (m) Ha, H.N.T., Duc, D.T., Dao, T.V., Le, M.T., Riisager, A., and Fehrmann, R. (2012) *Catal. Commun.*, **25**, 136–141.

113. Favre, F., Olivier-Bourbigou, H., Commereuc, D., and Saussine, L. (2001) *Chem. Commun.*, 1360–1361.

114. Brauer, D.J., Kottsieper, K.W., Liek, C., Stelzer, O., Waffenschmidt, H., and Wasserscheid, P. (2001) *J. Organomet. Chem.*, **630**, 177–184.

115. Chen, S.-J., Wang, Y.-Y., Yao, W.-M., Zhao, X.-L., VO-Than, G., and Liu, Y. (2013) *J. Mol. Catal. A: Chem.*, **378**, 293–298.

116. Wasserscheid, P., Waffenschmidt, H., Machnitzki, P., Kottsieper, K.W., and Stelzer, O. (2001) *Chem. Commun.*,

451–452.
117. (a) Bronger, R.P.J., Silva, S.M., Kamer, P.C.J., and van Leeuwen, P.W.N.M. (2002) *Chem. Commun.*, 3044–3045; (b) Bronger, R.P.J., Silva, S.M., Kamer, P.C.J., and van Leeuwen, P.W.N.M. (2004) *Dalton Trans.*, 1590–1596.
118. Kunene, T.E., Webb, P.B., and Cole-Hamilton, D.J. (2011) *Green Chem.*, **13**, 1476–1481.
119. (a) van Heerbeek, R., Kamer, P.C.J., van Leeuwen, P.W.N.M., and Reek, J.N.H. (2002) *Chem. Rev.*, **102**, 3717–3756; (b) Reek, J.N.H., Arévalo, S., van Heerbeek, R., Kamer, P.C.J., and van Leeuwen, P.W.N.M. (2006) *Adv. Catal.*, **49**, 71–151.
120. See e.g.: (a) Antonels, N.C., Moss, J.R., and Smith, G.S. (2011) *J. Organomet. Chem.*, **696**, 2003–2007; (b) Makhubela, B.C.E., Jardine, A.M., Westman, G., and Smith, G.S. (2012) *Dalton Trans.*, **41**, 10715–10723; (c) Hager, E.B., Makhubela, B.C.E., and Smith, G.S. (2012) *Dalton Trans.*, **41**, 13927–13935.
121. (a) Abu-Reziq, R., Alper, H., Wang, D., and Post, M.L. (2006) *J. Am. Chem. Soc.*, **128**, 5279; (b) Tuchbreiter, L. and Mecking, S. (2007) *Macromol. Chem. Phys.*, **208**, 1688–1693.
122. (a) Mizugaki, T., Miyauchi, Y., Murata, M., Ebitani, K., and Kaneda, K. (2005) *Chem. Lett.*, **34**, 286–287; (b) Schwab, E. and Mecking, S. (2005) *Organometallics*, **24**, 3758–3763; (c) Li, P. and Kawi, S. (2008) *Catal. Today*, **131**, 61–69.
123. Grayson, S.M. and Fréchet, J.M.J. (2001) *Chem. Rev.*, **101**, 3819–3867.
124. Reetz, M.T., Lohmer, G., and Schwickardi, R. (1997) *Angew. Chem. Int. Ed. Engl.*, **36**, 1526–1529.
125. Buhleier, E., Wehner, W., and Vögtle, F. (1978) *Synthesis*, 155–158.
126. Arya, P., Rao, N.V., Singkhonrat, J., Alper, H., Bourque, S.C., and Manzer, L.E. (2000) *J. Org. Chem.*, **65**, 1881–1885.
127. (a) Bourque, S.C., Maltais, F., Xiao, W.-J., Tardif, O., Alper, H., Arya, P., and Manzer, L.E. (1999) *J. Am. Chem. Soc.*, **121**, 3035–3038; (b) Manzer, L.E., Arya, P., Alper, H., Bourque, S.C., and Jefferson, G. (2000) Patent WO 00/02656; (c) Reynhardt, J.P.K., Yang, Y., Sayari, A., and Alper, H. (2005) *Adv. Synth. Catal.*, **347**, 1379–1388.
128. de Groot, D., Emmerink, P.G., Coucke, C., Reek, J.N.H., Kamer, P.C.J., and van Leeuwen, P.W.N.M. (2000) *Inorg. Chem. Commun.*, **3**, 711–713.
129. Borque, S.C., Alper, H., Manzer, L.E., 134
and Arya, P. (2000) *J. Am. Chem. Soc.*, **122**, 956–957.
130. Reynhardt, J.P.K., Yang, Y., Sayari, A., and Alper, H. (2004) *Chem. Mater.*, **16**, 4095–4102.
131. Gong, A., Fan, Q., Chen, Y., Liu, H., Chen, C., and Xi, F. (2000) *J. Mol. Catal. A: Chem.*, **159**, 225–232.
132. (a) Ropartz, L., Morris, R.E., Schwarz, G.P., Foster, D.F., and Cole-Hamilton, D.J. (2000) *Inorg. Chem. Commun.*, **3**, 714–717; (b) Ropartz, L., Morris, R.E., Foster, D.F., and Cole-Hamilton, D.J. (2002) *J. Mol. Catal. A: Chem.*, **182–183**, 99–105.
133. For the synthesis of chiral diazaphospholidine terminated polyhedral oligomeric silsesquioxanes and their application in the asymmetric hydroformylation of vinyl acetate, compare: Vautravers, N.R. and Cole-Hamilton, D.J. (2009) *Chem. Commun.*, 92–94.
134. Ropartz, L., Haxton, K.J., Foster, D.R., Morris, R.E., Slawin, A.M.Z., and Cole-Hamilton, D.J. (2002) *J. Chem. Soc., Dalton Trans.*, 4323–4334.
135. Haxton, K.J., Cole-Hamilton, D.J., and Morris, R.E. (2007) *Dalton Trans.*, 3415–3420.
136. Arya, P., Panda, G., Rao, N.V., Alper, H., Bourque, S.C., and Manzer,

L.E. (2001) *J. Am. Chem. Soc.*, **123**, 2889–2890.

137. Lu, S.-M. and Alper, H. (2003) *J. Am. Chem. Soc.*, **125**, 13126–13131.

138. Huang, Y.-Y., Zhang, H.-L., Deng, G.-J., Tang, W.-J., Wang, X.-Y., He, Y.-M., and Fan, Q.-H. (2005) *J. Mol. Catal. A: Chem.*, **227**, 91–96.

139. Oosterom, G.E., Steffens, S., Reek, J.N.H., Kamer, P.C.J., and van Leeuwen, P.W.N.M. (2002) *Top. Catal.*, **19**, 61–73.

140. For the synthesis of a dendritic supported Nixantphos-based hydroformylation catalyst and its application in the hydroformylation of 1-octene and *N*-allyl-phthalimide, compare: Ricken, S., Osinski, P.W., Eilbracht, P., and Haag, R. (2006) *J. Mol. Catal. A: Chem.*, **257**, 78–88.

141. (a) Bailey, D.C. and Langer, S.H. (1981) *Chem. Rev.*, **81**, 109–148; (b) Challa, G., Reedijk, J., and van Leeuwen, P.W.N.M. (1996) *Polym. Adv. Technol.*, **7**, 625–633; (c) Zhang, Y., Zhang, H.-B., Lin, G.-D., Chen, P., Yuan, Y.-Z., and Tsai, K.R. (1999) *Appl. Catal., A: Gen*,
135 **187**, 213–224; (d) McNamara, C.A., Dixon, M.J., and Bradley, M. (2002) *Chem. Rev.*, **102**, 3275–3299.

142. (a) Cardozo, A.F., Manoury, E., Julcour, C., Blanco, J.-F., Delmas, H., Gayet, F., and Poli, R. (2013) *ChemCatChem*, **5**, 1161–1169; (b) Cardozo, A.F., Manoury, E., Julcour, C., Blanco, J.-F., Delmas, H., Gayet, F., and Poli, R. (2013) *Dalton Trans.*, **42**, 9148–9156; (c) Sun, Q., Jiang, M., Shen, Z., Jin, Y., Pan, S., Wang, L., Meng, X., Chen, W., Ding, Y., Li, J., and Xiao, F.-S. (2014) *Chem. Commun.*, **50**, 11844–11847.

143. Leadbeater, N.E. and Marco, M. (2002) *Chem. Rev.*, **102**, 3217–3274.

144. Farrall, M.J. and Fréchet, J.M.J. (1976) *J. Org. Chem.*, **41**, 3877–3882.

145. (a) De Munck, N.A., Verbruggen, M.W., and Scholten, J.J.F. (1981) *J. Mol. Catal.*, **10**, 313–330; (b) Park, S.C. and Ekerdt, J.G. (1984) *J. Mol. Catal.*, **24**, 33–46; (c) Kalck, P., de Oliveira, E.L., Queau, R., Peyrille, B., and Molinier, J. (1992) *J. Organomet. Chem.*, **433**, C4–C8; (d) Tenn, W.J. III,, Singley, R.C., Rodriguez, B.R., and DellaMea, J.C. (2011) *Catal. Commun.*, **12**, 1323–1327.

146. (a) Pittman, C.U. Jr.,, Kawabata, Y., and Flowers, L.I. (1982) *J. Chem. Soc., Chem. Commun.*, 473–474; (b) Parrinello, G. and Stille, J.K. (1987) *J. Am. Chem. Soc.*, **109**, 7122–7127; (c) Stille, J.K. (1984) *J. Macromol. Sci., Chem.*, **A21**, 1689–1693; (d) Uozumi, Y. and Nakazano, M. (2002) *Adv. Synth. Catal.*, **344**, 274–277.

147. Solinas, M., Jiang, J., Stelzer, O., and Leitner, W. (2005) *Angew. Chem. Int. Ed.*, **44**, 2291–2295.

148. (a) Malmström, T., Weig, H., and Andersson, C. (1995) *Organometallics*, **14**, 2593–2596; (b) Malmström, T., Andersson, C., and Hjortkjaer, J. (1999) *J. Mol. Catal. A: Chem.*, **139**, 139–147.

149. (a) Kani, I., Omary, M.A., Rawashdeh-Omary, M.A., Lopez-Castillo, Z.K., Flores, R., Akgerman, A., and Fackler, J.P. Jr., (2002) *Tetrahedron*, **58**, 3923–3928; (b) Kani, I., Flores, R., Fackler, J.P. Jr., and Akgerman, A. (2004) *J. Supercrit. Fluids*, **31**, 287–294.

150. Ceriotti, A., Garlaschelli, L., Longoni, G., Malatesta, M.C., Strumolo, D., Fumagalli, A., and Martinengo, S. (1984) *J. Mol. Catal.*, **24**, 309–321.

151. Bryant, D.R. and Galley, R.A. (to Union Carbide Corporation) (1981) Patent US 4,283,304.

152. Bryant, D.R. and Billig, E. (to Union Carbide Corporation) (1981) Patent US 4,277,627.

153. Stautzenberger, A.L. and Paul, J.L. (to Celanese Corporation) (1977) Patent US 4,009,003.

154. Falbe, G. (1970) *Carbon Monoxide in Organic Synthesis*, Springer, New York.

155. (a) Paul, J.L., Pieper, W.L., and Wade, L.E. (to Celanese Corporation) (1979) Patent US 4,151,209; (b) van Leeuwen,

P.W.N.M. (2001) *Appl. Catal., A: Gen.*, **212**, 61–81; (c) Cole-Hamilton, D.J. and Tooze, R.P. (2006) in *Catalyst Separation, Recovery and Recycling* (eds D.J. Cole-Hamilton and R.P. Tooze), Springer, Dordrecht, pp. 1–8; (d) van Leeuwen, P.W.N.M. (2011) in *Homogeneous Catalysts, Activity – Stability – Deactivation* (eds P.W.N.M. van Leeuwen and J.C. Chadwick), Wiley-VCH Verlag GmbH, Weinheim, pp. 227–231.

156. Mieczyńska, E., Trzeciak, A.M.M., and Ziółkowski, J.J. (1993) *J. Mol. Catal.*, **80**, 189–200.

157. Noteworthy, the addition of small amounts of oxygen was claimed, in order to prevent the formation of aldol condensation product and to stabilize thus the yield of the desired aldehyde over the whole reaction time: Halstead, R.W. and Chaty, J.C. (to Union Carbide Corp.) (1978) Patent DE 2730527.

158. Buckler, S.A. (1962) *J. Am. Chem. Soc.*, **84**, 3093–3097.

159. Keough, P.T. and Grayson, M. (1962) *J. Org. Chem.*, **27**, 1817–1823.

160. Kelly, R.J. (1996) Chemical Health & Safety, September/October 1996, pp. 28–36.

161. Barder, T.E. and Buchwald, S.L. (2007) *J. Am. Chem. Soc.*, **129**, 5096–5101.

162. Ohff, M., Holz, J., Quirmbach, M., and Börner, A. (1998) *Synthesis*, 1391–1415.

163. Williams, D.B.G., Kotze, P.D.R., Ferreira, A.C., and Holzapfel, C.W. (2011) *J. Iran. Chem. Soc.*, **8**, 240–246.

164. Fahey, D.R. and Mahan, J.E. (1976) *J. Am. Chem. Soc.*, **98**, 4499–4503.

165. Mastrorilli, P., Muscio, F., Nobile, C.F., and Suranna, G.P. (1999) *J. Mol. Catal. A: Chem.*, **148**, 17–21.

166. Larpent, C., Dabard, R., and Patin, H. (1987) *Inorg. Chem.*, **26**, 2922–2924.

167. Larpent, C., Dabard, R., and Patin, H. (1987) *Tetrahedron Lett.*, **28**, 2507–2510.

168. Nicholas, K.M. (1980) *J. Organomet. Chem.*, **188**, C10–C12.

169. Aresta, M., Dibenedetto, A., and Tommasi, I. (2001) *Eur. J. Inorg. Chem.*, **2001**, 1801–1806.

170. Aresta, M. and Nobile, C.F. (1977) *Inorg. Chim. Acta*, **24**, L49–L50.

171. Halpern, J., Goodall, B.L., Khare, G.P., Lim, H.S., and Pluth, J.J. (1975) *J. Am. Chem. Soc.*, **97**, 2301–2303.

172. Halpern, J. and Pickard, A.L. (1970) *Inorg. Chem.*, **9**, 2798–2800.

173. Amatore, C., Jutand, A., and M'Barki, M.A. (1992) *Organometallics*, **11**, 3009–3013.

174. Webb, S.L., Giandomenico, C.M., and Halpern, J. (1986) *J. Am. Chem. Soc.*, **108**, 345–347.

175. Peng, Q. and He, D. (2007) *Catal. Lett.*, **115**, 19–22.

176. Matsumoto, M. and Tamura, M. (to Kuraray Co., Ltd.) (1980) Patent US 4,238,419.

177. Abu-Gnim, C. and Amer, I. (1996) *J. Organomet. Chem.*, **516**, 235–243 and references cited therein.

178. Ivanova, N.I., Gusarova, N.K., Reutskaya, A.M., Shaikhutdinova, S.I., Arbuzova, S.N., and Trofimov, B.A. (2003) *Russ. J. Gen. Chem.*, **73**, 877–879.

179. Clark, H.J., Wang, R., and Alper, H. (2002) *J. Org. Chem.*, **67**, 6224–6225.

180. Garrou, P.E. (1985) *Chem. Rev.*, **85**, 171–185.

181. (a) Parshall, G.W., Knoth, W.H., and Schunn, R.A. (1969) *J. Am. Chem. Soc.*,
91, 4990–4995; (b) Fenton, D.M. (1973) 136
J. Org. Chem., **38**, 3192–3198.

182. Dubois, R.A. and Garrou, P.E. (1986) *Organometallics*, **5**, 466–473.

183. Coulson, R. (1968) *Chem. Commun.*, 1530–1531.

184. Braterman, P.S., Cross, R.J., and Young, G.B. (1976) *J. Chem. Soc., Dalton Trans.*, 1306–1310.

185. Jung, C.W., Fellmann, J.D., and Garrou, P.E. (1983) *Organometallics*,

2, 1042–1044.

186. Lewin, M., Aizenshtat, Z., and Blum, J. (1980) *J. Organomet. Chem.*, **184**, 255–261.

187. Abatjoglou, A.G. and Bryant, D.R. (1984) *Organometallics*, **3**, 932–934.

188. Kaneda, K., Sano, K., and Teranishi, S. (1979) *Chem. Lett.*, 821–822.

189. Harley, A.D., Guskey, G.J., and Geoffroy, G.L. (1983) *Organometallics*, **2**, 53–59.

190. Chini, P., Martinengo, S., and Garlaschelli, G. (1972) *J. Chem. Soc., Chem. Commun.*, 709–710.

191. Sakakura, T., Kobayashi, T.-A., Hayashi, T., Kawabata, Y., Tanaka, M., and Ogata, I. (1984) *J. Organomet. Chem.*, **267**, 171–177.

192. Dubois, R.A., Garrou, P.E., Lavin, K.D., and Allcock, H.R. (1984) *Organometallics*, **3**, 649–650.

193. Dubois, R.A., Garrou, P.E., Lavin, K.D., and Allcock, H.R. (1986) *Organometallics*, **5**, 460–466.

194. Gregario, G., Montrasi, G., Tampieri, M., Calvalieri, P., Pagini, G., and Andreeta, A. (1980) *Chim. Ind. (Milan)*, **62**, 389–390.

195. See e.g.: (a) Morrell, D.G. and Sherman Jun, P.D. (to Union Carbide Corp.) (1978) Patent DE 2802922; (b) Wilkinson, G. (to Johnson Matthey & Co) (1978) Patent US 4,108,905; (c) Paul, J.L., Pieper, W.L., and Wade, L.E. (to Celanese Corporation) (1979) Patent US 4151209.

196. Bryant, D.R. (2006) in *Catalyst Separation, Recovery and Recycling* (eds D.J. Cole-Hamilton and R.P. Tooze), Springer, Dordrecht, p. 23.

197. Bryant, D.R. (2006) in *Catalyst Separation, Recovery and Recycling* (eds D.J. Cole-Hamilton and R.P. Tooze), Springer, Dordrecht, pp. 9–37.

2.2 亚磷酸三酯——合成、典型示例和降解

2.2.1 一般性质

在膦中用氧基团替换三个 C 取代基可以生成亚磷酸的三酯，又称为亚磷酸酯(phosphites)。在无数的催化应用中，这些亚磷酸三酯以单齿、双齿还有多齿配体的形式，起着非常重要的作用[1]。在铑催化的氢甲酰化中，它们在任何剂量规模的区域选择转化中都是不可或缺的。一些基于更复杂醇的手性亚磷酸三酯还被设计用于不对称氢甲酰化[2]。

除 $P(OPh)_3$ 外，所有单亚磷酸三酯的原型是三(2,4-二叔丁基苯)亚磷酸酯(**1**)[3]。1981 年，Shell[4]和联合碳化物公司(UCC，2001 年起为道化学)[5]发表了
137 用于氢甲酰化的此类型的第一个配体。它们被广泛使用于实验室和工业合成：例
如在 Kuraray 生产 3-甲基丁-3-烯-1-醇[6]。UCC 发展出的 6,6′-[(3,3′-二叔丁基-5,5′-二甲氧-1,1′-二苯-2,2′-二基)二(氧)]二(苯并[*d*,*f*][1,3,2](BIPHEPHOS,**2**)是对应的二齿类似物[7]。这两种亚磷酸三酯都是白色结晶固体，熔点分别在 180℃～185℃和 128℃～133℃。

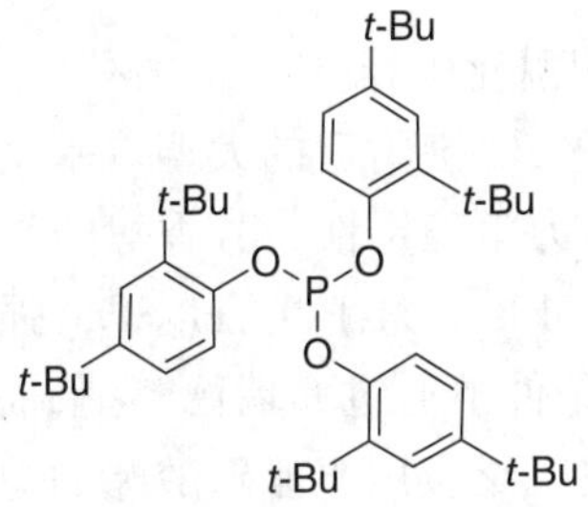

1
Alkanox® 240, SONGNOX® 1680,
Doverphos® S-480…

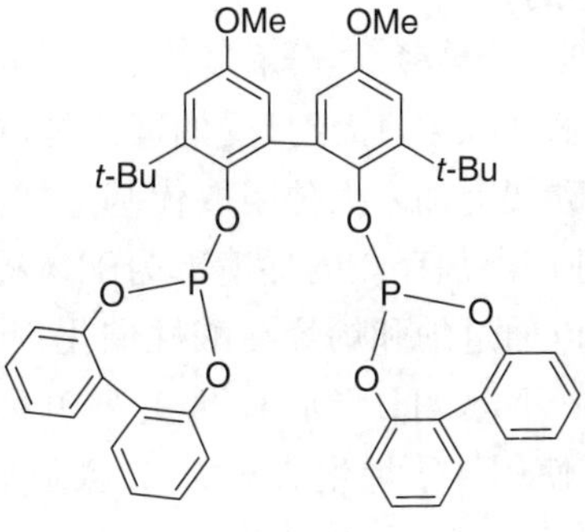

2
BIPHEPHOS

过去三十年里又从这些基础结构发展出了许多其他的亚磷酸三酯。其中有一些具有酚酯碳架结构，且在特定或每个芳基环的邻位带有大型取代基。在一些个例中还有对位芳基取代基。这两种特征都是为了使合成过程简单易行，且(或)为特定的催化需求而设计出来的。

另一个与均相催化没有任何关系的性质，是这种亚膦酸三酯和它们的前体酚可作为抗氧化剂和稳定聚合物[如聚烯烃、聚碳酸酯、氰乙烯丁二烯苯乙烯(ABS)和聚酯]的配合试剂[8,9]。特别是它们作为无卤素阻燃剂具有巨大的经济价值和工艺价值[10]。2001 年，世界范围产出了 186 000 t 基于磷的阻燃剂，占总消耗量的 15%[11]。它们的一些商品名称也来源于此应用。最常见的是三(2,4-二叔丁基苯)亚磷酸三酯(1)的名称为 Alkanox® 240，在本书中也使用此名称。其他的一些商品名称为 SONGNOX® 1680，Doverphos® S-480，Irgafos® 168，Ultranox® 668 和 Hostanox PAR 24。因为它们用于吨量级规模，对于它们的大规模合成已经在文献中有详尽的研究和记录。关于它们的降解性质也有相关研究。最近，人们发现这些降解产物中有些可能为类雌激素，这也引发了人们对亚磷酸三酯(聚亚磷酸三酯)替代品的寻找[12]。所以此领域最新的研究趋势也受到了设计新催化配体的化学家们的关注。

另外，其中部分二酚也体现了抗菌[13]或者杀虫和驱虫[14]的特性。有趣的是， 138
通常对于氢甲酰化有利的甲基或叔丁基取代基可以减少这种生物上的效果[13]。

由于亚磷酸三酯作为配体的巨大重要性，不仅仅是在铑催化的氢甲酰化领域，最近的几份综述都详细总结了有关此类化合物的研究，且包罗了相当全面的不同个体[2,15]。与这些总结综述不同，我们在这一章中将重点放在人们较少注意的问题上。包括合成亚磷酸酯所需要的醇的合成。这一点从未被详细考虑过。但是，这一合成的有效性对于处理大规模应用的化学家来说十分重要且有经济价值。我们还将讨论一些亚磷酸三酯的通用合成流程和典型范例。对于亚磷酸三酯和铑的配合性质做简单讨论。章节最后将以一些配体和铑催化剂的稳定性研究作为结尾。

2.2.2 醇的合成

2.2.2.1 单酚、二酚和多酚

在学术文献中,广泛接受的理论是,在氢甲酰化中,配体的 n -区域指向性质可以通过在碳架上加入大位阻取代基来加强。P—O 键附近的大型烷基基团符合这一要求,且在毒剂存在的环境下为配体提供动力学稳定性。芳香醇的邻位和对位官能化可以通过酚和烯烃在酸性催化剂($Al(OPh)_3$、H_3PO_4、H_2SO_4、强酸离子交换树脂、p - $MeC_6H_4SO_3H$、TiO_2 等)存在的条件下通过弗瑞德-克莱福特烷基化实现[16]。使用异丁烯生成 2,6 -二叔丁基酚被广泛应用于亚磷酸酯的醇部分的合成(图解 2.60)[17]。

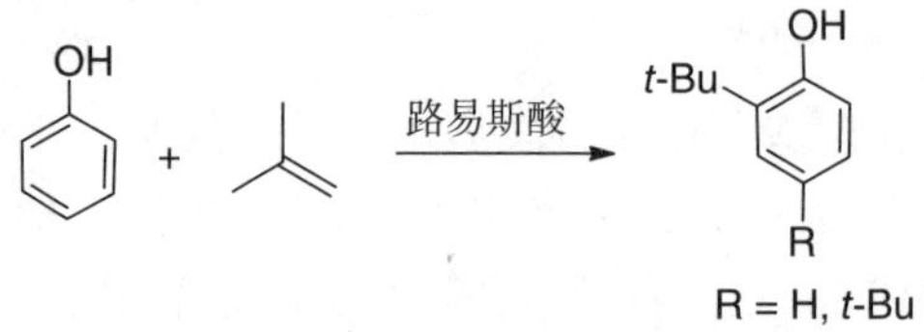

图解 2.60 使用叔丁基修饰酚

通过在合成的最终步骤简单改变醇的结构可以制备一大类同族配体。以此为
139 目的,Börner 和其同事运用点击化学构建了一种单亚磷酸三酯碳架(图解 2.61)[18]。

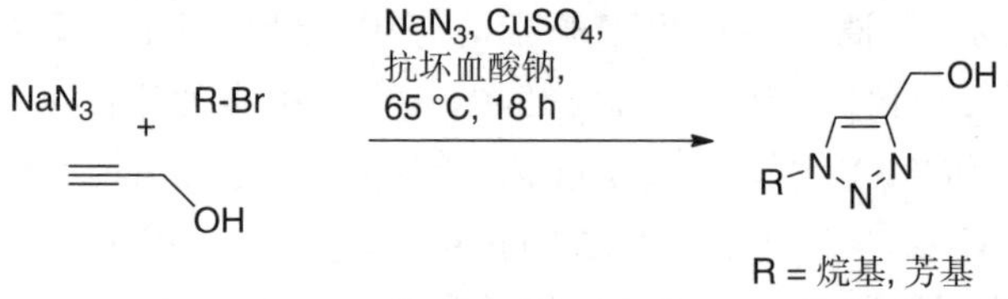

图解 2.61 通过点击化学制备一大类醇结构

配体合成中双酚受到了特别关注。它们可以作为二元醇构建环双亚磷酸三酯,也可以作为一元醇用在单齿配体的合成中。2,2′-双苯酚是构建七元环亚磷酸三酯最简单的芳香结构,也可以作为双亚磷酸三酯的碳骨架(图 2.15)[19]。在萘-1,8 -二醇中,两个羟基靠得很近且碳架不可旋转。在蒽- 1,8,9 -三醇(蒽三酚的互变异构体)中所有的羟基基团呈直线排列,其中只有两个可以参与到环亚磷酸①二酯的形成中。第三个 HO 基团可以作为半不稳定配体,或者成为另外一个亚磷酸三酯单位的一部分。与之形成对比的是,在构象灵活的亚甲基桥联三醇中,所有的酚基都可以参与到单个磷三酯的形成中。其结果为生成具有精确几何结构的亚磷酸酯。相同的应用是具有典型杯型结构的杯[4]芳烃,其中三个羟基基团可以参与

① 译者注:原文为磷酸二酯,译者勘误为亚磷酸二酯。

到单个亚磷酸三酯的形成中。第四个羟基保持自由,或者可以用于形成双亚磷酸三酯的碳架。

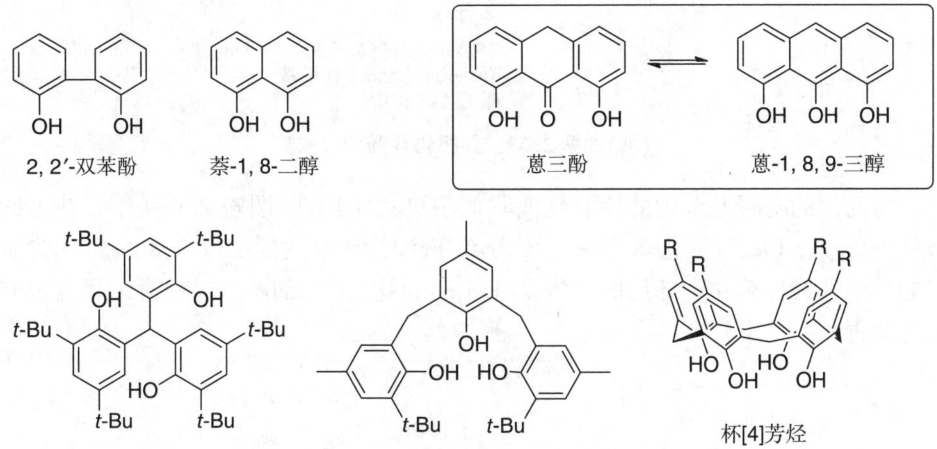

2, 2′-双苯酚　萘-1, 8-二醇　蒽三酚　蒽-1, 8, 9-三醇　杯[4]芳烃

图 2.15　构造亚磷酸三酯的典型酚碳架

在不同的条件下(例如与空气/氧气[21]或者高温[22])可以通过酚的氧化二聚反应生成取代的二酚[20]。由于形成了一些副产物,一般酚只有中等产率。在与 NaOH 溶液反应时,分离出产率为 46%的刚性偶联产物[21]。直到最近,Jana 和 Tunge 才用 $K_3Fe(CN)_6$ 作为催化剂得到了有所改进的结果(图解 2.62)[23]。 140

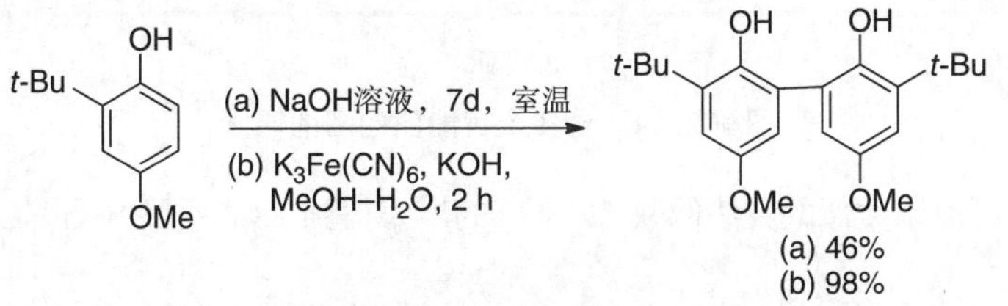

(a) NaOH溶液, 7d, 室温
(b) $K_3Fe(CN)_6$, KOH, $MeOH-H_2O$, 2 h
(a) 46%
(b) 98%

图解 2.62　酚的偶联

产物中的对位甲氧基可以用于修饰联芳基碳架。它们可转化为三氟甲磺酸酯并在随后的 Stille 偶联中在这些位置引入乙烯基(图解 2.63)[23]。后者可以用于苯乙烯的共聚反应。对于整个反应过程来说,必须将羟基保护为 Boc 衍生物。

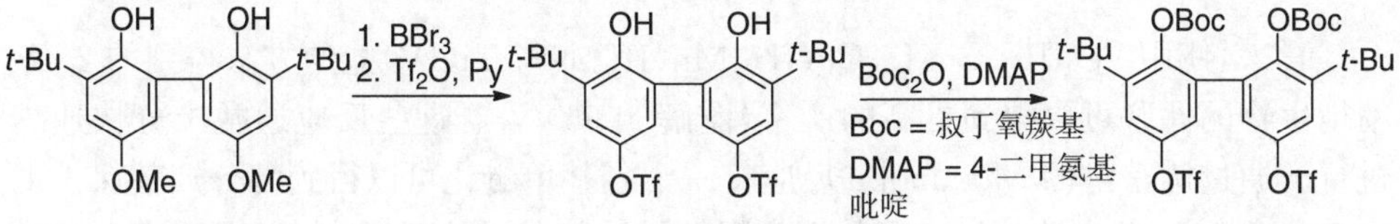

1. BBr_3
2. Tf_2O, Py
Boc_2O, DMAP
Boc = 叔丁氧羰基
DMAP = 4-二甲氨基吡啶

图解 2.63　异相化双酚的合成

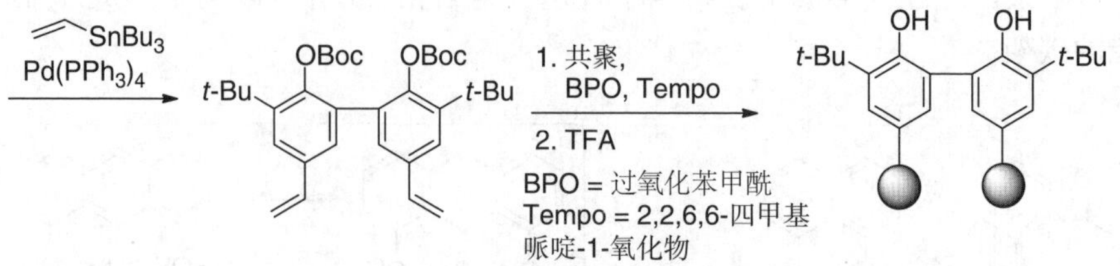

SnBu$_3$, Pd(PPh$_3$)$_4$

OBoc OBoc t-Bu t-Bu

1. 共聚, BPO, Tempo
2. TFA
BPO = 过氧化苯甲酰
Tempo = 2,2,6,6-四甲基哌啶-1-氧化物

OH OH t-Bu t-Bu

(续)图解 2.63　异相化双酚的合成

将商用的对羟基苯丙酸酯氧化偶联似乎更具实用性(图解 2.64)[24]。在不同条件下($K_2Cr_2O_7$、过氧化苯甲酰、MCPBA/$FeCl_3$)产率达到 22%～32%。作为替代的基于选择性溴化和随后的乌尔曼(Ullmann)偶联[25]的两步过程对结果并没有明显改善。

141

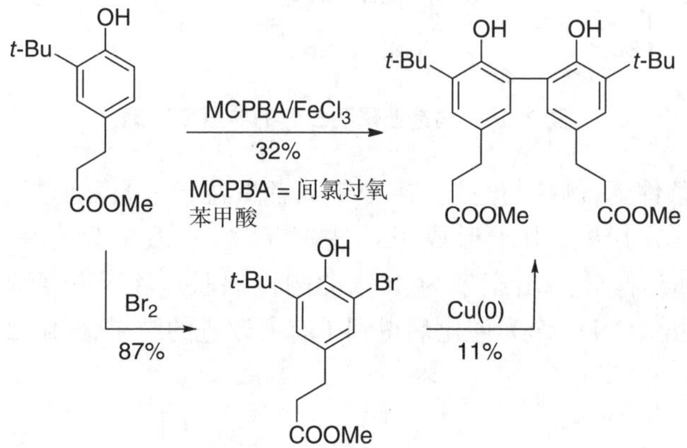

OH t-Bu COOMe

MCPBA/FeCl$_3$
32%
MCPBA = 间氯过氧苯甲酸

OH OH t-Bu t-Bu COOMe COOMe

Br$_2$ 87%

OH t-Bu Br COOMe

Cu(0) 11%

图解 2.64　含多个官能团的酚的偶联

丁香酚可以以类似的方法偶联,以 36%的产率得到二(丁香酚)(图解2.65)[13,26]。

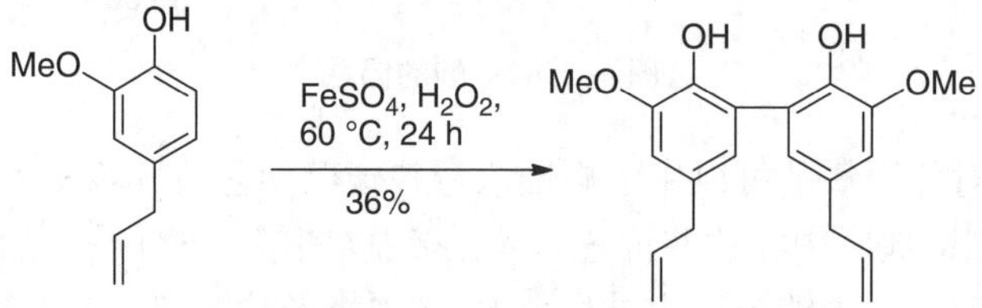

OH MeO

FeSO$_4$, H$_2$O$_2$,
60 °C, 24 h
36%

OH OH MeO OMe

图解 2.65　丁香酚的偶联

看来,使用 Fe(III)、Cu(I)、Cu(II)、Mn(III)或者 Ti(IV)盐的方法得到的 2-萘酚衍生物的偶联可以得到更高的产率(图解 2.66)[27]。这些反应通常十分快速地进行。通过调整过的 Mitsunobu 反应将一个羟基单醚化可以得到部分羟基保护的二萘酚[28]。一些方法可以实现外消旋阻转异构体的动力学控制,以得到光学纯的(*R*)-或(*S*)-二萘酚(BINOL)[27]。

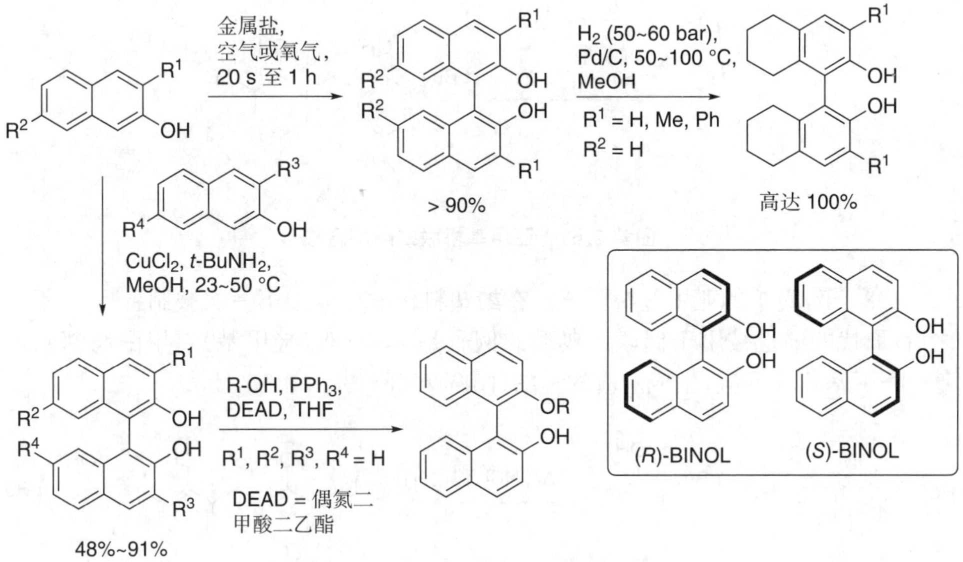

图解 2.66 萘酚的偶联和随后的转化

通过类似的流程,取代的二萘酚可以通过由 3 -单-或 3,8 -二取代的(SiR_3、CO_2Me、Me、OOCPh、MeO)萘酚为起始物的合成得到[29]。通过使用两个不同的萘酚(R^1……R^4)作为起始原料,可以以中等产率得到不对称的二萘酚。对较少取代的苯环进行选择氢化可以得到对应的 H_8 -萘酚衍生物[30,31]。在适当条件下,对映纯的二萘酚的手性完整不受影响。

2014 年,Waldvogel 的小组用电化学方法偶联两个不同酚以中等产率得到混合的 2,2′-或 2,3′-二酚,如图 2.16 所示[32]。

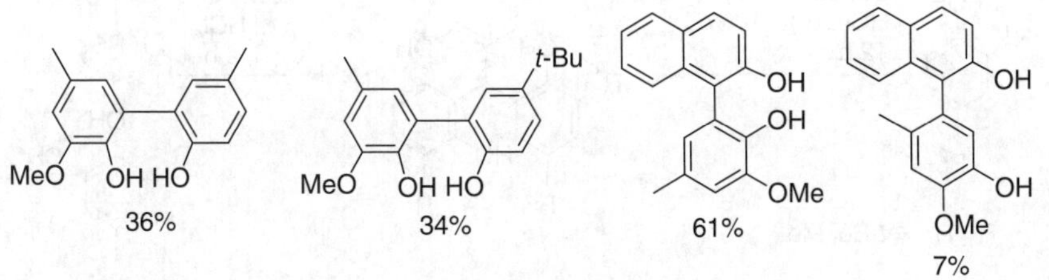

图 2.16 混合的 2,2′-或 2,3′-二酚

通过取代酚和甲醚(甲缩醛)的酸催化反应可以以很好的产率得到亚甲基桥联的二酚,如图 2.67 所示[33]。除了在亚磷酸三酯配体的合成中被使用以外,这些酚还可以用作聚合物的稳定剂[34]。 142

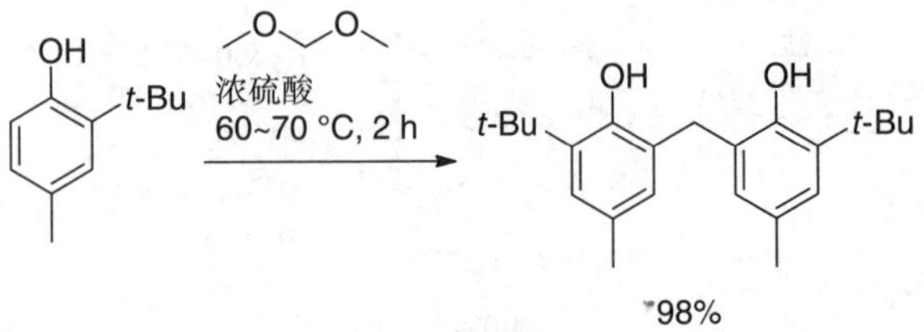

浓硫酸
60~70 °C, 2 h
98%

图解 2.67 亚甲基桥联二酚的合成

143 1930 年,简单的亚甲基桥联三酚在酚塑料化学工业中第一次被制备[35]。不久之后,取代的酚也被用于偶联。典型的例子是 2,6-双(羟甲基)对甲酚与邻叔丁基-4-甲基苯酚反应,生成对应的三酚(图解 2.68)[36]。

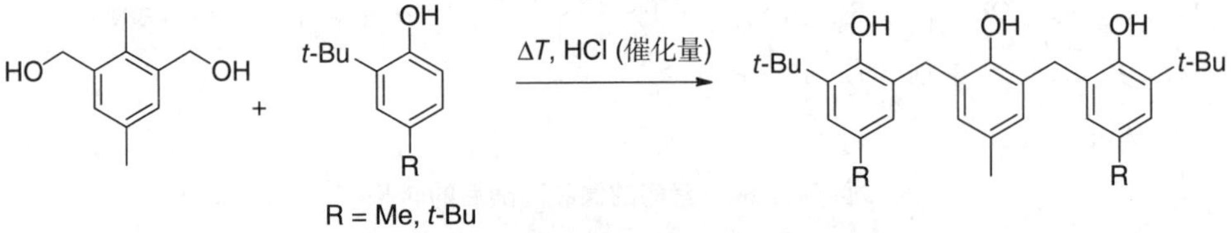

ΔT, HCl (催化量)
R = Me, t-Bu

图解 2.68 亚甲基桥联三酚的合成

在 EtMgBr 作去质子化试剂存在的情况下,2,4-二烷基酚与 $HC(OEt)_3$ 的甲酰化实现了 1,1,1-三酚甲烷的制备(图解 2.69)[37]。或者酸参与的酚与对羟基苯甲醛的浓缩也是可以的。

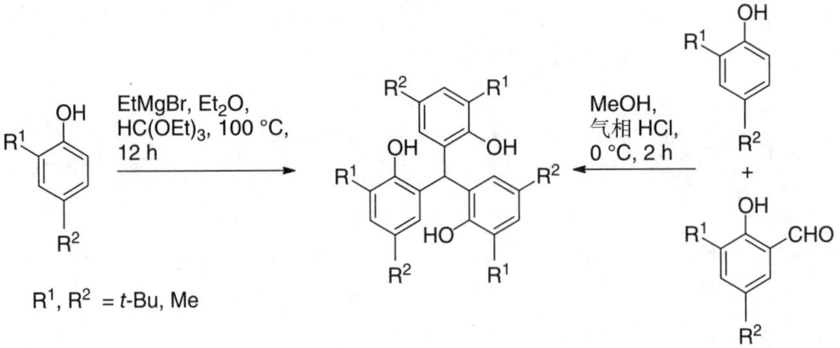

EtMgBr, Et_2O, $HC(OEt)_3$, 100 °C, 12 h
MeOH, 气相 HCl, 0 °C, 2 h
R^1, R^2 = t-Bu, Me

图解 2.69 α,α,α-亚甲基桥联三酚的合成

杯[4]芳烃可以由对叔丁基酚和三环氧乙烷在对甲苯磺酸存在时以接近 100%的产率制备(图解 2.70)[38]。

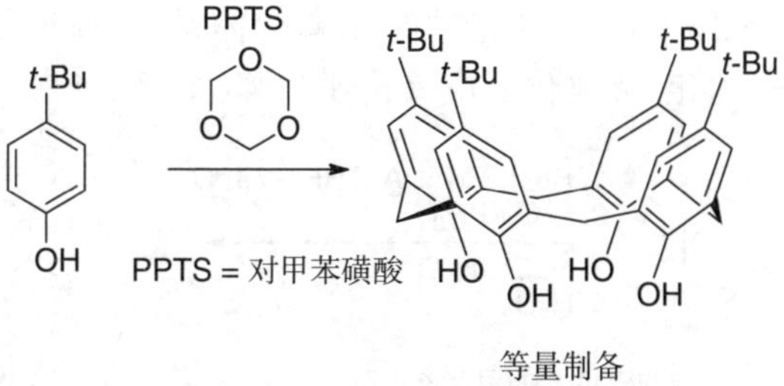

PPTS

PPTS = 对甲苯磺酸

等量制备

图解 2.70 杯[4]芳烃的合成

另一种无专利保护的亚磷酸三酯结构是在两个酚基中间插入酮基[39]。

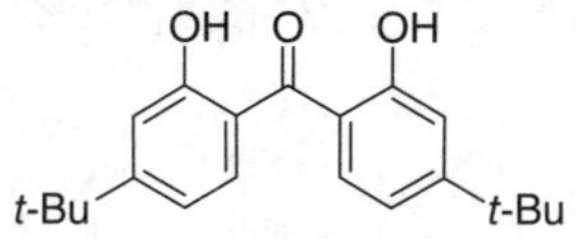

安置两个酚之间更长的桥结构可以通过例如 2,4-二叔丁基酚与间苯二醛的缩合来进行(图解 2.71)[40]。对应的对位异构体可以由对苯二醛以类似的方法得到[41]。 144

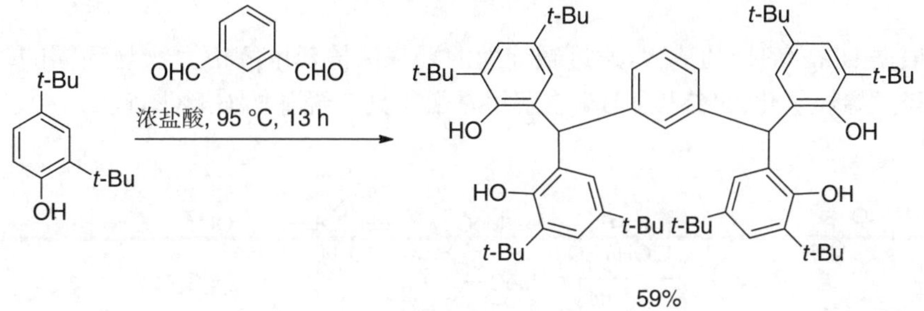

浓盐酸, 95 °C, 13 h

59%

图解 2.71 苄基桥联四酚的合成

2-叔丁基-4-羟基苯修饰基团也可以用在多元醇的合成中。例如,Clariant 的产品 Hostanox® 03{乙烷-1,2-二基-双(3,3-二(3-叔丁基-4-羟苯基)丁酸)}被优先用作高抗水解塑料的抗氧化剂。其可以通过烷基硫醇存在条件下对叔丁基酚与甲基乙酰醋酸酯反应最终在 Bu_2SnO 催化下与乙二醇进行酯基交换大规模制备(图解 2.72)[42]。

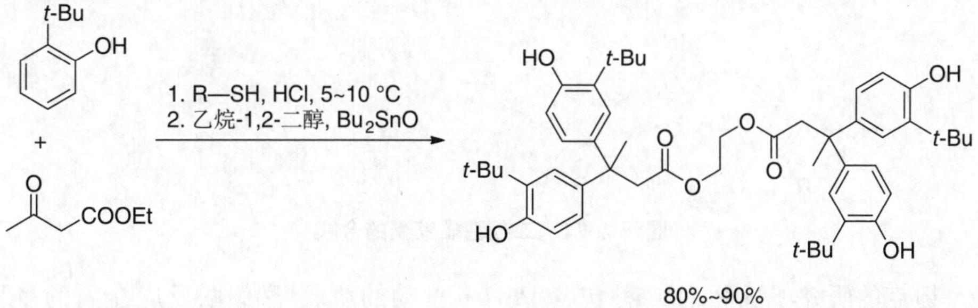

1. R—SH, HCl, 5~10 °C
2. 乙烷-1,2-二醇, Bu_2SnO

80%~90%

图解 2.72 乙烷-1,2-二丁酸酯桥联四酚的合成

145 Van Leeuwen 小组[43]深入研究过的二膦配体系列中的呫吨碳架(见第 2.1 节),也可以用于通过锂化-硼氢化反应来构建二醇(图解 2.73)。

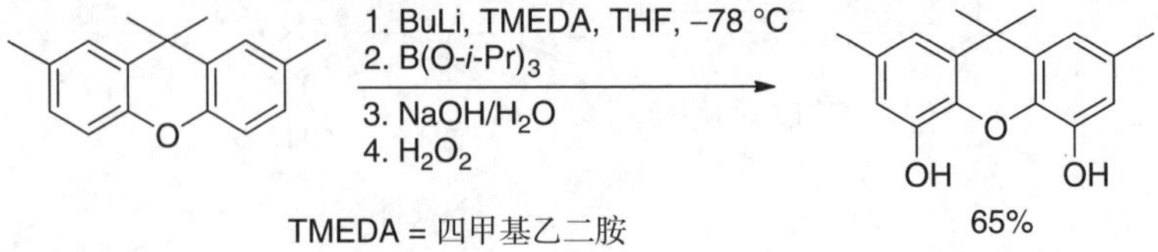

TMEDA = 四甲基乙二胺

图解 2.73 呫吨二醇的合成

包含酚羟基和邻位羧基的混合碳架,例如水杨酸结构,也被 Selent 和 Börner[44]用于构建环状混合酐(“酰基亚磷酸酯”)(图 2.17)。

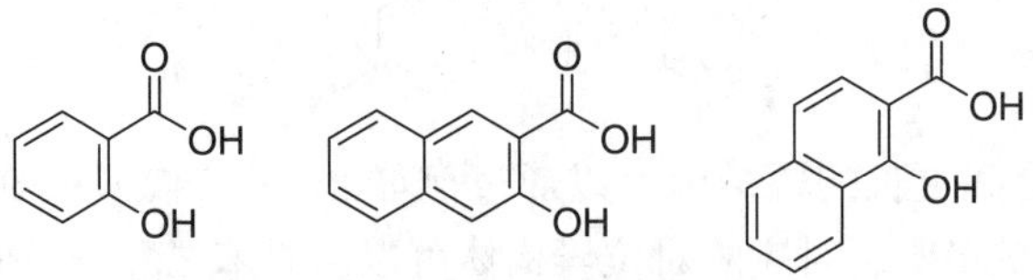

图 2.17 构建酰基亚磷酸酯的邻羟基苯甲酸

根据 Ding 等[45]的流程,通过碱辅助的羟基保护苯甲醛衍生物与环酮的缩合,然后经过烯烃氢化,最终以 BBr_3 裂解甲基醚得到二羟基螺缩酮(图解 2.74)。

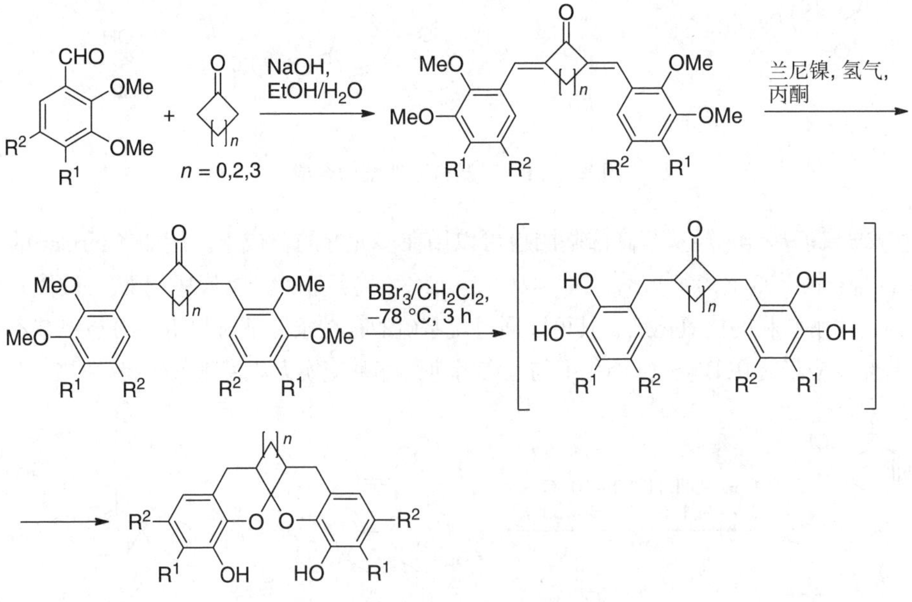

图解 2.74 二羟基螺缩酮的合成

捷克的研究项目中,用一种包含 Pd/Cu 推动的炔烃-酰偶联反应在内的多步骤合成来构建对映纯的基于螺烯的单酚(图解 2.75)[46]。

图解 2.75 对映纯的基于螺烯的醇的合成

2.2.2.2 苄醇

苯频哪醇可以由二苯酮和异丙醇在阳光作用下制备生成(图解 2.76)[47]。

图解 2.76 苯频哪醇的合成

在被称为 TADDOLs 的($\alpha,\alpha,\alpha',\alpha'$-四芳基- 1,3 -二草脲胺- 4,5 -二甲醇)中,可以实现两个羟基之间的较长距离[48]。这些被 Seebach 在催化中广泛使用的醇,可以由事先缩醛化酒石酸酯的二醇基团,然后酯基团与 4 当量的格氏试剂反应得到,如图例中以 PhMgBr 为例所示(图解 2.77)[49]。

图解 2.77 TADDOL 的合成

2.2.2.3 脂肪族的二醇 146

在自然存在和人工合成的众多脂肪族多醇中,只有少数被用于构建亚磷酸三酯配体。人们总结出,由简单二醇如乙二醇得到的亚磷酸三酯,有可能对水解十分 147

敏感。与之形成对比的是，空间阻碍更大的醇如 2-乙基-2-丁基-1,3-丙二醇意味着有更大潜力构建亚磷酸三酯配体。其可以由 30～60℃ 的选择性羟醛缩合反应制备，在碱性条件下，2-乙基-己醛与 HCHO 在碱金属氢氧化物存在条件下通过选择交叉坎尼扎罗反应得到(图解 2.78)[50]。

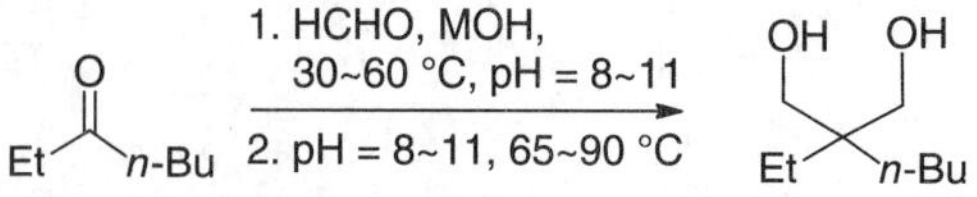

图解 2.78　2-乙基-2-丁基-1,3-丙二醇的合成

由于甘油中的三个羟基的空间位置不允许磷的三酯的生成，人们考虑用同系的三醇来替代。典型的例子是 2-甲基甘油，它可以由丙醛和甲醛在碱存在条件下得到(图解 2.79)[51]。

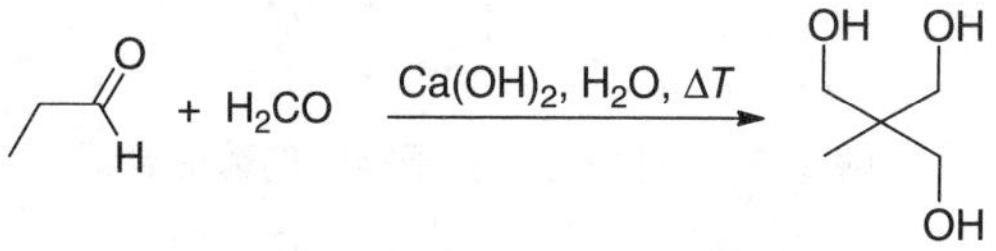

图解 2.79　2-甲基甘油的合成

用类似的方法，可以以乙醛为原料制备季戊四醇(图解 2.80)[51]。

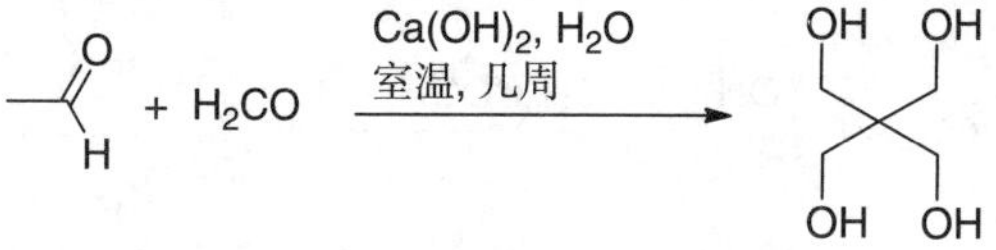

图解 2.80　季戊四醇的合成

148 对映纯的二醇可以以二酮为起始原料，通过用手性钌氢化催化剂[52]，或者通过酶的作用得到(图解 2.81)[53]。

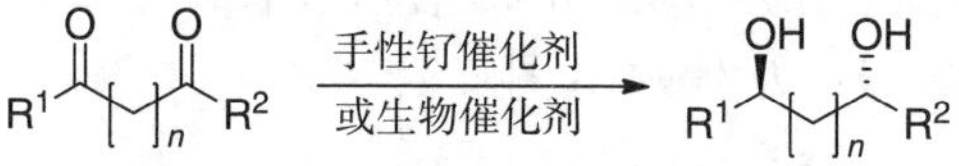

图解 2.81　对映纯二醇的合成

以上两种流程可以以几乎完美的空间选择性合成 2,3-丁烷基-二醇、2,4-戊烷基-二醇和 2,5-己烷基-二醇(图 2.18)。

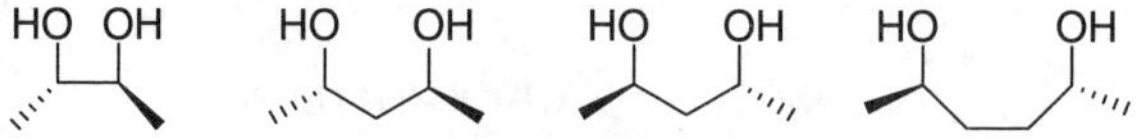

图 2.18　构建亚磷酸三酯的手性 C_2 对称的二醇

类似的过程也可以用来生产不对称甲基或者苯基取代的 1,3-二醇衍生物(图 2.19)[54]。

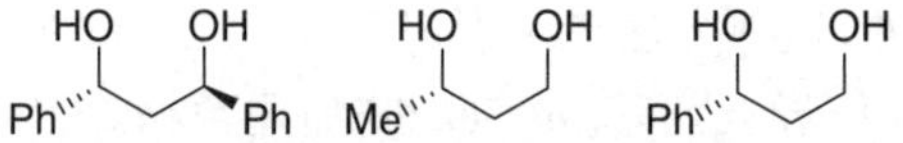

图 2.19 构建亚磷酸三酯的手性取代 1,3-二醇

螺[4.4]壬烷-1,6-二醇由对应的螺二酮通过氢化选择性制备(图解 2.82)[55]。后者可以由二乙基丙二酸与 γ-溴丁酸酯的烷基化得到。通过四酯的皂化,然后与酸、乙酸酐作用加热得到二酮。通过使用 Ru(BINAP)催化剂对酮基团进行最终氢化,得到顺,反-螺[4.4]壬烷-1,6-二醇[56]。虽然产率十分低(约 14%),但是只生成了立体化学纯的产物。其他的氢化催化剂如 Raney-Ni 或者 Pd/C 或者等剂量金属氢化物($NaBH_4$、$LiAlH_4$、BH_3—THF、DIBAH)能得到更好的产率,但是生成的是所有非对映体的混合物。 149

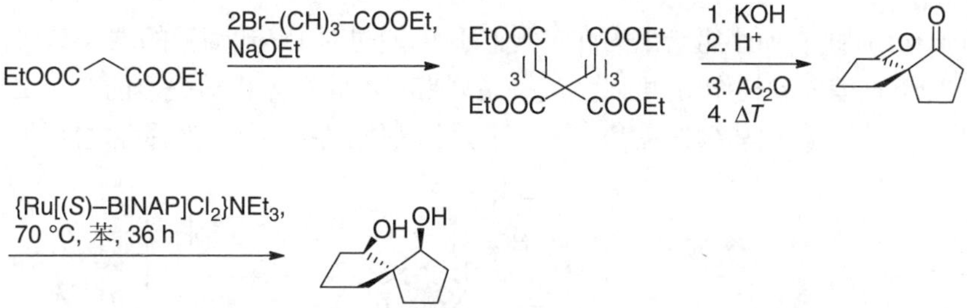

图解 2.82 顺,反-螺[4.4]壬烷-1,6-二醇的合成

由于单糖带有许多的羟基,它们以不同的距离分布,与手性或非手性的碳原子连接,所以它是制备或多或少相关联的亚磷酸三酯配体家族的理想选择。重点是合理运用可能会十分枯燥的羟基保护化学。这里特别用到环戊糖和环己糖。在多数情况中,不在最终亚磷酸三酯合成步骤中使用的羟基会由丙酮产生的缩醛保护起来。为了要固定呋喃糖或者吡喃糖的环,这样的缩醛构建经常包含连接在异头碳上的羟基。在缩醛化产生双缩醛的情况下,经常是较不稳定的那一个最终被选择性氢化。

典型的例子是 1,2-*O*-异亚丙基-*α*-*D*-呋喃木糖,它可以在丙酮中在许多酸催化剂(无机酸或路易斯酸)的协助下制备。当与 D-木糖的反应在硫酸存在的环境下进行,并随后加入碳酸钠溶液时,可以以 80%的产率在同釜反应中得到单缩醛,两个保持自由的羟基可以形成磷二酯(图解 2.83)[57]。

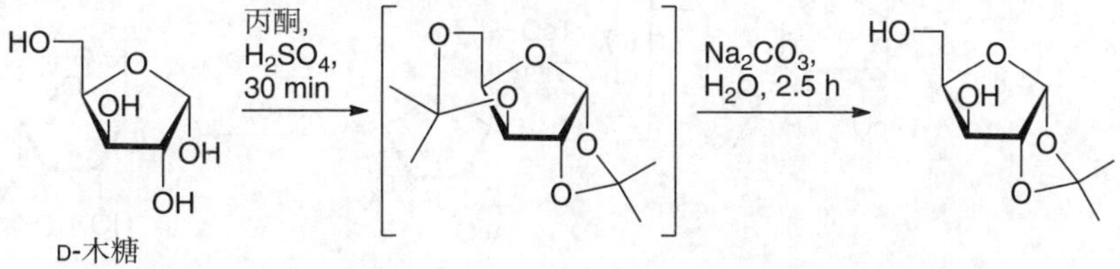

图解 2.83 1,2-*O*-异亚丙基-*α*-D-呋喃木糖的合成

差向异构的 1,2-*O*-异亚丙基-*α*-D-呋喃核糖也以类似的方法制备。当使用环己糖衍生物时,大多要保护三个羟基。可以通过甲基化、苄化或者分子内醚化

(酐糖)来达到这一目的,这些方法最终形成1,3-二醇(图2.20)。带有三个自由羟基的己糖,例如1,2-*O*-异亚丙基-α-D-呋喃葡萄糖,可以形成笼状结构的亚磷酸三酯,其中三个自由羟基都加入单个亚磷酸三酯中[58]。

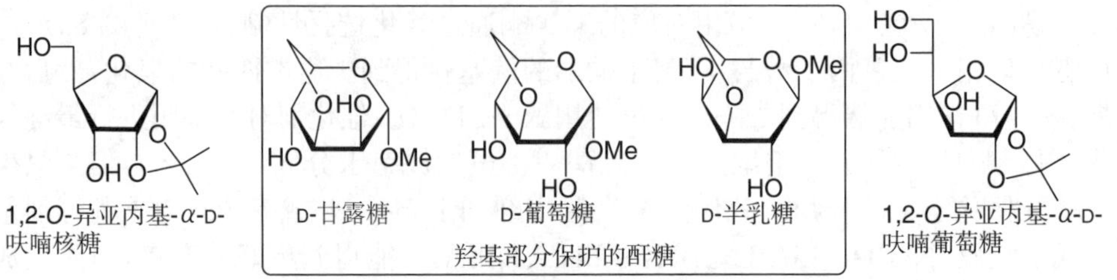

图2.20 构建亚磷酸三酯的基于碳水化合物的手性二醇

Tarragona的科研小组给出的许多例子证明,通过对D-葡萄糖的端羟基选择性还原和C3、C5的差向异构作用,可以生成一系列带有不同立体化学关系的1,3-二醇(图解2.84)[59]。对应的糖基双亚磷酸三酯特别适用于研究结构-活性/选择性之间的关系。

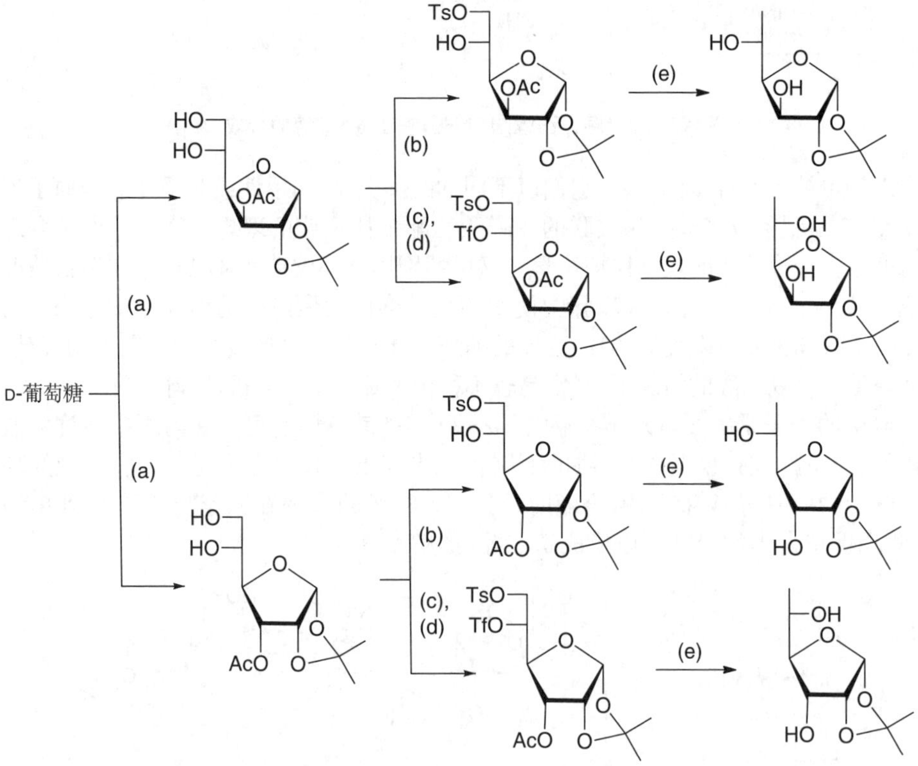

(a) O. T. Schmidt, In *Methods in Carbohydrate Chemistry*, Vol. 2, R. L. Whistler, M. L. Wolfrom(Eds.), Academic Press, New York, USA, 1963; (b) TsCl, Py.; (c) Ac_2O, Py; (d) Tf_2O, Py.; (e) NaOMe; $LiAlH_4$.

图解2.84 不同的1,2-*O*-异亚丙基-α-D-己呋喃糖

2.2.3 亚磷酸三酯的合成——典型的路径和问题 150

不同三价磷化合物与醇的取代反应是构建亚磷酸三酯中 P—O 键的常见方
法。芳基和烷基亚磷酸三酯是通过 PCl_3 和取代酚或烷醇的缩合合成的(图解 2.85， 151
路径 I,“氯方法”)。

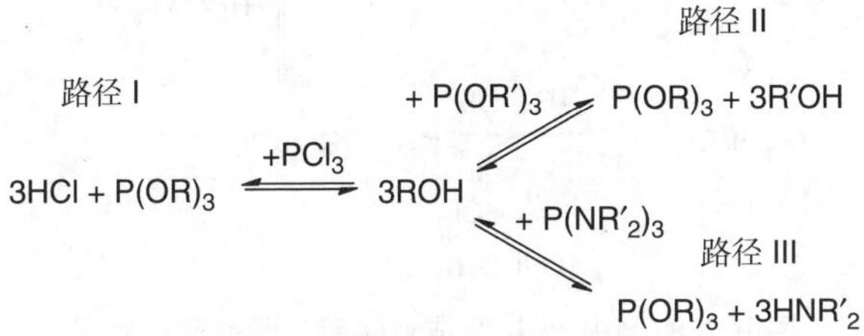

图解 2.85 得到亚磷酸三酯的一般方法

较为不常见的做法是基于亚磷酸三酯的酯交换反应法(路径 II)[60]。这一方法被应用在例如从非环状的亚磷酸三酯和低沸点醇制备长链或者环亚磷酸三酯[61]。反应可以在弱酸(如四唑)的调节下进行[62]。第一步中,形成五价的正氢膦(图解 2.86)。此化合物经过醇的消去分解形成起始亚磷酸脂与酯交换反应产物的混合物。

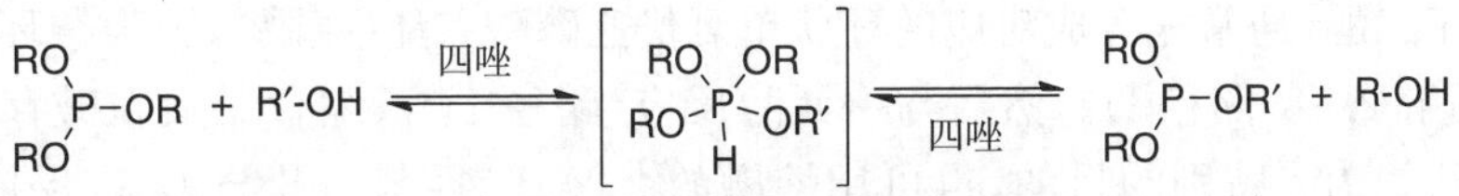

图解 2.86 四唑调节下的酯交换反应

另一种可替代但是较不常用的方法是磷的三酰胺(亚磷酰胺)与醇的取代反应(路径 III,“酰胺方法”)[58,63,64]。在取代反应可以分步进行的条件下,混合的制备方法也是可行的[65]。由于这些反应都包含平衡,所以平衡向亚磷酸三酯的移动必须由添加剂控制和(或)由生成特别稳定的例如环状产物来控制。醇的亲核能力可以通过转化为对应的金属醇盐来增强[66]。

最常见的使用 PCl_3 的方法(图解 2.85,路径 I;图解 2.87)最好是在碱(例如氨、三烷基胺、吡啶)存在的条件下进行。如果要连接不同的醇,建议使用两步方法,避免生成配体混合物。在大规模的反应中,不需要溶剂。小型装置下,反应通常在如 THF(四氢呋喃)或甲苯等非极性溶剂中进行[67]。芳香醇的反应分三步进行,三个氯原子由酚取代[68]。

上述三个反应都是轻微的放热反应。一般要使用略微过量的酚。前两步反应
中,当生成的 HCl 在适当的装置中因反应放出的热被排出后,反应可以达到第三 152
步平衡[69]。碱可以协助平衡向最终产物移动。同时,碱可以避免酸导致的三芳基亚磷酸酯分解而形成杂原子取代氧化膦(HASPO*s*)(步骤 IV)[70]。HCl 可以被水吸收[71]或者在 110℃～130℃减压蒸馏[72]。每一种情况中,必须完全移除 HCl 或

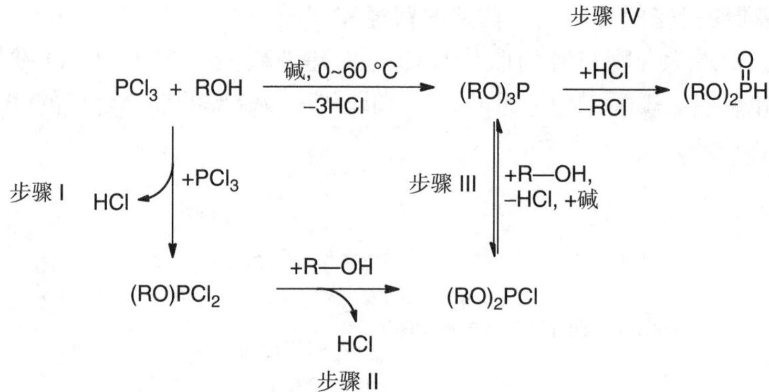

图解 2.87 由 PCl_3 合成亚磷酸三酯的反应机理

者它的盐来确保足够的存储稳定性，及避免在氢甲酰化中被酸催化的分解。

在缩合反应的最后，过量的 PCl_3 偶尔会由苯通过共馏移除[73]。反应中残留的醇可以通过惰性气体色谱柱从产物中分离[74]。

低相对分子质量的亚磷酸三酯（亚膦酸三苯酯，亚膦酸三壬基苯酯）可以在真空下蒸馏提纯。产率十分高。在十吨规模的制备生产时存在严重的泡沫生成问题，此问题可以通过特别设计的蒸馏装置[69]或者将反应改进为在溶剂中进行[75]来解决。

对于二醇，通常先合成对应的环状单氯代亚磷酸二酯（氯膦），因为杂环的稳定性高（图解 2.88，路径 I）。然后与一元醇反应（路径 Ia）。缩合一般在碱存在的溶剂中进行。为了特别的目的，也可用熔融的 2,2 -二羟基二苯与 PCl_3 反应，在减压、110～130℃、没有任何碱存在的条件下制备氯膦[72]。

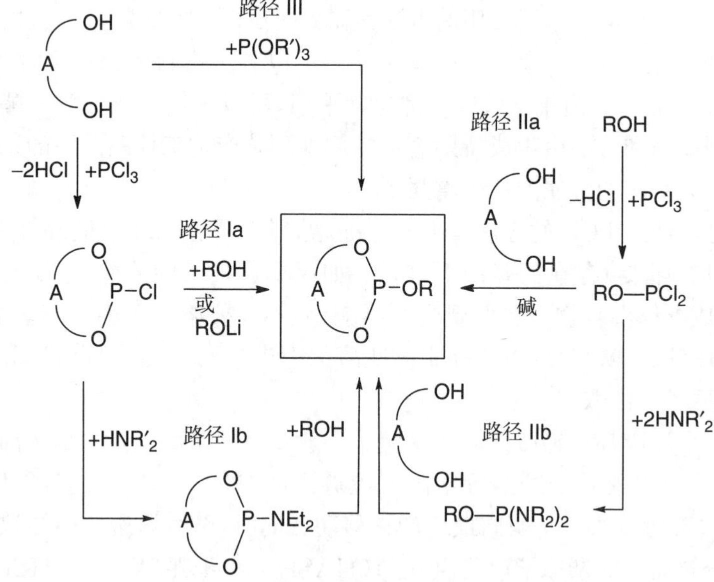

图解 2.88 得到环状亚磷酸三酯的方法

为了增加亲核性，可以将醇转化为对应的锂盐[76]。在一些情况中，会建议先将氯膦转化为对应的亚磷酰胺(路径 Ib)[77]。或者，从一元醇先形成二氯代亚磷酸酯，在最终步骤中它直接与二元醇反应或者通过对应的酰二胺(路径 IIa 和 IIb)。偶尔，非环状的 153
亚磷酸三酯与二醇的酯交换也可以生成预想的亚磷酸三酯(路径 III)。当生成的环状亚磷酸三酯的环大小在五元到八元之间(A=2～5)时，这一路径可以成功进行[60a]。

现在我们通过 BIPHEPHOS 的合成来演示最重要的路径 Ia(图解 2.89)[7]。Amsterdam 小组建议，所需的二苯基氯膦可以由 PCl_3 和 2,2′-二羟基联苯在 NEt_3 存在的情况下制备[78]。或者，若 HCl 可以通过真空移除，反应也可以在不含碱的甲苯悬浮液中进行[79]。氯膦被用于第二步在吡啶存在条件下与取代二酚的缩合。最后从乙腈中结晶得到目标产物。氯和乙腈的残留必须谨慎处理，因其可以影响双亚磷酸三酯的长期保存[80]。可以通过重结晶或者丙酮冲洗的方法来移除诸如邻二甲苯、正庚烷或者乙酸乙酯的杂质。

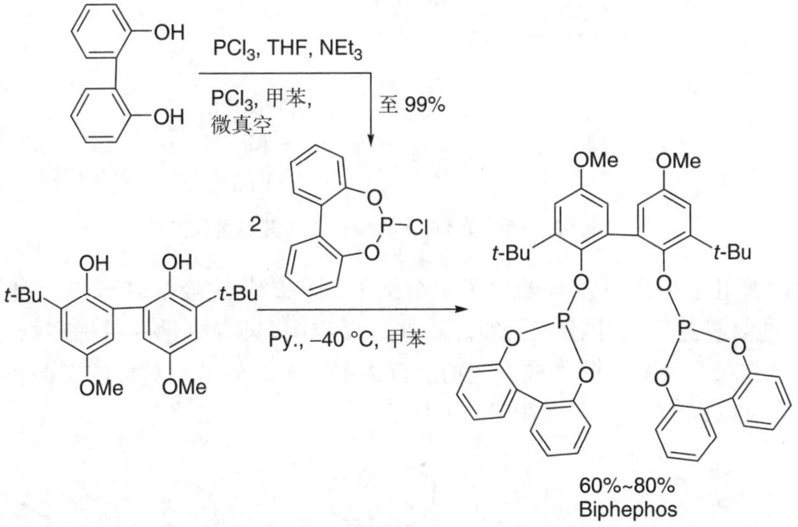

PCl_3, THF, NEt_3

PCl_3, 甲苯, 微真空

至 99%

Py., −40 °C, 甲苯

60%~80%
Biphephos

图解 2.89 得到 BIPHEPHOS 的典型方法

Gavrilov 等[81]为图解 2.88 的路径 IIa 给出的示例是(S)-BINOL 与 PCl_3 在 NEt_3 存在的情况下反应，直接生成亚磷酸三酯，其中一个二元醇基团作为环的骨架，另一个形成一元醇(图解 2.90)。

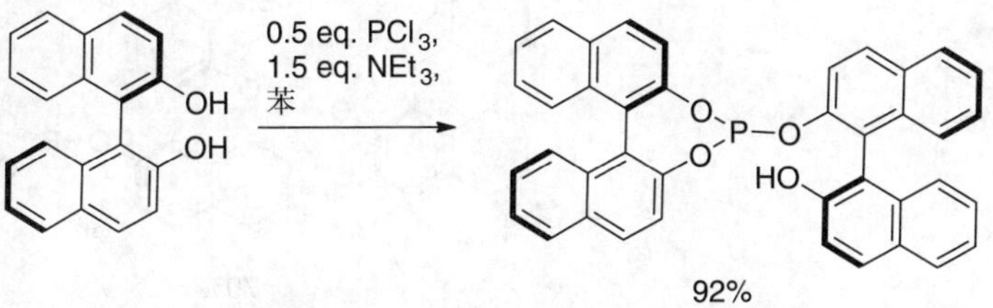

0.5 eq. PCl_3,
1.5 eq. NEt_3,
苯

92%

图解 2.90 用 PCl_3 和醇的一步缩合

从前面的例子可以看出,双酚既可以作为环的一部分,也可以是亚磷酸三酯的单酯部分(图解 2.91)。

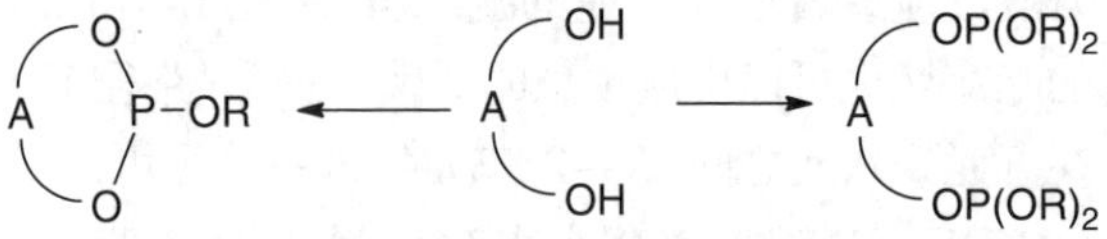

图解 2.91 二元醇作为单/双亚磷酸三酯的主碳架

154 在一些例子中,碳架的立体结构(图解 2.92A)允许两种类型的酯的生成,分子内和分子间的成酯反应可以生成异构的亚磷酸酯。这样产生的配体混合物需要进一步的提纯,才能得到最终预期的双亚磷酸三酯。

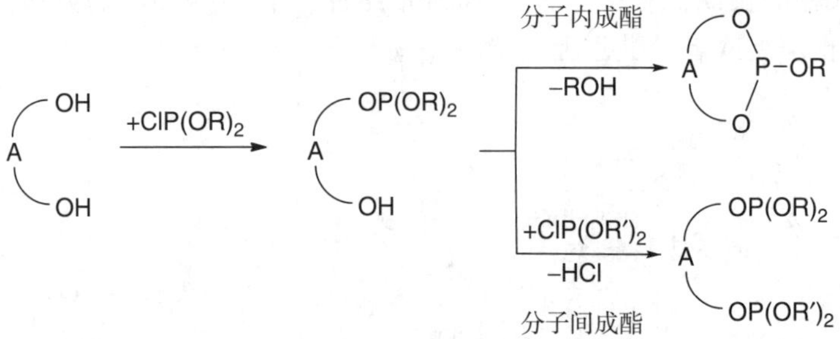

图解 2.92 形成单/双亚磷酸三酯的其他替代方法

对此 Beller 和其同事[82]给出了一个例子,即 2,2′-二羟基联苯与二溴代 H_8-BINOL 的氯膦的反应(图解 2.93)。在这一反应中,只有少量的目标产物,即基于双酚的对称双亚磷酸三酯生成。产物混合物中的大部分是不对称的二萘桥接化合物。后者可以以 70%的产率在 Et_2O 中沉淀分离。

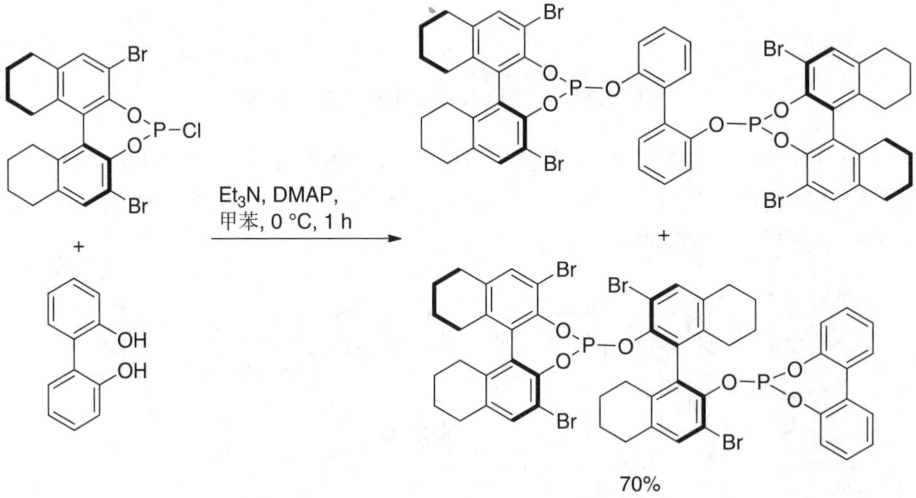

图解 2.93 双亚磷酸三酯的合成中异构体的形成

类似的挑战也出现在合成取代双酚时(图解 2.94)[24]。人们认为酯交换反应 155
是通过螺氢正磷烷进行的,其与起始反应物通过平衡的形式存在[62]。这种双环的中间产物随后被第二个氯代亚磷酸酯分子以两种不同的方式攻击。在文章中的例子里,只有经过路径(a)的不对称双亚磷酸三酯生成。酯交换反应可以通过酸或碱的催化进行[83]。

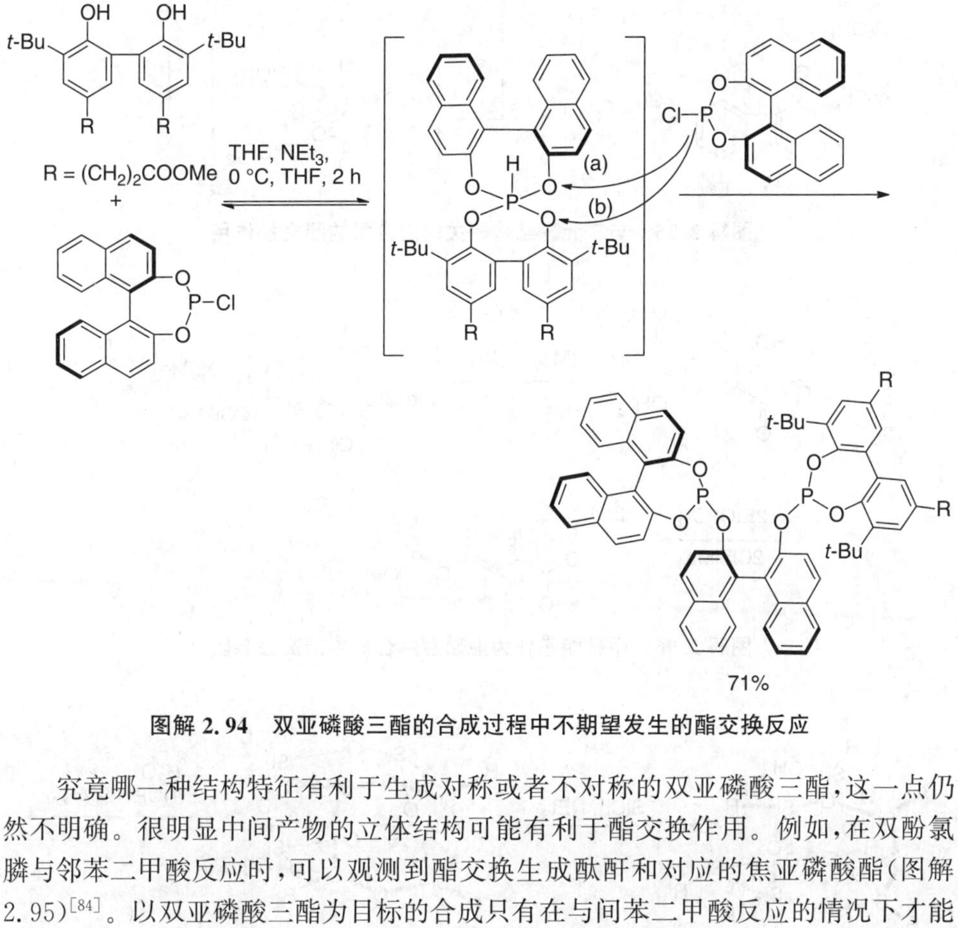

图解 2.94 双亚磷酸三酯的合成过程中不期望发生的酯交换反应

究竟哪一种结构特征有利于生成对称或者不对称的双亚磷酸三酯,这一点仍然不明确。很明显中间产物的立体结构可能有利于酯交换作用。例如,在双酚氯膦与邻苯二甲酸反应时,可以观测到酯交换生成酞酐和对应的焦亚磷酸酯(图解 2.95)[84]。以双亚磷酸三酯为目标的合成只有在与间苯二甲酸反应的情况下才能达到(D. Selent 和 A. Börner,尚未发表的结果)。

通常,酚和烷基醇在与三价磷试剂反应时具有足够的亲核性。在一些情况下, 157
使用乙醇化物更有利。或者,Me_3Si 也可以作为离去基团(图解 2.96)[85]。

Vogt 和其同事[86]发现寡倍半硅氧烷中位于角落的硅烷醇基与氯膦酯化时的反应活性可以通过转化为对应的铊盐来增强(图解 2.97)。

有趣的是,相同条件下,由 1,1,3,3 -四苯基二硅氧烷基- 1,3 -二醇合成环状双亚磷酸三酯的尝试失败了,这体现了寡倍半硅氧烷结构独特的反应性[86a]。

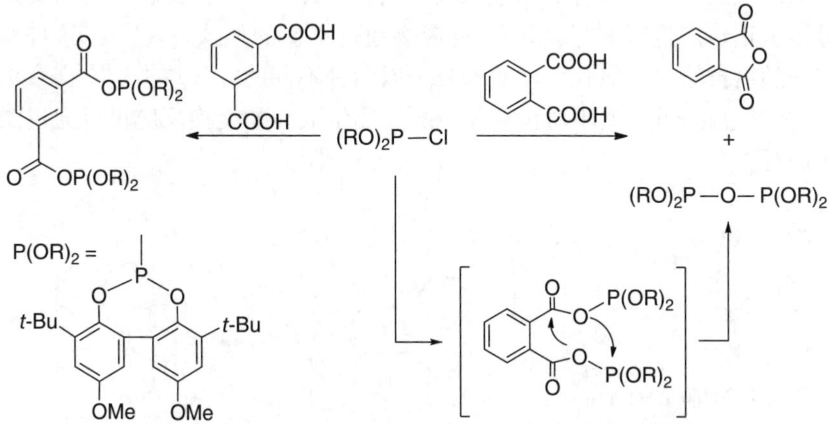

图解 2.95 与二元酸结构相关的混合酐的酯交换作用

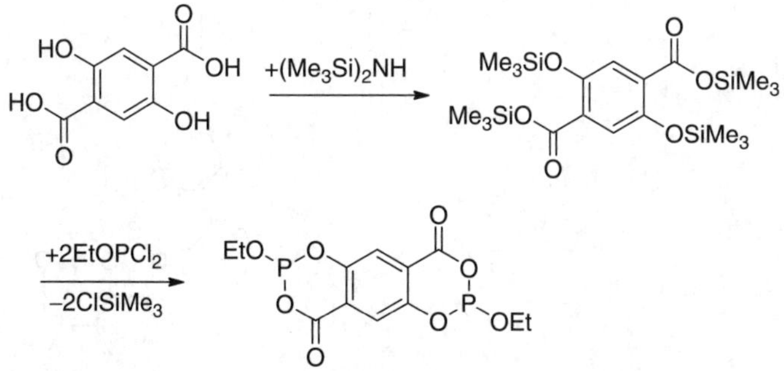

图解 2.96 甲硅烷基作为亚磷酸酯合成中的离去基团

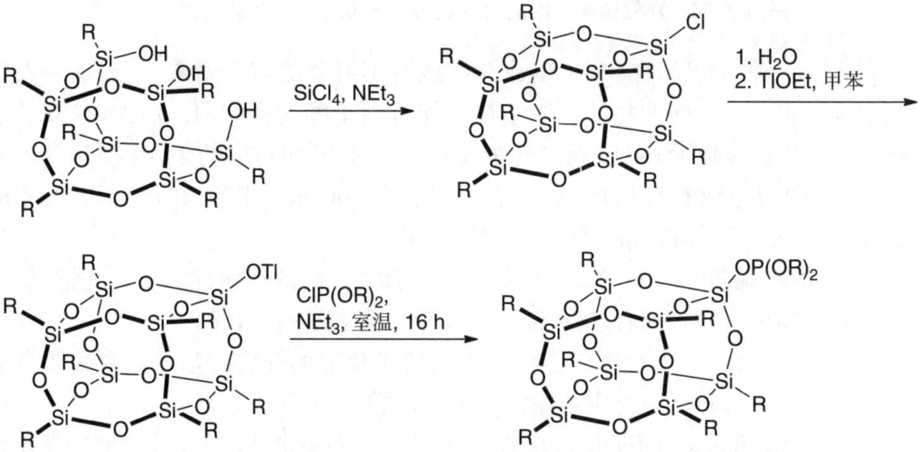

图解 2.97 通过铊激活硅醇中的羟基

2.2.4 种类和选择的配体 158

2.2.4.1 单、双和三亚磷酸三酯

基于前文所述的一元醇、二元醇和多元醇，许多亚磷酸三酯被制备和试用为铑催化氢甲酰化的配体。在主要目的不是配体合成的过程中，大多使用的是“主力配体”Alkanox®240 和 BIPHEPHOS。将 Alkanox®240 中的芳香环上的取代基略做修饰可以得到 1 型的配体(图 2.21)。使用 1-萘酚时，形成对应的亚磷酸酯 2[87]。阻转异构的碳架可以构成手性单齿亚磷酸三酯配体，催化不对称氢甲酰化[28]。 159

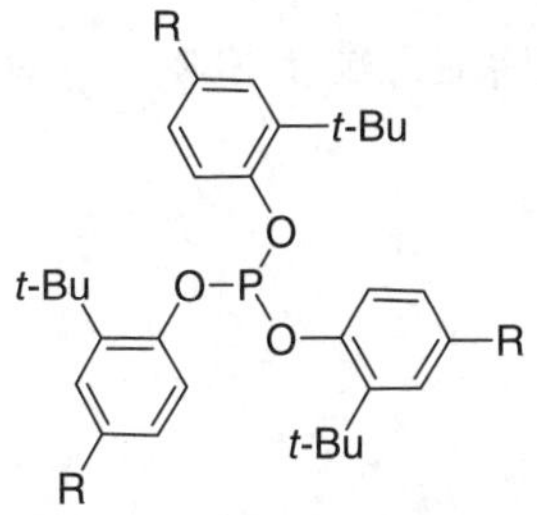

1
R = *t*-Bu (Alkanox® 240), H, Me, CF_3, Cl

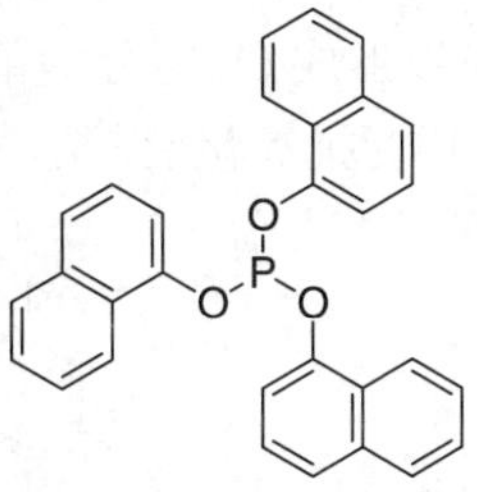

2

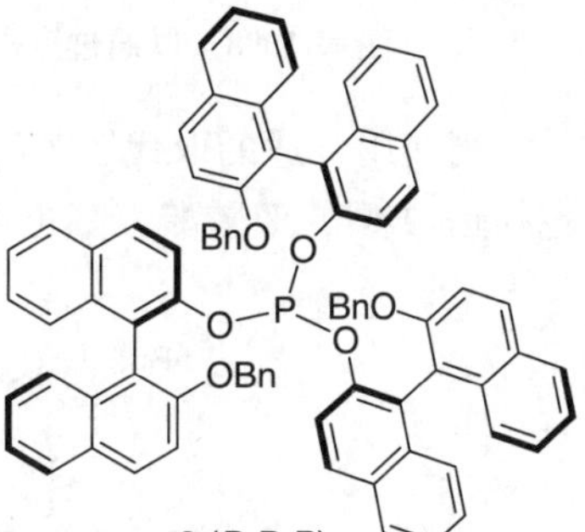

3 (*R*,*R*,*R*)

图 2.21 单齿亚磷酸三酯

在杂环中加入磷原子的作用是为了形成更坚固的构象，如图 2.22 中的非手性亚磷酸三酯(**1**)[88]和螺旋状的亚磷酸三酯(**2**)[46]。未完全缩合的倍半硅氧烷可以用作单亚磷酸三酯(**3**)的碳架结构(POSSphites＝polyhedral oligosilsesquioxanes phosphite，多面寡倍半硅氧烷亚磷酸三酯)[86]。

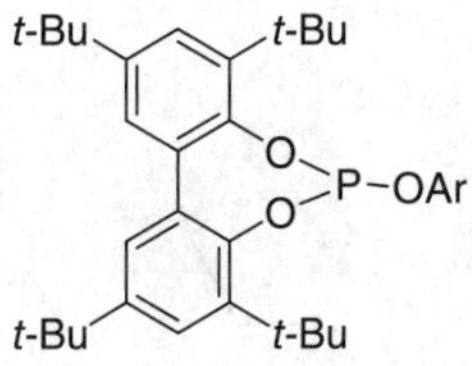

1

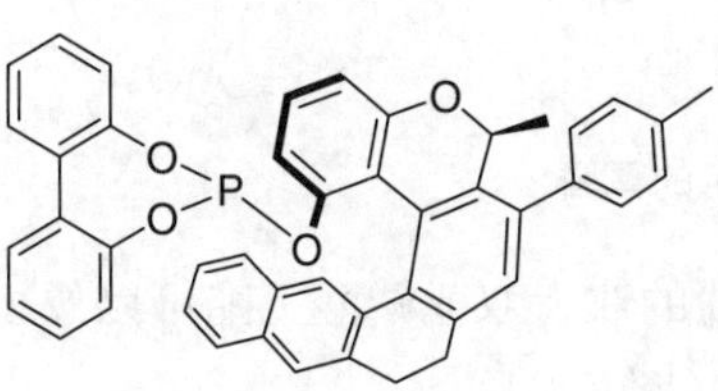

2 (+)-(*P*,*S*)

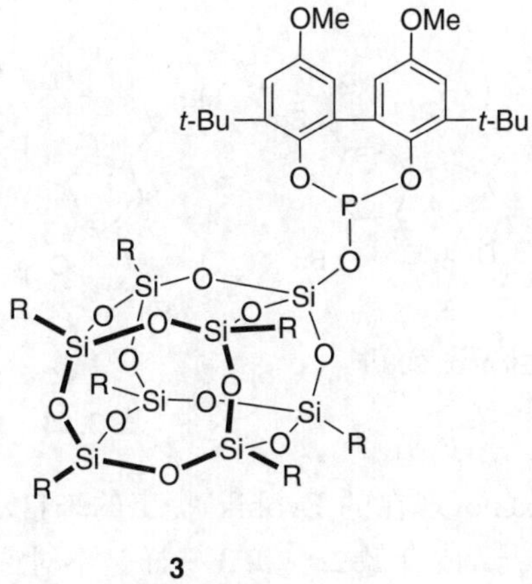

3
POSSphites

图 2.22 单齿亚磷酸三酯的变化形式

基于三唑的结构可以制备一系列关联性很强、只在醇部分有区别的单亚磷酸三酯[18]。用类似的方法，制备二齿双亚磷酸三酯也可以实现(图解 2.98)。

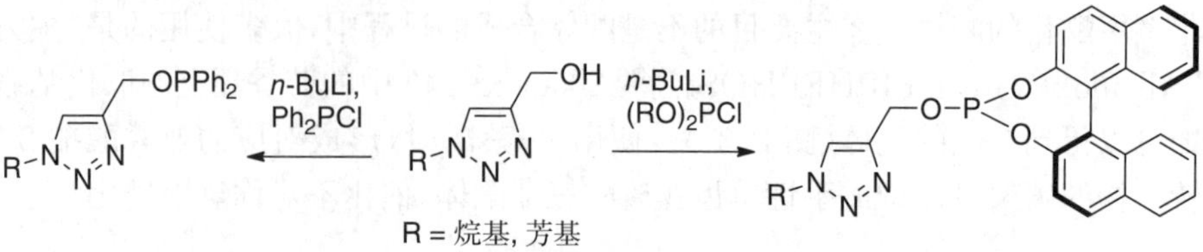

图解 2.98　以通过点击化学的方法得到的醇为起始合成单齿亚磷酸三酯

当使用合适的取代三苯酚时，可以形成 C_3 对称的单亚磷酸三酯 **1** 和 **2**[89]。有趣的是，**2** 型的亚膦酸三酯也可以应用为抗氧化剂[90]。

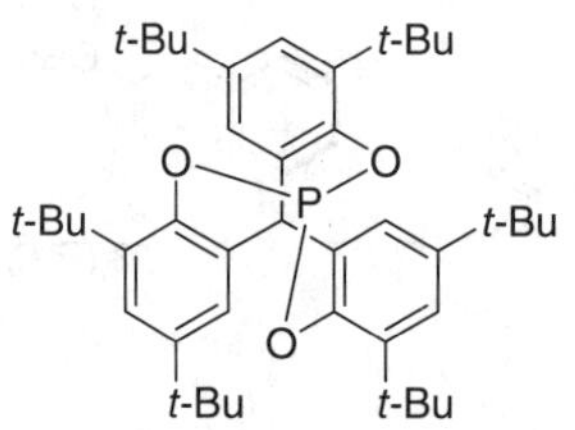

值得注意的是，偶尔人们也会建议在铑催化的氢甲酰化中使用氟代亚磷酸酯作为配体(例如 Ethanox 398™)(图 2.23)[91a,b,c]。这样的卤代亚磷酸酯，特别是氯膦，常在亚磷酸三酯的合成中用于化合物的偶联(见上文)。这个例外是因为 P—F 键的强度(490 kJ/mol)比 P—Cl 键的强度(326 kJ/mol)要高，所以氟膦表现出奇高的水解稳定性。

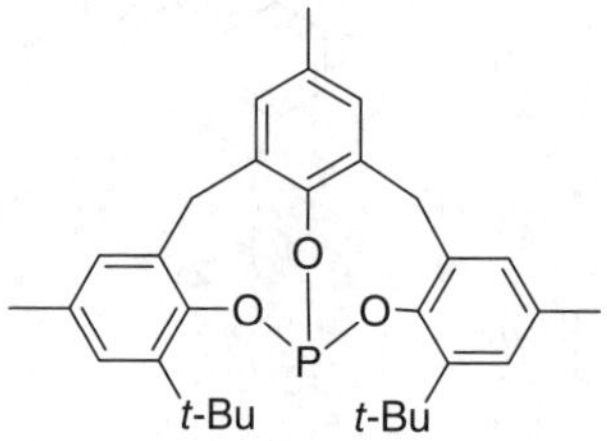

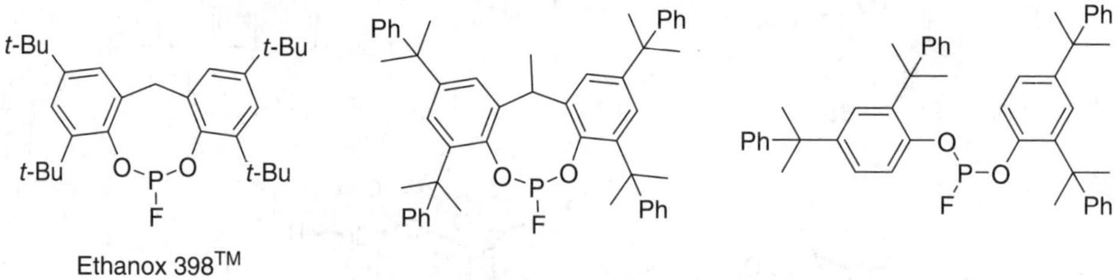

图 2.23　稳定的氟膦

Oxeno(现在的 Evonik)提出的来自双酚的双齿双亚磷酸三酯可以像 **1** 一样是对称的[92]，或者像 **2**[44] 和 **3** 一样是不对称的(图 2.24)[93]。

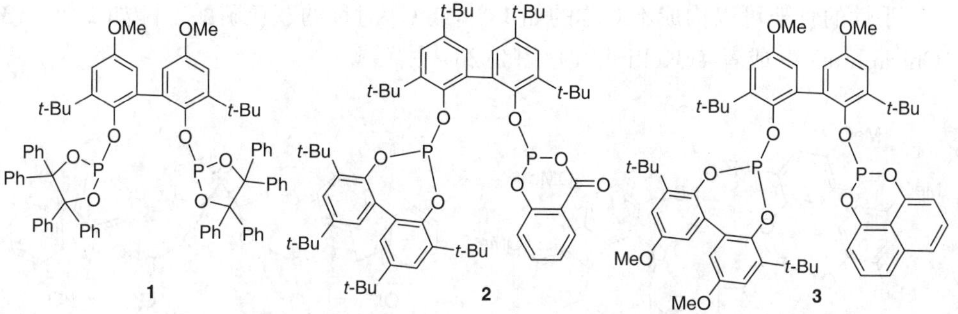

图 2.24 Evonik 提出的用于 *n* -区域选择氢甲酰化的双亚磷酸三酯

如图 2.25 中的双亚磷酸三酯 **1**[94]、**2**[95]、**3**[39]、**4**(Xantphite)[43]或 **5**[86]所示，在 160
酚基团之间加入间隔可以形成不同构成的环状亚磷酸三酯，从而达到与铑的不同配位模式(图 2.25)。

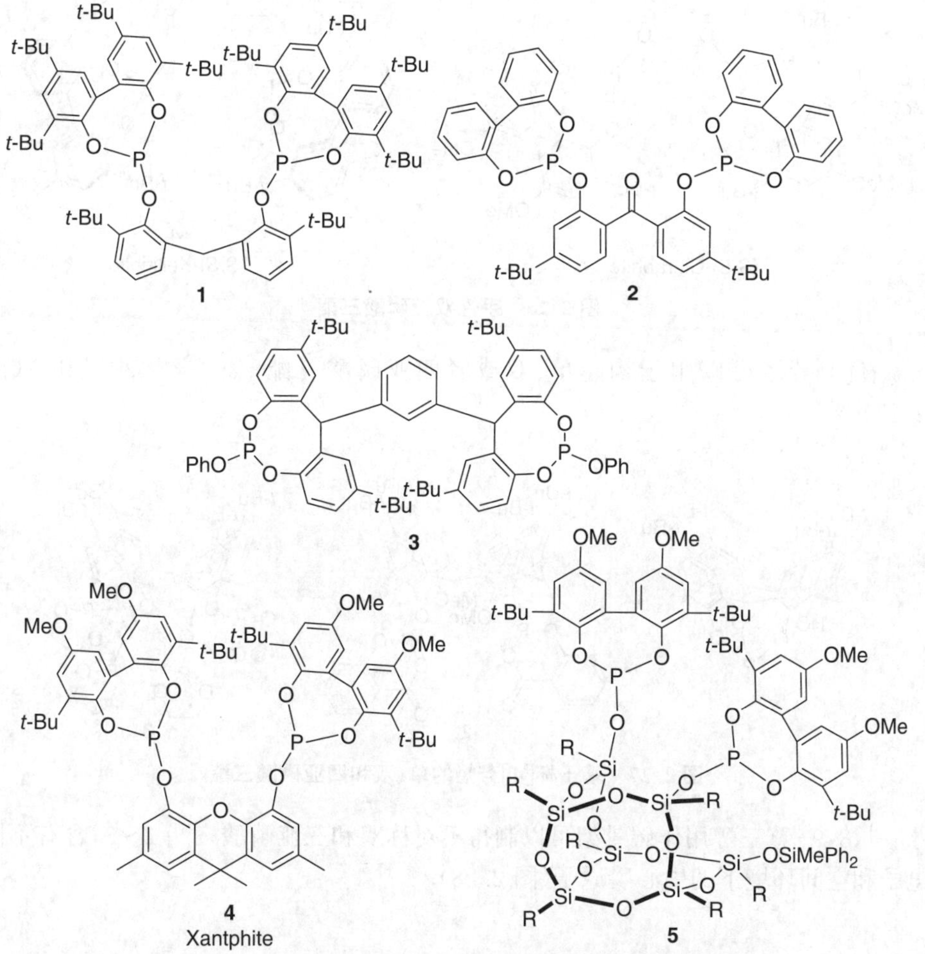

图 2.25 两个亚磷酸三酯基团间距离较长的双亚磷酸三酯

手性的骨架可以构成不对称的如 **1**[96]，或 C_2 对称的双亚磷酸三酯如 **2**[73,97]、**3**(Chiraphite)[98]或者 **4**(Kelliphite)(图 2.26)[99]。

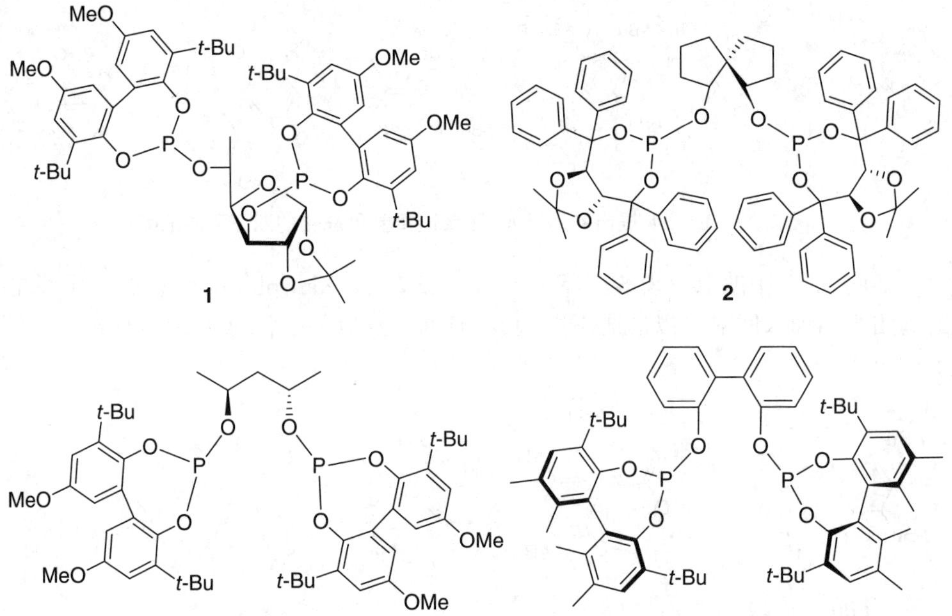

图 2.26　手性双亚磷酸三酯

杯[4]芳烃可以用于构建单、双或者四亚磷酸三酯，如 **1**[100]、**2**[101]和 **3**(图 2.27)[102]。

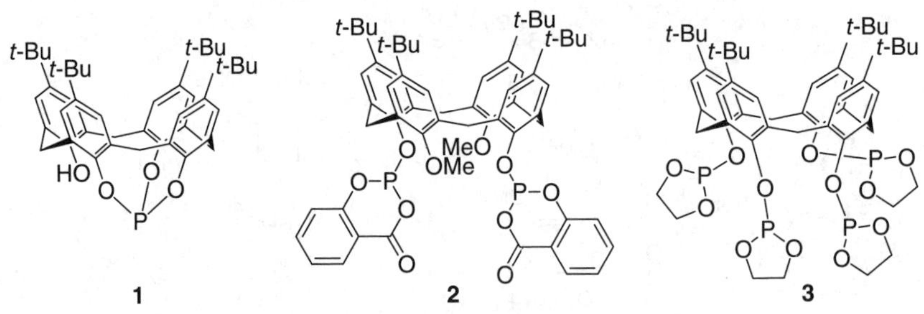

图 2.27　基于杯[4]芳烃的单、双和四亚磷酸三酯

1,8,9-蒽三醇用作碳骨架可以制得不对称双和三亚磷酸三酯 **1～3**，含有不同电子和空间环境下的中心磷原子(图 2.28)[103a,b]。

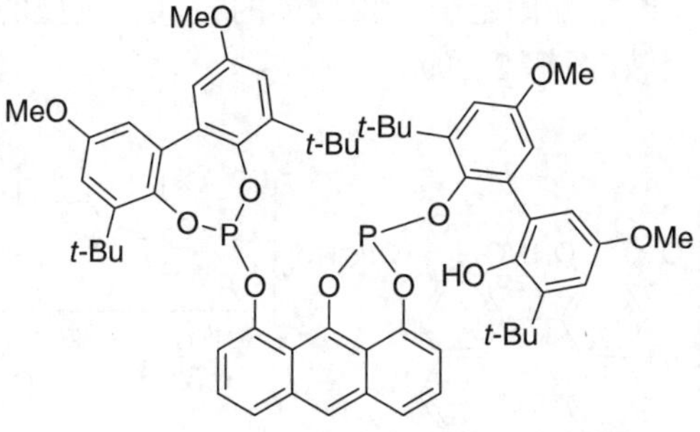

图 2.28 基于 1,8,9-蒽三醇的双和三亚磷酸三酯

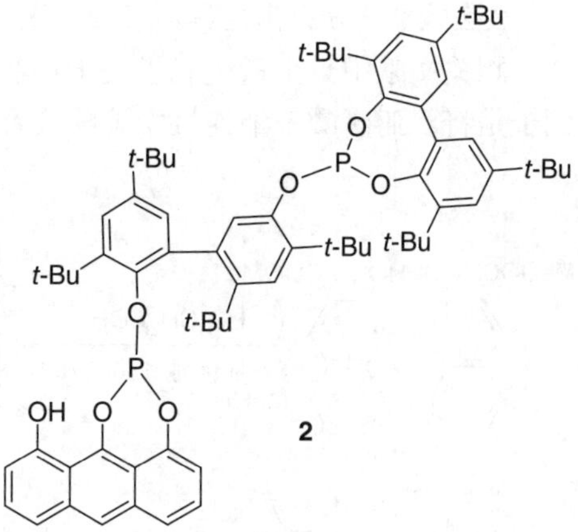

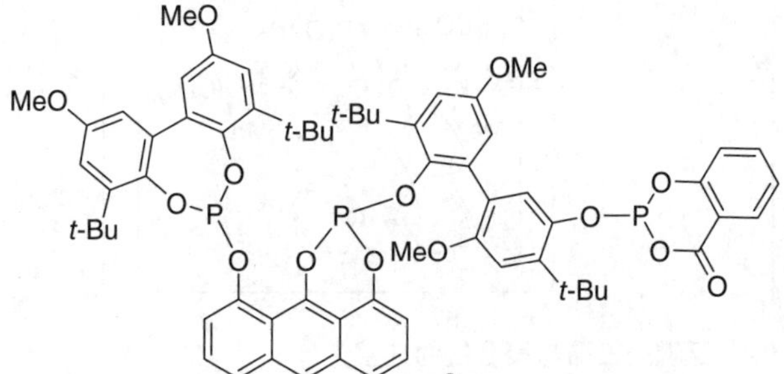

Evonik 还提出了以 Hostanox® 03 为碳骨架进行的一系列四亚磷酸三酯的合成,如配体 **1**[104] 所示。

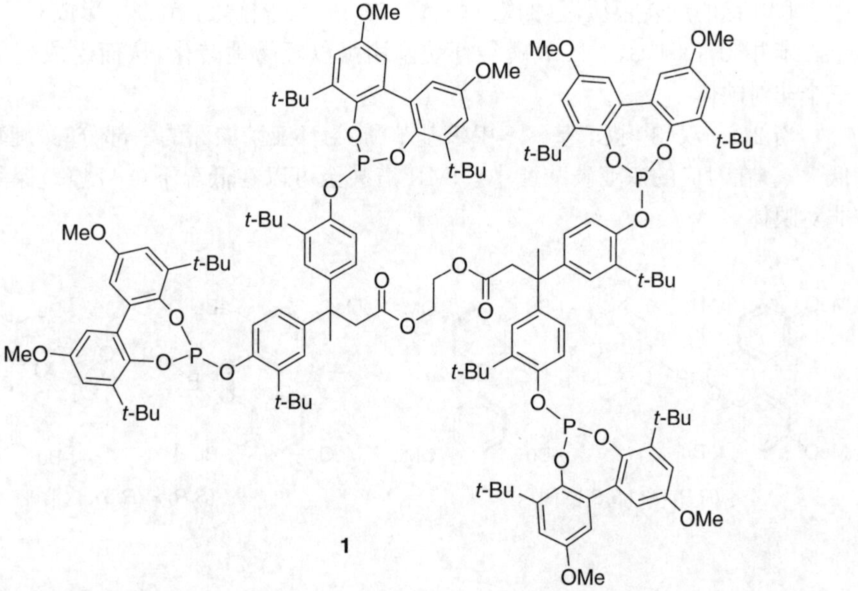

162 2.2.4.2 与载体连接的多亚磷酸三酯

相关文献中只少量记载了关于将亚磷酸三酯固定于异相载体的尝试。典型的例子是将双亚磷酸三酯连接于聚酯或者聚胺(图解 2.99)[105]。

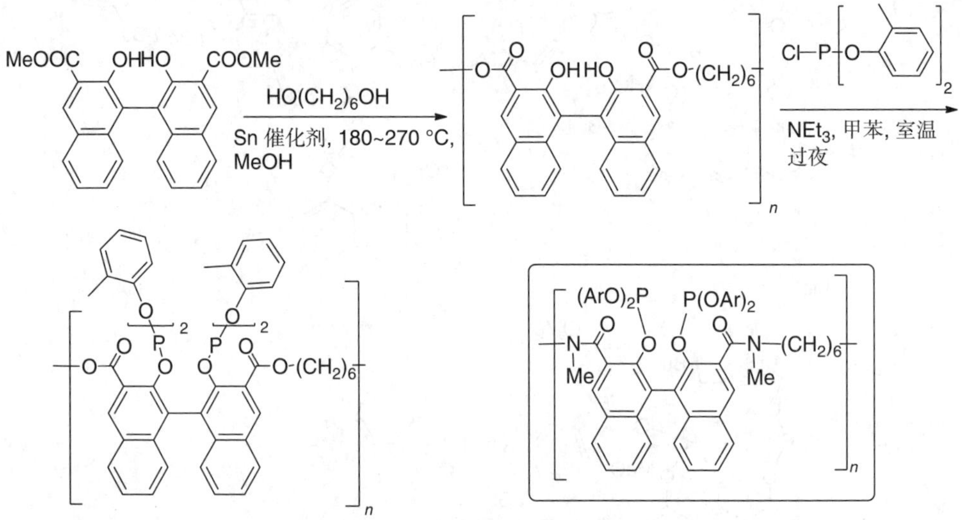

图解 2.99 亚磷酸三酯与聚合链的连接

2.2.5 立体化学相关因素

一些基于双酚的双亚磷酸三酯的特征是它们与温度相关的阻转异构现象可以
163 生成立体异构体。Whiteker 和 Franke 的小组分别指出，非对映体的生成会使整个机理变得复杂且对催化性质有不可预测的影响[106]。在 BIPHEPHOS 中，环绕中心联苯键的旋转很缓慢(34℃时 $t_{1/2}=53$ min)(图解 2.100)。形成对比的是，两个二苯并[d,f][1,3,2]二氧磷杂环烷基团可以轻易地转化，从而生成处于平衡的三个非对映体。

当 2,2′-双(3-叔丁基-4-甲氧基苯酚)为环亚磷酸酯的一部分时，旋转屏障降低[107]。在对应的双亚磷酸酯中，NMR 谱甚至可以在低温下(−74℃)探测到两个非对映体。

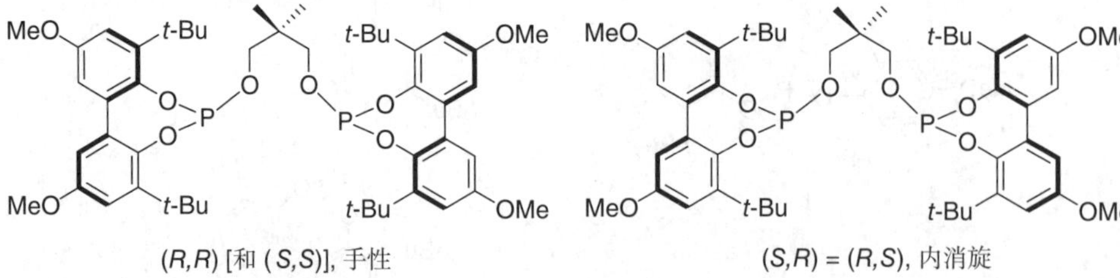

(*R*,*R*) [和 (*S*,*S*)], 手性

(*S*,*R*) = (*R*,*S*), 内消旋

当三个不同的氧基团连接到磷上时,类似情况也会出现。结果产生立体异构。 165
当与旋转对映异构现象结合时,可以在酰基亚磷酸三酯 **1** 中找到非对映体[44]。为了阐述在铑催化的氢甲酰化中它们的个体作用,人们尝试对其进行分离但没能成功。但是,不同非对映体对催化剂形成和氢甲酰化结果的作用可以通过分别合成三种结构稳定的三(二萘酚)亚磷酸三酯 **2** 来证明[108]。

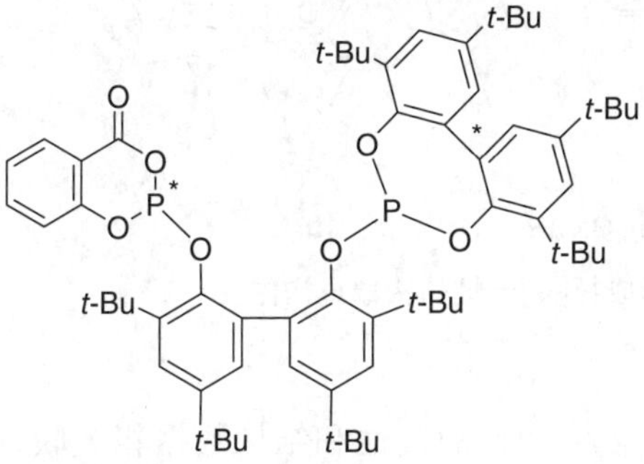

1 (R/S_P, R/S_{ax})

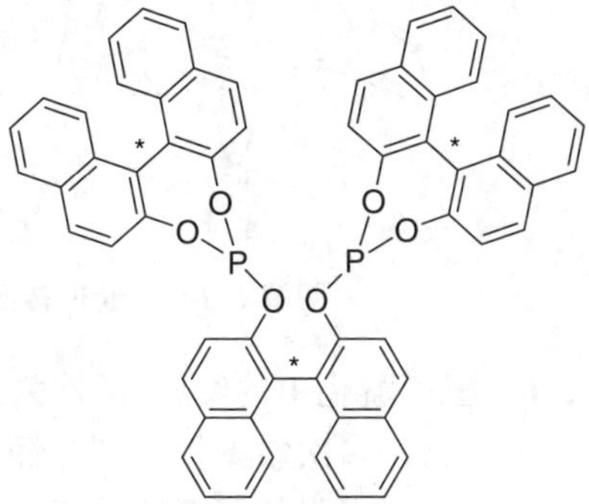

2 (R,R,R)/(R,S,R)/(S,S,R)

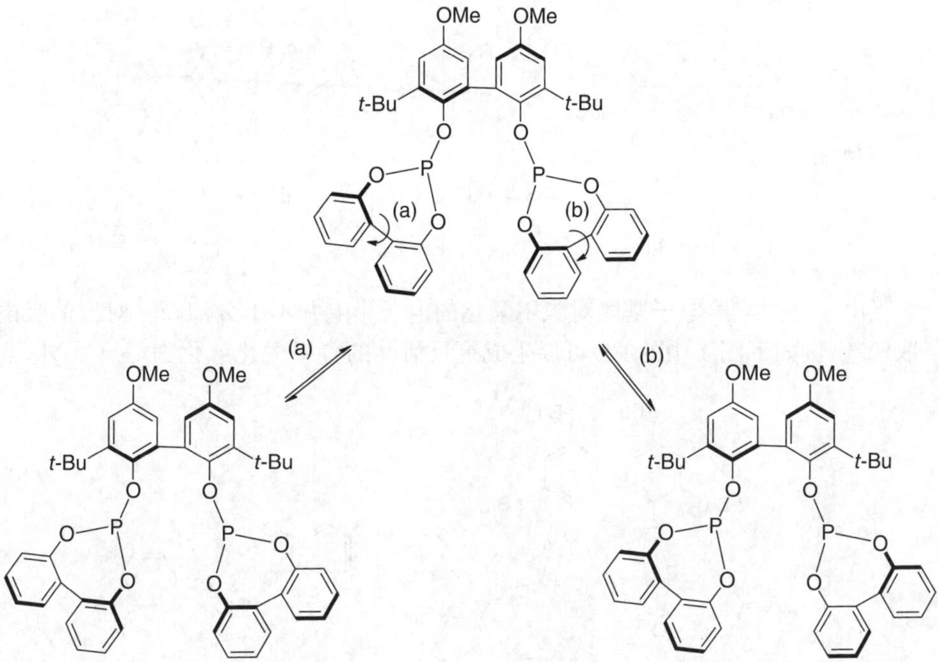

图解 **2.100** 二芳基亚磷酸三酯的旋转对映异构

理论上，杯[4]芳烃亚磷酸三酯可以以六种形态存在。X射线结构分析、NMR光谱研究和与相关单磷酸酯和单亚砷酸酯的比较显示，根据不同的取代基，倾向于生成 **a** 或 **b** 的构象(图解 2.101)[109]。它们都可以通过从上向下旋转取代环实现互相转化。

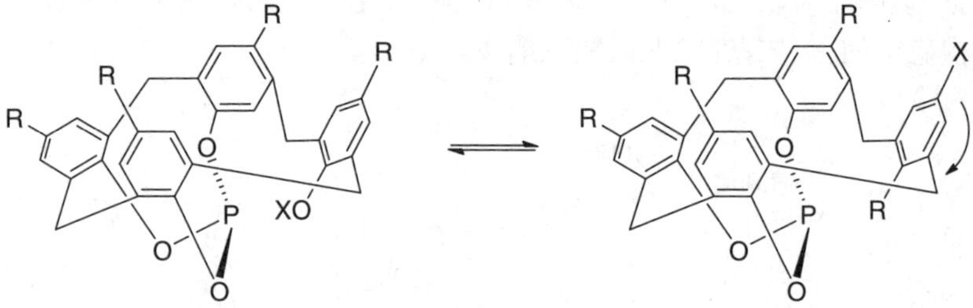

R = Me, Bn, C(O)R′

图解 2.101　通过转变过程形成杯[4]芳烃的构象异构体

166 ## 2.2.6 氢甲酰化中的结构-活性关系

人们已经多次尝试将直链烯烃氢甲酰化中产物的线性和结构数据相关联，如示例中关联性很强的双亚磷酸三酯配体 **a**～**d**[110]。关键的发现是具有稳定 120°P-Rh-P 角的配体可以带来优异的 *n*-区域选择性。BASF 的 Röper 和 Paciello 小组指出用 1**a** 可以最好地实现这一目标。

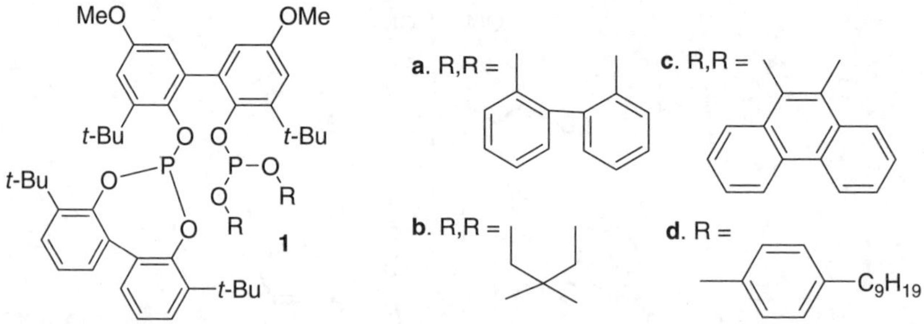

吸电子基团或给电子基团对氢甲酰化的电子影响并不十分清晰。对位的吸电子取代基(例如下图 **1** 中的 Cl)可以生成更具活性的氢甲酰化催化剂[78]。另外，当

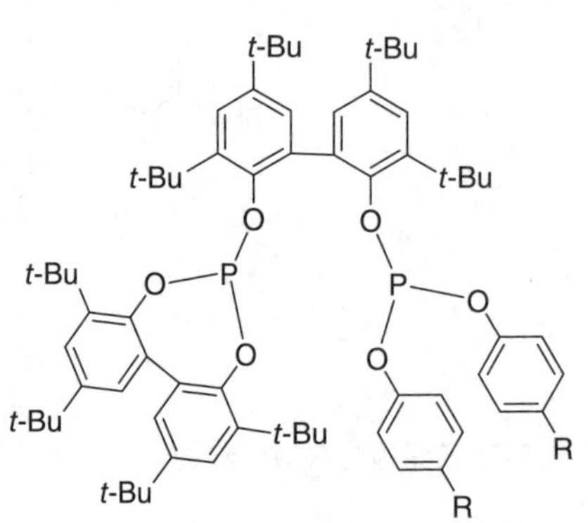

1 (R = H, OMe, Cl) 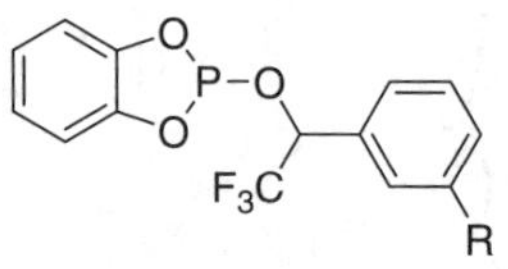　　**2** (R = H, Cl, CF_3)

使用 1-丁烯和丙烯作为底物时可以得到更高的 n-区域选择性[111]。在一系列强缺电子的亚磷酸三酯 **2** 中，带有间 CF_3 取代芳基基团对配体在苯乙烯的氢甲酰化中能得到略高的支链区域选择性[112]。

文献中关于带有 MeO 或者叔丁基的芳基亚磷酸三酯的比较显示出了十分不同的结果。在使用 BIPHEPHOS 类型配体的辛烯的氢甲酰化中，叔丁配体在对应铑催化剂中带来的 TOF 大约是 MeO 配体的两倍[78]，但是区域选择性较低。相反 167
的是，在酰基亚磷酸三酯系列中，所有的 MeO 取代配体得到的 TOF 都比它们对应的叔丁配体高[44]。

R = t-Bu, MeO

手性酰基亚磷酸三酯由脂肪族二羧酸制备，用于不对称氢甲酰化[113]。

2.2.7 铑的亚磷酸三酯催化剂前体

使用亚磷酸三酯的铑的催化前体大多由 Rh(acac)$(CO)_2$ (acac = acetylacetonate，乙酰丙酮化物)与亚磷酸三酯在合成气条件下反应制备(图解 2.102)。形成的诸如 $HRh(CO)_nP_m$(其中 $n+m=4$)的催化前体通常不能被分离。只有通过光谱学的方法才能被观测到[114,115]。催化前体的形成过程可以通过 UV-vis 光谱学研究或者在手性配体的情况下，通过 UV-vis CD (circular dichroism，圆形二色性)光谱学研究[116]。不同的高压 NMR 技术结合 IR 可以为生成的催化剂前体的结构提供有价值的信息。[92b,114,117]。

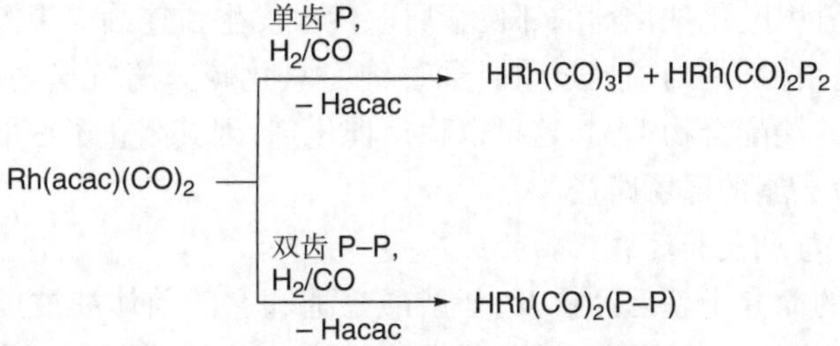

图解 2.102 制备亚磷酸三酯修饰的铑催化剂前体的一般方法

在有空间位阻的单亚磷酸三酯如 Alkanox® 240 的情况中，我们已知的是带有 168
一个或两个 P 配体的铑配合物[118]。比率随着亚磷酸三酯浓度的增加而增加。双亚磷酸三酯生成螯合配合物。

在许多例子中，这样的铑配合物的几何结构可以通过 X 射线衍射的方法来分析[119]。理论上，一个二齿的双亚磷酸三酯配体可以以双平展(ee)或者平展-轴向(ea)的方式进行配位。通常 NMR 光谱学在室温下得出的结果是它们的平均结构(图解 2.103)[59,120]。迄今为止，人们并不能完全清晰阐明这些异构体对于整个催化结果的单独作用[43,121]。

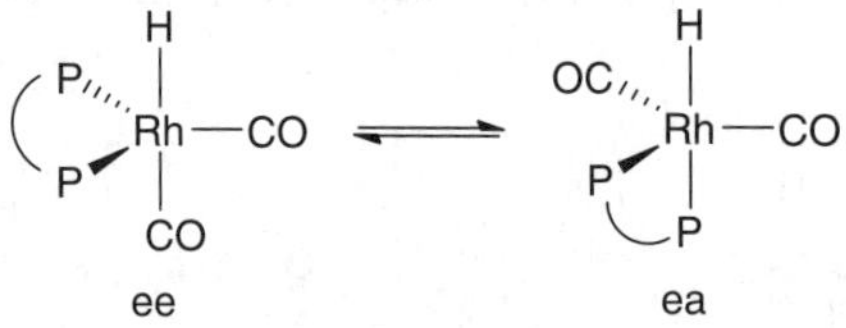

图解 2.103　与二齿双亚磷酸三酯的不同配位模式

从催化前体生成催化剂可能会导致副产物的生成(Hacac、酸、醇)，这些副产物又可能会引起亚磷酸三酯配体的分解。通过使用邻位金属取代的铑配合物可以避免这一问题，如图解 2.104 所示[122]。这种催化剂的前体易于存储和操作。催化前体只在合成气条件下通过氢化使 Rh—C 键裂解而释放。在催化反应中，1,5-环辛二烯配体被氢甲酰化一次，第二个双键被氢化生成环辛烷甲醛。

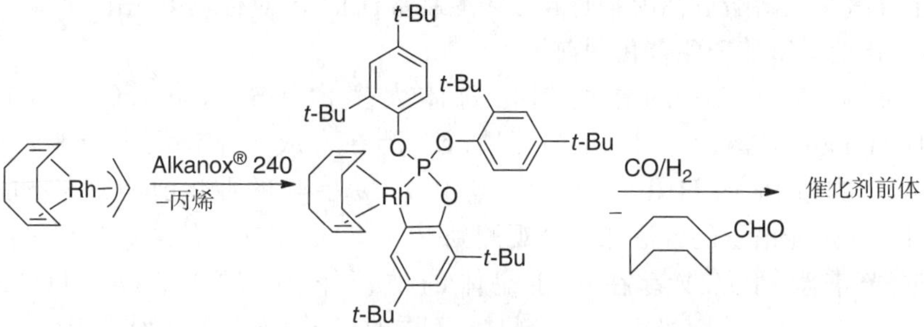

图解 2.104　从带有邻位金属的催化剂前体制备亚磷酸三酯修饰的铑催化剂前体

人们发现氢甲酰化催化剂的邻位金属取代也发生在连续氢甲酰化反应混合物
169 的蒸馏过程中。特别是当烯烃过量且通过纯一氧化碳分离氢气之后，倾向于生成
邻位金属取代的铑配合物[123]。这可以稳定催化剂，因其阻止了可能的分解通道。

2.2.8　亚磷酸三酯的降解路径

2.2.8.1　与氧气和过氧化物的反应

在这一章的简介中就已经提及，亚磷酸三酯和它的前体酚被广泛应用为聚烯烃的进程稳定剂[124]。关于它们的热学稳定性有一些相关研究。这些研究的结论是，诸如 Alkanox®240 的亚磷酸三酯直到 240℃不会与氧气分子反应[125]。但是氧气和自由基可以加速它的分解。高位阻的亚磷酸三酯对过氧化物更稳定。增强的磷的受电子特性还降低了氧化的速率。可以得到以下的稳定性顺序[125,126]：

烷基亚磷酸三酯＜芳基亚磷酸三酯＜大位阻的芳基亚磷酸三酯

Alkanox® 240 和其他高空间位阻的非环状亚磷酸三酯与烷基过氧自由基反应生成对应的磷酸酯和烷氧自由基(图解 2.105)[126]。后者可以与另一个亚磷酸三酯分子反应,最终重组生成醌型结构。这一步终止了氧化链式反应并且解释了 170
聚合化学中亚磷酸三酯的牺牲作用。生成的醌也可用于聚合物的去色。作为抗氧化剂,大位阻的环芳基亚磷酸三酯的有效性相对较低[127]。

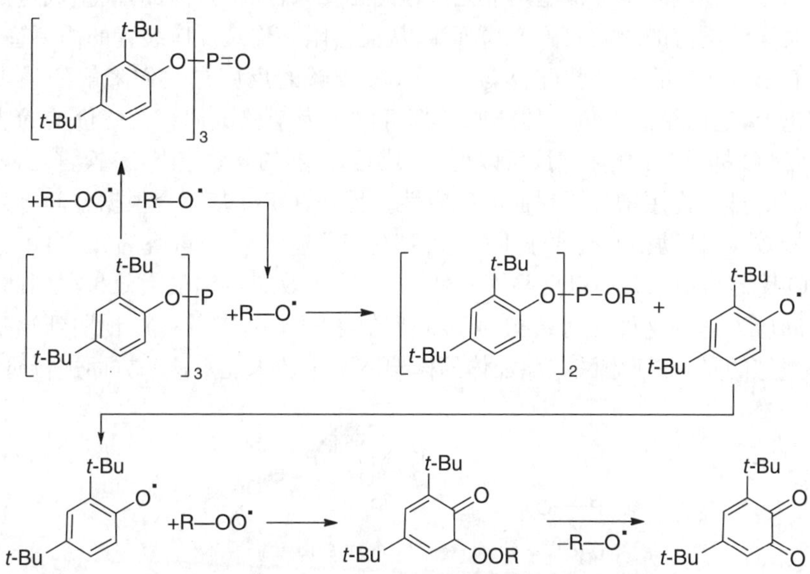

图解 2.105 自由基协助的亚磷酸三酯的分解

2.2.8.2 与水反应

2.2.8.2.1 概述

与亚磷酸三酯对于氧气和过氧化物的高适应性相反,它们与水的反应非常容易[128]。其结果是生成对应的五价磷化合物(图解 2.106)。逐步地取代所有的芳氧基/烷氧基基团,最终生成亚磷酸(H_3PO_3)。由于互变异构平衡,连续产生酸,进而自催化酯键的水解。

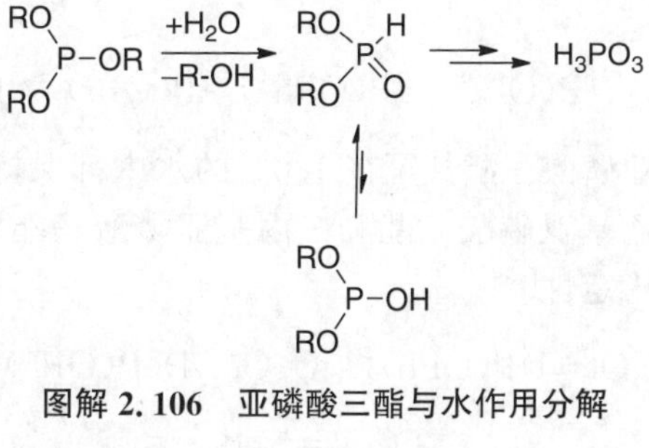

$$(RO)_2P{-}OR \xrightarrow[-R\text{-}OH]{+H_2O} (RO)_2P(=O)H \longrightarrow\longrightarrow H_3PO_3$$

$$(RO)_2P(=O)H \rightleftharpoons (RO)_2P{-}OH$$

图解 2.106 亚磷酸三酯与水作用分解

高温时的氢甲酰化不断地通过产物醛的羟醛缩合反应产生水。偶尔也会以水蒸气形式被移除[129]。皂化反应的机理取决于有机取代基的电子和空间特性以及反应条件。

可以从以下几个方面来讨论亚磷酸三酯的水解。除了之前讨论过它们作为阻燃剂和聚合物稳定剂的应用[130]，磷酸酯还是重要生物分子(核苷酸)的组成部分。后者与水反应是它们变形的关键，比如被激活和生成能量。在氢甲酰化中，了解产物分解的路径和性质是保证稳定催化过程的必要条件。另外长时间生成这样的酸性物质会导致不溶的凝胶状副产物沉淀，从而会阻塞连续反应装置的循环管道。

含有 P—O 键的三价膦配体与水、醇、酸或碱的反应是它们降解的最重要原因。理论上，这两个高电负性的杂原子都可以作为亲核试剂。在三价磷的成键模
171 式中，P 和 O 拥有自由电子对，所以可以预期到强烈的 α 效应[131]。换言之，相邻自由电子对的排斥作用增加了它们的反应性。另外，OPO 基团会根据空间排列施加端基异构效应，辅助中心磷原子上的亲核取代反应[132]。当重叠的 n-自由电子对和 P—O 反键轨道(σ^*_{P-O})以反叠排列时，端基异构效应达到最大效果。因此，在能以无空间应力达到这种几何结构的环状亚磷酸三酯中，尤其可以预期到端基异构效应。遗憾的是，在亚磷酸三酯配体的框架下至今还未能对这一方面进行研究。

另外，对磷原子的亲核进攻同样是可能的，并且相邻取代基降低了其电子密度。理论上，带有给电子或者受电子特性的有机取代基改变了磷和氧的路易斯碱性。这些杂原子的反应活性可以通过引入大体积基团引发动力学抑制来控制。特殊的例子是三价磷和金属的配位。

在这里主要讨论的是氢甲酰化中使用的亚磷酸三酯的水解。在碱性和中性条件下同样易于水解，但对酸相对稳定的二烷基亚磷酸三酯在此处不做讨论[133]。

2.2.8.2.2　原理

由于立体结构效应的减速作用，三烷基亚磷酸酯的水解速率以如下顺序递减[134]：

$$P(OMe)_3 > P(OEt)_3 > P(OPh)_3 > P(OPr)_3 > P(OBu)_3$$

三乙基和更高的亚磷酸三酯甚至在 100℃ 的水中都保持稳定。三苯基亚磷酸三酯的水解速率在三乙基亚磷酸三酯和三丙基亚磷酸三酯之间[135]。支链的烷基基团增加了对水解的稳定性[136]。

$$P(OPh)_3 < (i\text{-Octyl})P(OPh)_2 < (i\text{-Octyl})_2P(OPh) < (i\text{-Octyl})_3P$$

Octyl＝辛基

在聚合化学中,典型的经验法则是,高性能的亚磷酸三酯的价格与它们的水解稳定性成正比。这表明了在合成过程中,为了使它们在水中更稳定就必须付出更多努力。人们测试了在60℃的水中大体积亚磷酸三酯的水解速率(图2.29)[137]。Alkanox® P-24在7 h内完全水解。18 h后Ultranox® U641完全消失。暴露在水中至400 h,Alkanox® 240都没有任何水解迹象。 172

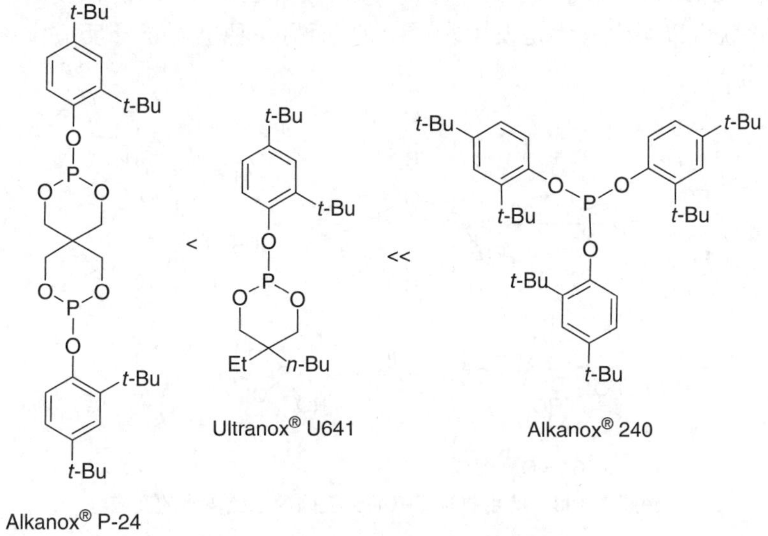

Alkanox® P-24 < Ultranox® U641 << Alkanox® 240

图 2.29 亚磷酸三酯的水解稳定性

在三烷基亚磷酸酯的水解中,人们探测到是对亚磷酸三酯的一级反应,对水的二级反应[138]。这些发现证明了反应是根据两个水分子参与的协同机理进行的。图解2.107中显示了两条不同的三甲基亚磷酸酯的可能水解路径。

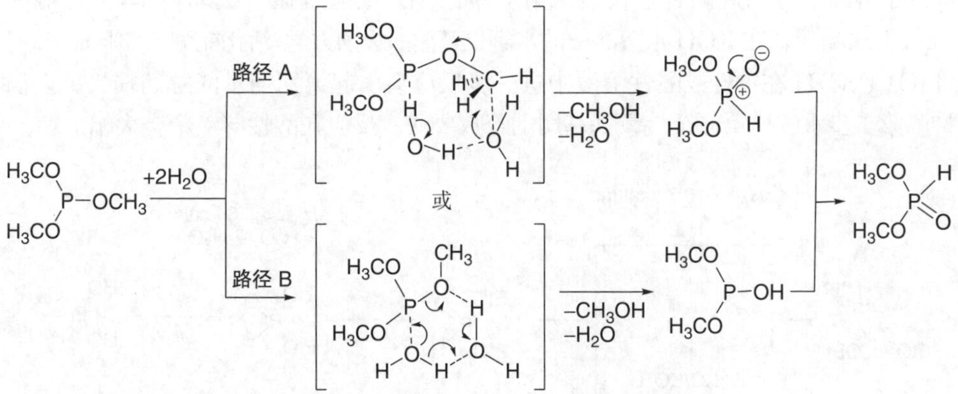

路径 A ; 路径 B ; $+2H_2O$; $-CH_3OH$; $-H_2O$; 或

图解 2.107 亚磷酸三酯与水反应的不同机理

该机理的第一个假设基于一个普通的米歇尔-阿尔布佐夫(Michaelis-Arbuzov)反应(图解2.107,路径A)[139],它包含了磷原子的质子化和随后的在一个甲基基团上的亲核取代[140]。

173 这一机理中，在中间态形成一个七元环，$(MeO)_2P—O$ 基作为离去基团。路径B是基于在磷原子上的亲核取代反应。它起始于一个甲氧基基团的质子化。这是后续的磷原子正电子化的先决条件。在中间状态时，形成一个热力学稳定的六元环。

使用同位素标记的水的研究最终得出了这一反应的实际机理。富^{18}O 水的 IR 实验证明了是 P—O 键而不是 C—O 键裂解（图解 2.108）[141]。释放出的醇不含有^{18}O。这就可以明确取代是发生在磷上的，而另一种 Arbuzov 反应应该产生含有^{18}O 的醇。

$O^* = O^{17}$ 或 O^{18}

图解 2.108　使用氧标记来研究亚磷酸三酯与水的反应

经测定与 D_2O 反应的速率常数是与水反应的八分之一。强烈的同位素效应表明了速度控制步骤发生在一个水分子的离子化。随后用^{17}O 标记的水进行的^{17}O NMR 测量证实了这一结果[142]。

人们研究了在不同 pH 下的 $P(OEt)_3$ 水解的速率常数（图解 2.109）[143]。在高稀释的水溶液中可以观测到它快速水解至单乙酯。反应遵循一级动力学，活化能为 18.7 kcal/mol。在 KOH 水溶液中的水解也遵循一级动力学，活化能为 5.6 kcal/mol。$(EtO)_2P(O)H$ 在中性或酸性溶液中进一步反应会引起第二当量的醇的损失。人们推测第二步水解比第一个烷氧基基团的释放要快。反应在酸性溶液中会大幅加速。

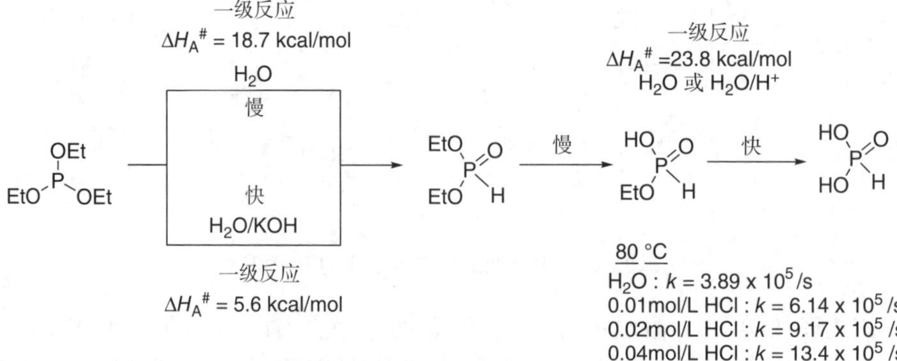

图解 2.109　亚磷酸三酯的逐步水解

通常,环状亚磷酸三酯比它们的非环状同类物要稳定。人们发现它们的支链更容易水解(图解 2.110)[144]。

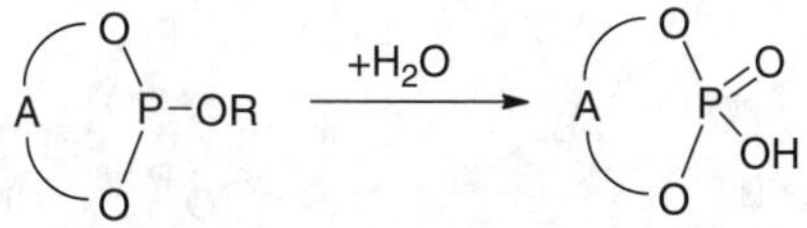

图解 2.110 环状亚磷酸三酯与水的反应

但是,文献中阐述了一些值得注意的特例。人们比较了不溶于水的 2-乙基-2-(羟甲基)丙烷-1,3-三醇亚磷酸酯(“etriol phosphite”)和三苯基亚磷酸酯,在对二甲苯/水的两相系统中的水解,发现前者的水解在 pH=7.0 时在水相以最大速率进行(图解 2.111)[145]。相反地,$P(OPh)_3$ 在很大范围的 pH(3.7～10.2)内,4 h 内都没有反应。生成的氢亚磷酸酯可以被截留并转化为对应的盐进行分析[146]。 174

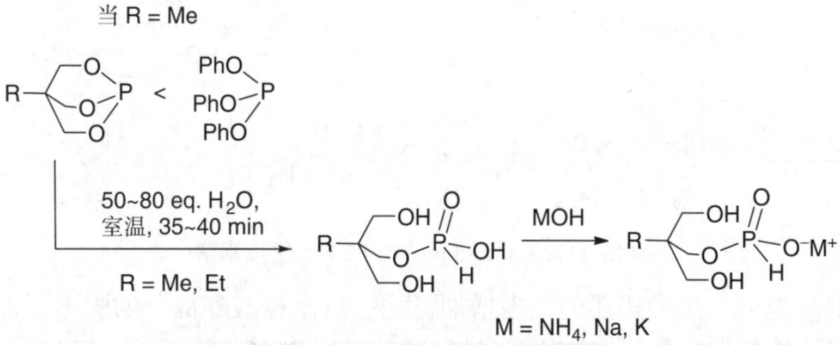

图解 2.111 不同的亚磷酸三酯与水的反应

乙基亚乙基亚磷酸酯首先开环与水反应(图解 2.112)[147]。 175

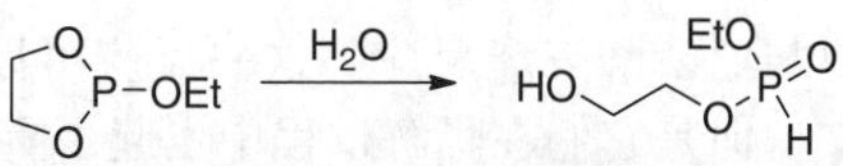

图解 2.112 乙基亚乙基亚磷酸酯与水的反应

与之相比,Alkanox® P-24 的水解以环外更具立体屏蔽性的 P—O 键的裂解开始(图解 2.113)[144c,d]。第二个酚基团随后释放,2,4-二叔丁基苯酚、亚磷酸和季戊四醇只在最后出现。

在不对称双齿酰基亚磷酸酯-亚磷酸酯配体中,混合酐基团优先裂解,但是同时亚磷酸三酯部分也在缓慢水解(B. Zhang, W. Baumann, D. Selent, 和 A. Börner,尚未发表的结果)①。

① 在本书出版时已经发表(下同):Zhang, B, et al. ACS Catal, **2016**, 6: 7554-7565。

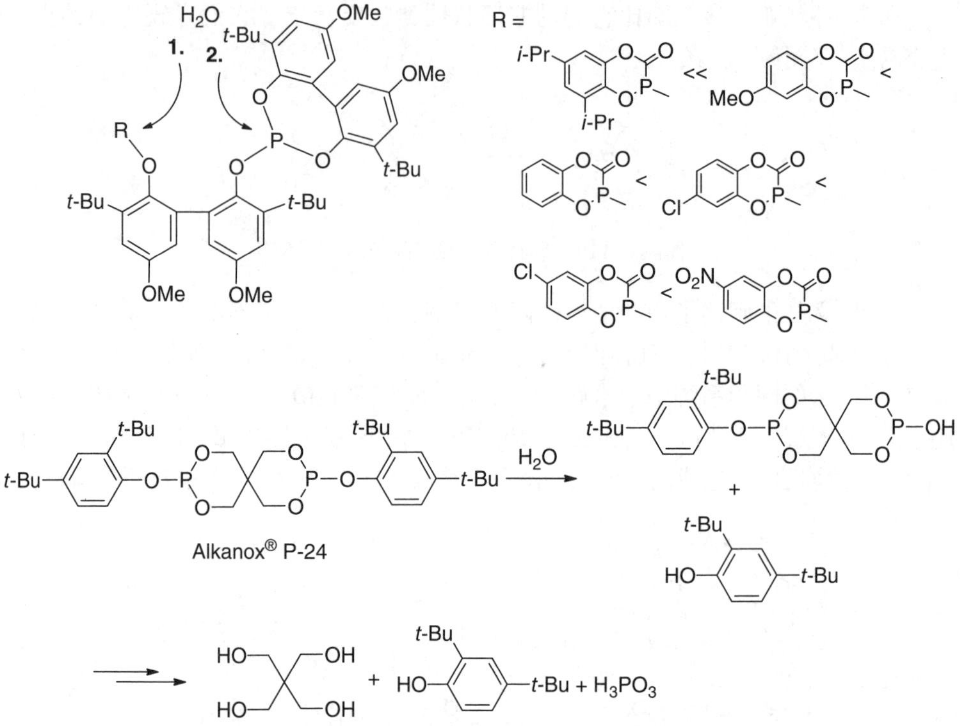

图解 2.113 Alkanox® P-24 的逐步水解

水解的趋势以图中描述的顺序增加；很明显，水杨酸酯部分的吸电子取代基使
176 得酐的氧连接变弱（Zhang，B，et al. ACS Catal，**2016**，6：7554－7565）。看起来
这样的酰基亚磷酸酯相对较高的水解稳定性来自与其相连的环状芳香结构。非环状的同类物要不稳定得多[148]。

2.2.8.3 与醇的反应

与水类似，醇也可以与亚磷酸三酯反应。这一反应可以用于通过酯交换合成亚磷酸三酯配体（见上文），但是它们在降解过程中也起了重要作用，因为从生成的醛中还原得来的醇可以与亚磷酸酯配体反应。

酯交换反应可以通过酸来催化[62]。内部的碱也可以协助反应。这里，一个 8-羟基喹啉基团与酚反应生成双环的氢正磷烷（图解 2.114）[83]。后者在释放 8-羟基喹啉的情况下与酚亚磷酸三酯形成平衡。

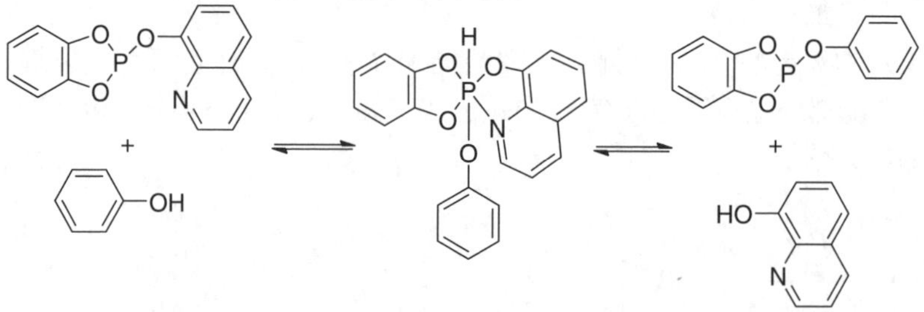

图解 2.114 碱协助的亚磷酸三酯的分子内酯交换反应

当用邻苯二酚代替酚参与反应时，在平衡中最稳定的物质是双环的氢正磷烷(图解 2.115)。在低温下，用 NMR 谱甚至可以观测到对应的 8-羟基喹啉加成物。

低温

图解 2.115 碱协助的亚磷酸三酯与邻苯二酚的酯交换反应

如图解 2.116 所示的带有酚基团的次磷酸二酯的配体情况下，铑催化的 P—C 键裂解也是可能的[149]。在没有铑的时候，这一裂解不会发生。最终出现亚磷酸三酯与金属的配位。

[Rh], 140 °C, 甲苯

图解 2.116 铑催化的羟基次磷酸二酯的 P—C 键裂解

像膦一样(见第 2.1.6 节)，在钴、铑或者钌存在的情况下亚磷酸三酯也会通过邻位金属取代过程发生分解，生成杂原子取代氧化膦(HASPOs)(图解 2.117)[150]。

HASPO = 杂原子取代氧化膦

[M] = [Co], [Rh], [Ru]

图解 2.117 通过邻位金属取代路径的亚磷酸三酯的降解

2.2.8.4 与酸降解

三烷基亚磷酸酯作为强路易斯碱对酸特别敏感[151]。即便只有很少量的酸存
177 在也会加速它们的水解[152]。如图解 2.118 所示是人们提出的酸催化的水解原理[153]。它从磷原子的自由电子对的快速质子化产生磷盐开始。这与和水反应形成重要对比(与图解 2.108 对比)。然后,磷盐快速水解形成氢正磷烷,最终步骤是分解至亚磷酸二烷基酯[154]。由于这一机理,标记的氧(O^*)可以在生成的磷酸盐中找到。

178

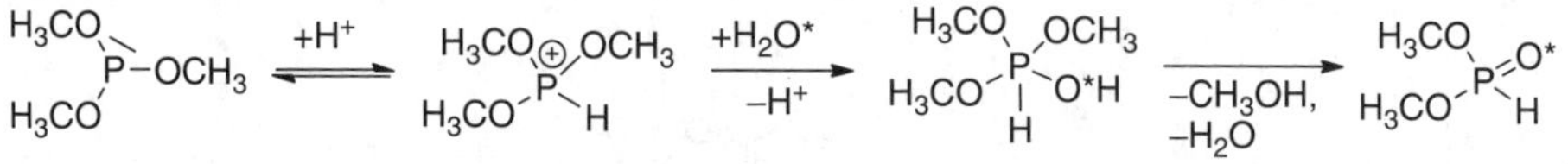

图解 2.118 酸催化的亚磷酸三酯与水作用的分解

反应可以进行至 H_3PO_3 的最终生成,这里可以发现如下所示速率的大致不同(图解 2.119)[155]。

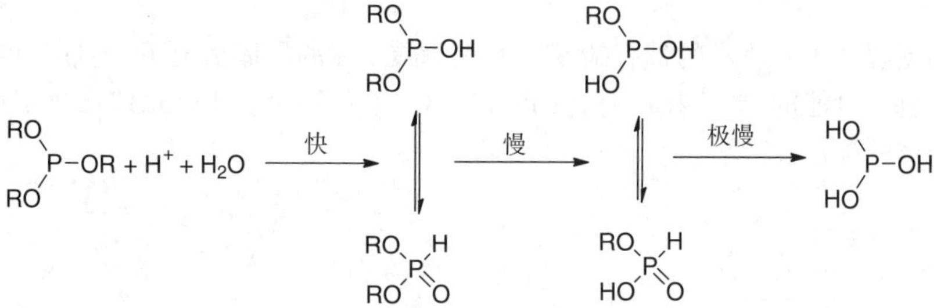

图解 2.119 酸催化的亚磷酸三酯与水作用分解速率的定性差别

在第一步中氧原子的质子化是较不可能发生的,但是对亚磷酰胺的水解而言,碱性较强的氮原子的质子化却必须要考虑到(见第 2.3.3 节)。因此亚磷酰胺与亚磷酸三酯相比对酸更为敏感[156]。

由于产物二有机氢亚磷酸酯(HASPOs)、有机二氢亚磷酸酯和 H_3PO_3 的酸性,水解是一个自催化的过程(图解 2.120)[157]。将二乙基氢亚磷酸酯加入亚磷酸三甲酯/水系统或者将例如水滑石的碱性物质作为酸清除剂加入都可以证明这一连锁效应[158]。

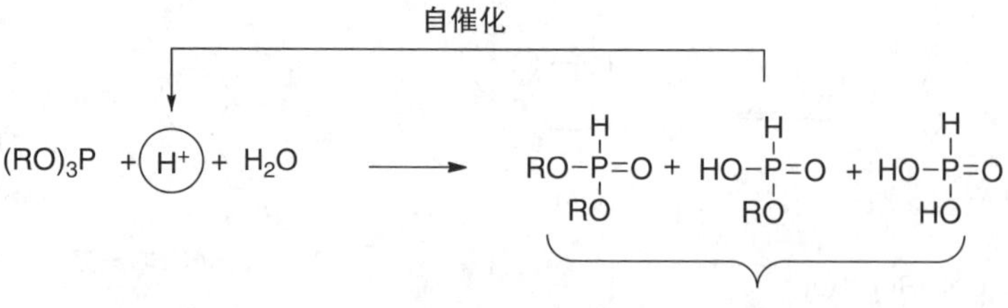

图解 2.120 自催化协助亚磷酸酯的水解(也见图解 2.121)

2.2.8.5 降解和对铑配合物生成的影响

P—O键水解生成五价磷物质后，其配位特性并没有完全丢失。杂原子取代氧化膦(HASPOs)形成了包含五价磷和三价磷化合物的平衡(图解2.121)。后者可以与金属相连接。由于水解和随后的与原始配体的竞争，新的配体会进入 179
催化系统。HASPOs因此可以被称作“前配体”[159]，并且在铂或者铑催化的氢甲酰化中表现出类似共催化剂的催化特性[160]。其后果是在预期的配体中掺入了次品[161]。

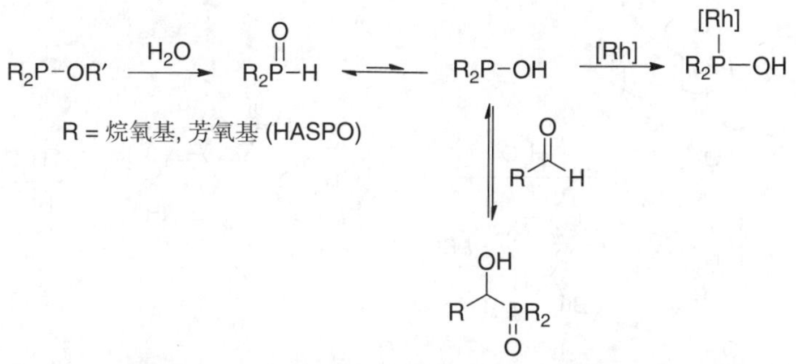

图解 2.121 HASPOs作为形成铑配合物的前配体

另外，HASPOs可以在温度决定的平衡中加入醛里[160]。α-羟基膦酸酯是酸，所以也能自催化加速源配体的水解[153,162]。众所周知的加入环氧化物作稳定剂的方法可以抵消这一效应。同时，α-羟基膦酸酯本身也可以作为铑催化氢甲酰化的配体[163]。

值得注意的是，氟亚磷酸酯例如Ethanox 398™(图2.23)能够在异丙醇水溶液的回流中存在，因此被推荐作为聚合物的共稳定剂[164]。它们在氢甲酰化条件下也十分稳定[91]。

2.2.8.6 对抗降解的方法

文献中，多数是专利文献中，提出了许多种对抗配体降解退化的方法。对于亚磷酸三酯配体，人们观测了其作为广泛使用的抗氧化剂，对聚合材料的稳定过程，额外得到了一些有价值的信息[165]。为了增加配体和催化剂的长期稳定性，有两种普遍使用的方法：

1) 立体结构和电子的设计(预先方法)

2) 加入添加剂达到外部稳定(后期方法)

一些专利提出了无机碱或胺可以增加亚磷酸三酯的水解稳定性。加入三辛胺可以使氢甲酰化催化剂 $HRh(CO)(PPh_3)_3/P(OPh)_3$ 的寿命增加4～10 h[166]。早 180
在1961年，Imaev[167]就发现加入有机和无机碱可以延缓亚磷酸三烷基酯的水解。在这一方面，三乙基胺比吡啶表现更好。文献作者推测碱通过形成盐收集了最初生成的二级亚磷酸酯进而推迟了进一步的水解。用叔胺稳定无环的亚磷酸三酯时必须考虑到非环亚磷酸三酯和环亚磷酸三酯的水解速率不同这一因素[168]。必须要注意的是，许多的胺也可以催化产物醛的羟醛缩合反应，从而导致生成高沸点的副产物[169]。长链胺被用于与亚磷酸三酯混合来改进它们在聚合物中的水解稳定性[170]。出于同样的目的，Habicher 小组研发了含有空间位阻胺(HALS)的有机亚磷酸酯。在与水的反应中，胺基团可以中和生成的酸得到内铵盐(图解 2.122)。这一结构对于水解十分稳定。无论是 H_3PO_3 还是水在 70℃、90 h 时长都不能引起水解，其原因是因为水解而增强的磷原子周围的电子密度减小了。

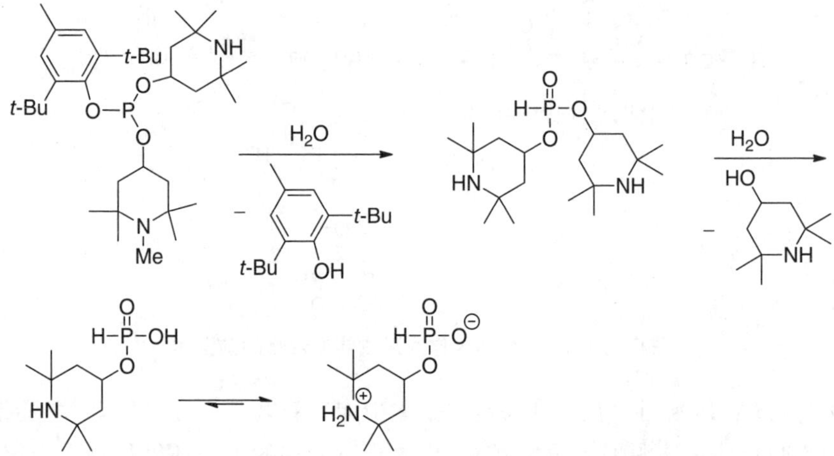

图解 2.122 HALS 对亚磷酸三酯水解的稳定效应

Oxeno(现在的 Evonik)在使用双亚磷酸三酯配体的铑催化的氢甲酰化中运用了这一原理，从外部加入的由长脂肪链连接的 HALS，作为分子间的稳定剂(图 2.30)[171]。

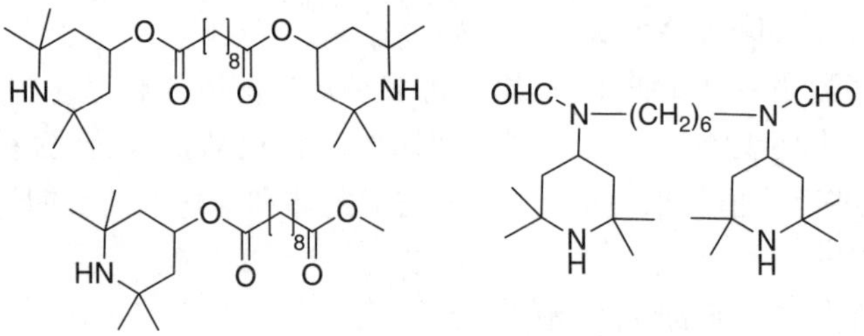

图 2.30 基于 HALS 的稳定剂

类似的方法也被使用在水溶性亚磷酸三酯的稳定中[172]。带有长链芳基的亚磷酸酯磺酸铵盐与亚磷酸三苯酯相比增加了水解稳定性(表 2.1)。

表 2.1 由于磺酸氨盐基团而改进的水解稳定性

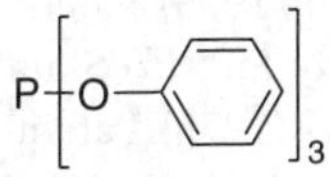

反应时间/h	1	2	3	4	5	24
1 的水解	19.8	97.3	100	—	—	—
2 的水解	2.5	6.5	7.4	15.7	19.1	100

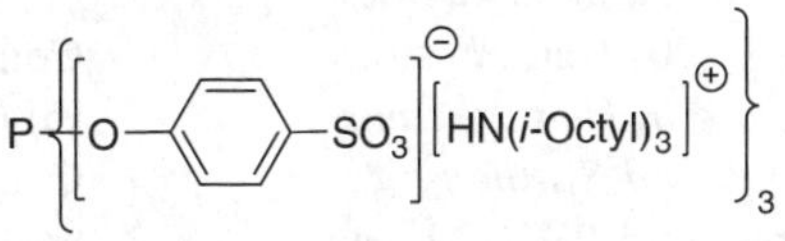

向膦配体结构中加入长链烷基会增加它的疏水性,从而水解仅限制在相的边界。当邻和对正壬基苯酚的亚磷酸三酯混合物被用于替代纯邻位取代的亚磷酸三酯时,可以观测到水解稳定性明显增加[173]。 181

BIPHEPHOS 类型的配体可以通过加入环己烯氧化物来稳定(图解 2.123)[174]。环氧化合物与亚磷酸三酯降解形成的磷酸发生反应。这样几乎可以完全阻止自催化连锁效应。

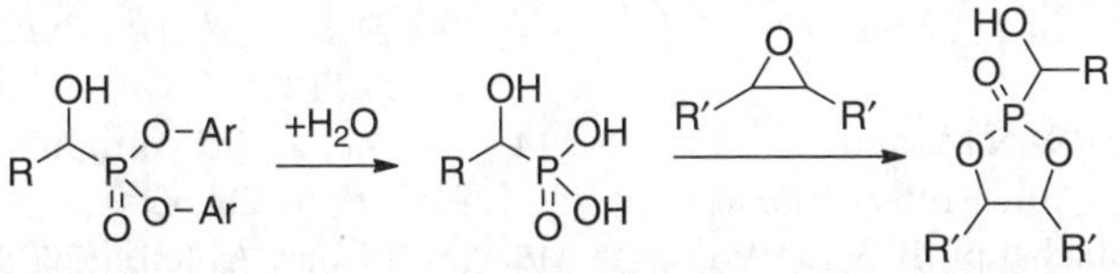

图解 2.123 用于延缓自催化连锁降解过程的环氧化物

Cobley 和 Pringle 发现,铑对于来自磺化杯[4]芳烃的笼状单亚磷酸三酯的水解有显著的稳定作用[175]。原亚磷酸三酯在水中的寿命仅为约 5 h。但是与铑配位将它的水解稳定性增加至了 4 个月。它甚至可以在双水相氢甲酰化条件下存活。

182

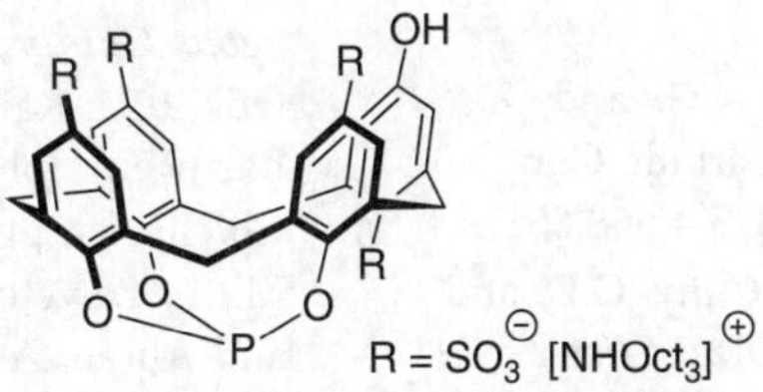

作为铑的替代,例如 $Ru_3(CO)_{12}$、$Pt(acac)_2$、$Pd(acac)_2$、$Os_3(CO)_{12}$ 或者 $Co_2(CO)_8$ 的其他均相后过渡金属配合物,可以和带有空间位阻基团的亚磷酸三酯一起,作为稳定的氢甲酰化催化剂。专利文献中有此类应用的描述[176]。

参考文献

1. Gual, A., Godard, C., de la Fuente, V., and Castillon, S. (2012) in *Phosphorus(III) Ligand in Homogeneous Catalysis: Design and Synthesis* (eds P.C.J. Kamer and P.W.N.M. van Leeuwen), John Wiley & Sons, Ltd., Chichester, pp. 81–131.
2. (a) Gual, A., Godard, C., Castillón, S., and Claver, C. (2010) *Tetrahedron: Asymmetry*, **21**, 1135–1146; (b) Fernández-Pérez, H., Etayo, P., Panossian, A., and Vidal-Ferran, A. (2011) *Chem. Rev.*, **111**, 2119–2176.
3. (a) van Leeuwen, P.W.N.M. and Roobeek, C.F. (1983) *J. Organomet. Chem.*, **258**, 343–350; (b) van Rooy, A., Orij, E.N., Kamer, P.C.J., van den Aardweg, F., and van Leeuwen, P.W.N.M. (1991) *J. Chem. Soc., Chem. Commun.*, 1096–1097; (c) Jongsma, T., Challa, G., and van Leeuwen, P.W.N.M. (1991) *J. Organomet. Chem.*, **421**, 121–128.
4. van Leeuwen, P.W.N.M. and Roobeek, C. (to Shell International Research Maatschappij B. V.) (1981) Patent EP 0054986.
183 5. Abatjoglou, A.G., Bryant, D.R., and Maher, J.M. (to Union Carbide Chemicals & Plastics Technology Corporation) (1995) Patent EP 0697391.
6. Yoshinura, N. and Tokito, Y. (to Kuraray Co., Ltd.) (1987) Patent EP 0223103.
7. (a) Billig, E., Abatjoglou, A.G., and Bryant, D.R. (to Union Carbide Corporation) (1987) Patent US 4,668,651; US 4,769498 (1988); (b) Cuny, G.D. and Buchwald, S.L. (1993) *J. Am. Chem. Soc.*, **115**, 2066–2068.
8. (a) Stoll, K. and Wolf, R. (to Sandoz-Patent-GmbH) (1990) Patent DE 4001397; (b) Bolgar, M., Hubball, J., Groeger, J., and Meronik, S. (2008) *Handbook for the Chemical Analysis of Plastic and Polymer Additives*, Chapter 5, CRC Press, London, pp. 61–158.
9. (a) Shim, K.S. (to Stauffer Chemical Company) (1975) Patent US 3,862,275; (b) Giolito, S.L. (to Stauffer Chemical Company) (1976) Patent US 4163767; (c) Blount, D.H. (2000) Patent US 6,054,515; (d) Pelt Van, W.W.G.J. (to Nixon & Vanderhye, PC) (2009) Patent US 2009/0176919.
10. (a) Granzow, A. (1978) *Acc. Chem. Res.*, **11**, 177–183; (b) Lu, S.-Y. (2002) *Prog. Polym. Sci.*, **27**, 1661–1712.
11. Pritchard, G. (2005) *Plastics Additives, Rapra Market Report*, Rapra Technology Limited, Shawbury.
12. Jakupca, M., Lance, J.M., and Stevenson, D. (to Dover Chemical Corporation) (2010) Patent WO 2011/102861.
13. Ogata, M., Tutumimoto Sato, K., Kunikane, T., Oka, K., Seki, M., Urano, S., Hiramatsu, K., and Endo, T. (2005) *Biol. Pharm. Bull.*, **28**, 1120–1122.
14. Piscane, A. (to Anthony Piscane) (2003) Patent UK 2386600.
15. (a) Börner, A. (ed.) (2008) *Phosphorus Ligand in Asymmetric Catalysis*, vol. 1, Wiley-VCH Verlag GmbH, Weinheim; (b) Lühr, S., Holz, J., and Börner, A. (2011) *ChemCatChem*, **3**, 1708–1730; (c) Gual, A., Godard, C., de la Fuente, V., and Castillón, S. (2012) in *Phosphorus(III) Ligands in Homogeneous Catalysis: Design and Synthesis* (eds P.C.J. Kamer and P.W.N.M. van Leeuwen), John Wiley & Sons, Ltd., Chichester, pp. 81–157; (d) Pereira, M.M., Calvete, M.J.F., Carrilho, R.M.B., and Abreu, A.R. (2013) *Chem. Soc. Rev.*, **42**, 6990–7027.
16. Stroh, R., Seydel, R., and Hahn, W. (1957) *Angew. Chem.*, **69**, 699–706.
17. (a) Kulik, M.D. and Laufer, R.J. (to Consolidation Coal Company) (1969) Patent US 3,461,175; (b) Hard, H. and Cassis, F.A. Jr., (1951) *J. Am. Chem. Soc.*, **73**, 3179–3182.

18. Dubrovina, N.V., Domke, L., Shuklov, I.A., Spannenberg, A., Franke, R., Villinger, A., and Börner, A. (2013) *Tetrahedron*, **69**, 8809–8817.
19. Packett, D.L. (to Union Carbide Chemicals & Plastics Technology Corporation) (1994) Patent US 5,312,996.
20. Hewgill, F.R., Kennedy, B.R., and Kilpin, D. (1965) *J. Chem. Soc.*, 2904–2914.
21. (a) Masao, M., Kanazu, K., Butsugan, Y., and Bito, T. (1969) *Nagoya Kogyo Daigaku Gakuho*, **21**, 447–448; (b) Masao, M., Hiroshi, H., Sekiya, O., Butsugan, Y., and Bito, T. (1971) *Nagoya Kogyo Daigaku Gakuho*, **23**, 497–499; (c) Butsugan, Y., Muto, M., Kawai, M., Araki, S., Murase, Y., and Saito, K. (1989) *J. Org. Chem.*, **54**, 4215–4217.
22. Fujitani, T. (1988) *Yukagaku*, **37**, 87–91.
23. Jana, R. and Tunge, J.A. (2009) *Org. Lett.*, **11**, 971–974.
24. Mikhel, I.S., Dubrovina, N.V., Shuklov, I.A., Baumann, W., Selent, D., Jiao, H., Christiansen, A., Franke, R., and Börner, A. (2011) *J. Organomet. Chem.*, **696**, 3050–3075.
25. Sperotto, E., van Klink, G.P.M., van Koten, G., and de Vries, J.G. (2010) *Dalton Trans.*, **39**, 10338–10351.
26. Fujisawa, S., Ishihara, M., and Yokoe, I. (2004) *Internet Electron. J. Mol. Des.*, **3**, 241–246.
27. Brunel, J.M. (2005) *Chem. Rev.*, **105**, 857–897.
28. Carrilho, R.M.B., Neves, A.C.B., Lourenço, M.A.O., Abreu, A.R., Rosado, M.T.S., Abreu, P.E., Eusébio, M.E.S., Kollár, L., Bayon, J.C., and Pereira, M.M. (2012) *J. Organomet. Chem.*, **698**, 28–34.
29. Hovorka, M., Günterová, J., and Závada, J. (1990) *Tetrahedron Lett.*, **31**, 413–416.
30. Korostylev, A., Tararov, V., Fischer, C., Monsees, A., and Börner, A. (2004) *J. Org. Chem.*, **69**, 3220–3221.
31. Babin J.E. and Whiteker, G.T. (to Union Carbide Chemicals & Plastics Technology Corporation) (1994) Patent US 5,360,938.
32. Elsler, B., Schollmeyer, D., Dyballa, K.M., Franke, R., and Waldvogel, S.R. (2014) *Angew. Chem. Int. Ed.*, **53**, 5210–5213.
33. Gurvich Ya.A., Grinberg, A.A., Liakumovich, A. G., Michurov, Yu.I., Starikova, O.F., Yanshevskii, V.A., Kumok, S.T., Styskin, E.L., and Rutman, G.I. (to Scientific-Research Institute of Rubber and Latex Articles, USSR; Sterlitamak Experimental-Industrial Plant for Production of Isoprene Rubber) (1980) Patent CH 619917.
34. Pullman, J.C. (to American Cyanamid Company) (1954) Patent US 2,675,366.
35. Koebner, M. (1933) *Angew. Chem.*, **46**, 251–256.
36. Gordon, B.W.F. and Scott, M.J. (2000) *Inorg. Chim. Acta*, **297**, 206–216.
37. Komissarova, N.L., Belostotskaya, I.S., Shubina, O.V., Grishina, E.A., and Ershov, V.V. (1992) *Zh. Org. Khim.*, **28**, 188–191.
38. Gutsche, C.D., Rogers, J.S., Steewart, D.R., and See, K. (1990) *Pure Appl. Chem.*, **62**, 485.
39. Ding, K., Peng, X., Wang, Z., and Wu, J. (to Shanghai Institut of Organic Chemistry, Chinese Academy of Sciences) (2010) Patent CN 101768060; *Chem. Abstr.*, **153** (2010) 232740.
40. Tang, L., Wasserman, E.P., Neithamer,
D.R., Krystosek, R.D., Cheng, Y., Price,
P.C., He, Y., and Emge, T.J. (2008) 184
Macromolecules, **41**, 7306–7315.
41. Sartori, G., Bigi, F., Maggi, R., Pastorio, A., Porta, C., and Bonfanti, G. (1994) *J. Chem. Soc., Perkin Trans.*, 1879–1882.
42. (a) Mauz, O. (to Farbwerke Hoechst AG, vorm. Meister Lucius & Brüning) (1969) Patent DE 1953333; (b) Christidis, Y., Mauz, O., and Prinz, E. (to Nobel Hoechst Chimi)

(1974) Patent FP 2259809; (c) Schmailzl, G., Wiedemann, J., Pfahler, G., and Nowy, G. (to Hoechst Aktiengesellschaft) (1990) Patent EP 0431544.

43. Dieleman, C.B., Kamer, P.C.J., Reek, J.N.H., and van Leeuwen, P.W.N.M. (2001) *Helv. Chim. Acta*, **84**, 3269–3280.
44. Selent, D., Hess, D., Wiese, K.-D., Röttger, D., Kunze, C., and Börner, A. (2001) *Angew. Chem. Int. Ed.*, **40**, 1696–1698.
45. Jia, X., Wang, Z., and Ding, K. (2013) *Catal. Sci. Technol.*, **3**, 1901–1904.
46. (a) Rybáček, J., Huerta-Angeles, G., Kollárovič, A., Stará, I.G., Starý, I., Rahe, P., Nimmrich, M., and Kühnle, A. (2011) *Eur. J. Org. Chem.*, **2011**, 853–860; (b) Krausová, Z., Sehnal, P., Bondzic, B.P., Chercheja, S., Eilbracht, P., Stará, I.G., Šaman, D., and Starý, I. (2011) *Eur. J. Org. Chem.*, **2011**, 3849–3857.
47. Sethi, A. (2004) *Systematic Laboratory Experiments in Organic Chemistry*, New Age International Pvt Ltd Publishers.
48. Seebach, D., Beck, A.K., and Heckel, A. (2001) *Angew. Chem. Int. Ed.*, **40**, 92–138.
49. (a) Toda, F. and Tanaka, K. (1988) *Tetrahedron Lett.*, **29**, 551–554; (b) Beck, A.K., Gysi, P., La Vecchia, L., and Seebach, D. (2004) *Org. Synth.* Coll., **10**, 349; (1999) **76**, p. 12.
50. Shimono, Y. (to Mitsubishi Gas Chemical Co) (1973) Patent JP 48043085 B; *Chem. Abstr.*, **80** (1974) 82071.
51. Hosaus, H., Rave, P., Wigand, P., and Tollens, B. (1893) *J. Am. Chem. Soc.*, **15**, 704–708.
52. Cossy, J., Eustache, F., and Dalko, P.I. (2001) *Tetrahedron Lett.*, **42**, 5005–5007.
53. Nakamura, K., Yamanaka, R., Matsuda, T., and Harada, T. (2003) *Tetrahedron: Asymmetry*, **14**, 2659–2681.
54. Dubrovina, N.V., Tararov, V.I., Monsees, A., Spannenberg, A., Kostas, I.D., and Börner, A. (2005) *Tetrahedron: Asymmetry*, **16**, 3640–3649.
55. Cram, D.J. and Steinberg, H. (1954) *J. Am. Chem. Soc.*, **76**, 2753–2757.
56. Chan, A.S.C., Lin, C.C., Sun, J., Hu, W., Pan, W., Mi, A., Jiang, Y., Huang, T.-M., Yang, T.-K., Chen, J.-H., Wang, Y., and Lee, G.-H. (1995) *Tetrahedron: Asymmetry*, **6**, 2953–2959.
57. Moravcová, J., Čapková, J., and Staněk, J. (1994) *Carbohydr. Res.*, **263**, 61–66.
58. Kochetkov, N.K., Nifant'ev, E.E., Koroteev, M.P., Zhane, Z.K., and Borsinko, A.A. (1976) *Carbohydr. Res.*, **47**, 221–231.
59. Diéguez, M., Pàmies, O., Ruiz, A., Castillón, S., and Claver, C. (2001) *Chem. Eur. J.*, **7**, 3086–3094.
60. (a) Ayres, D.C. and Rydon, H.N. (1957) *J. Chem. Soc.*, 1109–1114; (b) Liu, D. (to Peop. Rep. China) (2004) Patent CN 1493575 A; *Chem. Abstr.* **143** (2005) 43968.
61. Oakes, V. and Cross, D.F.W. (Pure Chemicals Ltd.) (1969) Patent GB 1173763.
62. Watanabe, Y., Maehara, S.-I., and Ozaki, S. (1992) *J. Chem. Soc., Perkin Trans. 1*, 1879–1880.
63. Cobley, C.J., Ellis, D.D., Orpen, A.G., and Pringle, P.G. (2000) *J. Chem. Soc., Dalton Trans.*, 1101–1107.
64. Riesel, L., Kant, M., and Helbing, R. (1990) *Z. Anorg. Allgem. Chem.*, **580**, 217–223.
65. Monti, C., Gennari, C., Piarulli, U., de Vries, J.G., de Vries, A.H.M., and Lefort, L. (2005) *Chem. Eur. J.*, **11**, 6701–6717.
66. Blosser, R.C., Gurcsik, J.F., and White, C.E., Jr., (to General Electric Co) (1993) Patent EP 553984.
67. Anschütz, L. and Marquardt, W. (1956)

Chem. Ber., **89**, 1119–1123.
68. Occassionally also corresponding fluorophosphites have been used: Burton, L.P.J. (to Ethyl Corporation) (1990) Patent US 4,912,155.
69. Herzog, H. and Hoppe, R. (to Deutsche Advance Production GmbH) (1971) Patent DE 2007070.
70. Tada, F., Inamine, S., and Hatanaka, T. (to Sakai Chemical Industry Company) (1972) Patent US 3,674,897.
71. Uchida, K. and Nobuaki, N. (to Yotsukaichi Gosei Kk) (1994) Patent JP 06247991; *Chem. Abstr.*, **122** (1995) 10261.
72. Fridag, D., Franke, R., Schemmer, B., Kreidler, B., and Wechsler, B. (to Evonik Oxeno GmbH) (2010) Patent WO 2010/052090.
73. Xue, S. and Jiang, Y.-Z. (2004) *Chin. J. Chem.*, **22**, 1456–1458.
74. Hess, K., Mahood, J.A., Marcus, S., and White, C.E. (to General Electric Company) (2002) Patent US 6,444,836.
75. Maul, R. and Schenk, V. (to Ciba-Geigy Corporation) (1993) Patent US 5,235,086.
76. Suárez, A., Pizzano, A., Fernández, I., and Khiar, N. (2001) *Tetrahedron: Asymmetry*, **12**, 633–642.
77. Brunel, J.-M., Pardigon, O., Maffei, M., and Buono, G. (1992) *Tetrahedron: Asymmetry*, **3**, 1243–1246.
78. van Rooy, A., Kamer, P.C.J., van Leeuwen, P.W.N.M., Goubitz, K., Franje, J., Veldman, N., and Spek, A.L. (1996) *Organometallics*, **15**, 835–847.
79. Fridag, D., Franke, R., Kreidler, B., and Wechsler, B. (to Evonik Oxeno GmbH) (2010) Patent DE 102008043584.
80. Christiansen, A., Fridag, D., Kreidler, B., Neumann, D., Schemmer, B., and Wechsler, B. (to Evonik Oxeno GmbH) (2012) Patent WO 2012095255.
81. Gavrilov, K.N., Lyubimov, S.E., Petrovskii, P.V., Zheglov, S.V., Safronov, A.S., Skazov, R.S., and Davankov, V.A. (2005) *Tetrahedron*, **61**, 10514–10520. 185
82. Piras, I., Jennerjahn, R., Jackstell, R., Baumann, W., Spannenberg, A., Franke, R., Wiese, K.-D., and Beller, M. (2010) *J. Organomet. Chem.*, **695**, 479–486.
83. Bui Cong, C., Munoz, A., Koenig, M., and Wolf, R. (1977) *Tetrahedron Lett.*, 2297–2300.
84. Korostylev, A., Selent, D., Monsees, A., Borgmann, C., and Börner, A. (2003) *Tetrahedron: Asymmetry*, **14**, 1905–1909.
85. Abdrakhmanova, L.M., Mironov, V.F., Baronova, T.A., and Musin, R.Z. (2007) *Russ. J. Org. Chem.*, **43**, 1090–1091.
86. (a) van der Vlugt, J.I., Grutters, M.M.P., Ackerstaff, J., Hanssen, R.W.J.M., Abbenhuis, H.C.L., and Vogt, D. (2003) *Tetrahedron Lett.*, **44**, 8301–8305; (b) van der Vlugt, J.I., Ackerstaff, J., Dijkstra, T.W., Mills, A.M., Kooijman, H., Spek, A.L., Meetsma, A., Abbenhuis, H.C.L., and Vogt, D. (2004) *Adv. Synth. Catal.*, **346**, 399–412.
87. Dabbawala, A.A., Bajaj, H.C., and Jasra, R.V. (2009) *J. Mol. Catal. A: Chem.*, **302**, 97–106.
88. Puckette, T.A. and Liu, Y.-S. (to Eastman Chemical Company) (2010) Patent WO 2010151285.
89. Tricas, H., Diebolt, O., and van Leeuwen, P.W.N.M. (2013) *J. Catal.*, **298**, 198–205.
90. Gatto, V.J. (to Ethyl Corporation) (1991) Patent US 5,068,388.
91. (a) Puckette, T.A. (2007) *Chem. Ind.* (Dekker), **115**, 31–38; (b) Fey, N., Garland, M., Hopewell, J.P., McMullin, C.L., Mastroianni, S., Orpen, A.G., and Pringle, P.G. (2012) *Angew. Chem. Int. Ed.*, **51**, 118–122; (c) Puckette, T.A. (to Eastman Chemical Company) (2013) Patent US 2013/0046112.
92. (a) Selent, D., Börner, A., Kreidler, B., Hess, D., and Wiese, K.-D. (to

Evonik Oxeno GmbH) (2008) Patent DE 102006058682; (b) Selent, D., Franke, R., Spannenberg, A., Baumann, W., Kreidler, B., and Börner, A. (2011) *Organometallics*, **30**, 4509–4514.
93. Röttger, D., Kadyrov, R., Börner, A., Selent, D., and Hess, D. (to Oxeno Olefinchemie GmbH) (2002) Patent DE 10031493.
94. Keiichi, S., Kawaragi, Y., Takai, M., and Ookoshi, T. (to Mitsubishi Kasei) (1992) Patent EP 518241.
186 95. Janssen, M., Bini, L., Hamers, B., Müller, C., Hess, D., Christiansen, A., Franke, R., and Vogt, D. (2010) *Tetrahedron Lett.*, **51**, 1971–1975.
96. Gual, A., Godard, C., Claver, C., and Castillón, S. (2009) *Eur. J. Org. Chem.*, **2009**, 1191–1201.
97. Jiang, Y., Xue, S., Yu, K., Li, Z., Deng, J., Mi, A., and Chang, A.S.C. (1999) *J. Organomet. Chem.*, **586**, 159–165.
98. Babin, J.E. and Whiteker, T. (to Union Carbide Chemicals & Plastics Technology Corporation) (1994) Patent US 5,360,938.
99. Cobley, C.C., Gardner, K., Klosin, J., Praquin, C., Hill, C., Whiteker, G.T., and Zanotti-Gerosa, A. (2004) *J. Org. Chem.*, **69**, 4031–4040.
100. Cobley, C.J., Ellis, D.D., Orpen, A.G., and Pringle, P.G. (2000) *J. Chem. Soc., Dalton Trans.*, 1109–1112.
101. Kunze, C., Selent, D., Neda, I., Schmutzler, R., Baumann, W., and Börner, A. (2002) *Z. Allgem. Anorg. Chem.*, **628**, 779–787.
102. Kunze, C., Selent, D., Schmutzler, R., Neda, I., Spannenberg, A., and Börner, A. (2001) *Heteroat. Chem.*, **12**, 577–585.
103. (a) Christiansen, A., Franke, R., Fridag, D., Hess, D., Kreidler, B., Selent, D., and Boerner, A. (to Evonik Oxeno GmbH) (2013) Patent WO 2013068232 A1; (b) see also: Baker, M.J. and Pringle, P.G. (1993) *J. Chem. Soc., Chem. Commun.*, 314–316.
104. Dyballa, K.M., Franke, R., Fridag, D., Hess, D., Hamers, B., Boerner, A., and Selent, D. (to Evonik Industries AG) (2014) Patent WO 2014177355.
105. Tam, W., Schwiebert, K.E., and Druliner, J.D. (to E. I. DuPont de Nemours and Company) (2001) Patent WO 200121308.
106. (a) Briggs, J.R. and Whiteker, G.T. (2001) *Chem. Commun.*, 2174–2175; (b) Franke, R., Borgmann, C., Hess, D., and Wiese, K.-D. (2003) *Z. Anorg. Allgem. Chem.*, **629**, 2535–2538.
107. Whiteker, G.T., Harrison, A.M., and Abatjoglou, A.G. (1995) *J. Chem. Soc., Chem. Commun.*, 1805–1806.
108. (a) Babin, J.E. and Whiteker, T. (to Union Carbide Chemicals & Plastics Technology Corporation) (1994) Patent US 5,360,938; (b) Selent, D., Baumann, W., Wiese, K.-D., and Börner, A. (2008) *Chem. Commun.*, 6203–6205.
109. Parlevliet, F.J., Kiener, C., Fraanje, J., Goubitz, K., Lutz, M., Spek, A.L., Kamer, P.C.J., and van Leeuwen, P.W.N.M. (2000) *J. Chem. Soc., Dalton Trans.*, 1113–1122.
110. Paciello, R., Siggel, L., Kneuper, H.-J., Walker, N., and Röper, M. (1999) *J. Mol. Catal. A: Chem.*, **143**, 85–97.
111. Billig, E., Abatjoglou, A.G., and Bryant, D.R. (to Union Carbide Corporation) (1986) Patent EP 0213639.
112. Odinets, I., Kégl, T., Sharova, E., Artyushin, O., Goryunov, E., Molchanova, G., Lyssenko, K., Mastryukova, T., Röschenthaler, G.-V., Keglevich, G., and Kollàr, L. (2005) *J. Organomet. Chem.*, **690**, 3456–3464.
113. Whiteker, G.T., Klosin, J., and Gardner, K.J. (to The Dow Chemical Company) (2004) Patent US 2004/0199023.
114. (a) Dwyer, C., Assumption, H., Coetzee, J., Crause, C., Damoense, L., and Kirk, M. (2004) *Coord. Chem.*

Rev., **248**, 653–669; (b) Damoense, L., Datt, M., Green, M., and Steenkamp, C. (2004) *Coord. Chem. Rev.*, **248**, 2393–2407; (c) Kamer, P.C.J., van Rooy, A., Schoemaker, G.C., and van Leeuwen, P.W.N.M. (2004) *Coord. Chem. Rev.*, **248**, 2409–2424; (d) Lazzaroni, R., Settambolo, R., Alagona, G., and Gio, C. (2010) *Coord. Chem. Rev.*, **254**, 696–706.

115. Kubis, C., Ludwig, R., Sawall, M., Neymeyr, K., Börner, A., Wiese, K.-D., Hess, D., Franke, R., and Selent, D. (2010) *ChemCatChem*, **2**, 287–295.

116. Cheng, S., Gao, F., Krummel, K.I., and Garland, M. (2008) *Talanta*, **74**, 1132–1140.

117. (a) Bianchini, C., Oberhauser, W., and Orlandini, A. (2005) *Organometallics*, **24**, 3692–3702; (b) Selent, D., Wiese, K.-D., and Börner, A. (2005) in *Catalysis of Organic Reactions*, vol. 20 (ed. J.R. Sowa), Taylor & Francis Group, Boca Raton, FL, pp. 459–469.

118. Crous, R., Datt, M., Foster, D., Bennie, L., Steenkamp, C., Huyser, J., Kirsten, L., Steyl, G., and Roodt, A. (2005) *Dalton Trans.*, 1108–1116.

119. See e.g.Selent, D., Spannenberg, A., and Börner, A. (2012) *Acta Cryst.*, **E68**, m488.

120. Brown, J.M. and Kent, A.G. (1987) *J. Chem. Soc., Perkin Trans. 2*, 1597–1607.

121. Rosa Axet, M., Benet-Buchholz, J., Claver, C., and Castillón, S. (2007) *Adv. Synth. Catal.*, **349**, 1983–1998.

122. (a) Selent, D., Börner, A., Wiese, K.-D., and Hess, D. (to Evonik Oxeno GmbH) (2008) Patent WO 2008141853; (b) Selent, D., Spannenberg, A., and Börner, A. (2012) *Acta Cryst.*, **E 68**, m215.

123. Sielcken, O.E., Smits, H.A., and Toth, I. (to DSM N. V.) (2001) Patent EP 1249441.

124. Haruna, T. (1995) *Angew. Makromol. Chem.*, **232**, 119–131.

125. (a) Kriston, I., Pénzes, G., Szijjártó, G., Szabó, P., Staniek, P., Földes, E., and Pukánszky, B. (2010) *Polym. Degrad. Stab.*, **95**, 1883–1893; (b) Parrondo, A., Allen, N.S., Edge, M., Liauw, C.M., Fontán, E., and Corrales, T. (2002) *J. Vinyl Add. Tech.*, **8**, 75–89.

126. Schwetlick, K. and Habicher, W.D. (1995) *Angew. Makromol. Chem.*, **232**, 239–246.

127. Schwetlick, K., König, T., Rüger, C., Pionteck, J., and Habicher, W.D. (1986) *Polym. Degrad. Stab.*, **15**, 97–108.

128. Gerrard, W. and Hudson, H.R. (1973) in *Organic Phosphorus Compounds*, vol. 5 (eds G.M. Kosolapoff and L. Maier), Wiley-Interscience, New York, pp. 41–42.

129. Ueda, A., Fujita, Y., and Kawasaki, H. (to Mitsubishi Chem. Corp. Japan) (2001) Patent JP 2001342164; *Chem. Abstr.*, **136** (2001) 21214.

130. Schwetlick, K. (1990) in *Mechanism of Polymer Degradation and Stabilization*, Chapter 2 (ed. G. Scott), Elsevier, 187
London, pp. 23–60.

131. See e.g.Buncel, E. and Um, I.-H. (2004) *Tetrahedron*, **60**, 7801–7825, and references cited therein.

132. Gorenstein, G. (1987) *Chem. Rev.*, **87**, 1047–1077.

133. See e.g.Bel'skii, V.E., Motygullin, G.Z., Eliseenkov, V.N., and Pudovik, A.N. (1969) *Izv. Akad. Nauk SSSR, Ser. Khim.*, **6**, 1297–1300; *Russ.Chem. Bull.* (1968) **18**, 1196-1199.

134. Imaev, M.G. (1961) *Zh. Obshch. Khim.*, **31**, 1762.

135. Arbuzov, A.E. and Imaev, M.G. (1957) *Chem. Abstr.*, **51**, 1374 g.

136. Kovács, E. and Wolkóber, Z. (1973) *J. Polym. Sci., Symp.*, **40**, 73–78.

137. Johnson, B., Keck-Antoine, K., Dejolier, B., Allen, N., Ortuoste, N., and Edge, M. (2005) *J. Vinyl Add. Tech.*, 136–142.

138. Aksnes, G. and Aksnes, D. (1964) *Acta Chim. Scand.*, **18**, 1623–1628.

139. Bhattacharya, A.K. and Thyagarjan, G. (1981) *Chem. Rev.*, **81**, 415–430.
140. Imaev, M.G. and Arbuzov, A.E. (1957) *Dokl. Akad. Nauk. SSSR*, **112**, 856.
141. Garland, M.C. and Pringle, P.G. (2010). 17 International Symposium on Homogeneous Catalysis, Poznan (Polen), Abstractbook, poster P-82, p. 158.
142. McInyre, S. and Alam, T.M. (2007) *Magn. Reson. Chem.*, **45**, 1022–1026.
143. Bel'skii, V.E. and Motygullin, G.Z. (1967) *Izv. Akad. Nauk SSSR, Ser. Khim.*, **11**, 2551–2552.
144. (a) Arbuzov, A.E. and Azanovskaya, M.M. (1951) *Izv. Akad. Nauk SSSR, Ser. Khim.*, 544–550; (b) Arbuzov, A.E. and Zoroastrova, V.M. (1950) *Izv. Akad. Nauk SSSR, Ser. Khim.*, 357–369; (c) Tochácek, J. and Sedlár, J. (1995) *Polym. Degrad. Stab.*, **50**, 345–352; (d) Papanastasiou, M., McMahon, A.W., Allen, N.S., Doyle, A.M., Johnson, B.J., and Keck-Antoine, K. (2006) *Polym. Degrad. Stab.*, **11**, 2675–2682.
145. Kolesnichenko, N.V., Teleshev, A.T., Slivinskii, E.V., Markova, N.A., Vasyanina, L.K., Nifant'ev, E.E., and Loktev, S.M. (1991) *Izv. Akad. Nauk SSSR, Ser. Khim*, **5**, 1026–1030.
146. Koroteev, A.M., Krasnov, G.B., Koroteev, M.P., Nifant'ev, E.E., Kulesheva, L.N., Antipin, M.Y., and Korlyukov, A.A. (2004) *Russ. J. Org. Chem.*, **40**, 474–478.
188 147. Arbuzov, A.E. and Zoroastrova, V.M. (1951) *Izv. Akad. Nauk SSSR, Ser. Khim.*, 536.
148. Coetzee, J., Eastham, G.R., Slawin, A.M.Z., and Cole-Hamilton, D.J. (2012) *Org. Biomol. Chem.*, **10**, 3677–3688.
149. Selent, D., Baumann, W., Kempe, R., Spannenberg, A., Röttger, D., Wiese, K.-D., and Börner, A. (2003) *Organometallics*, **22**, 4265–4271.
150. Parshall, G.W., Knoth, W.H., and Schunn, R.A. (1969) *J. Am. Chem. Soc.*, **91**, 4990–4995.
151. Guthrie, J.P. (1978) *Can. J. Chem.*, **56**, 2142.
152. Arbuzov, A.E. (1914) *J. Russ. Phys. Chem. Soc.*, **46**, 291; *Chem. Abstr.*, **8** (1914) 2551.
153. Westheimer, F.H., Huang, S., and Covitz, F. (1988) *J. Am. Chem. Soc.*, **110**, 181–185.
154. McInyre, S. and Alam, T.M. (2007) *Magn. Reson. Chem.*, **45**, 1022–1026.
155. Coulson, E.J., Gerard, W., and Dudson, H.R. (1965) *J. Chem. Soc.*, 2364–2369.
156. Kibardin, A.M., Gryaznov, P.I., Gazizov, T.K., and Pudovik, A.N. (1988) *Russ. Chem. Bull.*, **36**, 1693–1695.
157. Bauer, L., Korner, S., Pawelke, B., Al-Malaika, S., and Habicher, W.D. (1998) *Polym. Degrad. Stab.*, **62**, 175–186.
158. Ortuoste, N., Allen, N.S., Papanastasiou, M., McMahon, A., Edge, M., Johnson, B., and Keck-Antoine, K. (2006) *Polym. Degrad. Stab.*, **91**, 195–211.
159. Dubrovina, N.V. and Börner, A. (2004) *Angew. Chem. Int. Ed.*, **43**, 5883–5886.
160. (a) Matsumoto, M. and Tamura, M. (1983) *J. Mol. Catal.*, **19**, 365–376; (b) van Leeuwen, P.W.N.M., Roobeek, C.F., Wife, R.L., and Frijns, J.H.G. (1986) *J. Chem. Soc., Chem. Commun.*, 31–33; (c) Christiansen, A., Li, C., Garland, M., Selent, D., Ludwig, R., Franke, R., and Börner, A. (2010) *ChemCatChem*, **2**, 1278–1285.
161. Christiansen, A., Selent, D., Spannenberg, A., Köckerling, M., Reinke, H., Baumann, W., Jiao, H., Franke, R., and Börner, A. (2011) *Chem. Eur. J.*, **17**, 2120–2129.
162. (a) Billig, E., Abatjoglou, A.G., Bryant, D.R., Murray, R.E., and Mather, J.M. (to Union Carbide Corporation) (1985) Patent WO 8503702; (b) Billig, E., Abatjoglou, A.G., Bryant, D.R., Murray, R.E., and Mather, J.M. (to Union Carbide Corporation) (1987) Patent WO

8707261.
163. Clark, H.J., Wang, R., and Alper, H. (2002) *J. Org. Chem.*, **67**, 6224–6225.
164. (a) Klender, G.J., Gattó, V., Jones, K., and Calhoun, C. (1993) *Polym. Prepr.*, **24**, 156–157; (b)Anonymous, Research Disclosure (1998) Patent RD 412038 19980819; *Chem. Abstr.*, **129** (1998) 276892.
165. Klender, G.J. (1996) Proceeding of the 11th Bratislava IUPAC/FECS International Conference on Polymers, Stará Lesná, Slovak Republic, June 24–28, 1996, p. 85; cited by Bauer, I., Körner, S., Pawelke, B., Al-Malaika, S., and Habicher, W.D. (1998) *Polym. Degrad. Stab.* **62**, 175–186, Footnote 18.
166. Matsui, Y. (1977) *Bull. Jpn. Petrol. Inst.*, **19**, 62–67.
167. Imaev, M.G. (1961) *Zh. Obshch. Khim.*, **31**, 1767–1770.
168. Dennis, A.J., Harrson, G.E., and Wyber, J.P. (to Davy NcKee (London) Ltd.) (1984) Patent EP 149894.
169. Kosheckima, L.P. and Mel'nichenko, I.V. (1974) *Ukr. Khim. Zh. (Russ. Ed.)*, **40**, 172–174.
170. Fisch, M.H., Seubert, G.A., Jr.,, and Hegranes, B.A. (to Argus Chemical Corp.) (1986) Patent EP 167969.
171. Hess, D., Ortmann, D., Möller, O., Wiese, K.-D., Fridag, D., and Büschken, W. (to Oxeno Olefinchemie GmbH) (2006) Patent DE 102005042464.
172. (a) Bahrmann, H., Fell, B., and Papdogianakis, G. (to Hoechst A.-G.) (1991) Patent DE 3942787; (b) Fell, B., Papadogianakis, G., Konkol, W., Weber, J., and Bahrmann, H. (1993) *J. Prakt. Chem./Chem.-Ztg.*, **335**, 75–82.
173. Mahood, J.A. (to General Electric Co.) (1996) Patent US 5561181.
174. Babin, J.E., Maher, J.M., and Billig, E. (to Union Carbide Chemicals and Plastics Technology Corp.) (1994) Patent EP 590611. 189
175. Cobley, C.J. and Pringle, P.G. (2011) *Catal. Sci. Technol.*, **1**, 239–242.
176. Abatjoglou, A.G., Bryant, D.R., and Maher, J.M. (to Union Carbide Chemicals & Plastics Technology Corporation) (1998) Patent US 5,756,855.

2.3 亚磷酰胺——合成、结构选择和降解

2.3.1 简介

在氢甲酰化中除了偏向于使用膦和亚磷酸三酯作为配体外，亚磷酰胺也被建议使用。亚磷酰胺是从亚磷酸三酯中将 P—OR 基团取代为 P—NR_2 基团的一类有机磷化合物(图 2.31)。三个不同的 P 取代基形成一个手性(立体生成的)磷原子。亚磷酰胺在合成核酸[1]时起重要作用且经常作为单或双齿配体用于过渡金属催化[2]。

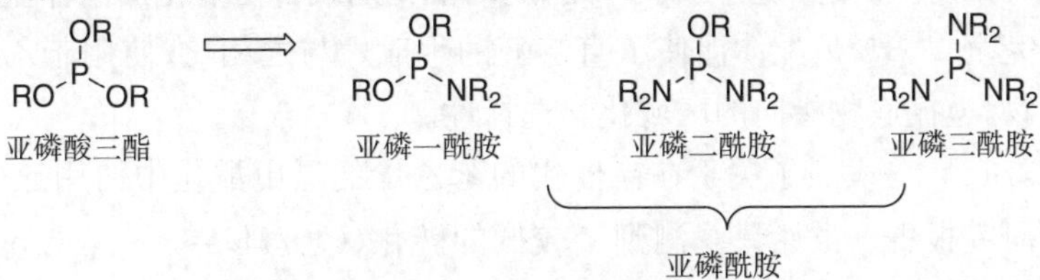

图 2.31 亚磷酰胺作为亚磷酸三酯的衍生物

与其他诸如膦或者亚磷酸三酯的配体相比，亚磷酰胺在氢甲酰化中有着全新的表现。除了在 1997 年引入为最新配体种类的卡宾之外（见第 2.5 节），第一个对亚磷酰胺的成功尝试是在 1996 年[3]。和亚磷酸三酯一样，第一个亚磷酰胺（特别是 *N*-吡咯酰胺）是为用作阻燃剂而设计的[4]。

Van Leeuwen 和其同事[3]在先驱研究中通过 $Cl_2P[N(i\text{-}Pr)_2]$ 和酚的反应合成了单齿和双齿的亚磷酰胺配体（图 2.32）。

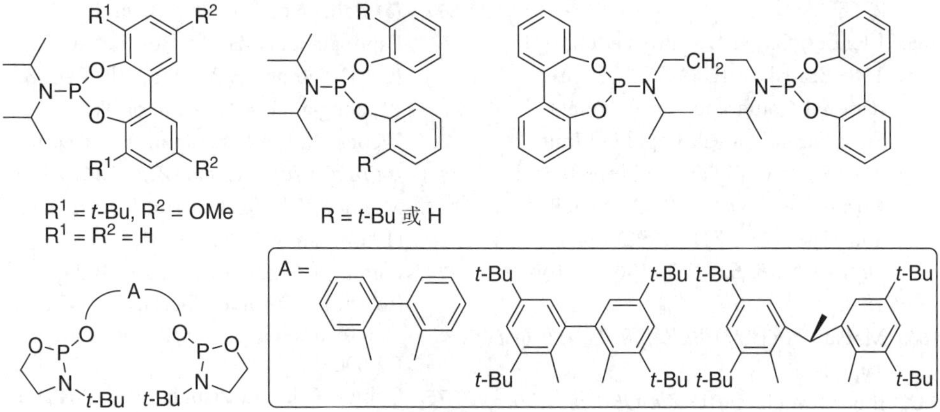

R¹ = *t*-Bu, R² = OMe
R¹ = R² = H

R = *t*-Bu 或 H

图 2.32　一些亚磷酰胺的典型例子

人们希望氮的三取代可以使周围的磷与在亚磷酸三酯的情况下相比更具立体体积且允许更多的电子变化（图 2.33）。

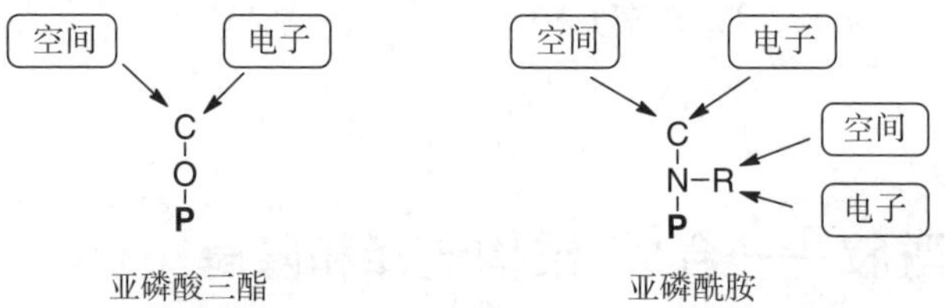

图 2.33　亚磷酸三酯与亚磷酰胺的对比——更多的变化可能性

190 这一特性应该对相关催化剂的催化表现有利。使用较小体积的单齿配体时在铑催化的 1-辛烯的氢甲酰化反应中（$CO/H_2=1:1$，20 bar；80℃）可以观测到高活性。苯环上的邻位取代会降低反应速率，且发生起始烯烃的异构化。文献作者推测，由于芳环存在 α 支链，生成了不稳定的催化剂或者由催化剂前体生成催化剂的反应不完全[5]。二齿配体促使了直链醛的生成。与之相比，使用苯乙烯多数生成支链产物，遵循底物指向的区域化学选择性。

同年，Breit[6,7]发表了关于在铑催化的苯乙烯的氢甲酰化中使用三（1-吡咯）膦的初步研究报告。虽然只观测到了较低的转化（$CO/H_2=1:1$，50 bar；20℃），但从此吡咯取代的膦配体就成为了之后研究的主流。

Moloy 和 Petersen 在 1995 年分离并研究了第一个 RhCl(CO)[(PPh$_x$(吡咯基)$_{3-x}$)]$_2$(x=0～2)类型的配合物[8]。这些亚磷酰胺与这一时期使用的其他膦相比显示出特别的 π 特性。吡咯膦被认为可以在对应的铑配合物里取代 CO。

1997 年，Trzeciak 和 Ziółkowski[9]对比了吡咯膦和其他常用配体的典型电子特性。他们认为，与亚磷酸三酯相比，二或三(吡咯)膦是更强的 π 电子受体(图 2.34)。图中给出了铑配合物中 π 电子受体和 σ 电子给体顺序。 191

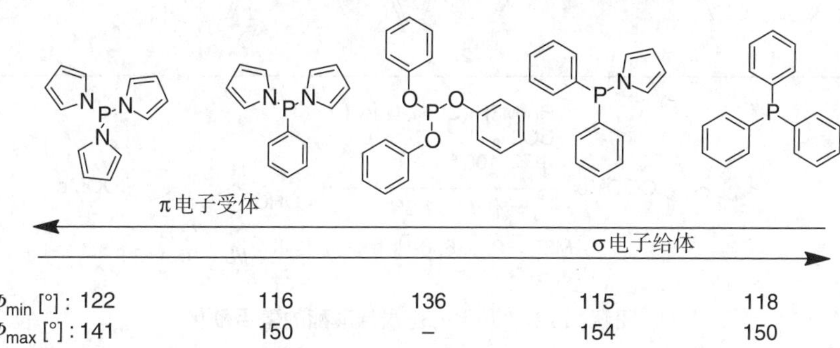

图 2.34 带有不同 P—X(X=C,O,N)键的 P 配体的 π-受体和 σ-给体特性以及在 Rh(acac)(CO)(配体)型配合物中计算出的锥角(Φ_{min}, Φ_{max})

因为有机配体中的高 π 电子受体特性会使 CO 从催化剂上分离，这一特性可能对氢甲酰化的反应速率有利。有趣的是，当在[Rh(acac)(CO)(配体)](acac=acetylacetonate，乙酰丙酮化物)型配合物中用含有不同数量吡啶取代基的吡啶膦代替 PPh_3 时，只观测到锥角的微小偏差(最大锥角：Φ=141°～154°)。人们推测立体效应不是配体有效性的主导因素。

2.3.2 在铑催化的氢甲酰化中使用亚磷酰胺

2.3.2.1 非不对称氢甲酰化

在用三(吡咯)膦进行第一次氢甲酰化尝试之后，许多具有吡啶基团或者相关含氮杂环的氨基膦，例如咪唑、三唑、吲哚或者咔唑都被制备和试验。

1998 年，Du Pont 发表了带有二萘酚链的二(吡咯)和二(吲哚)配体 **1**～**3** 的合成(图解 2.124)[10]。遗憾的是只有关于配体 **1** 的合成细节。其在约 5bar 合成气压下的 3-戊烯酸甲酯的氢甲酰化中被测试，观测到几乎完美的生成端醛的选择性。这一配体也用于转化 1-己烯和 2-己烯。与对应的带有吸电子 3,5-CF_3-苯基基团的双亚磷酸三酯相比，可以改进生成 1-庚醛的选择性。在 1,3-丁二烯的反应中，主要生成戊烯醛。

2000 年，BASF 的专利中使用了吡咯次磷酸二酯 **1**～**3** 的铑氢甲酰化催化剂(图解 2.125)[11]。

192

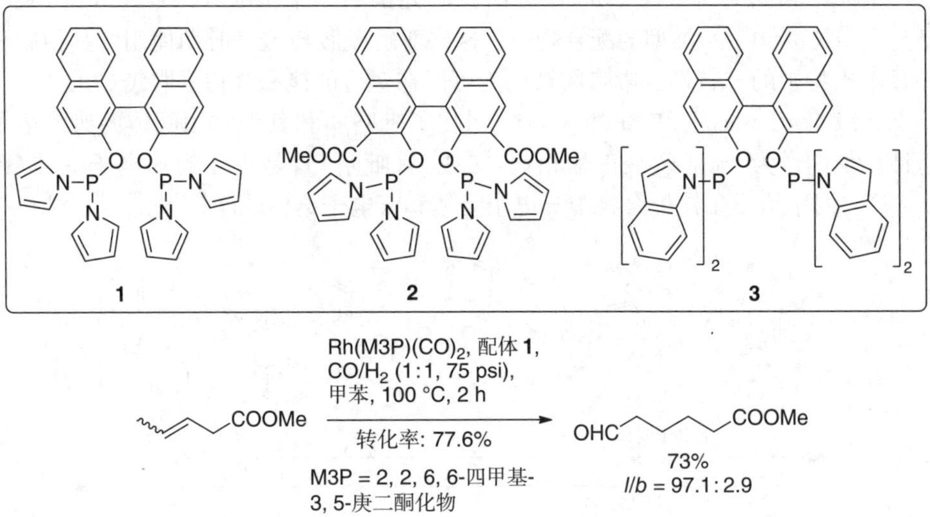

MeOOC COOMe

1 2 3

Rh(M3P)(CO)$_2$, 配体 **1**,
CO/H_2 (1:1, 75 psi),
甲苯, 100 °C, 2 h
转化率: 77.6%
M3P = 2, 2, 6, 6-四甲基-3, 5-庚二酮化物

COOMe → OHC COOMe
73%
l/b = 97.1:2.9

图解 2.124 甲基-3-戊烯酸酯的氢甲酰化

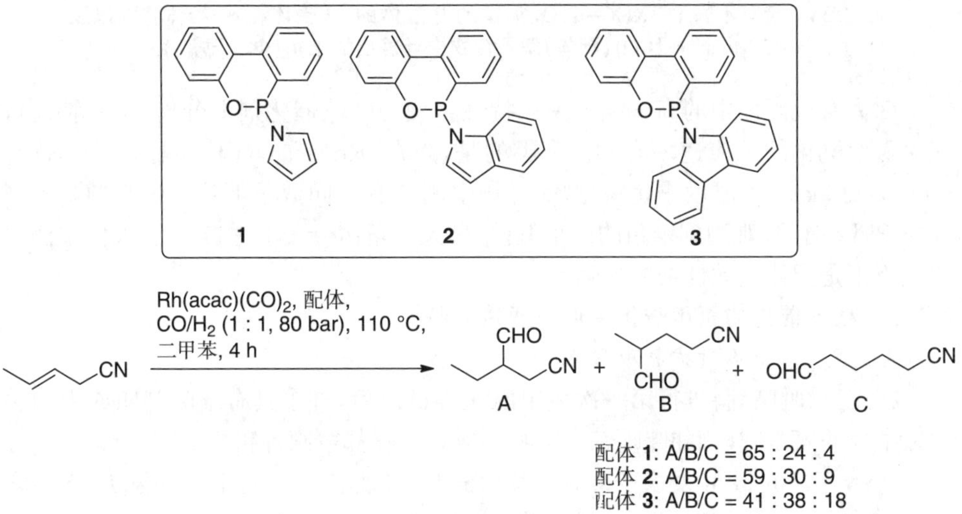

1 2 3

Rh(acac)(CO)$_2$, 配体,
CO/H_2 (1 : 1, 80 bar), 110 °C,
二甲苯, 4 h

CN → CHO, CN (A) + CN, CHO (B) + OHC CN (C)

配体 **1**: A/B/C = 65 : 24 : 4
配体 **2**: A/B/C = 59 : 30 : 9
配体 **3**: A/B/C = 41 : 38 : 18

图解 2.125 戊烯腈的氢甲酰化

在1-辛烯的氢甲酰化中(CO/H_2=1∶1,40 bar,108 mg/kg [Rh], 100℃),4 h内几乎全部转化。l/b 比例以**1**(80∶20)<**2**(68∶32)<**3**(59∶41)的顺序递减。当直链辛烯的混合物在60 bar合成气压、130℃反应时,使用配体**1**可以生成85%的壬醛异构体和11%的氢化产物醇。在戊烯腈的反应中,与预期一样,有着
193 最大立体体积的配体(**3**)表现出生成端醛的最大倾向性,但是三种情况下,生成的主要产物都是3-甲酰戊烯腈醛(A)。

Beller小组[12]与Evonik-Oxeno合作通过氯膦衍生物与碱金属吡咯化物简单反应制备了吡咯衍生物(图2.35)。

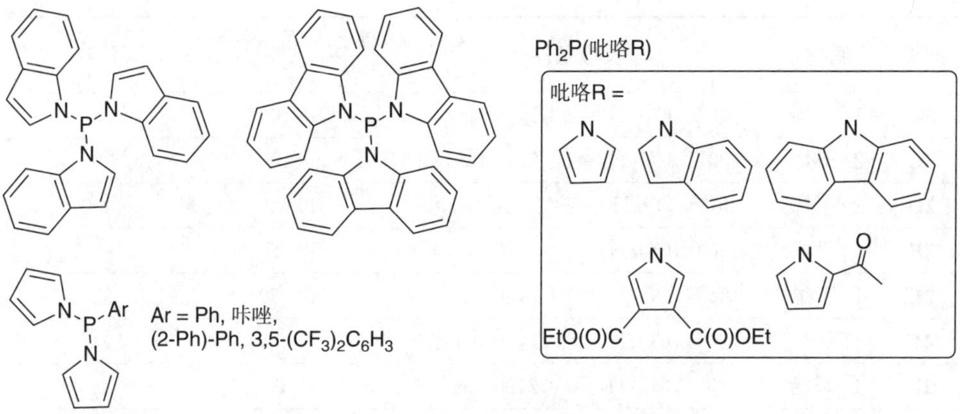

Ph$_2$P(吡咯R)

吡咯R =

Ar = Ph, 咔唑,
(2-Ph)-Ph, 3,5-$(CF_3)_2C_6H_3$

EtO(O)C C(O)OEt

图 2.35 其他一些用于氢甲酰化的吡咯膦

在中等合成气压(50 bar)的 2-戊烯的氢甲酰化(120℃,6h)中,相关铑配合物的表现与未修饰的催化剂类似。在低压(<25 bar)下,特别是使用 P(吡咯)$_3$、PhP(吡咯)$_2$ 和氟化的配体时,结果得到改进。所有单齿的亚磷酰胺只得到中等的 n-区域选择性。

BASF 发表了关于基于咕吨或者三蝶烯结构的二齿对称双酰胺配体[13]。这些配体在异构的丁烯、纯 2-丁烯、1-己烯、1-辛烯和 2-辛烯的异构氢甲酰化中被筛查使用(表 2.2)。

表 2.2 使用不同吡咯亚磷酰胺时烯烃底物的氢甲酰化结果

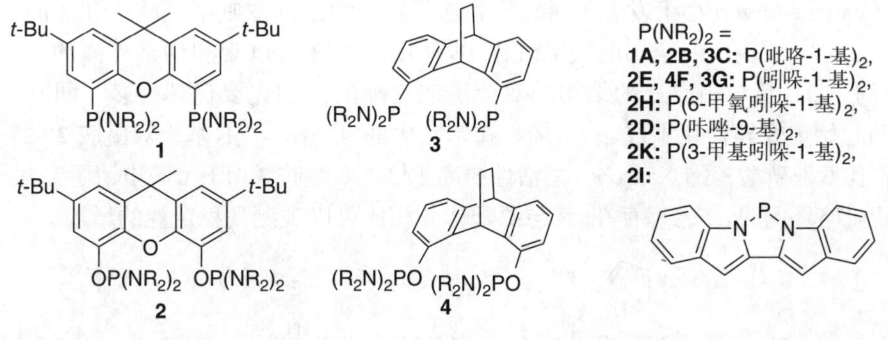

t-Bu t-Bu P(NR$_2$)$_2$ P(NR$_2$)$_2$ 1

(R$_2$N)$_2$P (R$_2$N)$_2$P 3

t-Bu t-Bu OP(NR$_2$)$_2$ OP(NR$_2$)$_2$ 2

(R$_2$N)$_2$PO (R$_2$N)$_2$PO 4

P(NR$_2$)$_2$ =
1A, 2B, 3C: P(吡咯-1-基)$_2$,
2E, 4F, 3G: P(吲哚-1-基)$_2$,
2H: P(6-甲氧吲哚-1-基)$_2$,
2D: P(咔唑-9-基)$_2$,
2K: P(3-甲基吲哚-1-基)$_2$,
2I:

配体	底物	反应条件	转化率/醛选择率/%	n-区域选择性/%
1A	丁烯*	120℃,CO/H$_2$=1∶1,20 bar,4 h	47/96	95
2B	丁烯*	100℃,CO/H$_2$=1∶2,22 bar,4 h	85/89	99
2B	2-丁烯	100℃,CO/H$_2$=1∶2,22 bar,4 h	79/92	95
2B	1-辛烯	100℃,CO/H$_2$=1∶1,10 bar,4 h	98/83	98

续表

配体	底物	反应条件	转化率/醛选择率/%	n-区域选择性/%
3C	1-辛烯	100℃,CO/H_2=1∶1,10 bar,4 h	nd/100	98
3C	2-辛烯	100℃,CO/H_2=1∶2,10 bar,4 h	nd/100	99
2D	2-丁烯	100℃,CO/H_2=1∶2, 10 bar,4 h	25/92	45
2E	3-己烯	100℃,CO/H_2=1∶1,10 bar,4 h	58/87	98
2E	1-丁烯	100℃,CO/H_2=1∶2,10 bar,2 h	100/79	95
4F	丁烯*	120℃,CO/H_2=1∶1,20 bar,2 h	87/90	94
2E	1-辛烯	120℃,CO/H_2=1∶2,20 bar,2 h	61/60	84
3G	丁烯*	110℃,CO/H_2=1∶1,15 bar,2 h	96/100	93
2H	丁烯*	120℃,CO/H_2=1∶1,17 bar,4 h	98/80	93
2I	丁烯*	120℃,CO/H_2=1∶1,17 bar,4 h	40/98	68
2K	丁烯*	120℃,CO/H_2=1∶1,17 bar,4 h	94/98	90
2I	丁烯*	120℃,CO/H_2=1∶1,17 bar,4 h	16/100	94

*45% 1-丁烯,40% 2-丁烯,15% 丁烷。nd.未提及。

总的来说,多数的双酰胺配合物可以得到高的转化率、化学选择性和 n-区域选择性。在一些例子中,当 CO/H_2=1∶2 时,起始烯烃会发生一定程度的氢化。使用立体结构过度拥挤的配体如 **2K** 和 **2I** 会降低活性,且令人意外的,也会降低 n-区域选择性。

van Leeuwen 小组发表了对氧气和水都相当稳定的双吡咯基胺 **1** 和 **2** 的合成(图 2.36)[14]。在 1-辛烯的氢甲酰化中,使用配体 **2** 可以观测到格外高的 l/b 比例(约 100),其与相应二酚结构的双亚磷酸三酯配体相比要优越得多。同时还观测到起始烯烃异构化生成 2-辛烯。在苯乙烯的氢甲酰化中,基于双酰胺 **2** 的铑催
195 化剂比双亚磷酸三酯 Xantphos 的活性要高 4 倍。双酰胺 **3** 由 BASF 申请了专利[15]。由于吡咯环上的 α-乙基存在,其与源配体 **4** 相比可以观测到稳定性的增加。

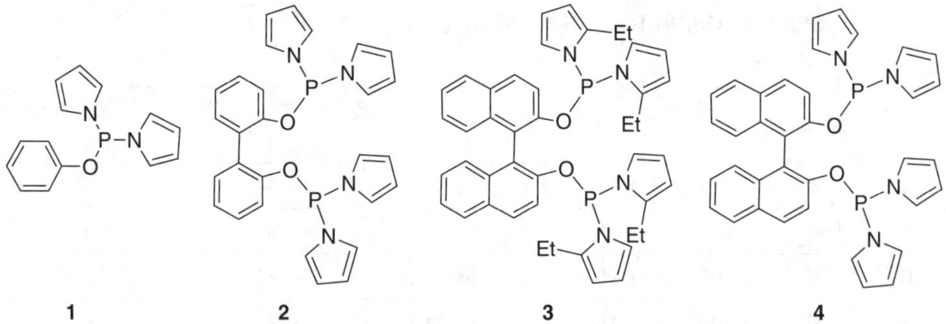

图 2.36 吡咯基二酰胺

Ding 和其同事[16,17]研究了使用配体 **2** 的对映纯 2-氧代环戊羧酸乙酯中烯丙基链的氢甲酰化的 n-区域选择性(图 2.36,图解 2.126)。紧随的反应为氧化、酯化、中间产物 1,4-二羧酸酯的闭环和最终的脱羰作用,生成了高光学纯度的螺-[4,4]壬酮。

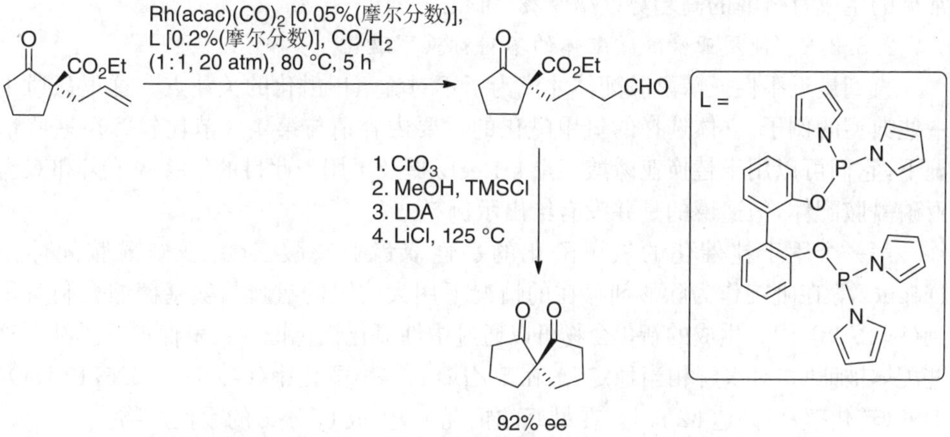

Rh(acac)(CO)$_2$ [0.05%(摩尔分数)], L [0.2%(摩尔分数)], CO/H$_2$ (1:1, 20 atm), 80 °C, 5 h

1. CrO$_3$
2. MeOH, TMSCl
3. LDA
4. LiCl, 125 °C

92% ee

图解 2.126　烯丙基取代的环戊酮的氢甲酰化和随后的向螺型化合物的转化

同一组研究人员还用多步合成制备了一些基于螺缩酮的亚磷酰胺(图 2.37)[18]。在端烯烃的氢甲酰化中,达到的转化数高达 2.3×10^4,l/b 比例为 174.4。

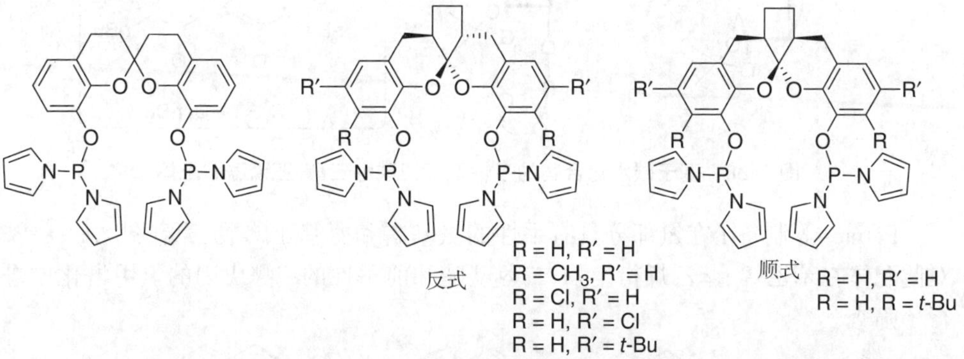

反式
R = H, R′ = H
R = CH$_3$, R′ = H
R = Cl, R′ = H
R = H, R′ = Cl
R = H, R′ = t-Bu

顺式
R = H, R′ = H
R = H, R = t-Bu

图 2.37　基于螺缩酮的亚磷酰胺

Zhang 和其同事将多齿 tropos 配体(与第 2.1.4 节比较)的概念也运用到对应 196
的三和四(吡咯亚磷酸三酯)中[19]。

R = H 或 OP(N-吡咯基)$_2$
R′ = H, Cl, Me, Et, Ph, 甲苯基, p-F-C$_6$H$_4$

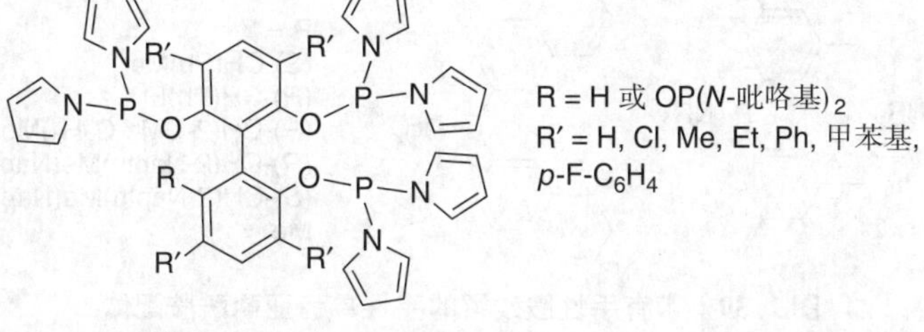

这种潜在的三或者四齿配体被认为有更强的螯合能力，因其可能增加了磷在金属中心周围的局部密度而具有多种螯合模式。这些配体在端烯烃和内烯烃的异构化-氢甲酰化反应中进行了测试。在苯乙烯和取代苯乙烯的反应中，可以观测到常见的生成直链醛的高趋势($l/b=22\sim144.7$)[20]。

2.3.2.2 使用亚磷酰胺配体的不对称氢甲酰化

直到最近手性亚磷酰胺配体才成为了不对称氢甲酰化的关注点。这里只讨论一些典型的例子；立体选择的氢甲酰化的主要内容请与第 4.3 节比较。在一些情况下，它们可以用于替换亚磷酸三酯。Reetz 提及了用于此目的的一些单齿和双齿亚磷酰胺配体，但遗憾的是并没有给出示例[21]。

第一个用于铑催化的氢甲酰化的手性双齿亚磷酸三酯-亚磷酰胺配体由 Diéguez 等在吡啶作为除酸剂存在的情况下用大位阻的氯膦与氨基糖缩合制备得到(图 2.38)[22]。生成的新化合物可以通过中性氧化铝色谱柱在氩保护下提纯。这
197 些配体被证明“对水解相当稳定”。在苯乙烯的氢甲酰化中($CO/H_2=0.5$，10 bar)，TOF(转化率)可高达 52 h^{-1}。在最好的情况下，生成 65%ee 的手性产物。

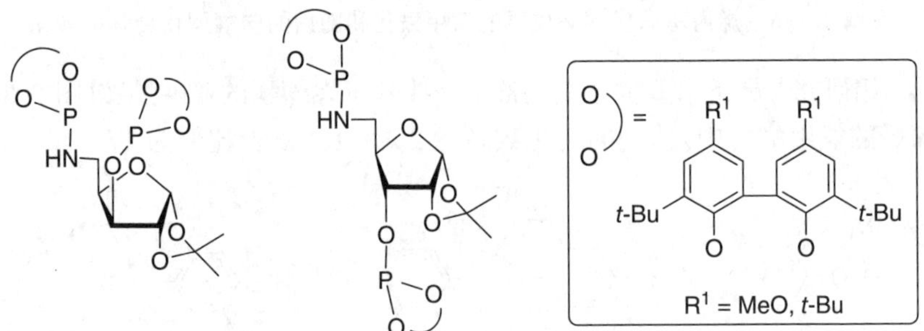

图 2.38 基于碳水化合物的手性双齿亚磷酸三酯-亚磷酰胺配体

Pàmies 等制备了在氮部分具有手性的氨基膦和氨基亚磷酸三酯(图 2.39)[23]。对此配体在苯乙烯、苯乙烯衍生物、二氢呋喃和前手性的二噁庚因的氢甲酰化中进行了筛查。

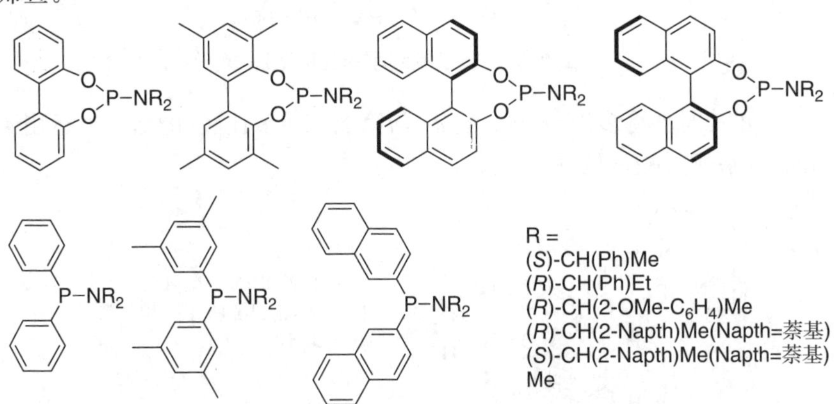

图 2.39 带有手性胺残留的手性单齿亚磷酰胺配体

Zhang 的小组研发的对映纯的 Yanphos 配体被第一次使用在芳基乙烯和乙酸乙烯酯的铑催化不对称氢甲酰化中(图解 2.127)[24]。在所有的情况下,与 Nozaki 的(*R*,*S*)-BINAPHOS 相比,区域选择性和对映选择性都略有改善(与第 2.4 节相比较)。显然,亚磷酰胺催化剂比基于亚磷酸三酯的配体更具活性。所以,整个转化过程所需要的反应时间会缩短。在使用 BINAPHOS 时这是很严重的问题,因为延长反应时间会减少对映异构过量值。这些区别是来自不同的配体结构还是不同的反应条件目前尚不能得到清晰结论。 198

Rh(acac)$(CO)_2$, **L1** 或 **L2**, 苯

L1: CO/H_2 (10 atm:10 atm), 60 °C, 24 h
L2: CO/H_2 (50 atm:50 atm), 40~60 °C, 24~66 h

L1: *b*/*l* = 87:13 至 93:7; 96 %~99 % ee
L2: *b*/*l* = 83:17 至 93:7; 84 %~95 % ee

R = Ph, *p*-Me-C_6H_4, *p*-F-C_6H_4, *o*-F-C_6H_4, *p*-Cl-C_6H_4, *p*-MeO-C_6H_4, *p*-*t*Bu-C_6H_4.
R = OAc

L1 (*S*,*R*)-Yanphos　　**L2** (*R*,*S*)-BINAPHOS

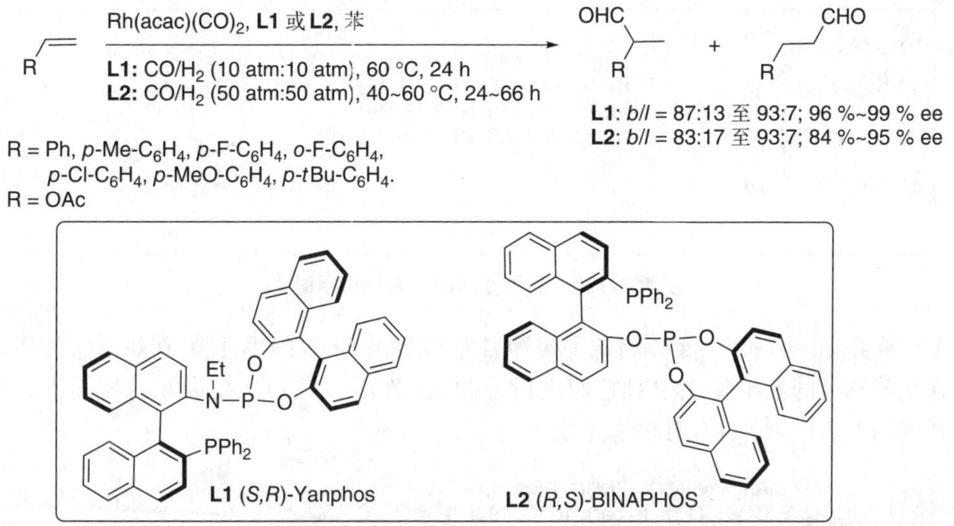

图解 2.127 对比 BINAPHOS 和 Yanphos 在不对称氢甲酰化中的结果

经由萘基基团的改变可以进一步得到的其他相关配体(图 2.40)[25]。

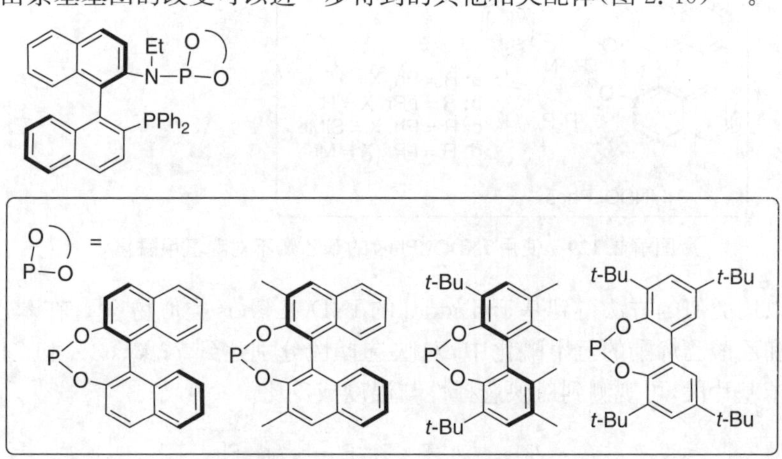

图 2.40 Yanphos 的同类物

Lambers-Verstappen 和 de Vries[26]在烯丙基腈的氢甲酰化中测试了四种手性亚磷酰胺(**1a**~**d**)(图解 2.128)。与使用(*R*,*S*)-BINAPHOS 相比,只得到了低 199

选择性。显然，反应与二芳基碳架上的3,3′位置的取代基的体积密切相关。基于这一点，Ojima和其同事[27]使用二叔丁基衍生物**2**改进了重要反应参数。

Rh(acac)(CO)$_2$, 配体, 甲苯
1: CO/H$_2$ (1:1, 30 bar), 50 °C
2: CO/H$_2$ (1:1, 40 bar), 60 °C
CN → CN, CHO + OHC CN
1a~d: *b/l* = 76:24 至 66:34; 7%~18% ee
(未测定绝对构型)
2: *b/l* = 96:4; 80% ee (*S*)

R^2 R^1 O P−NR^3 O R^2 R^1
1a: R^1 = H, R^2 = H, R^3 = H
1b: R^1 = Me, R^2 = H, R^3 = Me
1c: R^1 = H, R^2 = Br, R^3 = Me
1d: 5,5′,6,6′,7,7′,8,8′-八氢, R^3 = H
t-Bu O P−NR^3 O *t*-Bu **2**

图解 2.128　烯丙基腈的不对称氢甲酰化

Wassenaar和Reek[28]制备了四种名为INDOLPhos的手性膦-亚磷酰胺配体，并在苯乙烯的氢甲酰化中对它们进行了测试（图解2.129）。在最好的情况下，可观测到b/l比例为10，对映选择性为72%。

Ph → Rh(acac)(CO)$_2$, INDOLPhos **d**, CO/H$_2$ (1:1, 10 bar), 40 °C, 19 h, 甲苯 → OHC, Ph + CHO, Ph
b/l = 10:1; 72% ee

X O P−N O X R$_2$P
a: R = Ph, X = H
b: R = *i*-Pr, X = H
c: R = Ph, X = SiMe$_3$
d: R = *i*-Pr, X = Me
INDOLPhos

图解 2.129　使用INDOLPhos的苯乙烯不对称氢甲酰化

可以用类似的方法得到基于Taddol的INDOLPhos类似物[29]。在苯乙烯、烯丙基腈和乙酸乙烯酯的氢甲酰化中，对映选择性分别达到72%、63%和74%。加入二甲苯基片段，可观测到对映选择性与温度成反比。

Ar Ar R′ O O P−N O O Ar Ar R$_2$P
R = Ph, R′ = H, Ar = Ph
R = *i*-Pr, R′ = H, Ar = Ph
R = *o*-Tol, R′ = H, Ar = Ph
R = Ph, R′ = H, Ar = 3,5-二甲苯基
R = *i*-Pr, R′ = H, Ar = 3,5-二甲苯基
R = Ph, R′ = H, Ar = 3,5-(CF$_3$)$_2$-C$_6$H$_3$
R = Ph, R′ = Me, Ar = Ph

小咬入角 INDOLPhos 类型的配体与铑以平展-轴向(ea)的几何方式配位[30]。此配体允许进行 2,3-二氢呋喃的区域和对映选择氢甲酰化,通常情况下,二氢呋喃在氢甲酰化反应发生前就会发生异构生成 2,5-异构体。

膦-亚磷酰胺也可以构造一些超分子双金属催化剂的核区域[31]。在苯乙烯的不对称氢甲酰化中重点研究了这些配合物,在这里 Zn(II)模板对活性和选择性有着显著的影响。

200

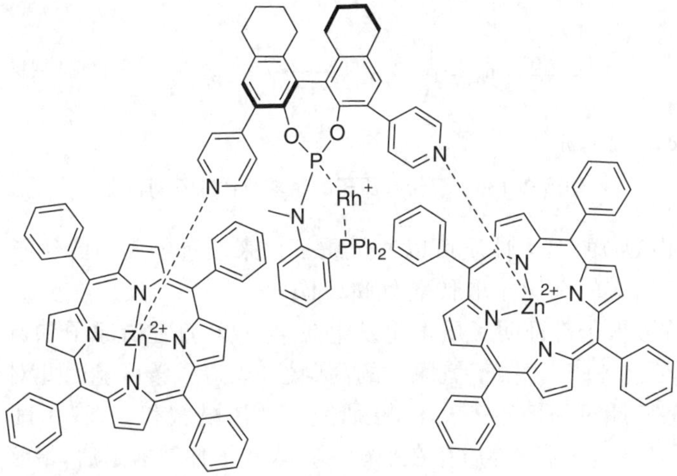

2.3.3 亚磷酰胺的稳定性

2.3.3.1 综述

亚磷酰胺中的 P—N 键与 P—O 键相比对于裂解反应更不稳定。所以亚磷酰胺的醇解是构建 P—O 键的最实用的合成方法之一。反应在酸的催化下进行。另一方面,这一特性也会造成一些亚磷酰胺对水解高度敏感,这当应用在氢甲酰化时会产生严重问题。

总的来说,P(III)化合物的几何结构为带有自由电子对的 P 原子的三角金字塔形[32]。这一特性会使三价磷配合物表现为路易斯碱,且作为软亲核试剂容易与软亲电试剂反应。如果把磷原子质子化,它可以表现为亲电试剂。同样的情况也可以由强吸电子取代基引起。

然而,2004 年,Nurminen 和 Lönnberg[33] 在一篇综述中再一次指出,P(III)化合物的取代反应的机理研究与它们的五价同类物相比力度不够,因其对氧气和水都高度敏感。

众所周知,亲核取代(S_N)的反应机理主要取决于底物和亲核试剂的结构以及反应条件(溶剂、催化剂)。所有的路径都在文献中以例证阐述(图解 2.130)。一些情况中,机理可以用反应产物的立体化学分析方法(基础立体结构的保留、反转或内消旋)解释。总的来说,可以分为以下三种机理[34]。

201

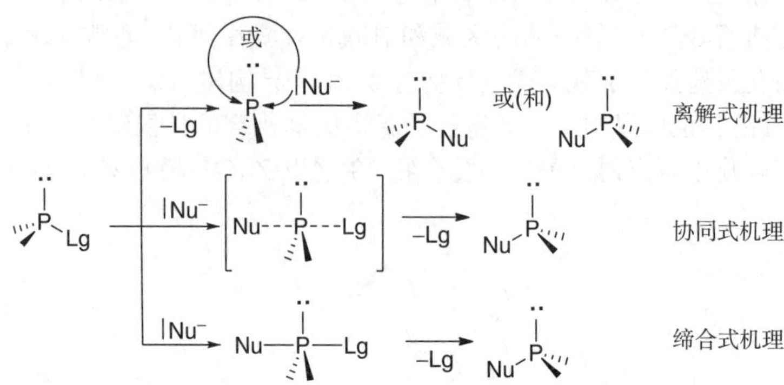

图解 2.130 三价磷原子的亲核取代的不同机理

离去基团(Lg)的离去性质可以通过质子化来改进。典型的例子是亚磷酰胺与水反应生成对应的杂原子取代氧化膦(HASPOs)[34]。反应在酸或者氨盐的辅助下进行。许多例子都证明了质子化发生在第一步,且在磷原子和氮原子上都能够进行(图解 2.131)[35]。由于氮原子的高碱性,亚磷酰胺可能因此对于酸催化的水解比亚磷酸三酯更为敏感[36]。Dahl 研究了亚磷酰胺和 CF_3SO_3H 的反应并发现了 P-质子和 N-质子化物质存在平衡。在取代了仲铵盐之后,最终形成了混合酐(亚磷酸三氟甲磺酰酯)。

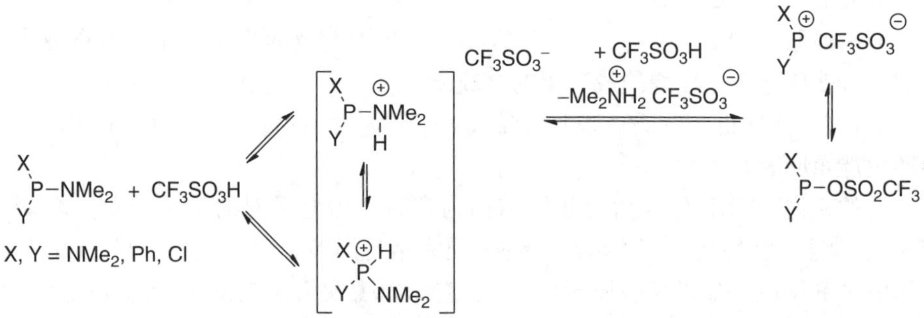

X, Y = NMe₂, Ph, Cl

图解 2.131 亚磷酰胺与酸反应的两种模式

Nifant'ev 和其同事[37]在亚磷酰胺和 HBF_4 作用后分离了 P 质子化盐。这样的 BF_4 盐甚至可以从醇中结晶[38]。用 $H_2P—NH_2$ 计算得知磷质子化会导致 P—N 键的缩短。通过 BF_4 盐的 IR 光谱观测到了这种效应,特征峰为 2 450 cm^{-1}[39]。
202 其结果为,P—N 键增强[39]。作为对比,氮的质子化造成了相反的作用,且产物与磷烯离子和氨的加合物类似(图解 2.132)。

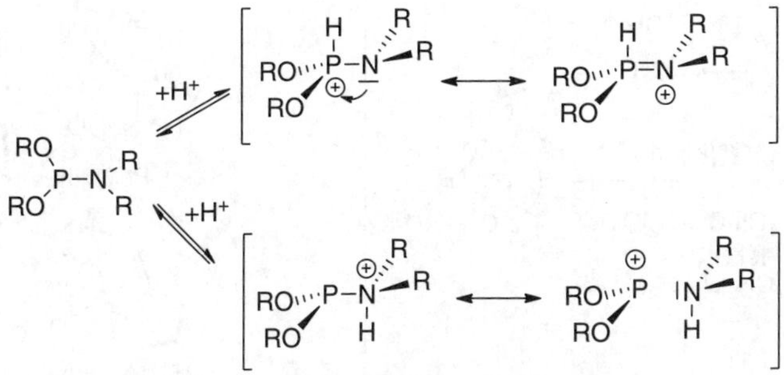

图解 2.132 亚磷酰胺不同的质子化模式

作为水解产物生成的 HASPOs 与对应的三价化合物形成平衡，后者是酸。它们反过来又造成了起始酰胺的水解，启动了自催化过程，这与亚磷酸三酯的情况类似(图解 2.133)。

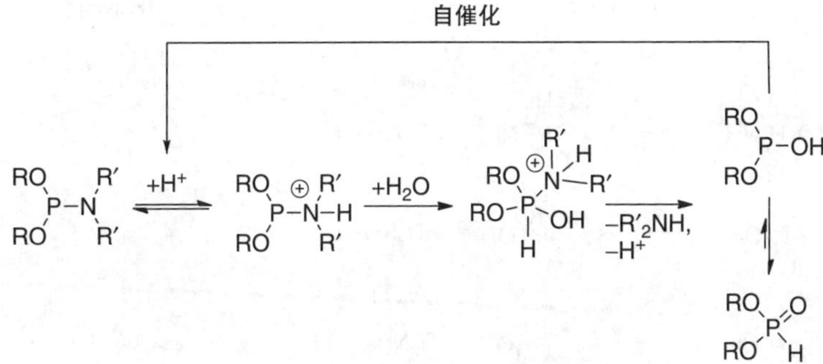

图解 2.133 通过亚磷酰胺的水解形成了 HASPOs

亚磷酰胺的非预期的水解可以导致催化结果的意外改变。在铑催化的 α 取代的乙烯基膦酸的不对称氢化反应中，Ding 和其同事[40]意外发现了 P—N 键与外来的水的水解(图解 2.134)。新生成的氧化仲膦比其源亚磷酰胺配体在相应的催化反应中更有效。在氢化反应之前，加入相同物质的量的 NH_3 到反应混合物中，反应不会发生。这清晰地表明了膦氧化物只在酸性媒介中从亚磷酰胺中生成。

Dahl 为带有 P—N 键的三价磷与醇的亲核取代反应提出了动力学模型(图解 203
2.135)[41]。反应在铵盐作为催化剂存在的情况下进行。第一步中，亚磷酰胺在快速平衡中被质子化(1)。在第二步中，发生氨基团的取代(2)。这一步很缓慢且是决定速率的步骤。催化循环以催化剂的再生作为最后一步结束(3)。

(氢化底物)

$[Rh(COD)_2]OTf$，痕量水，CH_2Cl_2，H_2，室温

图解 2.134 意外发现的通过亚磷酰胺的水解形成 HASPOs 作为形成活性催化剂的前提条件

$$\mathrm{P{-}NR_2} + \mathrm{ROH} \xrightarrow{+\mathrm{R_2NH_2^+X^-}} \mathrm{P{-}OR} + \mathrm{R_2NH} \qquad V = k_{obs}\frac{[\mathrm{PNR_2}][\mathrm{ROH}][\mathrm{R_2NH_2^+}]}{[\mathrm{R_2NH}]}$$

$$\mathrm{P{-}NR_2} + \mathrm{R_2NH_2^+} \underset{}{\overset{K}{\rightleftharpoons}} \mathrm{H{-}P^{\oplus}{-}NHR_2} + \mathrm{R_2NH} \quad (1)$$

$$\mathrm{H{-}P^{\oplus}{-}NR_2} + \mathrm{R_2OH} \xrightarrow[\text{慢}]{k} \mathrm{H{-}P^{\oplus}{-}OR} + \mathrm{R_2NH} \quad (2)$$

$$\mathrm{H{-}P^{\oplus}{-}OR} + \mathrm{R_2NH} \longrightarrow \mathrm{P{-}OR} + \mathrm{R_2NH_2^+} \quad (3)$$

$$V = k_{obs}\left[\mathrm{H{-}P^{\oplus}{-}NR_2}\right][\mathrm{ROH}] = kK\frac{[\mathrm{PNR_2}][\mathrm{ROH}][\mathrm{R_2NH_2^+}]}{[\mathrm{R_2NH}]}$$

图解 2.135 带有 P—N 键的三价磷原子与醇的亲核取代反应的动力学模型

204 根据速率方程，k_{obs} 是平衡常数 K 和速率常数 k 的乘积。它们以相反的方式影响整个反应速率。给电子取代基会增加路易斯碱性从而增加 K；同时，k 减小。吸电子取代基有相反效果。由于这种复杂的相互作用，很难预测稳定性。人们发现和异丙醇的醇解（$Me_2NH_2^+Cl^-$ 作为催化剂，40℃，$CDCl_3$）速率以如下顺序减小，这与离去基团能力的表现顺序一致。

$\mathrm{P{-}NR_2}$ + i-PrOH

相对反应活性顺序：

$NPh_2 > NMePh > NMe_2 > N(i\text{-}Pr)_2$

这些结果证明了对这些亚磷酰胺来说，质子化发生在磷原子上。当使用不同的醇与亚磷酰胺进行反应时，最具酸性的醇，即酚，反应结果最佳。在这一情况下，

必须考虑自催化。大体积基团会降低反应性。

P—NMe_2 + ROH　相对反应活性顺序:
PhOH > MeOH > *i*-BuOH > *i*-PrOH > *t*-BuOH

不同的 P 取代基产生的反应活性顺序如下：

P—NMe_2 > Me_2P—NMe_2 > $P(NMe_2)_3$ > P—NMe_2 > P—NMe_2 > P—NMe_2 > $(EtO)_2P$—NMe_2 > Ph_2P—NMe_2

亚磷酰胺在无酸的质子溶剂中会发生醇解[42]。速率取决于醇的 pK_a 值。与不发生反应的叔丁醇[$pK_{a(H_2O)}=19.2$]不同[44]，和酚[$pK_{a(H_2O)}=10$]有着相近酸性的 1*H*,1*H*-七氟丁醇[$pK_{a(H_2O)}=12$]取代了氨基基团[43]。苯胺基团与更具碱性的烷基胺相比被取代得更快。这一结果与胺首先质子化的观点相对立，但是需要记住的是苯胺盐与含有酰胺的铵盐相比更具酸性[45]。

在核苷酸化学中，亚磷酰胺的醇解被广泛用于构建来自单糖的聚合物(图解 2.136)[46]。反应通常以 1*H*-四唑(TetH)催化，其在第一步中质子化氨基基团。随后，四唑阴离子取代胺。最终与第二个核苷上带有的醇基团反应生成双核苷亚
磷酸三酯。由于从中间产物盐生成四唑亚磷酰胺是速率决定步骤，催化剂必须为 205
酸性，但是同时它还必须带有足够的亲核性。$pK_s=4.89$ 的四唑可以同时满足这两项要求。

Nuc^1O, R^1O P—NR'_2 + TetH → [Nuc^1O, R^1O P—$N^+HR'_2$] Tet^- → (−NHR'_2) Nuc^1O, R^1O P—Tet → (+Nuc^2OH, −TetH) Nuc^1O, R^1O P—$ONuc^2$

TetH = 　R^1 = $CH_2CH=CH_2$　Nuc^2OH =
R′ = *i*-Pr

图解 2.136　糖化学中亚磷酰胺的醇解

2.3.3.2　针对退化的方法

K_2CO_3 被推荐用于阻止磷二甲基酰胺在水中的退化(图解 2.137)[47]。水和醇一样可以取代二甲氨基。由于使用分子筛也会导致明显的水解，人们推测具有碱性性质的 K_2CO_3 可以通过与苯酚质子反应来阻止磷盐的形成。

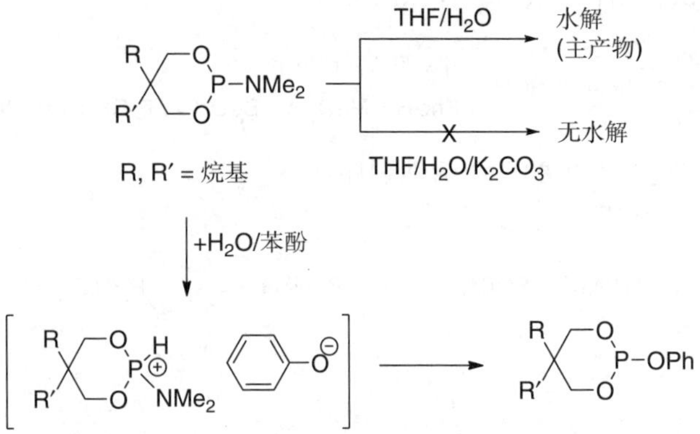

图解 2.137 碱性添加剂对于亚磷酰胺水解的作用

与在烷氨基膦中的 P—N 键相反，(1 -吡咯基)膦中的 P—N 键似乎对质子试剂的溶剂化效应更为稳定。但是，它们易于和氧发生氧化反应生成对应的氧化膦[48,49]。常在氢甲酰化反应中研究的 P(吡咯基)$_3$ 甚至可以在不分解的情况下从
206 甲醇中重结晶[49]。这种对质子试剂的高度稳定性可以解释为：当氮的自由电子对离域化进入环时，存在共振稳定的可能性(图 2.41)。

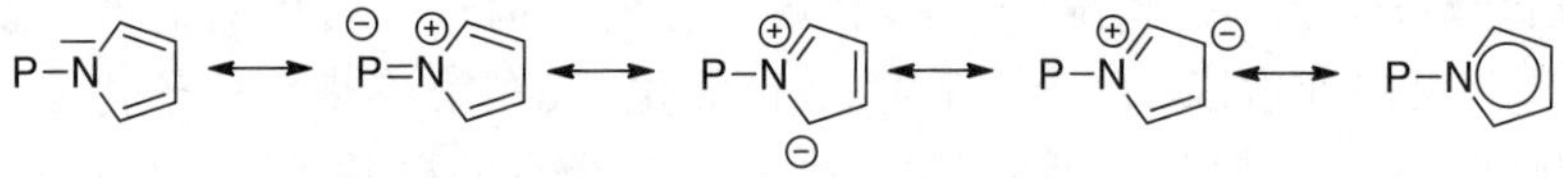

图 2.41 通过共振结构稳定吡咯基膦亚单元

值得注意的是，BASF 的研究人员发现基于 Moloy 和 Petersen[8] 的流程生产的 P(吡咯基)$_3$ 会于 5 天内在氩气中着色[13]。8 周之后，会形成裂缝状的物质，使其不能在催化中使用。相反的是，亚磷酰胺 **1** 的 CH_2Cl_2 溶液用温水冲洗也不受影响。在光照条件下储存 4 周物质也不会变色。

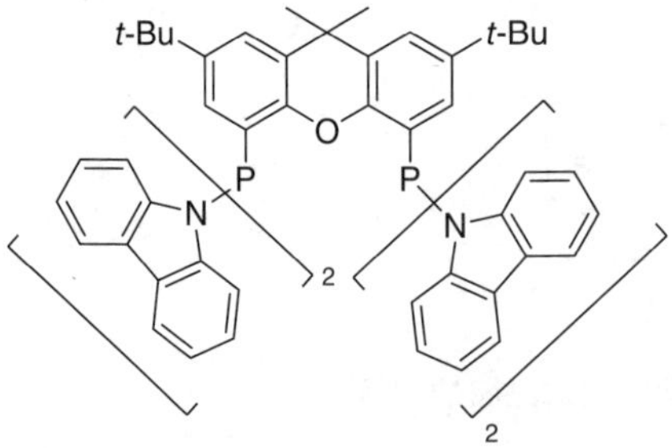

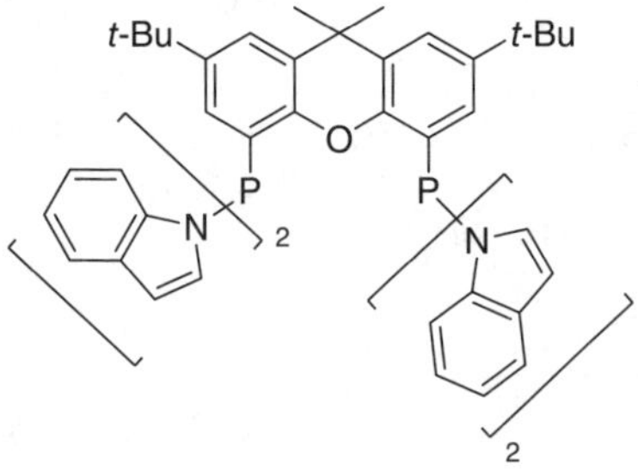

化合物 **2** 也有类似的稳定性。后者在 Rh(acac)(CO)$_2$ 存在的情况下用 H_3PO_4 溶液在 100℃作用 4 小时也能保持稳定。相反地，当亚磷酰胺 **2** 在空气下的甲苯中和 Rh(acac)(CO)$_2$ 一起加热过夜时，会完全被氧化(图解 2.138)。

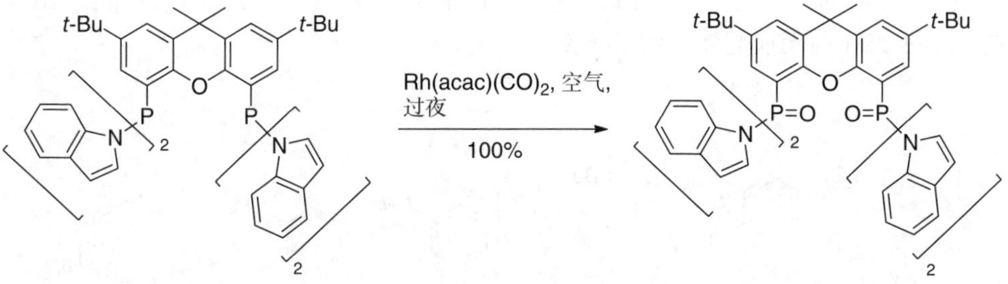

Rh(acac)$(CO)_2$, 空气, 过夜
100%

2

图解 2.138 在 Rh(acac)$(CO)_2$ 和空气存在的情况下亚磷酰胺的分解

显然,吡咯的苯增环反应对亚磷酰胺的长期稳定有利。作为比较,Du Pont[10] 指出同类的基于二萘酚的配体,在室温下氩气中存储约 10 天,约有 20%分解。 207

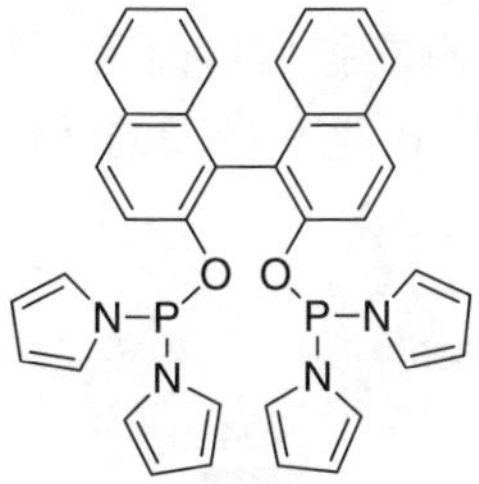

当这一配体用于通常条件下的氢甲酰化时,只观测到 20%的转化。同时,对于生成醛的化学选择性和其区域选择性也受到了影响。

这种通过杂环取代达到的稳定效果在三(吲哚基)膦上也有所体现[50]。与三(吡咯基)膦在 8 周内分解相反,吲哚基衍生物在用水或者加热处理时不受影响。只有强碱可以取代吡咯取代基。强酸也同样适用。

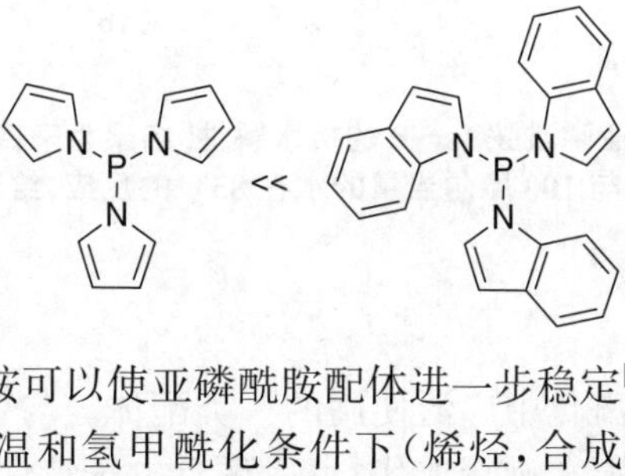

<<

BASF 提出了加入胺可以使亚磷酰胺配体进一步稳定[51]。给出的例子是简称为 SkatOX 的配体。在温和氢甲酰化条件下(烯烃,合成气压:16~28 bar;90~120℃;24 h),加入 N,N-二甲基苯胺、N,N-2,4,6-五甲基苯胺、3-甲基吲哚或喹啉可以在第一轮中减缓降解退化。只有 3%~18%的起始配体分解。在相同条件下第二次试验,分解比例增加至 23%~42%。有趣的是,与不加入稳定剂的转化相比,产率和 n-区域选择性没有受到显著影响,这要归因于催化剂在浓度减少的情况下依然具有高活性。更大的问题在于连续反应过程中的降解退化。在这一

208 情况中,分解的产物通过与弱碱性离子交换剂 Amberlite® IRA 67 来移除。40 天之后,约 25%的无损配体保留了下来。

2014 年,Lühr 和 Börner[52]研究了四种基于内酰胺环的亚磷酰胺的水解稳定性(图 2.42)。具有最小环的亚磷酰胺是目前为止最稳定的。值得注意的是,它在铑催化的油酸甲酯的氢甲酰化中还具有最高的活性。

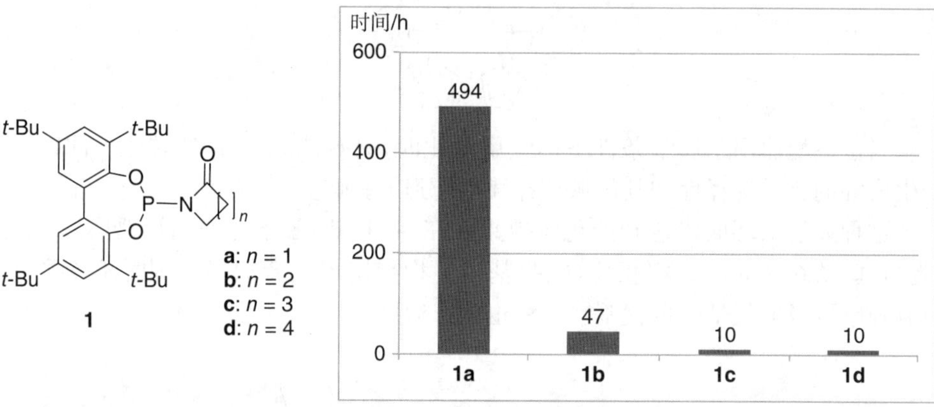

图 2.42 基于内酰胺的亚磷酰胺 1a～d 的抗水解性[结果为来自 0.017 5 mol/L 配体的二噁烷-1.4 溶液与 100 摩尔当量的水在 85℃ 的反应,给出了完全分解所需要的时间(h)]

2.3.4 结论

亚磷酰胺是在氢甲酰化中广泛使用的一类配体。与亚磷酸三酯相比,它们的合成通常更加方便。在氮上进行取代,可以调整电子特性和空间特性。特别是在不对称氢甲酰化中这一特征十分有利。要特别注意水会降低亚磷酰胺的稳定性,在这一点上亚磷酸三酯占有优势。

209

参考文献

1. (a) Beaucage, S.L. and Caruthers, M.H. (1981) *Tetrahedron Lett.*, **22**, 1859–1862; (b) Beaucage, S.L. and Iyer, R.P. (1993) *Tetrahedron*, **49**, 6123–6194; (c) Roy, S. and Caruthers, M. (2013) *Molecules*, **18**, 14268–14284.
2. (a) Bruneau, C. and Renaud, J.-L. (2008) in *Phosphorus Ligands in Asymmetric Catalysis* (ed A. Börner), Wiley-VCH Verlag GmbH, Weinheim, pp. 36–70; (b) Lühr, S., Holz, J., and Börner, A. (2011) *ChemCatChem*, **3**, 1708–1730; (c) Lefort, L. and de Vries, J.G. (2012) *Phosphorus(III) Ligands in Homogeneous Catalysis*, John Wiley & Sons, Ltd, Chichester, pp. 133–158.
3. van Rooy, A., Burgers, D., Kamer, P.C.J., and van Leeuwen, P.W.N.M. (1996) *Recl. Trav. Chim. Pays-Bas*, **115**, 492–498.
4. Mrowca, J.J. (to Du Pont de Nemours and Company) (1974) Patent US 3,816,452.
5. Oswald, A.A., Hendriksen, D.E., Kastrup, R.V., Irikura, K., Mozeleski, E.J., and Young, D.A. (1987) *Phosphorus, Sulfur Silicon*, **30**, 237–240.
6. Breit, B. (1996) *Chem. Commun.*, 2071–2072.
7. 2-Pyridyl ligands were used before in Rh and Ru catalyzed hydroformylation of 1-hexene with the hope to create bidentate coordinating ligand complexes: (a) Kurtev, K., Ribola, D., Jones, R.A., Cole-Hamilton, D.J., and Wilkinson, G. (1980) *J. Chem. Soc., Dalton Trans.*, 55–58; See also: (b) Newkome, G.R. (1993) *Chem. Rev.*, **93**, 2067–2089.
8. Moloy, K.G. and Petersen, J.L. (1995) *J. Am. Chem. Soc.*, **117**, 7696–7710.
9. Trzeciak, A.M., Glowiak, T., Grzybek, R., and Ziółkowski, J.J. (1997) *J. Chem. Soc., Dalton Trans.*, 1831–1837.
10. Breikss, A.I., Burke, P.M., and Garner, J.M. (to E. I. Du Pont de Nemours and Company) (1998) Patent US 5,710,344.
11. Ahlers, W., Maas, H., and Röper, M. (to BASF Aktiengesellschaft) (2000) Patent WO 00/56451.
12. Jackstell, R., Klein, H., Beller, M., Wiese, K.-D., and Röttger, D. (2001) *Eur. J. Org. Chem.*, **2001**, 3871–3877.
13. Ahlers, W., Paciello, R., Vogt, D., and Hofmann, P. (to BASF Aktiengesellschaft) (2002) Patent WO 02/083695.
14. van der Slot, S.C., Duran, J., Luten, J., Kamer, P.C.J., and van Leeuwen, P.W.N.M (2002) *Organometallics*, **21**, 3873–3883.
15. (a)Ahlers, W., Paciello, R., Mackewitz, T., and Volland, M. (to BASF Aktiengesellschaft) (2003) Patent WO 03018192; (b)Volland, M., Papp, R., Hettche, F., Weiskopf, V., Paciello, R., and Springmann, S. (to BASF AG) (2006) Patent DE 102005061642.
16. Han, Z., Wang, Z., and Ding, K. (2011) *Adv. Synth. Catal.*, **353**, 1584–1590.
17. 2,2'-Bis[di(1*H*pyrrol-1-yl)phosphinooxy]-1,1'-binaphthyl: Ding, K. and Zhao, B. (2006) Patent CN 200610027493.3; *Chem. Abstr.*, **146** (2006) 28997.
18. Jia, X., Wang, Z., Xia, C., and Ding, K. (2012) *Chem. Eur. J.*, **18**, 15288–15295.
19. (a) Yan, Y., Zhang, X., and Zhang, X. (2006) *J. Am. Chem. Soc.*, **128**, 16058–16061; (b) Chen, C., Qiao, Y., Geng, H., and Zhang, X. (2013) *Org. Lett.*, **15**, 1048–1051.
20. Yu, S., Chie, Y.-m., Guan, Z.-h., Zou, Y., Li, W., and Zhang, X. (2009) *Org. Lett.*, **11**, 241–244.
21. Reetz, M.T. and Mehler, G. (to Studiengesellschaft Kohle MBH) (2007) Patent WO 2007/031065.
22. Diéguez, M., Ruiz, A., and Claver, C. (2001) *Tetrahedron: Asymmetry*, **12**, 2827–2834.
23. Mazuela, J., Pàmies, O., Diéguez, M., Palais, L., Rosset, S., and Alexakis, A. (2010) *Tetrahedron: Asymmetry*, **21**, 2153–2157.
24. (a) Yan, Y. and Zhang, X. (2006) *J. Am.

Chem. Soc., **128**, 7198–7202; (b) Lei, M., Wang, Z., Du, X., Zhang, X., and Tang, Y. (2014) *J. Phys. Chem. A*, **118**, 8960–8970.

25. Zhang, X., Cao, B., Yan, Y., Yu, S., Ji, B., and Zhang, X. (2010) *Chem. Eur. J.*, **16**, 871–877.
26. Lambers-Verstappen, M.M.H. and de Vries, J.G. (2003) *Adv. Synth. Catal.*, **345**, 478–482.

210 27. Hua, Z., Vassar, V.C., Choi, H., and Ojima, I. (2004) *Proc. Natl. Acad. Sci. U.S.A.*, **13**, 5411–5416.
28. Wassenaar, J. and Reek, J.N.H. (2007) *Dalton Trans.*, 3750–3753.
29. Wassenaar, J., de Bruin, B., and Reek, J.N.H. (2010) *Organometallics*, **29**, 2767–2776.
30. Chikkali, S.H., Albini, R., de Bruin, B., van der Vlugt, J.I., and Reek, J.N.H. (2012) *J. Am. Chem. Soc.*, **134**, 6607–6616.
31. (a) Bellini, R. and Reek, J.N.H. (2012) *Chem. Eur. J.*, **18**, 7091–7099; (b) Bellini, R. and Reek, J.N.H. (2012) *Chem. Eur. J.*, **18**, 13510–13519.
32. Strawinski, J. and Kraszewski, A. (2002) *Acc. Chem. Res.*, **35**, 952–960.
33. Nurminen, E. and Lönnberg, H. (2004) *J. Phys. Org. Chem.*, **17**, 1–17.
34. (a) Corbridge, D.E.C. (1990) *Phosphorus. An Outline of its Chemistry, Biochemistry and Technology*, 4th edn, Elsevier, New York; (b) Fluck, E. (1966) in *Topics in Phosphorus Chemistry*, vol. **4** (eds M. Grayson and E.J. Griffith), Interscience, New York; (c) Hamilton, L.A. and Landis, P.S. (1972) in *Organic Phosphorus Compounds*, vol. **4** (eds G.M. Kosolapoff and L. Maier), Wiley-Interscience, New York, p. 504.
35. (a) Emsley, J. and Hall, D. (1976) *Chemistry of Phosphorus*, Harper&Row, London, p. 145; (b) Edmundson, R.S. (1979) in *Comprehensive Organic Chemistry*, vol. **2**, Chapter 10.3 (eds D.H.R. Barton and W.D. Ollis), I.O., Sutherland (Vol. ed.), Pergamon, Exeter, pp. 1189–1231.
36. Kibardin, A.M., Gryaznov, P.I., Gazizov, T.K., and Pudovik, A.N. (1988) *Russ. Chem. Bull.*, **36**, 1693–1695.
37. (a) Dahl, O. (1982) *Tetrahedron Lett.*, **23**, 1493–1496; (b) Burmistrov, S.Y., Vasyanina, L.K., Grachev, M.K., and Nifant'ev, E.E. (1989) *J. Russ. Gen. Chem. (Engl. Transl.)*, **59**, 2360; (c) Nifantyev, E.E. and Gratchev, M.K. (1990) *Phosphorus, Sulfur Silicon*, **49/50**, 203–206.
38. Nifant'ev, E.E., Gratchev, M.K., Burmistrov, S.Y., Vasyanina, L.K., Antipin, M.Y., and Struchkov, Y.T. (1991) *Tetrahedron*, **47**, 9839–9860.
39. (a) Korkin, A.A. and Tsvetkov, E.N. (1987) *Russ. J. Gen. Chem. (Engl. Transl.)*, **57**, 1929; (b) Korkin, A.A. and Tsvetkov, E.N. (1988) *Bull. Soc. Chim. Fr.*, **2**, 335–338.
40. Dong, K., Wang, Z., and Ding, K. (2012) *J. Am. Chem. Soc.*, **134**, 12474–12477.
41. Dahl, O. (1983) *Phosphorus Sulfur*, **18**, 201–204.
42. Nifant'ev, E.E., Ivanova, N.L., and Fursenko, I.V. (1969) *Zh. Obshch. Khim.*, **39**, 854–856.
43. Nifant'ev, E.E. and Ivanova, N.L. (1971) *Russ. J. Gen. Chem. (Engl. Transl.)*, **41**, 2217.
44. Nifant'ev, E.E., Ivanova, N.L., and Fursenko, I.V. (1969) *Russ. J. Gen. Chem. (Engl. Transl.)*, **39**, 817.
45. Dahl, B.H., Nielsen, J., and Dahl, O. (1987) *Nucleic Acids Res.*, **15**, 1729–1743.
46. (a) Hayakawa, Y. (2001) *Bull. Chem. Soc. Jpn.*, **74**, 1547–1565; (b) McBride, L.J. and Caruthers, M.H. (1983) *Tetrahedron Lett.*, **24**, 245–248.
47. Kumar, N.S., Kumaraswamy, S., Said, M.A., and Kumara Swamy, K.C. (2003) *Org. Process Res. Dev.*, **7**, 925–928.
48. Fischer, S., Hoyano, J., Johnson, I., and Peterson, L.K. (1976) *Can. J. Chem.*, **54**, 2706–2709.
49. In contrast bis(dialkylamino)phosphines like $PhP(NR_2)_2$ and $PhP(NR_2)(PNR'_2)$ showed no tendency to aerial oxidation or hydrolysis, but aqueous HCl cleaved the P-N bond: Ewart, G., Payne, D.S.,

Porte, A.L., and Lane, A.P. (1962) *J. Chem. Soc.*, 3984–3990.

50. Ahlers, W., Paciello, R., Mackewitz, T., and Volland, M. (to BASF Aktiengesellschaft) (2003) Patent WO 03/018192.

51. (a) Papp, R., Mackewitz, T., Paciello, R., and Volland, M. (to BASF SE) (2005) Patent EP 1677911; (b) Papp, R., Ahlers, W., Mackewitz, T., Paciello, R., and Volland, M. (to BASF Aktiengesellschaft) (2006) Patent US 2006/0224000; (c) Papp, R., Ahlers, W., Mackewitz, T., Paciello, R., and Volland, M. (to BASF SE) (2012) Patent US 8,110,709.

52. Benetskiy, E., Lühr, S., Vilches-Herrera, M., Selent, D., Jiao, H., Dyballa, K., Franke, R., and Börner, A. (2014) *ACS Catal.*, **4**, 2130–2136.

2.4 立体选择氢甲酰化中的手性磷配体 211

2.4.1 概述

立体选择氢甲酰化反应可以分为非对映立体异构选择和对映选择(不对称)反应。对映选择的转化可以在手性的催化剂辅助调节下进行。但是非对映立体异构选择反应也可以通过使用手性催化剂,根据 Masamuni 的手性底物与手性催化剂的匹配/不匹配组合原理得以实现[1]。在这一章中,只关注为不对称氢甲酰化(AHF)研发的配体,但是很明显它们也可以应用在非对映选择转化中。

适合 AHF 的配体不仅需要有高异构选择性(例外是不对等取代的亚乙烯基底物的不对称 n -区域选择氢甲酰化),而且要有出色的对映选择性。在最初的研究中,测试了在其他不对称转化中特别是不对称氢化中有效的手性三价磷配体(例如,DIOP 或者 BINAP)。这些配体常用于和铂/锡催化剂一起进行 AHF[2]。遗憾的是,大多数的例子中它们的效果并不如预期的那样好,特别是其对应的铑催化剂[3],综合这一情况和化学计算结果共同得出的结论是,AHF 需要特别设计的配体[4]。因此,人们合成了新的结构,通常是模仿已经建立完整体系的非 AHF 的配体。直到最近几年,特别是原先为不对称铑催化氢化、1,4 -加成、氢化硅烷化或者钯催化的烷化研发的 P -手性双膦,才在氢甲酰化领域中重新使用[5]。

Agbossou,Carpentier 和 Mortreux 在 1995 年发表了最早的关于手性配体和它们在 AHF 中的应用的综述之一[6]。到 2010 年,Castillón、Claver、Diéguez 和其同事还在继续跟进汇报相关进度,特别是关于手性亚磷酸三酯的使用[7]。2007 年和 2014 年,Klosin 和 Landis[8]分别总结了 AHF 的应用趋势,关注点在磷杂配体上。最近,Vidal-Ferran 和 Reek 小组评价了关于杂合双磷配体(膦-卑磷酸酯、膦-次磷酸二酯、膦-亚磷酸三酯、亚磷酸三酯-亚磷酰胺)的技术发展水平[9]。

这里我们将只讨论在区域和对映选择性上对单前手性烯烃有着极佳催化表现的,或者是对很大范围底物的高选择 AHF 存在潜力的配体的合成。

迄今为止,所有的研究都指出手性单齿磷配体不能达到高效 AHF 的需求[10]。
最适合这一目的的配体类型是双齿手性双膦、双亚磷酸三酯、膦-亚磷酸三酯杂合 212
型或者亚磷酰胺(后者见第 2. 3. 2. 2 节)。最近几年人们也认识到了双二磷杂咪唑烷的巨大潜力。在多数例子中，它们的合成是基于多步骤路径的，这也解释了它们在市场上价格高昂的原因。更大的问题是，它们中仅有少数可以被购买到[11]。偶尔还有作者告知售卖中断。与使用廉价配体的非 AHF 相反，在 AHF 中珍贵的配体与铑催化前体相比只有少量过量(配体/铑为 1.1∶1～4∶1)。通常使用的催化剂浓度为 0.002%(摩尔分数)(双二磷杂)，但是偶尔也会高达 10%(摩尔分数)[((S,S)-BPE)]。

在一项关于基于手性双磷杂环戊烷的铑配合物的研究中，在使用 P-Rh-P 咬入角约为 85°的配体时观测到最大对映选择性[12]。另一个关于带有 59.8°～80.0°咬入角的双亚磷酸三酯的研究发现表明，当咬入角减小时，区域和对映选择性增加[13]。Carbó 和 Lei 在最近的密度函数理论(DFT)计算中指出，对应的铑-配体配合物中的高平展-顶端(ea)倾向性(例如 BINAPHOS、Chiraphite、双二氮杂磷、Yanphos)是造成高立体选择性的原因[14]。有证据证明顶端位置的手性区分了一个烯烃配位路径，所以倾向于生成一个对映异构体。因此，含有两个手性中心且它们固定在一个坚固立体结构上的配体或许更有效[15]。但是，其他更复杂的关系，例如催化剂的形状和电子结构的变形，也会影响催化的结果。作为一个确认配体是否合适的快速实用的方法，Klosin 和 Whiteker 提出了烯烃混合物的平行筛查法，尽管如此，还是要考虑到在一些例子中的个别测试里会有高达 15%ee 的结果偏差(表 2.3)[17]。

2.4.2 手性配体的合成

2.4.2.1 优选配体

Takaya 和 Nozaki 在 1993 年开始设计的(*R*,*S*)-BINAPHOS 是只为了铑催化的 AHF 设计的第一批配体的其中之一，它具有制作手性中性产物和制药的潜力[20,21]。三菱气体化学公开了其典型合成方法，以商用(*R*)-二萘酚(BINOL)为起始物，在第一步中用三氟甲烷磺酸酐进行酯化(图解 2.139)[22]。

$(CF_3SO_2)_3$, 2,6-二甲基吡啶, 4-二甲氨基吡啶, CH_2Cl_2, 0 °C 至室温, 24 h
OH
OH
(*R*)-BINOL
OSO_2CF_3
OSO_2CF_3
等量
$Ph_2P(O)H$, Pd(II)/dppp, (*i*-Pr)$_2$NEt, DMSO, 90 °C, 19 h
dppp = 1,3-双(二苯基膦)丙烷
$P(O)Ph_2$
OSO_2CF_3
83%
1. $HSiCl_3$, NEt_3, 二甲苯, 120 °C, 17 h
2. LiOH, H_2O, 室温, 15 h
PPh_2
OH
51%
O, P—Cl, O
NEt_3, Et_2O, 0 °C 至室温, 15 h
PPh_2
O—P, O, O
98%
(*R*,*S*)-BINAPHOS

图解 2.139 (*R*,*S*)-BINAPHOS 的合成

随后的与二苯基膦氧化物的钯催化偶联反应主要生成单磷酸化产物。用硅烷还原氧化膦,随后酯基团水解产生羟基膦。最终与(*S*)-二萘酚氯膦的缩合产生(*R*,*S*)-BINAPHOS。用同样的方法可以制备对映异构的(*S*,*R*)-BINAPHOS。这两种都作为手性配体首先使用在面向目标的氢甲酰化中[23]。通常,BINAPHOS 213
都以0.2%~2.0%(摩尔分数)的浓度与相应的大比例的铑(达到4∶1)一起使用。

重要的是,我们必须注意,在使用BINAPHOS的AHF中,对映选择主要依靠膦基团的绝对构型[15,18]。另外,亚磷酸三酯基团的相对构型也对对映选择的程度起重要的作用。(*R*,*R*)-BINAPHOS会引起较差的对映异构过量值[15,24]。这一方面的典型例子是作为模型底物的乙酸乙烯酯的氢甲酰化,此处基于(*R*,*S*)-BINAPHOS的铑配合物可以产生90%的对映选择性。在相似条件下用(*R*,*R*)-BINAPHOS,产物只生成73%ee。铑(*R*,*S*)-BINAPHOS催化剂在内烯烃的氢甲酰化中首次产生好的对映异构过量,如(*Z*)-丁二烯(82%ee),(*E*)-1-苯基丙-1-烯(92%ee)和1,2-二氢萘烯(96%)[20b]。用1,3-二烯作为底物,可以97%ee生成手性β,γ-不饱和醛[25]。当用PAr_2基团(3/4-烷氧基-或者3,5-二烷氧基-苯基)修饰时,可以观测到区域和立体选择性的略微改善(图2.43)[26]。烷氧基团带来的高活性可以用较高浓度的催化活性物质来解释[27]。Franciò和Leitner[28]将全氟烃基作用于膦基团得到(*R*,*S*)-3-H^2F^6-BINAPHOS且因此得到液态或超临界CO_2中催化可用的共催化剂。在苯乙烯的氢甲酰化中与源配体相比这些配体可以带来改进的区域选择性,但是对映异构过量值会有微小损失。此外当改变联芳基骨架时,可以给源配体带来选择性的有益改善,如(*S*,*R*)-Biphemphos的例子[29]。

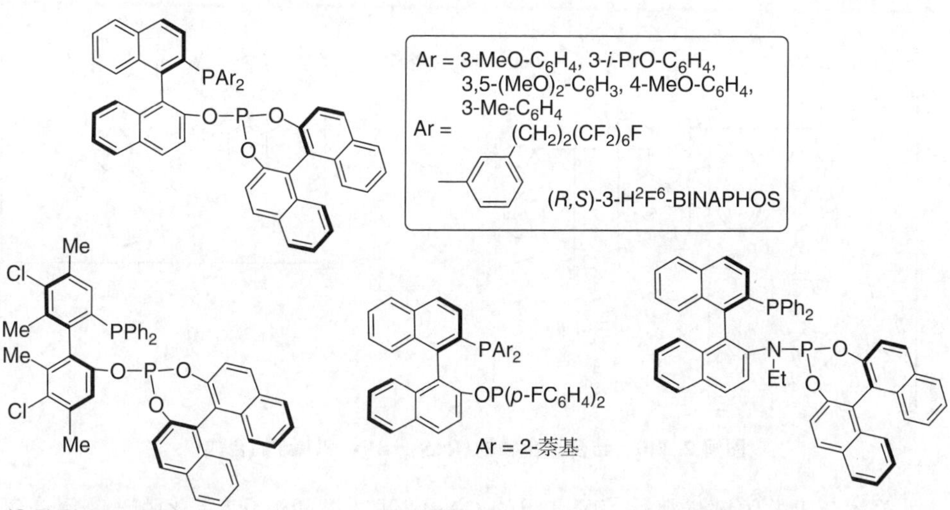
PAr2
Ar = 3-MeO-C6H4, 3-i-PrO-C6H4,
3,5-(MeO)2-C6H3, 4-MeO-C6H4,
3-Me-C6H4
Ar = (CH2)2(CF2)6F
(R,S)-3-H2F6-BINAPHOS
Me
Cl
Me
PPh2
Me
Cl
Me
PAr2
OP(p-FC6H4)2
Ar = 2-萘基
PPh2
N
Et

(*S,R*)-Biphemphos (*R*)-BIPNITE (*R,S*)-NEt-Yanphos

图2.43 BINAPHOS的同类物

(*R*)-BIPNITE是一种膦-卑磷酸酯混合物,是为β-内酰胺框架中的面向目标的氢甲酰化而研发的[21]。它看起来特别适用于工业用途,这是因为它的高结晶性 214

质。当用乙氨基基团置换(*R*,*S*)-BINAPHOS中环外的氧原子时,得到了Zhang的(*R*,*S*)-NEt-Yanphos(见第2.3.2.2节)[19]。对应的铑配合物在结构上比(*R*,*S*)-BINAPHOS更为坚固。有趣的是,对*N*-烷基基团做改变对对映选择性没有明显的影响。在乙烯基苯乙烯或者乙酸乙烯酯的AHF中,用(*R*,*S*)-NEt-Yanphos与源配体(*R*,*S*)-BINAPHOS相比对映选择性得到了改善(见章节末尾的表2.3)。(*R*,*S*)-NEt-Yanphos被四倍过量于铑催化前体以高达0.4%(摩尔分数)的浓度使用。

Nozaki小组通过一种多步骤序列制备了以聚苯乙烯为载体的(*R*,*S*)-BINAPHOS(图解2.140)[30]。

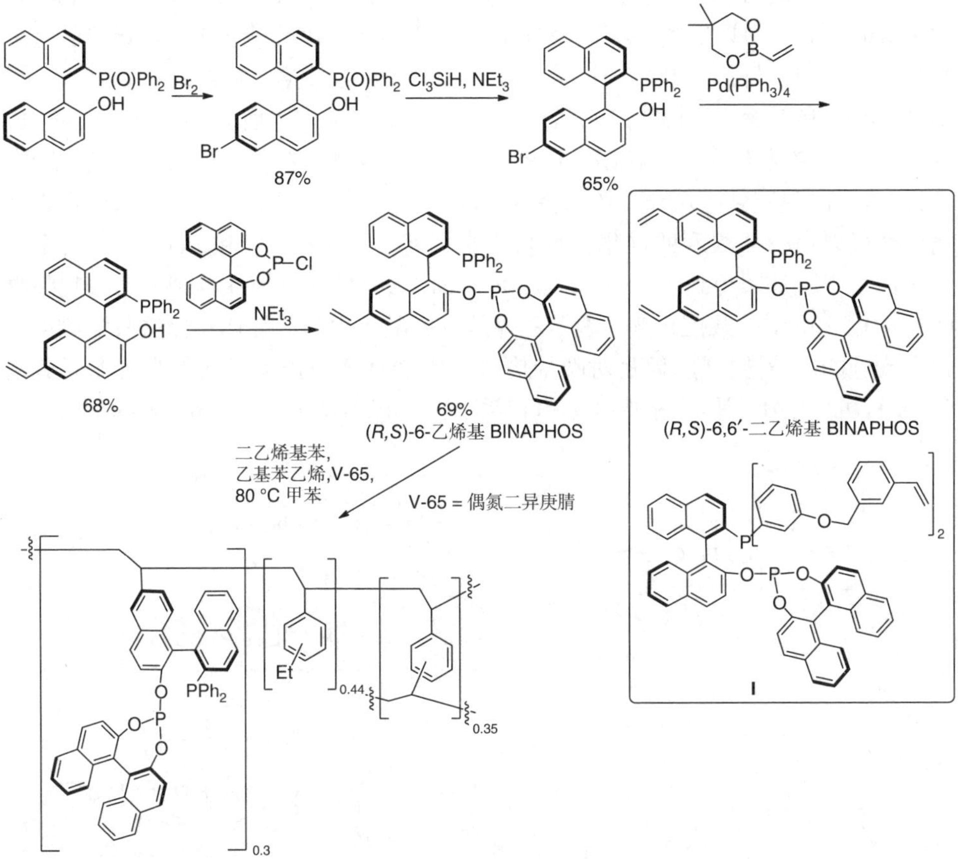

图解2.140 结合聚合物的(*R*,*S*)-BINAPHOS的合成

单体合成的关键步骤是萘酚基团的C6-区域选择的溴化、氧化膦部分用硅氧烷的还原和最终与乙烯基基团通过铃木-宫浦(Suzuki-Miyaura)反应的偶联。6,6′-二乙烯基(*R*,*S*)-BINAPHOS以二溴化的2,2′-二羟基-1,1′-二萘基为起始物制备。同样,芳香膦部分的乙烯化能生成用于制备聚合物的单体(I)[31]。二乙烯基苯和苯乙烯的自由基辅助共聚反应生成高度交联的材料。在铑催化的苯乙烯、

(Z)-2-丁烯或者3,3,3-三氟丙烯的AHF中,几乎可以保留单体铑配合物的高度区域选择性和对映选择性[30,32]。催化剂可以在无明显区域选择性和对映选择性损失的情况下循环利用5次。大分子配体的结构也可以进行超临界CO_2的催化转化[33]。

Solinas和Gladiali[34]在少见的关于AHF中使用的手性配体的稳定性的研究中发现,在一种铑(BINAPHOS)催化剂催化的苯乙烯的氢甲酰化中,对映选择性大幅下降,同时l/b比例升高(图2.44)。他们将此种效应解释为手性配体和生成的醛反应,但遗憾的是对于降解产物并没有给出详细的信息。 215

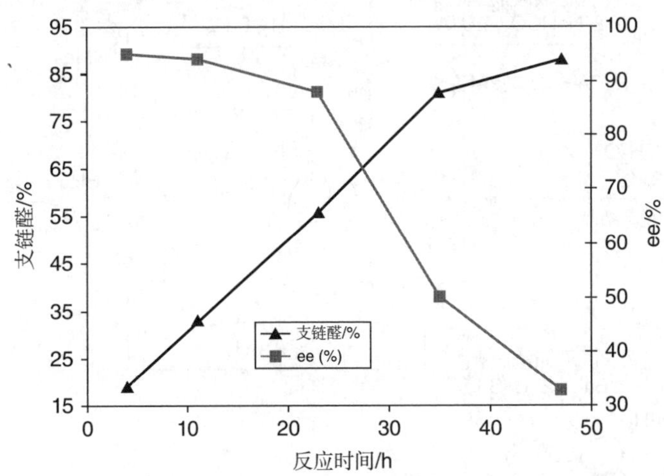

图2.44 苯乙烯的氢甲酰化:ee和支链醛(%)与时间相关的曲线。反应条件:溶剂=甲苯;压力=80 atm(CO/H_2=1∶1);反应时间=48 h;底物与催化剂的物质的量的比为2 000∶1;以及BINAPHOS/Rh=4∶1(来自参考文献[34])

来自ChiroTech Technology Ltd./Reddy博士的实验室[35]提出了另外的来自BIPHEN的与AHF应用相关的手性膦-亚磷酸三酯(图解2.141)。它们的全合成起始于对映纯的氧化1-羟基-2,5-二苯基磷杂环戊烷,其可以通过Fiaud等提出的多步骤方法制备[36]。这一材料经由它的硼烷加成物通过与多聚甲醛的加成转化为对应的羟甲基化合物。通过被对映纯的BIPHEN-X(X=Cl、Br或者I)磷化醇转化为亚磷酸三酯。使用溴膦或者对应碘化物有时可以避免使用高温的需求,而这在使用氯膦试剂时通常是必需的[37]。通过改变磷杂环戊烷或者BIPHEN部分的手性,可以得到四个对映异构体。通过将BIPHEN-X置换为对应的二萘酚氯膦就可以得到其他相关的配体。Cobley和Clarke指出特别是(S_{ax},S,S)-对映异构体在烯丙基苯(b/l高达6.2∶1和上至92%ee)、烯丙基腈(b/l=10∶1和上至81%ee)[38]和1-己烯(b/l=3∶1和上至93%ee)[38]的AHF中可以产生很好的结果。因此他们将化合物(S_{ax},S,S)-bobphos称为"两个磷配体中最好的"。值得注意的是,在与(S_{ax},S,S)-bobphos反应时,没有检测到内烯烃的异构化。(S_{ax}, 216

S,S)- bobphos 的使用浓度为 0.5%(摩尔分数)且对于 Rh(acac)$(CO)_2$(acac=acetylacetonate,乙酰丙酮化物)少量过量。

C_2 对称的二磷杂环戊烷,特别是原来为了不对称氢化研发[39]的(S,S)- Ph-BPE(图解 2.141),也被使用于底物筛查,但是迄今为止它们在 AHF 中的表现和在这里提及的其他配体相比仍然较差[40-42]。(S,S)- Ph-BPE 和对应的阳离子铑(1,5 -环辛二烯)配合物在市场上有售。

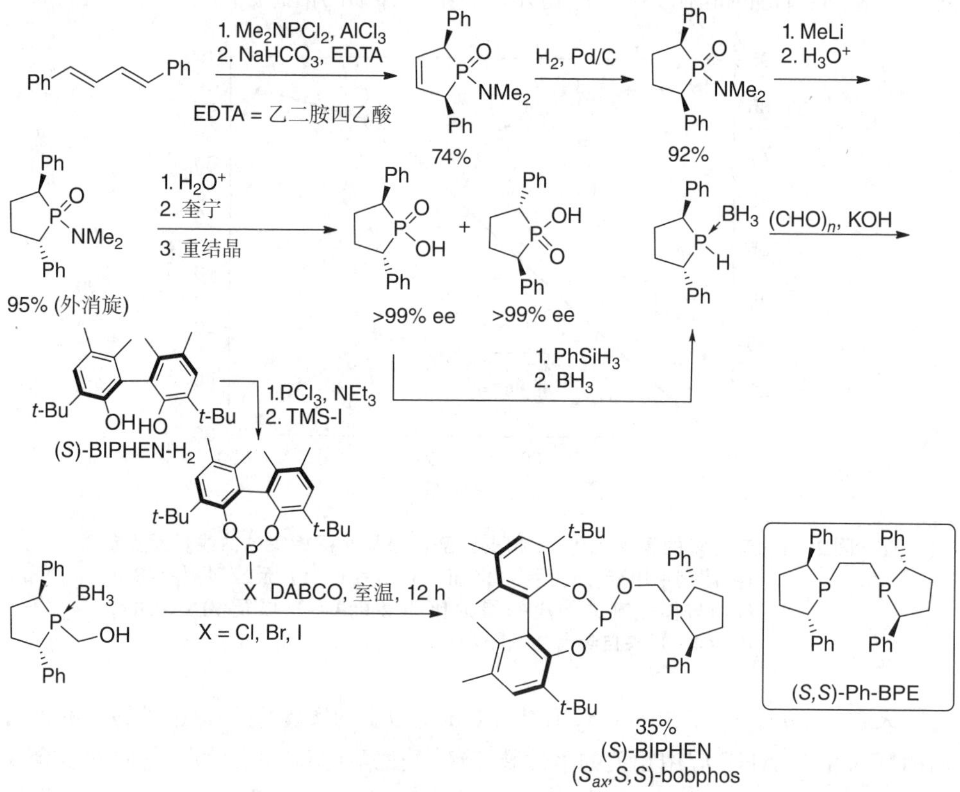

图解 2.141 (S)- BIPHEN[=(S_{ax},S,S)- bobphos]的合成

许多 C_2 对称的双亚磷酸三酯在铑催化的氢甲酰化中被深入研究。这些化合物的最大优势在于它们可以通过很短的合成路径制得。最著名的例子是 Chiraphite(图解 2.142)和其相关物。Chiraphite 在乙烯基芳香酯的 AHF 中被首先成功使用[43]。在某 Union Carbide 的专利中描述了实验的细节,一年后 van
217 Leeuwen 小组给出了一些关于通过修饰配体结果和控制反应条件来控制催化反应的立体选择性的可能性[44,45]。

总的来说,这样的双亚磷酸三酯是在例如 NEt_3 的碱存在的情况下,通过与两个当量对应的带有手性二醇的氯膦的缩合,以中等到好的产率制备得到(见第 2.2.3 节)。或者,旋转异构的溴膦[如((R)- BIPHEN)溴膦]也被用于磷酸化反应[46]。

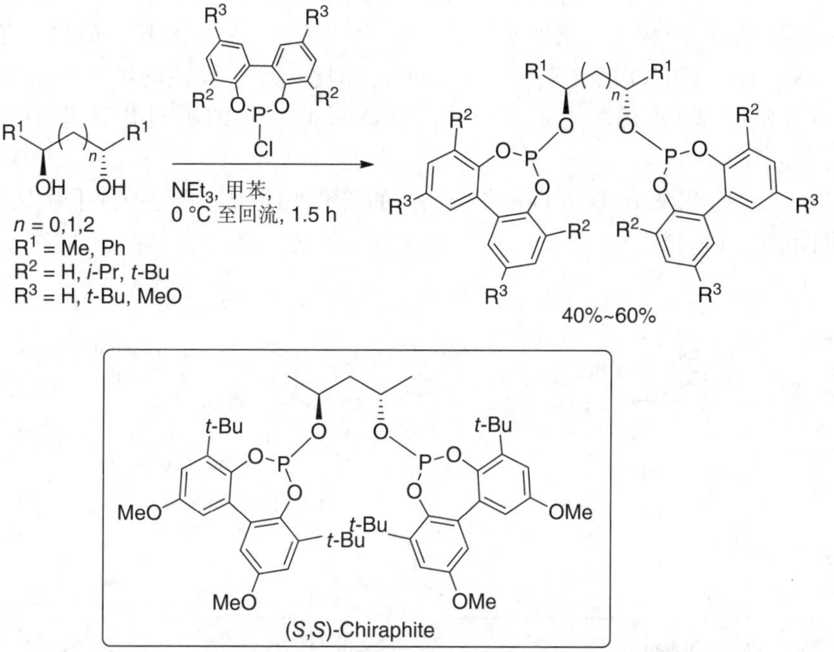

图解 2.142 手性亚磷酸三酯的典型合成和(*S*,*S*)-Chiraphite 的结构

一些脂肪族或者芳香族二醇也被用于主碳架的构建,比如 1-苯甲基-3,4-二羟基吡咯烷-2,5-二酮、对映纯的二萘酚或者手性的二苯酚、焦儿茶酚、脂肪族二醇或者螺[4,4]壬烷-1,6-二醇(见第 2.2.2 节)[44-47]。三碳桥接二醇被证明比二碳或者四碳桥联的同类物更有效,这可以用对应的铑配合物的反效果总体表现来解释[48]。基于 1,3-二苯基丙烷的双亚磷酸三酯与 Chiraphite 的 2,4-戊二醇碳架结构相比也产生较差的对映选择性。在设计两个侧臂方面,人们总结出,基于未取代二酚的双亚磷酸三酯较不适合于苯乙烯的 AHF(b/l=5∶1;14%ee)[49]。同样的邻位异丙基取代的芳香化合物也得到了较差的结果(b/l=7∶1;11%ee)。只有 3,3′位置的叔丁基基团可以产生令人满意的选择性(b/l=49∶1,90%ee)。有趣的是,当用叔丁基置换了四个较远的对位 MeO 基团后,对应异构过量值也会减少。可以通过在侧臂上使用对映纯的二萘酚来达到手性协作[50]。 218

人们发现使用 Chiraphite 的铑催化苯乙烯的 AHF 与反应条件密切相关[49]。当温度从 70℃下降至 25℃时(合成气压为 0.9 MPa),对映选择性可以从 60%ee 上升至 80%ee。当合成气压从 0.9 MPa 上升至 3.45 MPa 时似乎可以使对映选择性从 81%ee 改善至 90%ee。可以通过将配体/铑比例从 4∶1 两倍增加至 8∶1 来加速转化。提前在典型氢甲酰化条件下过夜制备催化剂前体可以将起始反应速率增加约 10 倍[45]。温和增加 CO/H_2 比例可以略微增加区域选择性和对映选择性,而当 CO/H_2 比例为 1∶3 时可以导致这两个参数大幅度减小。

(*S*,*S*)-Chiraphite 在铑催化的烯丙基腈(b/l=5.8∶1,14%ee)和乙酸乙烯

酯(b/l=246∶1,49%ee)的氢甲酰化中被筛查,但是人们发现它与(S,S,S)-双二氮杂膦(见下文)相比效果明显较差[16]。另外,配体在烯丙基腈的氢甲酰化中
219 与(R,S)- BINAPHOS和(S,S)- Kelliphite相比会产生较差的结果[37]。它在乙酸1-(三氟甲基)乙烯酯[5]或者2-二甲基丙烯酰胺的不对称转化中效率也较低[42]。

(S,S)- Kelliphite是由Dow Pharma的研究小组研发的另一种手性双亚磷酸三酯(图解2.143)[37]。

图解 2.143 (S,S)- Kelliphite 的合成

反应所必需的对映纯的二酚(S)- BIPHEN-H_2可以购买到,或者通过由3,4-二甲基苯酚与异丁烯的烷基化,和随后的$K_2Cr_2O_7$参与的氧化偶联制备得到。Schrock和其同事将非对映异构(−)-磷酸薄荷酯的最终分辨率放大了约50倍[51]。在与PCl_3反应后,生成的氯膦与2,2′-二酚缩合生成(S,S)- Kelliphite。

虽然根据DFT计算(S,S)- Kelliphite一般只带来较差的立体辨别能力[14],但在铑催化的烯丙基腈的AHF中(b/l=15.5∶1,78.1%ee)明显要比对应的(R,S)- BINAPHOS好。另外,Kelliphite催化剂在底物/催化剂比例为10 000∶1时

可以达到七倍的活性。计算得到的平均转化率为 625 h^{-1}。看起来 Kelliphite 在比 220
铑少量过量的应用中作用最佳。在苯乙烯的氢甲酰化中,(*S*,*S*)- Kelliphite 产生的结果很差[52]。尽管如此,还是有 Kelliphite 用于药物中间体的合成的相关专利[53]。

或者,可以通过一个对映纯的二萘酚碳架结构将旋转对映异构引入 Kelliphite 类型的配体中(图 2.45)[44,54]。二萘基基团上的 3,3′位置的取代基可以在乙酸乙烯酯的氢甲酰化中增加速率和对映异构过量值。当选择最好的配体和优化反应条件时可以达到 80%ee。

Claver, Diéguez 和 Castillón 的 Tarragona 小组通过改变亚磷酸三酯取代和利用 1,2 - *O* -异亚丙基 D -呋喃糖(D -葡萄糖,D -木糖)的立体化学性质合成了超过 60 种基于糖的双亚磷酸三酯(图 2.46)[7,11]。经证明在一些例子中去除糖在六位上的伯醇羟基基团是有利的。特别是这个位置上的大型取代基在氢甲酰化中会引起预期外的底物异构(例如二氢呋喃)[55]。在少数例子中,1,3 -二噁戊烷片段被转化为 2 -烷氧基结构[7f]。

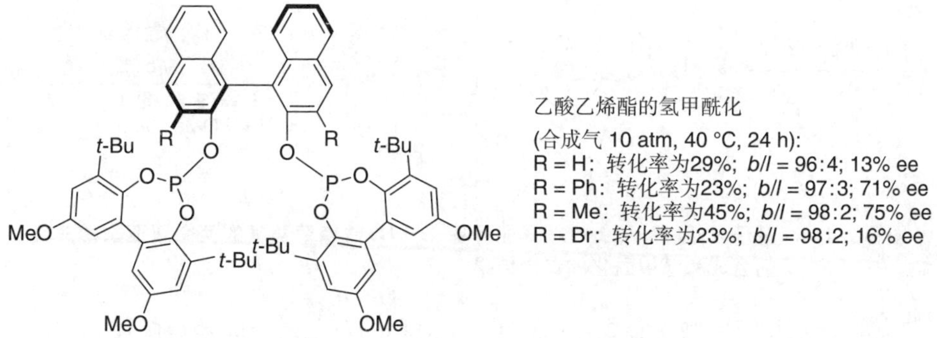

乙酸乙烯酯的氢甲酰化
(合成气 10 atm, 40 °C, 24 h):
R = H: 转化率为29%; *b*/*l* = 96:4; 13% ee
R = Ph: 转化率为23%; *b*/*l* = 97:3; 71% ee
R = Me: 转化率为45%; *b*/*l* = 98:2; 75% ee
R = Br: 转化率为23%; *b*/*l* = 98:2; 16% ee

图 2.45 二萘酚基团的 3,3′位置取代基对不对称氢甲酰化的影响

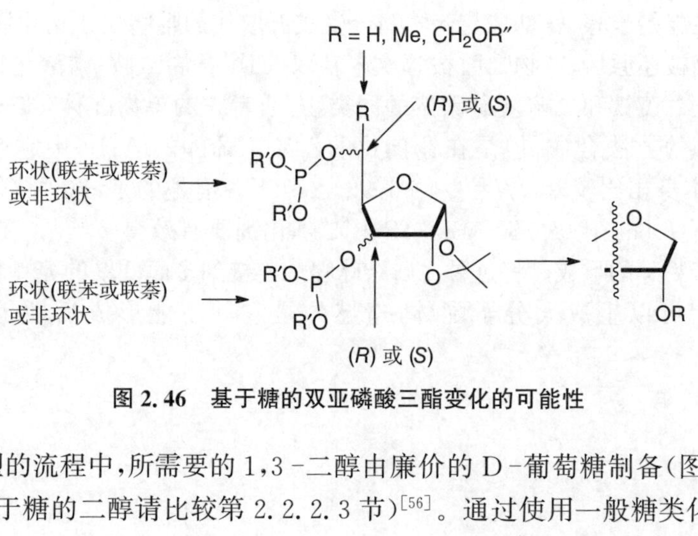

R = H, Me, CH_2OR''
(*R*) 或 (*S*)
环状(联苯或联萘)或非环状
环状(联苯或联萘)或非环状
(*R*) 或 (*S*)

图 2.46 基于糖的双亚磷酸三酯变化的可能性

在典型的流程中,所需要的 1,3 -二醇由廉价的 D -葡萄糖制备(图解 2.144) 221
(其他的基于糖的二醇请比较第 2.2.2.3 节)[56]。通过使用一般糖类化学合成方法，1，2-羟基基团由丙酮保护而减少了端羟基基团[57]。与2当量的氯膦反应生成双亚磷酸三酯。特别的是，在苯乙烯的AHF中，使用这些配体可以观测到高对映选择性（高达90%ee）。值得注意的是，在同样条件下，对位甲氧基取代的配体产生的对映异构过量值可以比其叔丁基同类物高约15%。看起来由于这些配体的高可变性，它们的潜力还没有完全被发掘。

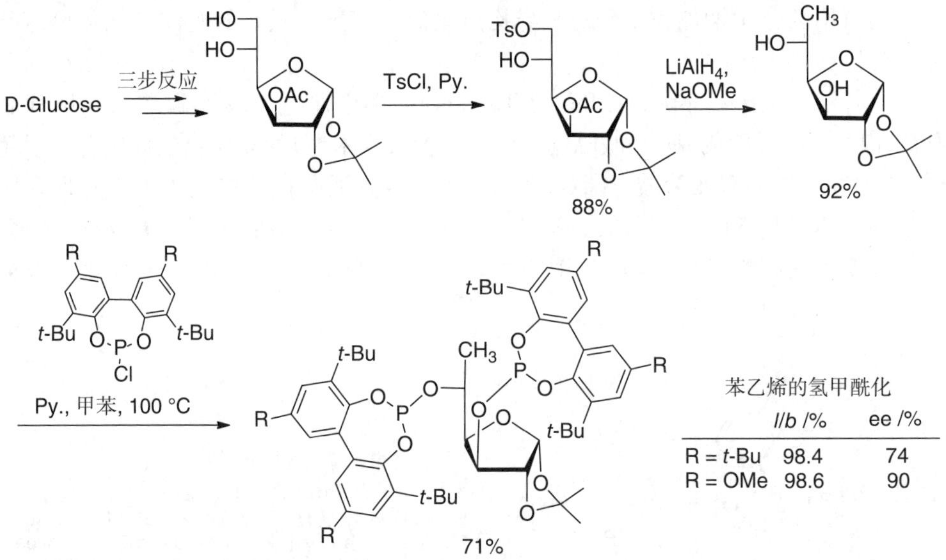

D-Glucose 三步反应 → TsCl, Py. → 88% → $LiAlH_4$, NaOMe → 92%

Py., 甲苯, 100 °C → 71%

苯乙烯的氢甲酰化

	l/b /%	ee /%
R = t-Bu	98.4	74
R = OMe	98.6	90

图解 2.144 基于6-脱氧-1,2-O-异亚丙基-α-D-呋喃葡萄糖的两个双亚磷酸三酯的合成和氢甲酰化的选择结果

第一个适用于对映选择氢甲酰化的C_2对称的双二磷杂咪唑烷配体，名为(*S*，*S*)-ESPHOS（图解2.145），是由Wills和Breeden[58]以对映纯的谷氨酸为起始物制备的。在起始步骤，氨基酸与苯胺缩合生成五取代的吡咯烷酮衍生物[59]。在两个羰基基团被还原后，产物二胺被邻次苯基双（四甲基膦二胺）磷酸化得到预期的配体。基于二茂铁和二苯基醚碳架的同类物，或者它的单齿配体（半-ESPHOS）可以用类似的方法合成，但是在铑催化的乙酸乙烯酯的AHF中它们的结果与ESPHOS本身相比较差（l/b=94∶6，98%ee）[60]。有趣的是，这种铑催化剂在低合成气压下（8 bar）比(*R*，*S*)-BINAPHOS催化剂要有效得多[58b]。在高压下，还
222 能观测到产物醇的形成。将这种二磷杂咪唑烷连接到多面低聚的笼型倍半硅氧烷（POSSs）上可以生成大分子配体，遗憾的是它并不能形成活性氢甲酰化催化剂[61]。

图解 2.145 (*S*,*S*)-ESPHOS的合成

通过陶氏制药/陶氏化学公司[16]和 Landis 小组[52,62]的合作而制造的一系列的双二氮杂磷杂环戊烷可以增强磷杂配体的效率,并拓展了可适用底物的范围。特别是属于名为 BDP 配体家族的(*S*,*S*,*S*)-Bisdiazaphos(图解 2.146)和其对映异构体,①是现今当 AHF 必须在有机全合成框架下进行时[63],或者大规模制造时[64]最常用的手性配体。在一些情况下,可以以极低的催化剂浓度[0.002%(摩尔分数)]达到所需的催化效率。

图解 2.146 所示的是一种典型的制备流程。在同釜反应的第一步中,2,2′-[(1E,1′E)-联氨-1,2-二亚基双(甲酯亚基)]二苯甲酸与1,2-二膦酰基苯和琥珀酰氯反应,以中等产率生成外消旋的双二氮杂磷杂环戊烷。当四个羰基基团全部与光学纯的胺缩合后,生成最终可以由液相色谱分离的非对映异构的酰胺。若在成环反应中使用邻苯二甲酰氯或者其他对映纯的芳基胺,可以得到一些同类物。如若连接大空间位阻或者亲核性较弱的胺,使用相应的酰基氟化物被证明更有效[65]。

Wang 和 Zhang 使用对映纯的环己烷-1,2-二酰氯来构造二酰基碳架[66]。不 223
同的非对映异构体和芳基取代基中可以得到不同的结构变化。在乙酸乙烯酯和烯丙基酰胺的 AHF 中,带有2-氯苯基基团的全(*R*)非对映异构体可以得到最好的结果。在对应的 Rh(acac)(P-P)配合物中,计算出的咬入角为84.9°。

Rh(Bisdiazaphos)催化剂在反应条件下相当稳定,且对映异构过量值只在反应很长一段时间以后才会缓慢减少,如烯酰胺为底物的 AHF(图 2.47)[67]。

① 在文献中,这种配体偶尔也被使用其他的名字,例如(*S*,*S*)-Bisdiazaphos。由于这种化合物含有8个立体中心,这个缩写并不能准确地表述它的真实结构。因此,推荐使用的名字是(*S*,*S*,*S*)-Bisdiazaphos。所有四种非对映体都可以以 bis-Diazaphos-SPE 的名字从 Fluka-Aldrich 公司买到。BDP 作为缩写被保留使用来描述整个配体门类。(来自与 C. R. Landis 的私人通信)

R = H, 2-F, 2-Cl, 2-Br

(*R*,*R*,*R*)

HOOC, HOOC, COCl, COCl, PH_2, PH_2

THF, 0 °C 至室温,
22 h

HO_2C, CO_2H

(外消旋) 33%

1. Ph, NH_2
PyBOP, EtN*i*-Pr_2
2. 非对映体分离

21%
(*S*,*S*,*S*)-Bisdiazaphos

PyBOP = 六氟磷酸苯并三唑-1-基-氧基三吡咯烷基磷

图解 2.146 (*S*,*S*,*S*)-双二氮杂膦的合成

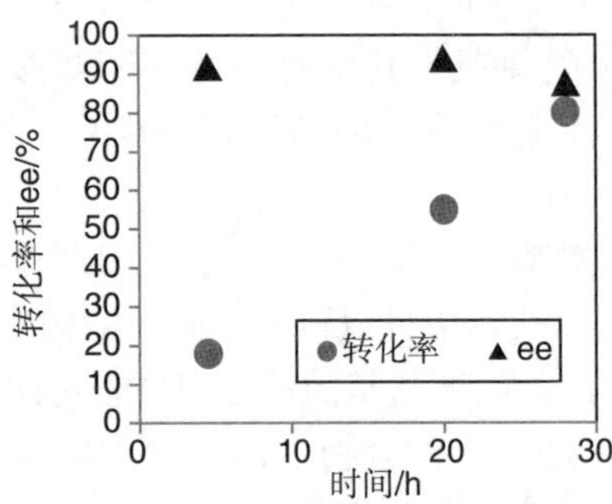

图 2.47 *N*-[(Z)-1-己-1-烯基]苯酰胺的不对称氢甲酰化①与时间的关系(反应条件: Rh(acac)$(CO)_2$[0.27%(摩尔分数)],(*S*,*S*,*S*)-双二氮杂膦[0.27%(摩尔分数)],H_2/CO(150 psi),65℃,1.3 mol/L 在 THF(tetrahydrofuran,四氢呋喃)中)(来自参考文献[67])

① 译者注:原文为不对称氢化,此处为译者勘误。

当在铑催化的氢甲酰化中比较一系列约 15 个二氮杂磷杂环戊烷配体时，人们总结出，比起较远的手性胺基团，磷杂环的立体化学性质更能决定产物的绝对手 224
性。当筛查非对映异构体时只有相对较小的不匹配效果(约 10%ee)被发现。苯乙烯的氢甲酰化中高合成气压和低温会增加对映异构过量值。只有在以烯丙基腈为底物时才能观测到对映选择性的温度效应。相反，乙酸乙烯酯的氢甲酰化对于温度和合成气压都很不敏感。区域选择性遵循着类似的形式。总的来说，这三种底物模型在 60℃和 3.45 MPa 合成气压下的反应得到最佳的区域选择性和对映选择性。可以在底物消耗量为 90%时实现超过 3 000 h^{-1} 的平均转化率。基于双二氮杂磷杂环戊烷的铑催化剂也在许多芳基烯烃(b/l=上至 65∶1，>90%ee)、甲硅烷基烯丙基醚(b/l=1.6∶1；97%ee)、二亚乙基三胺(90%～97%ee)[68]、2,3-二氢呋喃(α/β-异构体=3.3∶1；87%ee 和 90%ee)和 2,5-二氢呋喃(α/β-异构体=<1∶30；81%ee 和 95%ee)的 AHF 中进行了测试。(*S*,*S*,*S*)-双二氮杂膦还曾多年被用于连锁不对称氢甲酰化反应(见第 5.5 节)。

双二氮杂磷杂环戊烷与有机树脂通过对应的四酰氟衍生物相连接(图解 2.147)[69]。与相关的均相催化剂相比，在苯乙烯、乙酸乙烯酯、*O*-甲硅烷基保护的烯丙基醚和二氢呋喃的 AHF 中可以观测到相当的区域和对映选择性。在分批和流动条件下可以达到仅有微量级别铑浸析的出色的循环使用能力。相反地，硅相关的催化剂 **I** 表现出很差的对映选择性。

Deoxo-Fluor® = 双(2-甲氧基乙基)氨基三氟化硫
DIEA = *N*, *N*-二异丙基乙胺

图解 2.147 (*S*,*S*,*S*)-双二氮杂膦与有机树脂的连接

2.4.2.2 特殊底物的手性配体

与上面讨论的手性配体相反，有一些个体只对特别的底物表现出所需要的催化特性。其中最著名的一些将在下面做一些描述。

225 Reek 和其同事[70]参考了著名的 Xantphos 类型的配体模块，研发了基于同碳架结构的手性膦-次磷酸二酯配体（图解 2.148）。

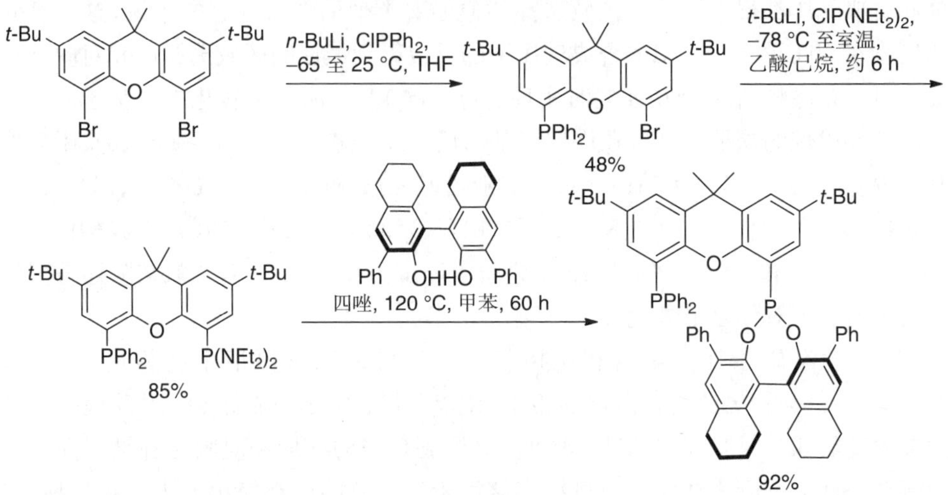

图解 2.148 用于 2,5-二氢呋喃不对称氢甲酰化的基于呫吨的混合膦-次磷酸二酯配体

226 PPh_2 对起始二溴化物的选择性单取代可以在低温下实现[71]。第二个溴取代基转化为膦二酰胺，最终与二醇反应生成杂合的配体。在 2,5-二氢呋喃的氢甲酰化中，最高可以达到不含异构体的 91%ee，这时迄今为止的最佳数据。值得注意的是，部分氢化的联萘基团和苯基 3,3′-位的取代基对不对称催化是否成功非常重要。相关的带有联萘基碳架的、3,3′-位甲基取代或非取代的配体有较差的转化和立体选择性。

P-手性二膦 QuinoxP* 的最佳制备是基于 Imamoto 等开发的流程（图解 2.149）[72]。反应起始于(−)-鹰爪豆碱催化的二甲基叔丁基膦的硼烷的对映选择去质子化和随后的羟基化作用。得到的富对映体的(*R*)-叔丁基(羟甲基)甲基膦-硼烷以苯甲酸酯的形式结晶，生成对映纯的化合物。铑催化降解之后，得到的仲膦与 2,3-二氯喹嗪偶联，通过移除 BH_3 基团形成 QuinoxP*。值得注意的是，这种二烷基膦在空气中室温下放置超过 8 个月既不会氧化，也不会发生差向异构。在铑催化的 2-三氟甲基乳酸的氢甲酰化中，它可以产生 92%ee，而其他著名的如(*S*,*S*)-Kelliphite 或者(*R*,*R*)-Chiraphite 的配体则完全失败[5]。另一方面，在 1,1-二取代的烯丙基苯邻二甲酰亚胺的氢甲酰化中，QuinoxP* 产生极低的区域选择性和对映选择性[73]。

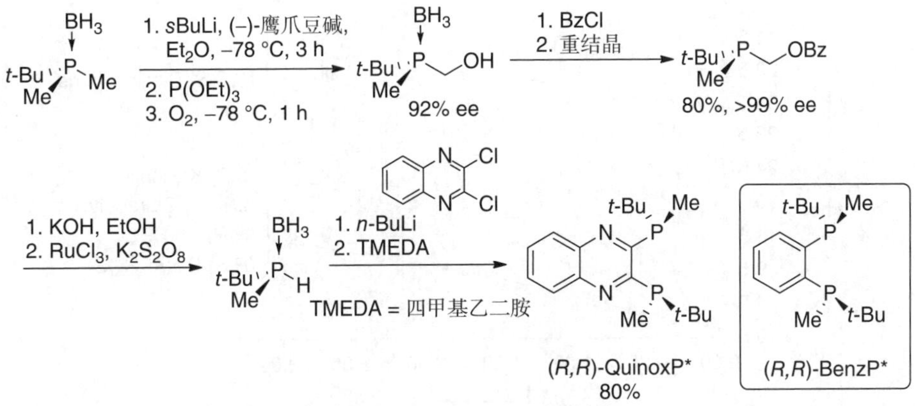

图解 2.149 QuinoxP* 的合成

与其结构上相关的配体(R,R)- BenzP* 也以类似的流程制备。Wang 和 Buchwald 证明了这一配体特别适用于官能化的 1,1 -二取代烯烃(α -烷基丙烯酸酯;81%～94%ee)的 AHF,而其他如 BINAPHOS、Bisdiazaphos 或者 Kelliphite 的著名配体都不能达到预期效果[41]。QuinoxP® 和(R,R)- BenzP® 分别是 Nippon 227
Chemical Industrial Co. Ltd. 的商标和 Solvias® 手性配体套盒的组成部分。

Faraone 和其同事[74]将(−)-薄荷酮和吡啶连接(图解 2.150)。产生的醇与 $ClPPh_2$ 酯化生成对应的卑磷酸酯。在铑催化的丙烯酸甲酯的氢甲酰化中,P,N -配体以 92%ee 产生支链醛。

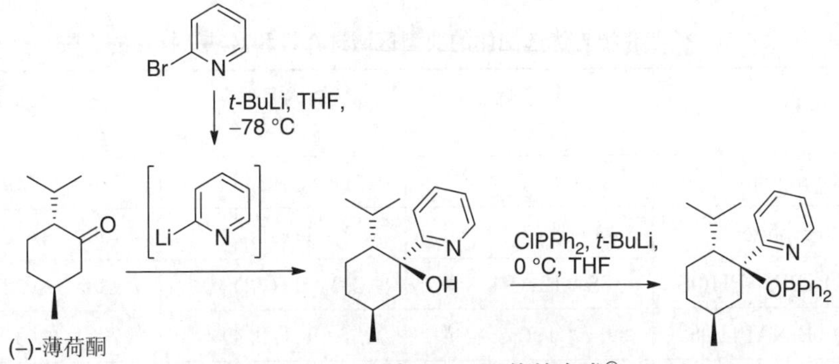

图解 2.150 手性 P,N -配体的合成①

2.4.3 一些优选配体催化表现的比较

Klosin 和其同事做过一个相当有用的关于反应活性的比较,他们分析了烯烃混合物(苯乙烯、烯丙基腈和乙酸乙烯酯)在底物/催化剂的工艺相对比例为 30 000∶1、催化剂浓度为 0.062 mmol/L 时,在 1.034 MPa 合成气压下的氢甲酰化中所摄取的合成气(图 2.48)[16]。

① 在原始的论文里,配体的结构被描述为(1S,2S,5R),这与标准的结构(1S,2R,5S)不符。

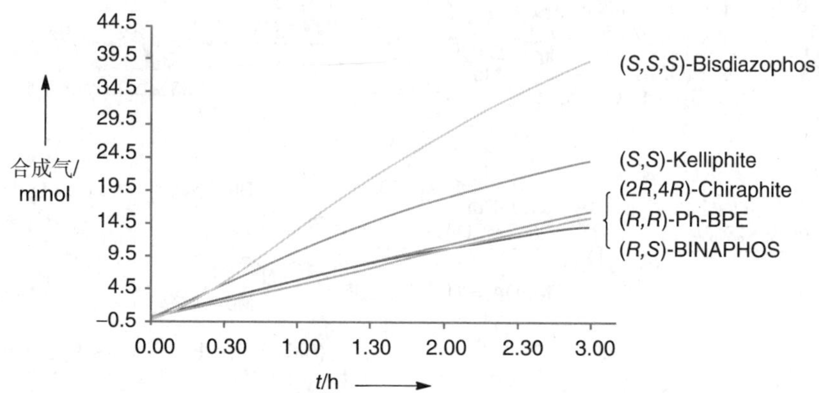

图 2.48 苯乙烯、烯丙基腈和乙酸乙烯酯的氢甲酰化中合成气的消耗曲线(烯烃/催化剂=30 000∶1;L/Rh=1.2∶1;80℃,甲苯,CO/H_2=1∶1,1.034 MPa)(摘自参考文献[16])

在这些条件下,带有吸电子基团的双二氮杂磷杂环戊烷配体会引起最高的转化,这与缺电子膦会产生特别具有活性的铑催化剂这一广泛接受的氢甲酰化的相关经验相符合。有趣的是,相关的催化剂会比那些来自双亚磷酸三酯 Chiraphite 和 Kelliphite 的催化剂更具活性。

表 2.3 总结了相似条件下的模型底物的不对称氢甲酰化中,最佳区域选择性和对映异构过量值的比较。

表 2.3 模型底物与优选配体的典型区域选择性和对映选择性的比较

	苯乙烯 b/l;(ee/%)	烯丙基腈 b/l;(ee/%)	乙酸乙烯酯 b/l;(ee/%)
Chiraphite	9∶1;(50)[16]	5.8∶1;(14)[16]	246∶1;(49)[16]
Chiraphite①	13∶1;(76.4)[17]	6.1∶1;(15.3)[17]	100∶1;(58)[17]
(R,S)-BINAPHOS	88∶12;(94)[17]	2.1∶1;(72)[16]	86∶14;(92)[18]
(R,S)-BINAPHOS①	39.7∶1;(85.6)[17]	2.7∶1;(80.4)[17]	7∶1;(70)[17,16]
Kelliphite	8.4∶1;(3)[16]	9.9∶1;(68)[16]	65∶1;(72)[16]
Bisdiazaphos	6.6∶1;(82)[16]	4.1∶1;(87)[16]	37∶1;(96)[16]
(S,R)-Yanphos	88∶12;(98)[19a]	4∶1;(96)[19b]	88∶12;(98)[19a]
(R,R)-Ph-BPE	45∶1;(92)[16]	7.6∶1;(90)[16]	263∶1;(82)[16]

①观察自与其他底物一起的平行反应。

这给了我们一个关于手性配体的催化特性的很好的想法。如果考虑到文献中的
228 所有数据,我们会注意到一些偏差,这可以用反应条件的不同来解释。用(R,S)-BINAPHOS 平行筛查的结果同样给出了这一实用快速筛查方法的生动实例。

2.4.4 结论

目前，只有少数达到高活性和立体选择性氢甲酰化要求的手性配体存在。值
得注意的是，其中也只有很少产品可以在若干底物中产生满意的结果；大部分都局
限在很小范围的前手性烯烃。考虑到最近几十年合成和筛查的众多磷配体的数
量，与其他金属催化的不对称反应（如氢化、烷基化）相比，似乎不对称氢甲酰化需 229
要非常特别设计的配体。只有很少数的例子里可以以完全区域选择性和大于
99%ee 达到目标。迄今为止，化学计算也没有给出足够的关于理想配体应有形态
的信息。另外，优选配体都需要通过特别复杂和多步骤的合成才能得到。幸运的
是，一些手性配体的铑催化剂在小浓度下也具有活性。另一方面，如此小剂量的使
用，加上它们的结构特征（膦、亚磷酸三酯）使得它们对典型的毒剂如水或氧格外敏
感，这也会影响催化反应。目前，在这一领域几乎没有相关的研究。除了寻找更容
易得到的结构和更高选择性的催化剂之外，关于配体稳定性的信息似乎是这一领
域进一步研究的主要挑战。

参考文献

1. Masamune, S., Choy, W., Petersen, J.S., and Sita, L.R. (1985) *Angew. Chem., Int. Ed. Engl.*, **24**, 1–76.
2. (a) Consigiio, G., Nefkens, S.C.A., and Borer, A. (1991) *Organometallics*, **10**, 2046–2051; (b) Kollár, L., Farkas, E., and Bâtiu, J. (1997) *J. Mol. Catal. A: Chem.*, **115**, 283–288; (c) Papp, T., Kollár, L., and Kégl, T. (2013) *Organometallics*, **32**, 3640–3650 and ref. cited therein.
3. See e.g.: (a) Hobbs, C.F. and Knowles, W.S. (1981) *J. Org. Chem.*, **46**, 4422–4427; (b) Hoegaerts, D. and Jacobs, P.A. (1999) *Tetrahedron: Asymmetry*, **10**, 3039–3043.
4. Gleich, D. and Herrmann, W.A. (1999) *Organometallics*, **18**, 4354–4361.
5. Wang, X. and Buchwald, S.L. (2013) *J. Org. Chem.*, **78**, 3429–3433.
6. Agbossou, F., Carpentier, J.-F., and Mortreux, A. (1995) *Chem. Rev.*, **95**, 2485–2506.
7. (a) Diéguez, M., Pàmies, O., Ruiz, A., Diaz, Y., Castillón, S., and Claver, C. (2004) *Coord. Chem. Rev.*, **248**, 2165–2192; (b) Diéguez, M., Pàmies, O., and Claver, C. (2004) *Tetrahedron: Asymmetry*, **15**, 2113–2122; (c) Claver, C., Pàmies, O., and Castillón, S. (2006) *Top. Organomet. Chem.*, **18**, 35–64; (d) Claver, C., Godard, C., Ruiz, A., Pàmies, O., and Diéguez, M. (2008) in *Modern Carbonylation Methods* (ed L. Kollár), Wiley-VCH Verlag GmbH, Weinheim, pp. 65–91; (e) Gual, A., Godard, C., Castillón, S., and Claver, C. (2010) *Tetrahedron: Asymmetry*, **21**, 1135–1146; (f) Gual, A., Godard, C., Castillón, S., and Claver, C. (2010) *Adv. Synth. Catal.*, **352**, 463–477.
8. (a) Klosin, J. and Landis, C.R. (2007) *Acc. Chem. Res.*, **40**, 1251–1259; (b) Wong, G.W. and Landis, C.R. (2014) *Aldrichimica Acta*, **47**, 29–38.
9. (a) Fernández-Pérez, H., Etayo, P., Panossian, A., and Vidal-Ferran, A. (2011) *Chem. Rev.*, **111**, 2119–2176; (b) Chikkali, S.H., van der Vlugt, J.I., and Reek, J.N.H. (2014) *Coord. Chem. Rev.*, **262**, 1–15.
10. An exception concerns probably the asymmetric hydroformylation of allyl cyanide with a chiral monodentate phosphoramidite ligand, which gave 80% ee: Hua, Z., Vassar, V.C., Choi, H., and Ojima, I. (2004) *Proc. Natl. Acad. Sci.*

U.S.A., **101**, 5411–5416.

11. Lennon, I. and Rand, C. (2005) *Speciality Chem. Mag.*, **25**, 50–51.
12. Axtell, A.T., Klosin, J., Whiteker, G.T., Cobley, C.J., Fox, M.E., and Jackson, M. (2009) *Organometallics*, **28**, 2993–2999.
13. Cobley, C.J., Froese, R.D., Klosin, J., Qin, C., Whiteker, G.T., and Abboud, K.A. (2007) *Organometallics*, **26**, 2986–2999.

230

14. (a) Aguado-Ullate, S., Guasch, L., Urbano-Cuadrado, M., Bo, C., and Carbó, J.J. (2012) *Catal. Sci. Technol.*, **2**, 1694–1704; (b) Lei, M., Wang, Z., Du, X., Zhang, X., and Tang, Y. (2014) *J. Phys. Chem. A*, **118**, 8960–8970.
15. Aguado-Ullate, S., Saureu, S., Guasch, L., and Carbó, J.J. (2012) *Chem. Eur. J.*, **18**, 995–1005.
16. Axtell, A.T., Cobley, C.J., Klosin, J., Whiteker, G.T., Zanotti-Gerosa, A., and Abboud, K.A. (2005) *Angew. Chem. Int. Ed.*, **44**, 5834–5838.
17. Cobley, C.J., Klosin, J., Qin, C., and Whiteker, G.T. (2004) *Org. Lett.*, **6**, 3277–3280.
18. Nozaki, K., Sakai, N., Nanno, T., Higashijima, T., Mano, S., Horiuchi, T., and Takaya, H. (1997) *J. Am. Chem. Soc.*, **119**, 4413–4423.
19. (a) Yan, Y. and Zhang, X. (2006) *J. Am. Chem. Soc.*, **128**, 7198–7202; (b) Zhang, X., Cao, B., Yan, Y., Yu, S., Ji, B., and Zhang, X. (2010) *Chem. Eur. J.*, **16**, 871–877.
20. (a) Sakai, N., Mano, S., Nozaki, K., and Takaya, H. (1993) *J. Am. Chem. Soc.*, **115**, 7033; (b) Sakai, N., Nozaki, K., and Takaya, H. (1994) *Chem. Commun.*, 395–396.
21. Nozaki, K., Li, W., Horiuchi, T., Takaya, H., Saito, T., Yoshida, A., Matsumura, K., Kato, Y., Imai, T., Miura, T., and Kumobayashi, H. (1996) *J. Org. Chem.*, **61**, 7658–7659.
22. Takaya, H., Sakai, N., Tamao, K., Mano, S., Kumobayashi, H., and Tomita, T. (to Mitsubishi Gas Chemicals) (1994) Patent EP 0614870.
23. Liu, P. and Jacobsen, E.N. (2001) *J. Am. Chem. Soc.*, **123**, 10772–10773.
24. Gleich, D., Schmid, R., and Herrmann, W.A. (1998) *Organometallics*, **17**, 2141–2143.
25. (a) Horiuchi, T., Ohta, T., Nozaki, K., and Takaya, H. (1996) *Chem. Commun.*, 155–156; (b) Horiuchi, T., Ohta, T., Shirakawa, E., Nozaki, K., and Takaya, H. (1997) *Tetrahedron*, **53**, 7795–7804.
26. (a) Nakano, K., Tanaka, R., and Nozaki, K. (2006) *Helv. Chim. Acta*, **89**, 1681–1686; (b) Tanaka, R., Nakano, K., and Nozaki, K. (2007) *J. Org. Chem.*, **72**, 8671–8676; (c) Nozaki, K., Matsuo, T., Shibahara, F., and Hiyama, T. (2001) *Adv. Synth. Catal.*, **343**, 61–63.
27. Nozaki, K., Matsuo, T., Shibahara, F., and Hiyama, T. (2003) *Organometallics*, **22**, 594–600.
28. (a) Franciò, G. and Leitner, W. (1999) *Chem. Commun.*, 1663–1664; (b) Franciò, G. and Leitner, W. (to Studiengesellschaft Kohle mbH) (2000) Patent DE 19853748.
29. Nozaki, K., Takaya, H., and Hiyama, T. (1997) *Top. Catal.*, **4**, 175–185.
30. Nozaki, K., Itoi, Y., Shibahara, F., Shirakawa, E., Ohta, T., Takaya, H., and Hiyama, T. (1998) *J. Am. Chem. Soc.*, **120**, 4051–4052.
31. Shibahara, F., Nozaki, K., Matsuo, T., and Hiyama, T. (2002) *Bioorg. Med. Chem. Lett.*, **12**, 1825–1827.
32. Nozaki, K., Shibahara, F., and Hiyama, T. (2000) *Chem. Lett.*, 694–695.
33. Shibahara, F., Nozaki, K., and Hiyama, T. (2003) *J. Am. Chem. Soc.*, **125**, 8555–8560.
34. Solinas, M., Gladiali, S., and Marchetti, M. (2005) *J. Mol. Catal. A: Chem.*, **226**, 141–147.
35. Clarke, M. (to Dr. Reddy's Laboratories, Inc.) (2012) Patent WO 2012016147.
36. Guillen, F., Rivard, M., Toffano, M., Legros, J.-Y., Daran, J.-C., and Fiaud, J.-C. (2002) *Tetrahedron*, **58**, 5895–5904.
37. Cobley, C.C., Gardner, K., Klosin, J., Praquin, C., Hill, C., Whiteker, G.T.,

Zanotti-Gerosa, A., Petersen, J.L., and Abboud, K.A. (2004) *J. Org. Chem.*, **69**, 4031–4040.

38. Noonan, G.M., Fuentes, J.A., Cobley, C.J., and Clarke, M.L. (2012) *Angew. Chem. Int. Ed.*, **51**, 2477–2480.

39. (a) Pilkington, C.J. and Zanotti-Gerosa, A. (2003) *Org. Lett.*, **5**, 1273–1275; (b) Klosin, J., Whiteker, G.T., and Cobley, C. (to Dow Global Technologies Inc.) (2006) Patent WO 2006/116344.

40. Zhang, X., Cao, B., Yu, S., and Zhang, X. (2010) *Angew. Chem. Int. Ed.*, **49**, 4047–4050.

41. Wang, X. and Buchwald, S.L. (2011) *J. Am. Chem. Soc.*, **133**, 19080–19083.

42. Noonan, G.M., Newton, D., Cobley, C.C., Suárez, A., Pizzano, A., and Clarke, M.L. (2010) *Adv. Synth. Catal.*, **352**, 1047–1054.

43. Babin, J.E. and Whiteker, G.T. (to Union Carbide Chemicals & Plastics Technology Corporation) (1994) Patent US 5,360,938.

44. Barner, B.A., Briggs, J.R., Kurland, J.J., and Moyers, C.G. Jr., (to Union Carbide Chemicals & Plastics Technology Corporation) (1995) Patent US 5,430,194.

45. Buisman, G.J.H., Vos, E.J., Kamer, P.C.J., and van Leeuwen, P.W.N.M. (1995) *J. Chem. Soc., Dalton Trans.*, 409–417.

46. Whiteker, G.T., Klosin, J., and Gardner, K.J. (to The Dow Chemical Company) (2004) Patent US 2004/0199023.

47. Xue, S. and Jiang, Y.-Z. (2004) *Chin. J. Chem.*, **22**, 1456–1458.

48. Buisman, G.J.H., van der Veen, L.A., Kamer, P.C.J., and van Leeuwen, P.W.N.M. (1997) *Organometallics*, **16**, 5681–5687.

49. Whiteker, G.T., Briggs, J.R., Babin, J.E., and Barner, B.A. (2002) in *Catalysis of Organic Reactions* (ed D.G. Morell), Marcel Dekker Inc, New York, pp. 359–367.

50. Buisman, G.J.H., van der Veen, L.A., Klootwijk, A., de Lange, W.G.J., Kamer, P.C.J., van Leeuwen, P.W.N.M., and Vogt, D. (1997) *Organometallics*, **16**, 2929–2939.

51. (a) Alexander, J.B. (1995) Chiral molybdenum and tungsten imido alkylidene complexes as catalysts for asymmetric ring-closing metathesis (ARCM); PhD thesis. Massachusetts Institute of Technology; (b) Alexander, J.B., Schrock, R.R., Davis, W.M., Hultzsch, K.C., Hoveyda, A.H., and Houser, J.H. (2000) *Organometallics*, **19**, 3700–3715.

52. Clark, T.P., Landis, C.R., Freed, S.L., Klosin, J., and Abboud, K.A. (2005) *J. Am. Chem. Soc.*, **127**, 5040–5042.

53. Cobley, C.J., Noonan, G., and Clarke, M.L. (to Dr. Reddy's Laboratories Ltd./Dr. Reddy's Laboratories, Inc) (2011) Patent WO 2011/150205.

54. Zhou, Y., Yan, Y., and Zhang, X. (2007) *Tetrahedron Lett.*, **48**, 4781–4784.

55. (a) Diéguez, M., Pàmies, O., Ruiz, A., and Claver, C. (2002) *New J. Chem.*, **26**, 827–833; (b) Diéguez, M., Pàmies, O., and Claver, C. (2005) *Chem. Commun.*, 1221–1223; (c) Mazuela, J., Coll, M., Pàmies, O., and Diéguez, M. (2009) *J. Org. Chem.*, **74**, 5440–5445. 231

56. Diéguez, M., Pàmies, O., Ruiz, A., Castillón, S., and Claver, C. (2001) *Chem. Eur. J.*, **7**, 3086–3094.

57. Schmidt, O.T. (1963) in *Methods in Carbohydrate Chemistry*, vol. **2** (eds R.L. Whistler and M.L. Wolfrom), Academic Press, New York.

58. (a) Breeden, S. and Wills, M. (1999) *J. Org. Chem.*, **64**, 9735–9738; (b) Breeden, S., Cole-Hamilton, D.J., Foster, D.F., Schwarz, G.J., and Wills, M. (2000) *Angew. Chem. Int. Ed.*, **39**, 4106–4108.

59. Iriuchijima, S. (1978) *Synthesis*, 684–685.

60. Clarkson, G.J., Ansell, J.R., Cole-Hamilton, D.J., Pogorzelec, P.J., Whittell, J., and Wills, M. (2004) *Tetrahedron: Asymmetry*, **11**, 1787–1792.

61. Vautravers, N.R., André, P., and Cole-Hamilton, D.J. (2009) *Dalton Trans.*, 3413–3424.

62. McDonald, R.I., Wong, G.W., Neupane,

R.P., Stahl, S.S., and Landis, C.R. (2010) *J. Am. Chem. Soc.*, **132**, 14027–14029.

63. See e.g.: (a) Risi, R.M. and Burke, S.D. (2012) *Org. Lett.*, **14**, 1180–1182; (b) Risi, R.M. and Burke, S.D. (2012) *Org. Lett.*, **14**, 2572–2575; (c) Clemens, A.J.L.
232 and Burke, S.D. (2012) *J. Org. Chem.*, **77**, 2983–2985; (d) Ho, S., Bucher, C., and Leighton, J.L. (2013) *Angew. Chem. Int. Ed.*, **52**, 6757–6761; (e) Risi, R.M., Maza, A.M., and Burke, S.D. (2015) *J. Org. Chem.*, **80**, 204–216.

64. Thomas, P.J., Axtell, A.T., Klosin, J., Peng, W., Rand, C.L., Clark, T.P., Landis, C.R., and Abboud, A.A. (2007) *Org. Lett.*, **9**, 2665–2668.

65. Adint, T.T., Wong, G.W., and Landis, C.L. (2013) *J. Org. Chem.*, **78**, 4231–4238.

66. Xu, K., Zheng, X., Wang, Z., and Zhang, X. (2014) *Chem. Eur. J.*, **20**, 4357–4362.

67. Abrams, M.L., Foarta, F., and Landis, C.R. (2014) *J. Am. Chem. Soc.*, **136**, 14583–14588.

68. Watkins, A.L. and Landis, C.R. (2011) *Org. Lett.*, **13**, 164–167.

69. Adint, T.T. and Landis, C.R. (2014) *J. Am. Chem. Soc.*, **136**, 7943–7953.

70. Chikkali, S.H., Bellini, R., Berthon-Gelloz, G., van der Vlugt, J.I., de Bruin, B., and Reek, J.N.H. (2010) *Chem. Commun.*, **46**, 1244–1246.

71. van der Veen, L.A., Keeven, P.K., Kamer, P.C.J., and van Leeuwen, P.W.N.M. (2000) *Chem. Commun.*, 333–334.

72. (a) Nagata, K., Matsukawa, S., and Imamoto, T. (2000) *J. Org. Chem.*, **65**, 4185–4188; (b) Imamoto, T., Sugita, K., and Yoshida, Y. (2005) *J. Am. Chem. Soc.*, **127**, 11934–11935.

73. Zheng, X., Cao, B., Liu, T.-l., and Zhang, X. (2013) *Adv. Synth. Catal.*, **355**, 679–684.

74. Arena, C.G., Nicolò, F., Drommi, D., Bruno, G., and Faraone, F. (1994) *J. Chem. Soc., Chem. Commun.*, 2251–2252.

2.5 *N*-杂环卡宾(NHCs)作为过渡金属催化的氢甲酰化中的配体

2.5.1 简介

卡宾是一类二价碳原子周围有六个价电子的中性化合物，其中的两个电子为未成键电子。

根据碳原子的杂化，卡宾可以呈现为两种几何结构，直线或者弯曲的[1]。直线型结构包含一个 sp 杂化的碳中心，并带有两个非成键的简并轨道 p_x 和 p_y（图 2.49）。当这一线性结构弯曲时，分子变形为非直线结构，使其中一个 p 简并轨道的 s 电子性质增强。其结果为碳原子转化为 sp^2 杂化中心。在这种情况下，有两种可能的基态，单态和三态[2]。单态卡宾的两个未成键电子成对处在同一个轨道中，$\sigma(\sigma^2)$ 或 $p_\pi(p_\pi^2)$，前者最为稳定。相反地，三态卡宾的未成键电子以相同的自旋态分别处在不同的轨道中（$\sigma^1 p_\pi^1$）。Hoffman 计算出单基态时，σ 和 p_π 之间的能级差至少为 2 eV，三基态时这一值小于 1.5 eV[3]。

N-杂环卡宾(NHCs)是单态类型的卡宾，可作为 π 电子给体取代基。此情况

中三价氮原子增强了卡宾的亲核性(图 2.50)。分子的稳定性受推拉效应的影响，使 σ-p_π 轨道间的能隙增加从而使构型更倾向于单态。此时氮原子的孤对电子与中心碳的空 p_π 轨道相互作用，通过中介效应稳定了基态。与此同时，更强电负性的氮原子通过诱导效应分散了 σ 轨道上的电荷[4,5]。

233

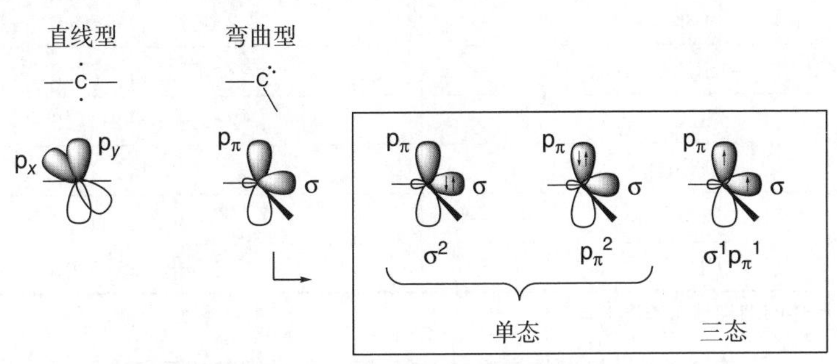

图 2.49 卡宾的不同形态和电子构型

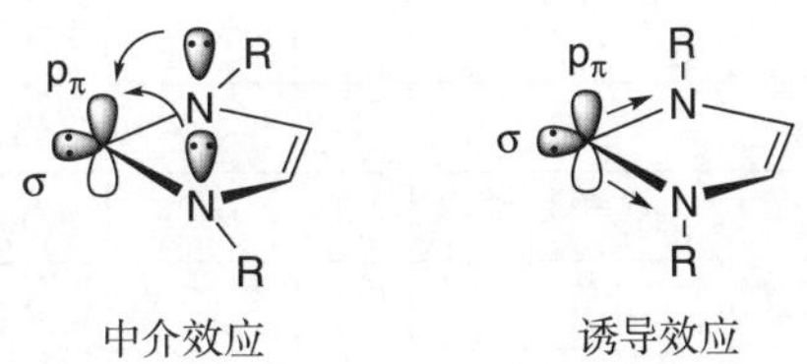

图 2.50 N-杂环卡宾的轨道相互作用

2.5.2 NHCs 的电子特性和立体特征

NHC 配体被认为是三价磷配体的相似物。因此，它们在许多均相催化反应中被反复用作配体测试。Gils 和 Trzeciak 在 2011 年发表的文章是最近关于卡宾作为氢甲酰化和其他反应的配体的最全面的综述之一[6]。NHCs 由于其电子特性、立体特征和稳定性在很长一段时间都被认为是膦的替代物[7]。膦的缺点是易于在溶液中氧化，特别是在氢甲酰化中配体需要过量使用[8]。相反地，一些 NHC 配体与带有给电子取代基的磷配体相比可以与金属形成更强的键[9]。因此，可以生成对空气和湿度更稳定的金属配合物。必须要提及的是金属—NHC 键的强度不仅取决于配体-金属给电子作用，还取决于金属-配体的反馈作用。在一些文章中，NHCs 被认为是弱 π-电子受体，但是最近的计算显示，这一不足可以通过杂环上取代基的性质来调整[10]。这一理论研究指出，当吸电子基团(Cl、CN、NO_2)取代在 NHC 配体咪唑环的四位或五位时，在 RhCl(COD)(NHC)和 $RhCl(CO)_2$(NHC)型的配合物中的反馈作用和从配体到金属的给电子作用同样重要。

许多 NHCs 的给电子强度可以通过它们在镍(表 2.4)[11]和铑(表 2.5)[12]的羰基-金属配合物中对应的羰基伸展频率(v_{CO})来估算。v_{CO} 峰的实验和计算数值都证明了比起典型的膦同类物 NHC 配体是更强的 σ 给体[7,13,14]。

234 **表 2.4 红外光谱中溶解在 CH_2Cl_2 中的 $Ni(CO)_3(L)$ 配合物的羰基伸展频率**

配体①	v_{CO}/cm^{-1}
IMes	2 050.7,1 969.8
SIMe	2 051.5,1 970.6
IPr	2 051.5,1 970.0
SIPr	2 052.2,1 971.3
ICy	2 049.6,1 964.6
$P(i\text{-}Bu)_3$	2 056.1,1 971
PCy_3	2 056.4,1 973
PPh_3	2 068.9,1 990

① NHC 配体的结构请参阅图 2.53。

表 2.5 计算出的 $HRhL(CO)_3$ 配合物的羰基伸展频率

配体	v_{CO}/cm^{-1}
$P(OMe)_3$	1 879,1 888,1 937
$P(OPh)_3$	1 888,1 891,1 938
$P(CH_2CF_3)_3$	1 901,1 905,1 951
PMe_3	1 868,1 872,1 924
PEt_3	1 866,1 869,1 922
$P(i\text{-}Pr)_3$	1 863,1 866,1 919
PPh_3	1 874,1 876,1 927
NHC－1①	1 845,1 851,1 905
IMe	1 852,1 856,1 911
NHC－2②	1 865,1 870,1 922

① 1,3－二甲基四氢嘧啶－2－亚基。
② 1,4－二甲基四唑－5－亚基。

从这些量子化学计算中可以进一步总结,$HRh(CO)_3L$ 配合物中的配体给电子强度以如图 2.51 所示的情况增加[12]。

CO < 强吸电子亚磷酸三酯 < 普通亚磷酸三酯 < 芳基膦 < 烷基膦 < NHCs

图 2.51 $HRh(CO)_3L$ 配合物中的配体给电子强度

显然,NHCs 的 σ 给体/π 受体特性取决于杂环的天然性质,例如氮原子的数量和结构的饱和度[14]。由于电负取代基会降低亚基碳最高占位轨道(HOMO)的能级,因此环中氮原子的数量越少,NHC 的给电子强度越大[12]。

235 膦配体上的取代基指向与金属中心相反的方向,与其形成一个锥体。基于这一几何机构,Tolman 提出了著名的锥角模型来描述取代基的空间需求(图

2.52)[15]。另一方面,在 NHC 配合物中取代基指向金属。这一形态上的不同使人们不能用基于托尔曼的方法来计算它们的立体性质。因此 Nolan 和 Cavallo 建立了一个新的模型[16,17],名为掩埋体积分数(percent buried volume)(%)。这一模型定义了一个以金属和配体为中心,拥有确定半径的球体占用的立体空间。取代基的空间占位随着掩埋体积分数的增加而增加。

和磷配体领域的通常情况一样,为了避免长 IUPAC 命名,NHCs 也使用缩写(图 2.53)。

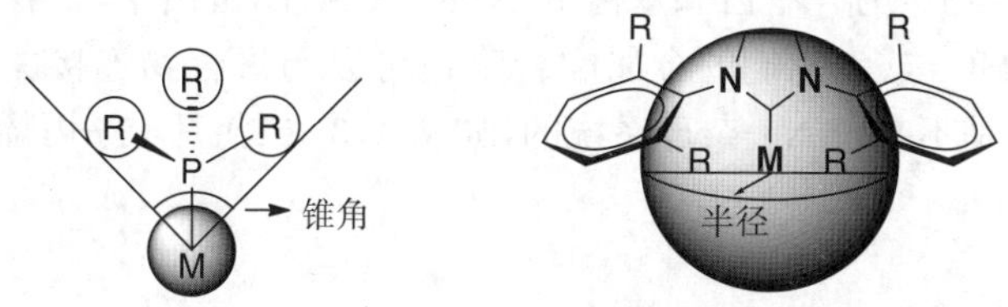

图 2.52　磷配体和 NHC 配体用于估算空间体积的不同模型

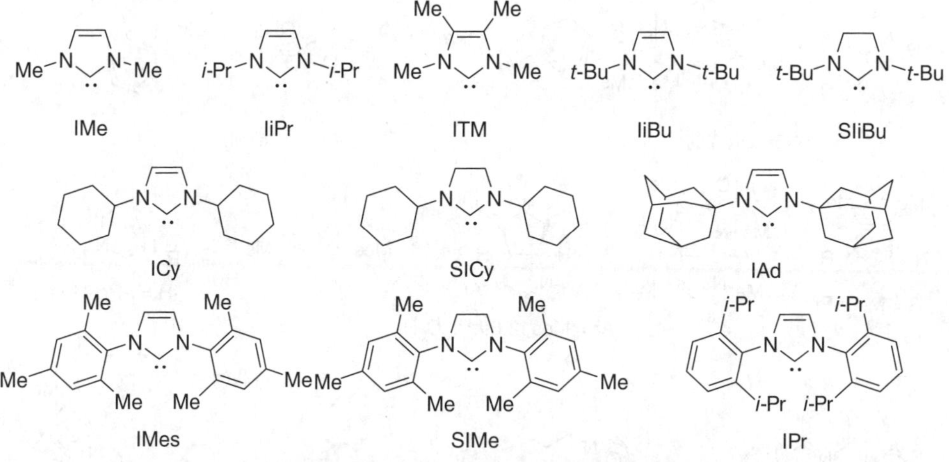

图 2.53　作为催化配体常用的 NHCs 的缩写[18]

2.5.3　历史

在 20 世纪 60 年代早期,Wanzlick 发表了关于 NHCs 化学的第一个相关研究[19]。1968 年,第一个基于咪唑汞(II)和铬(0)盐的稳定的过渡金属-卡宾配合物晶体的合成被发表[20,21]。在接下来的几十年中,NHCs 普遍被认为太具有反应性 236
而不能被分离。只有在 1991 年,Arduengo 和其同事成功地以 96%的产率分离了稳定的无色晶体 NHC N,N'-二金刚烷基咪唑-2-亚基(IAd)[22]。

IAd

在后来的几十年里，许多研究小组都致力于将 NHCs 化学的研究重点放在将其作为磷配体的替代物，挖掘其在均相金属催化反应中的潜力，例如氢化硅烷化，开环、闭环复分解反应，交叉偶联反应，聚合反应，还原反应，异构化和我们将在这里讨论的氢甲酰化反应[18,23,24]。

2.5.4 配体中使用的唑盐和 NHCs 的典型结构

在氢甲酰化中，作为配体前体或者配体最常使用的唑盐和其对应的 NHCs 是基于五元环的杂环结构(图 2.54)。我们可以将其分为对称的、不对称的、不饱和的和饱和的化合物。另外单齿和双齿的 NHCs 也被制备出来。当然，还有手性的配体。此外，NHCs 或者它们的金属配合物还可以与聚合物连接。只有在非常少的例子中，卡宾是不基于 N -杂环系统的，如从 3,3 -二氯环- 1 -丙烯衍生物得到的配体。

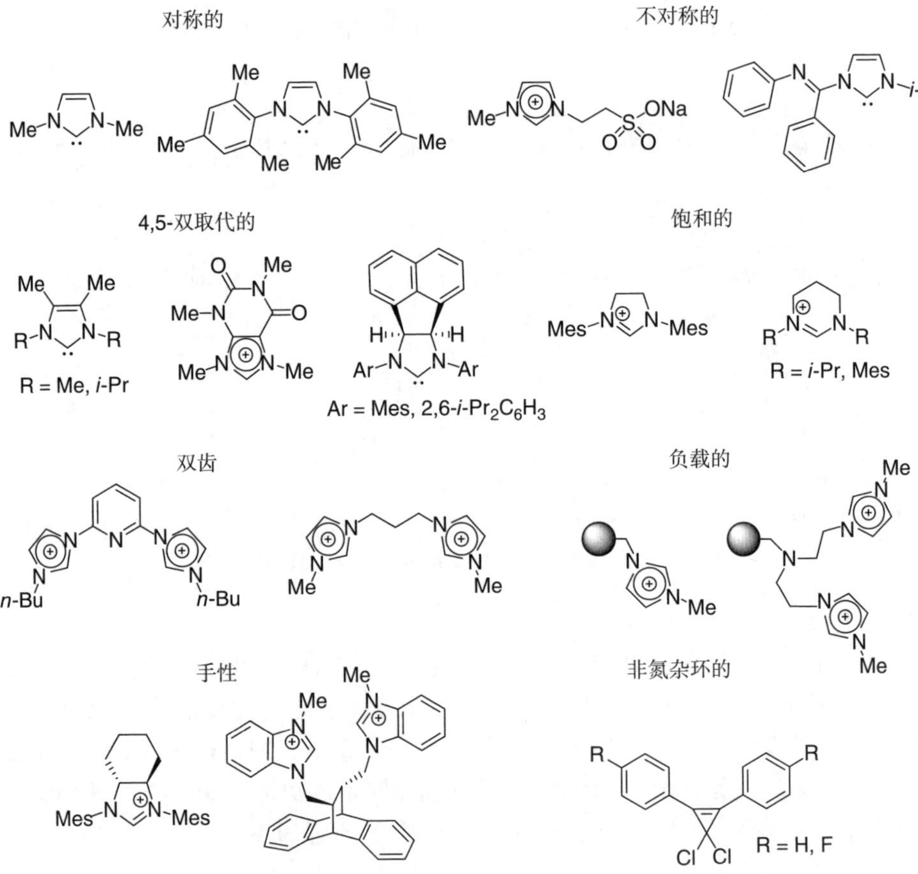

图 2.54 用作氢甲酰化配体或者配体前体的唑盐、对应的 NHCs 和非- NHC 前体

2.5.5 卡宾配体和其金属配合物的合成

2.5.5.1 咪唑盐的合成

咪唑盐是卡宾配体的前体(前配体)。在一些情况中,它们可以直接用于金属配合物的生成。文献中有许多关于咪唑盐类型 1 和 2 的合成方法(图解 2.151)[23]。1 的最常用合成方法是基于 1*H* -咪唑与烷基卤化物在碱(氢化钠、氢氧化钠或氢氧化钾或者钾的叔丁氧化物,路径 A)存在条件下的 *N* -烷基化。1 -取代的咪唑,通常是 *N* -甲基咪唑,是合成 1 型不对称咪唑盐的便利起始原料,由它与第二个当量的烷基或芳基卤化物反应制得[25]。

RX, 碱
路径 A
R′X
不对称咪唑盐
1
路径 B
H_2CO, R—NH_2, NH_4X, H_3PO_4
H_2CO, 2R—NH_2, HX
路径 C
对称咪唑盐
2
2R—NH_2, *n*-PrOH
路径 D
$ClCH_2OEt$
THF
R = Ar

图解 2.151 得到带有不同 *N* -取代基式样的咪唑盐的方法

其他路径是在同釜反应中构建杂环(路径 B、C)。当乙二醛水溶液与烷基胺、甲醛和氨盐反应时可以生成 1 -取代的咪唑(路径 B)。反应在酸性介质中进行[26]。当使用 2 当量的伯胺时,生成 2 型的 1,3 -二取代的对称咪唑盐(路径 C)[27]。这一 237
方法对于芳环的邻位上有取代基的咪唑盐没能获得成功[28,29]。

另一种包含两个步骤的流程(路径 D)对于含有大空间位阻取代基——比如与氮相连的多取代苯基的咪唑盐的合成特别有价值[28]。在温和条件下,1 当量的乙二醛与 2 当量芳基胺在正丙醇中反应生成中间产物对应的二亚胺。接下来通过与氯甲基乙醚的缩合成环,不需要提纯步骤就能以中等产率(40%~47%)得到预期的二芳基咪唑盐。

带有小位阻基团的咪唑盐在室温下几小时内相对稳定。有更多空间需求的取代基可以通过阻止烯四胺的生成来增强咪唑盐的稳定性[28]。现在,一些 1 -取代 238
的咪唑已经可以直接买到,这也为一系列 NHC 配体的合成提供了便利。

2.5.5.2 NHCs 的合成

唑盐,例如咪唑、三唑、四唑、吡唑、苯并吡唑、唑啉和噻唑,多用作 NHCs 合成的前体(图解 2.152)。C_2 上的酸性的氢可以通过碱的作用移除。在 Arduengo 小组的典型方法中,氯化咪唑盐在催化量二甲基亚砜存在的情况下,室温下在 THF 239

(四氢呋喃)中与1当量的NaH或KOt-Bu作用[22]。反应以大于90%的产率生成对应的卡宾。Herrmann小组也提出了类似的方法,其中明显的不同是,为了增加唑盐在低温下的溶解度,反应在液氨中进行[27,30]。经过几分钟的反应时间后,卡宾就可以以出色的产率分离出来。在Kuhn和Kratz提出的另一种方法中,对应的环状硫脲与同化学计量的金属钾在THF回流中发生4h脱硫作用,以大于90%的产率得到卡宾[31]。

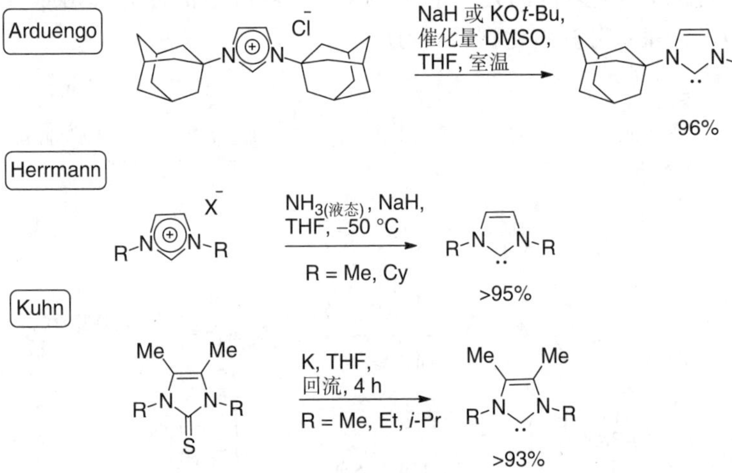

图解2.152 得到NHCs的主要方法

2.5.5.3 NHC-金属配合物的合成

2.5.5.3.1 一般方法

人们开发了许多制备金属-卡宾配合物的方法(图解2.153)。在最好的情况下,咪唑盐直接作用于金属配合物溶液。活性催化剂在催化条件下生成。酸性质子的移除和随后卡宾的生成是在反应内进行的(in situ)且可以通过金属盐中已经存在的碱性配体推动进行。例如这一任务可以通过钯前体中的乙酸阴离子来完成,其具有足够的碱性来移除质子并形成卡宾-金属配合物。咪唑盐的反离子也可以通过将弱螯合配体从金属中心取代来参与新的卡宾配合物的生成[2]。

另一种实用的替代方法是通过加入外来碱促进咪唑盐的去质子化,其通常在回流条件下进行[32]。卡宾一旦生成,就与金属配合物反应生成对应的金属-卡宾配合物。一般来说,会使用例如THF的极性非质子溶剂,反应在室温下进行。卡宾也可以取代Wilkinson配合物中的一个膦配体[33]。对其他的膦-铑配合物也同样适用[34]。

还有一种方法是基于银的转移金属化反应[35]。在第一步中,咪唑盐和银(I)氧化物在二氯甲烷回流中生成银-卡宾配合物。接下来,这一配合物与铑盐在室温下作用以高产率生成铑-卡宾配合物。在少数情况下,烯四胺也可以用作前体,通过中心C═C键的裂解生成富电子卡宾[36]。

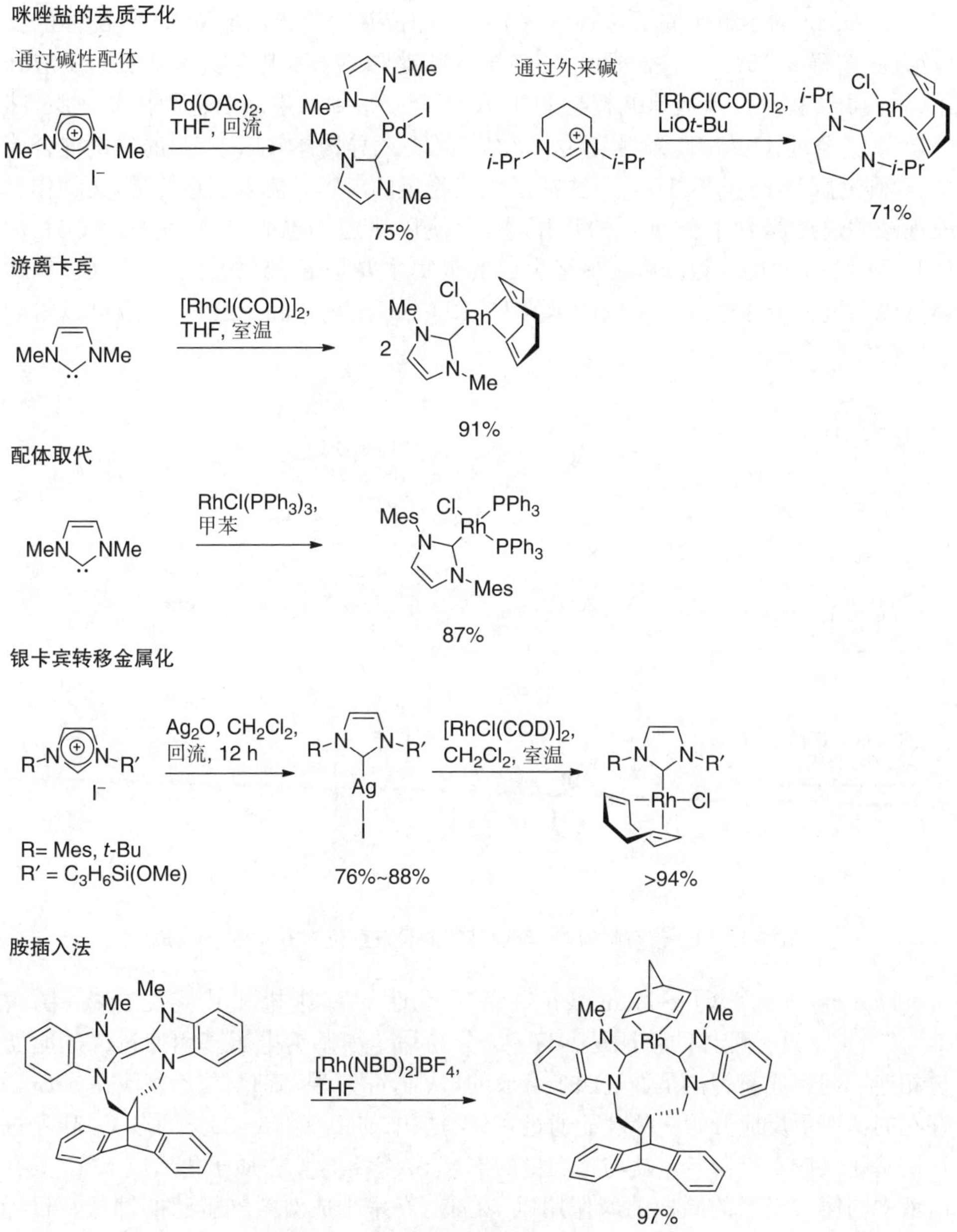

咪唑盐的去质子化

通过碱性配体

Pd(OAc)$_2$, THF, 回流 75%

通过外来碱

[RhCl(COD)]$_2$, LiO*t*-Bu 71%

游离卡宾

[RhCl(COD)]$_2$, THF, 室温 91%

配体取代

RhCl(PPh$_3$)$_3$, 甲苯 87%

银卡宾转移金属化

Ag$_2$O, CH$_2$Cl$_2$, 回流, 12 h 76%~88%

[RhCl(COD)]$_2$, CH$_2$Cl$_2$, 室温 >94%

R= Mes, *t*-Bu
R′ = C$_3$H$_6$Si(OMe)

胺插入法

[Rh(NBD)$_2$]BF$_4$, THF 97%

图解 2.153 构建铑-卡宾配合物的方法

2.5.5.3.2 其他方法

虽然有关咪唑盐和它们对应的自由卡宾的最重要内容已经在之前的章节中讨论过了,但是一些特殊配体的制备和氢甲酰化中的金属配合物还需要单独讨论。 241

1. 不对称配体和金属配合物

Coleman 的小组研究了含有另一个 N -配位基团的异双配位 NHC 配体的反应活性(图解 2.154)[37]。合成由 1 -叔丁基咪唑和 N -苯基亚氨苄基氯的反应开始(后者可以由 N -苯基苯酰胺与 PCl_5 反应[38,39]得到),生成白色固体状亚胺-咪唑盐[40]。经过^{1}H NMR 谱测定,这一物质是 E/Z 异构体并以 1∶8 的比例混合而成。咪唑盐经 $KN[Si(CH_3)_3]_2$ 去质子生成稳定的卡宾。值得注意的是,文献作者发现碱的选择起着十分重要的作用,因为使用普通的碱例如 KOt-Bu、NaH、n-BuLi 和 LDA 只能导致分解。最终生成的卡宾主要是 E -异构体。纯的 E -异构体可以通过重结晶生成。生成的卡宾与 $[RhCl(COD)]_2$ 和 $AgPF_6$ 反应可以得到相应的铑配合物。

图解 2.154 带有附加 N -配位基团的异双配位 NHC 配体的合成

Danopoulos 和 Cole-Hamilton 制备了手性的咪唑盐和其铑配合物(图解 2.155)[41]。这一配体的特征是 NHC 部分与一个茚基给电子基团通过二碳脂肪链相连。起始原料钾盐是通过四步合成的,从 4,7 -二甲基茚与二乙基溴在 n-BuLi 存在的情况下反应开始。咪唑盐通过在二噁烷中与 1 -(2,6 -二异丙苯基)咪唑进行烷基化反应 1 周制备。盐与 1 当量的 $KN[Si(CH_3)_3]_2$ 去质子化形成卡宾,其在
242 溶液中与第二当量的同样的碱作用以 70%的产率生成对空气敏感的钾盐。目标铑配合物由 $[RhCl(COD)]_2$ 与 2 当量的配体反应得到[42]。根据 X 射线结构分析,文献作者总结,由于 Rh-C_3 和 Rh-C_8 的长距离,铑和茚基团的成键作用很弱或者根本不存在(16 电子配合物)。

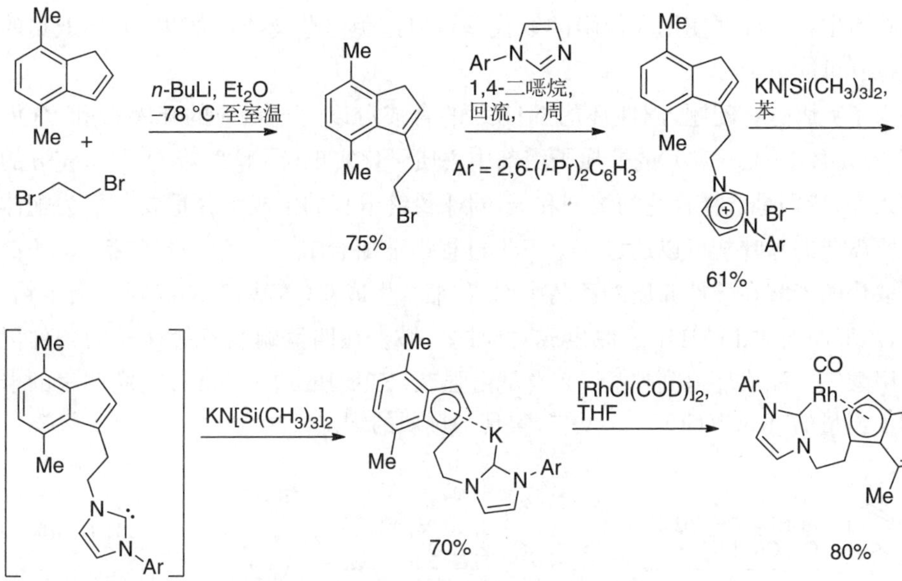

图解 2.155 不对称咪唑盐和其铑配合物的合成

2. 4,5-二取代 NHCs 和它们的金属配合物

通过与其他杂环融合或者简单烷基基团对咪唑环 4,5-位置的取代可以修饰电子和立体特性,且因此进一步对卡宾催化剂的反应活性产生巨大影响。

Herrmann 和 Schütz[43] 在刚性的嘌呤框架上构建了一种卡宾(图解 2.156)。这一二唑盐的合成是通过咖啡因和米尔文盐(三甲基氧鎓四氟硼酸盐)反应生成相关的咪唑盐。中性的铑配合物通过 1 当量的金属盐前体和 4 当量的强碱(NaH)在反应内制备。最后加入 2 当量的咪唑盐和 1 当量的 NaI 生成金属配合物。因为反应内生成的醇盐比有机金属卤化物的碱性更强,所以它能够对咪唑盐进行去质子化[7]。 243

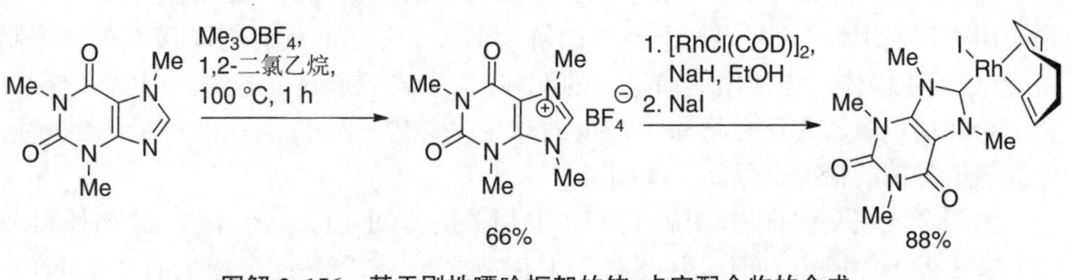

图解 2.156 基于刚性嘌呤框架的铑-卡宾配合物的合成

1999 年,第一个来自苯并咪唑的增环卡宾——1,3-双(2,2-二甲基丙基)苯并咪唑啉-2-亚基——通过 N,N'-二烷基化的苯并咪唑-2-硫酮在甲苯中被 Na/K

还原制备[44]。通常，含有较小体积的 N -烷基基团的苯并咪唑离子会快速互变为烯四胺衍生物。即便使用大位阻的取代基可以避免这些物质的产生，最终卡宾的生成也有可能失败。

为了克服这些问题，刚性环的 NHCs 的合成可以通过对应的咪唑盐和 KOt-Bu 或者 n-BuLi 在−78℃的非质子溶剂中去质子化实现（图解 2.157）[45]。充分的反应条件，特别是选择合适的溶剂和碱，对于最终卡宾的生成十分重要。作为配体前体所需要的咪唑盐可以通过一个三步过程由苊醌合成[46]。第一步包括 1，2 -二酮和取代的苯胺在酸性介质的乙腈中回流，缩合生成双（芳基）苊醌二亚胺衍生物。随后，二亚胺通过 $LiAlH_4$ 还原生成对应的二胺。在四氟硼酸氨盐存在的条件下
244 与原甲酸三乙酯成环得到唑盐。2 当量由强碱（KOt-Bu 或 n-BuLi）效应产生的卡宾和 1 当量的［RhCl(COD)］$_2$ 反应，实现与金属的配位。

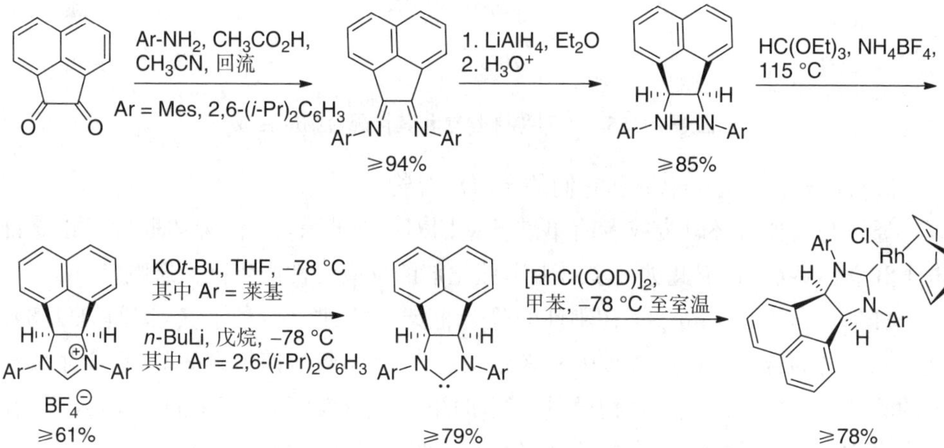

图解 2.157　基于刚性增 N -杂环卡宾的铑配合物的合成

4，5 -二甲基取代的 NHCs 可以通过咪唑- 2(3H)-硫酮衍生物被钾还原以高产率（93%～95%）制备[47]。通过过滤，卡宾可以以分析纯的形态分离出来。这些物质用于构建中性 NHC -铑配合物（图解 2.158）。单卡宾配合物以 85%的产率制备，形成黄色固体。当使用更加过量的配体时，生成双卡宾配合物。卡宾-硫酮混合配合物通过单卡宾配合物和 1 当量的二甲基咪唑- 2 -硫酮在微过量的 $AgBF_4$ 作为氯清除剂的情况下以高产率制备。

为了合成羰基配合物，图解 2.158 中相关的 COD（1，5 -环辛二烯）前体可与 CO 在二氯甲烷中短时间作用（图解 2.159）。另外，二羰基配合物中的一个单 CO 配体也可以用 PPh_3 选择性置换。

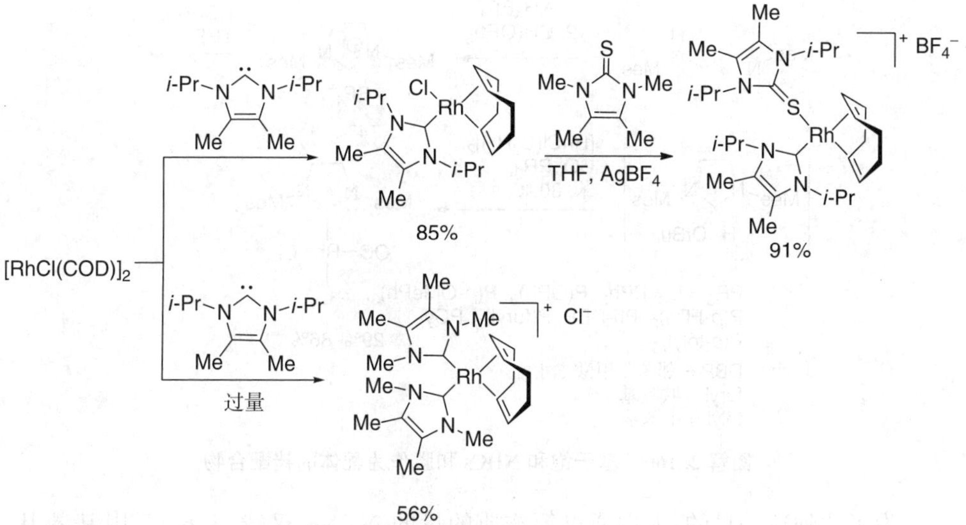

图解 2.158 中性和阳离子 NHC-铑配合物的合成

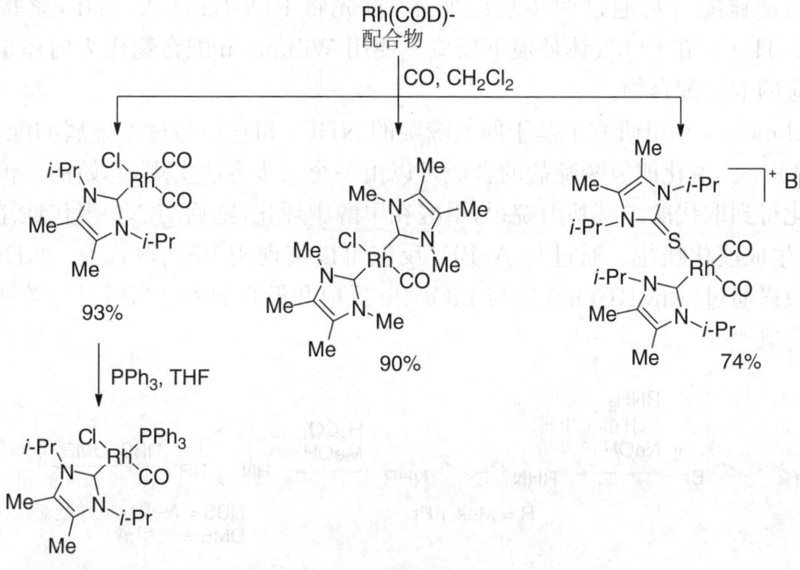

图解 2.159 羰基-铑配合物的合成

3. 饱和五元环和六元环 NHCs 和它们的金属配合物

Crudden 和其同事[48]合成了带有饱和五元环 NHCs 与膦作为配体的铑配合物(图解 2.160)。这一用卡宾和膦配体稳定铑氢甲酰化催化剂的想法可以追溯到 Herrmann 和 Frey 的假说[49]，他们推测强 σ-电子给体(卡宾)和强 π-电子受体(CO)能够使金属中心去活。或许这种假设的相互抵消效应在膦作为附加配体时可以被终止。

图解 2.160 基于饱和 NHCs 和膦作为配体的铑配合物

245 为了达到这一目的，人们通过等物质的量的 *N*，*N* -双(2,4,6 -三甲基苯基)乙二胺、四氟硼酸铵和原甲酸三乙酯反应构建二莱基咪唑盐作为卡宾配体的前体。对应的铑配合物通过两步反应制备：首先将 KO*t*-Bu 加入 THF，紧接着与 $[RhCl(C_2H_4)]_2$ 在 CO 气体环境下反应。使用 Wilkinson 配合物作为前体也可以合成对应的卡宾配合物。

Buchmeiser 小组研究了基于四氢嘧啶的 NHCs 和它们与过渡金属的配位(图
246 解 2.161)[50]。溴化四氢嘧啶盐的合成可以由一个三步方法实现：起始的二溴丙烷的氨基化得到取代的二氨基丙烷；与甲醛在甲醇中环化，随后与 *N* -溴代琥珀酰亚胺作用，生成溴化唑盐。通过与 $AgBF_4$ 反应可以实现用 BF_4^- 取代溴。NHC -铑配合物最终通过$[RhCl(COD)]_2$ 与 LiO*t*-Bu 反应和最终加入 2 当量对应的四氢嘧啶盐来合成[51]。

图解 2.161 基于四氢嘧啶的卡宾的铑配合物的合成

4. 螯合卡宾配体和金属配合物

双齿配位的二卡宾有可能可以通过 1 -甲基咪唑与 1,3 -二溴丙烷烷基化生成

双(溴化咪唑盐)得到(图解 2.162)[52]。当溴化物的水溶液与 2 当量的 NH_4PF_6
作用生成对应的六氟磷酸盐时,可以提高它的水溶性。在 THF 中向后者加入
$[Rh(COD)Cl]_2$,并且随后与过量的 KO*t*-Bu 去质子化可得到阳离子 Rh(COD)配
合物[47]。向 COD 配合物的二氯甲烷溶液中通入 CO 气体可实现以 88%的产率用 247
CO 取代 COD 配体。

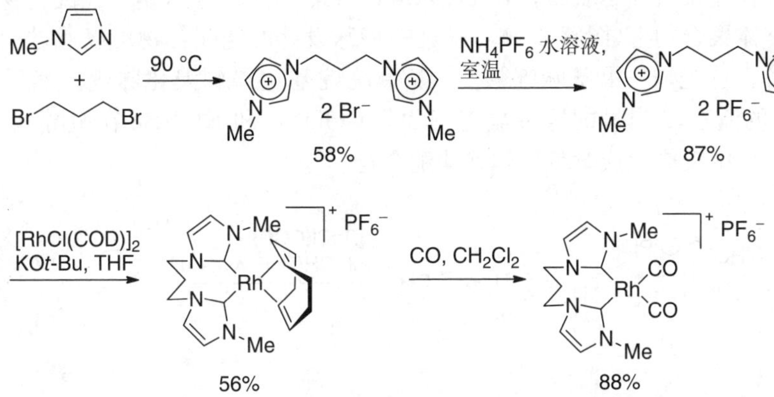

图解 2.162 双齿 NHC 的合成和其对应的铑配合物

Crabtree 和 Peris 小组研究了相关二唑盐的合成(图解 2.163)[53,54]。2,6-二溴化吡啶和二氯邻二甲苯分别与 2 当量市售的 1-丁基咪唑在 150℃均匀条件下反应,以高产率生成两个咪唑盐单元被吡啶或者 1,2-亚二甲苯基分隔开的结构。

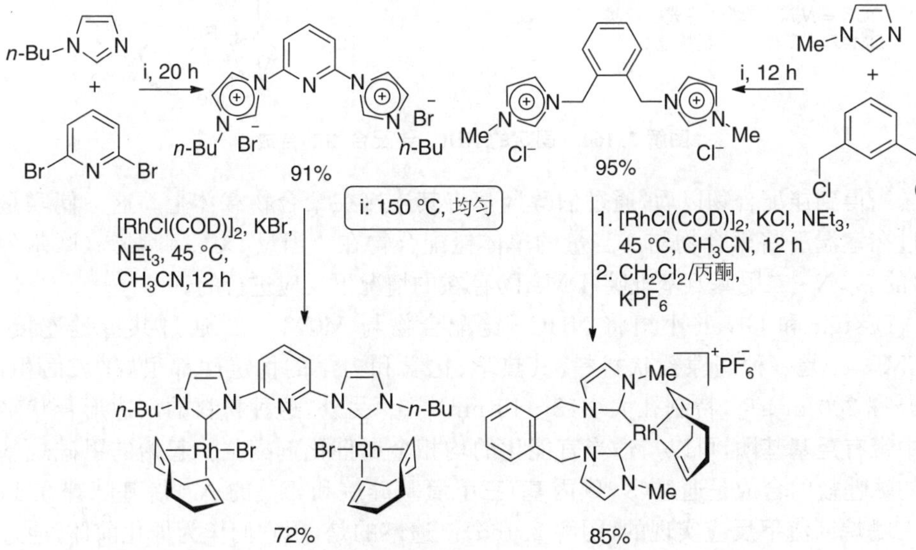

图解 2.163 其他双齿 NHCs 的合成和它们对应的铑配合物

以这一双咪唑盐和$[RhCl(COD)]_2$为基础，双核配合物和单核配合物都可以以高产率得到[54,55]。反应可以在三乙基胺存在的环境中，乙腈作溶剂的温和条件下顺利进行。向反应中加入 KBr 可以形成过溴化物。

5. 固定配体和催化前体

为了在第一轮催化后回收贵重的金属配合物，人们多次尝试将 NHCs 和其对应的铑配合物连接到固态表面。Weberskirch 和其同事[56]将 NHC-铑配合物固定在水溶的整体聚合物上(图解 2.164)。这一特殊设计的铑配合物可以通过一个两步流程制备。首先，1-甲基咪唑被 2-溴甲烷烷基化得到溴化咪唑。然后根据 Herrmann 的流程，2 当量的这种盐与$[RhCl(COD)]_2$和 KO*t*-Bu 在甲醇和 THF 混合物(3∶1)中反应生成黄色晶体状铑配合物[57]。

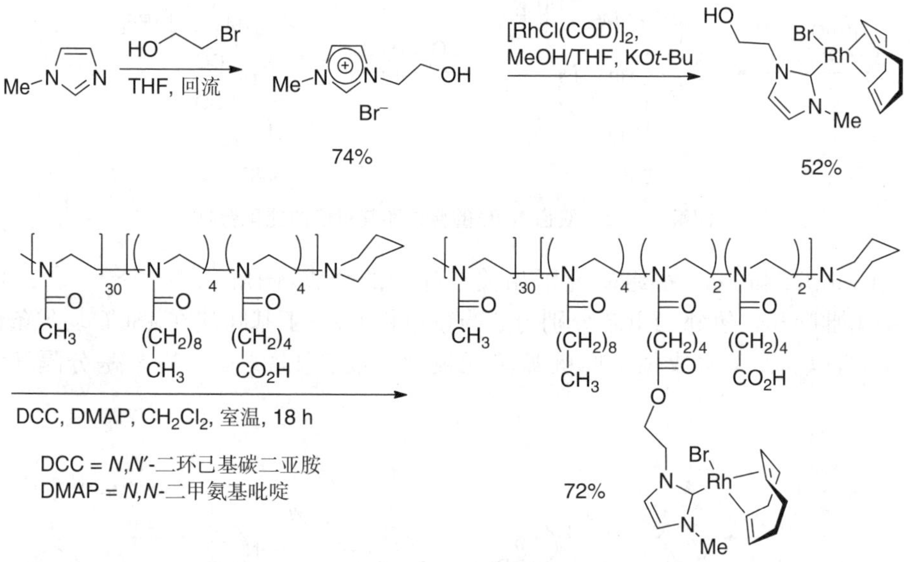

图解 2.164　固定的 NHC-铑配合物的合成

当得到铑配合物以后，通过伯醇羟基将其连接在聚合物载体上。这一偶联是通过在室温下将聚合物与 3 当量的单体铑配合物在 4 当量 DCC 和 40%(摩尔分数)的 *N*,*N*-二甲基氨基吡啶(DMAP)存在的情况下反应进行的。

Dastgir 和 Green 小组将 NHC-铑配合物与 MCM-41 通过共价键连接。MCM-41 是一种间隙孔状材料，其热学、化学和力学的稳定性都很好(表面积：800～1 200 m^2g^{-1}，特制孔大小：2～10 nm)[35]。另外，这种材料的六边形管状结构中带有羟基基团，可以与适当官能化的均相金属催化剂配位。起始的甲硅烷基化的咪唑盐的合成是通过(3-碘丙基)三甲氧基硅烷和相关的 *N*-烷基咪唑在 1,4-二噁烷回流下反应实现的(图解 2.165)。遗憾的是，用它们作为催化前体，通过各种不同碱效应来生成预期的 NHCs 的尝试全都失败了。使用对应的 Ag-NHC 的转移金属作用法被证明是更为成功的替代方法。所需的 Ag(I)是通过咪唑盐和

Ag_2O 在二氯甲烷回流中反应制备的。最后，这一银配合物在室温下、二氯甲烷中与$[RhCl(COD)]_2$ 作用以优异产率生成对水敏感的黄色固体状硅官能化的铑配合物。最终，与 MCM-41 在二氯甲烷中反应得到分别含铑 0.94%和 1.33%的载体 249
化配合物 MCM-41。

图解 2.165　在异相载体上的两个 NHC-铑配合物的合成

其他为氢甲酰化开发的基于 NHC 的固定铑催化剂由 Luis 和 Trzeciak 小组制备(图解 2.166)[58,59]。在第一步中，Merrifield 树脂功能化成为对应的双羟乙胺衍生物。这一材料通过与亚硫酰氯的氯化作用转化为对应的二氯化物。加入过量的 1-甲基咪唑生成固定的双咪唑盐。单咪唑盐可以直接通过 Merrifield 树脂与 1- 250
甲基咪唑作用以全产率得到。

图解 2.166　将 NHC-铑配合物固定于 Merrifield 树脂

这种咪唑盐与[Rh(OMe)(COD)]$_2$ 在二氯甲烷中反应生成载体化的 NHC-铑催化前体。元素分析证明了每一个咪唑基团均与一个铑原子配位。通过类似的方法也可以合成双核铑配合物。

6. 手性 NHC 配体

在前手性分子里引入手性是立体选择氢甲酰化中非常重要的任务。一般来说,这一领域被手性磷配体的使用占据(见第 4.3 节)。虽然人们为不对称催化设计了许多手性 NHCs,但其中只有少数在非对称氢甲酰化中被测试过[6,60]。

Laï 和 Rafii 小组从市售的(1*R*,2*R*)-1,2-二氨基环己烷制备了手性咪唑四氟硼酸盐(图解 2.167)[61]。二胺和溴三甲苯通过钯催化的偶联反应在 3 当量 NaO*t*-Bu 存在下在第一步生成二胺。这一原料与原甲酸三乙酯在四氟硼酸铵存在的情况下环化以近似全产率得到手性的 BF_4 盐[62]。最终,手性的铑配合物由配体前体和等物质的量的六甲基二硅叠氮钾反应,然后加入[RhCl(COD)]$_2$ 来合成。

251 MesBr, Pd(OAc)$_2$, BINAP, NaO*t*-Bu, 甲苯, 100 °C

H_2N NH_2 Mes = 莱基 = 2,3,5-$Me_3C_6H_2$

Mes—NH HN—Mes 53%

HC(OEt)$_3$, NH_4BF_4, 120 °C 至室温

BF_4^- Mes-N N-Mes 99%

1. KN[Si(CH$_3$)$_3$]$_2$, THF, –5 °C 至室温
2. [RhCl(COD)]$_2$, THF, 50 °C

Cl Rh Mes N N-Mes 70.5%

图解 2.167 手性 NHC-铑配合物的合成

其他的手性 C_2-对称螯合 NHC 配体由 Veige 和其同事[36,63,64]通过双三氟甲磺酸酯与 1-烷基苯并咪唑的亲核取代生成对应的双咪唑盐而制备(图解 2.168)。
252 后者单独与 2 当量的 KN[Si(Me)$_3$]$_2$ 作用。在 *N*-Me 取代的情况下,反应得到稳定黄色固体状烯四胺。相反地,在立体空间上体积更大的 *N*-二苯基甲基前体与碱作用,随后加入[Rh(NBD)$_2$]BF_4(NBD=norbornadiene,降冰片二烯)得到对空气和水稳定的金黄色粉末状铑配合物。烯四胺和[Rh(NBD)$_2$]BF_4 反应制得单核铑配合物。然后与 CO 作用,形成二羰基配合物。或者,晶体双核铑配合物通过与 2 当量[RhCl(COD)]$_2$ 在 THF 溶剂中反应制备[64]。

在几乎相同的情况下但是使用 1-苄基咪唑,形成对应的双咪唑盐(图解 2.169)[65]。如之前所讨论的,双咪唑盐与 KN[Si(CH$_3$)]$_2$ 去质子化,随后加入[Rh(COD)Cl]$_2$ 得到预想的铑配合物。

图解 2.168 基于手性 C_2-对称螯合 NHC 的铑配合物的合成

图解 2.169 另一种基于手性 C_2-对称螯合 NHC 的铑配合物的合成

7. 非 NHC 配体和其催化剂前体

Wass 和其同事发表了一种非常罕见的不含杂原子的在氢甲酰化中测试的卡宾配合物(图解 2.170)[66]。起始的 1,1-二氯-2,3-二芳基环丙烯通过对应的二芳基环丙烯酮与亚硫酰氯的氯化反应以高产率制备。2,3-二苯基环丙烯酮在市面有售,但也可由 2,3-双(对氟苯基)环丙烯酮通过傅里德-克拉夫茨(Friedel- 253
Crafts)烷基化以中等产率合成[67]。它们各自的铑(III)配合物通过等物质的量的二氯衍生物和 $RhCl(CO)(PPh_3)_2$ 在甲苯中回流,以较好的产率合成得到。

图解 2.170 基于非 NHC 配体的铑配合物的合成

2.5.5.3.3 使用基于卡宾配体的催化剂的氢甲酰化

Fernández、Peris 和 Crudden 的初步机理研究证明，在温和的氢甲酰化条件下，NHCs 保持在铑的配位层内配位[55,68]。Scholten 和 Dupont 在离子液氢甲酰化中也得出了类似的结论[69]。有时需要面对的一个严重问题是卡宾配体像在氢化反应里一样，由于 H_2 作用从金属上作为咪唑盐被还原消去[70]。

多数情况下，氢甲酰化的 NHC-铑催化剂从普通化学式为 RhX(NHC)(COD)的催化前体中生成。或者，配位的膦可以被 NHCs 置换。由于 NHCs 与金属的强亲合力，可以避免像一般磷配体那样使用过量的配体。通常，合成气混合物中使用与 CO 相比要过量的 H_2。典型的用于筛选的烯烃底物是较高的端烯烃，如 1-己烯、1-辛烯或者 1-癸烯。在不对称反应里，苯乙烯的异构指向效应也常被利用。偶尔，加入少量过量的磷配体（膦或者亚膦酸三酯）有利于阻止烯烃异构化和加强直链区域选择性。人们筛查了不同电子给体强度的 NHCs。似乎弱 NHC 电子给体配体形成最具活性的催化剂。这一倾向性与三价磷配体的催化剂类似，这是因为基于缺电子亚磷酸三酯的催化剂在反应性上很卓越。

迄今为止也没有关于使用 NHC-铑催化剂的整个氢甲酰化循环的详尽机理描述。只有 Trzeciak 和 Ziółkowski 证明了一种由对应卤化物前体生成的氢化 Rh(NHC)配合物是活性催化剂[71]。这一氢化配合物的生成与使用这样的催化前体所观测到的诱导期一般一致。相反地，当回收的催化剂再利用时，观测不到这一诱导期。

1. 脂肪族烯烃的氢甲酰化

1997 年，Herrmann 和其同事[25]首先分别使用了 NHCs 和咪唑盐作为铑催化的氢甲酰化的配体或者前配体。分离出的 NHC-铑配合物 **1** 和 **2**(图 2.55)以及反应内从水溶性咪唑盐 **3a**～**c** 和醋酸铑(III)中制备的配合物均在丙烯的均相和两相氢甲酰化反应中被测试。从 1 中得到的催化剂可以产生产率大于 99%的异构的正丁醛（CO/H_2=1∶1，10 MPa；60 h，S/C=100 000∶1，甲苯）。在两相系统中，在水中反应 20 h 后 S/C=100 000∶1，从 **2** 中生成或者基于 **3a**～**c** 配体的铑催化剂可以产生高达92%的转化且实现的 l/b 比例为1.2∶1到1.9∶1。铑配合物**1**也在1-己烯和2-己烯的氢甲酰化中被测试。所有的实验中都能观测到很高甚至全部转化的转化率,但是区域选择性低。 254

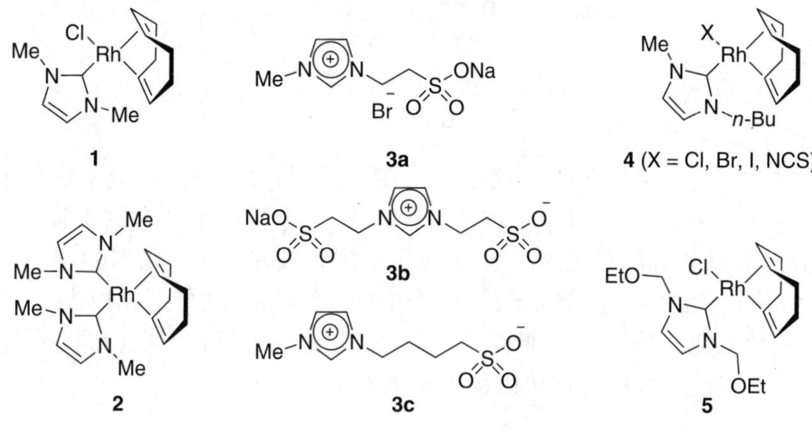

图 2.55 在端烯烃的氢甲酰化中被筛查的铑配合物

与**1**的结构相似的是NHC-铑配合物**4**和**5**,它们在1 atm合成气压、80℃下的1-己烯反应中被测试[71]。在这一条件下,配合物在生成醛类或者将起始烯烃异构为2-己烯上都不具有活性。意外的是,向**4**中加入 $P(OPh)_3$(X=Cl)可以产生约80%的醛类和20%的2-己烯。随着亚磷酸酯量的增加,l/b 比例从3.6增加至7.9,表现出使用基于NHC的催化剂能达到的倾向生成直链醛的高区域选择性。值得注意的是,也能观测到异构化(2.9%~19.6%)。总的来说,使用**4**或**5**时,改变催化剂的浓度不能影响醛的产率,但是会改变起始烯烃异构化率且可以略微改变 l/b 选择性。TOF(转化率)值为231~485 h^{-1}。当改变氯化配体时没有发现明显的不同。^{31}P NMR实验证明了具有催化活性的物质似乎是 $HRh(CO)(NHC)[P(OPh)_3]_3$。回收催化剂之后,可以观测到醛的产率增加(上至92.4%)且因此达到了较高的TOF值(上至852h^{-1})。在最优化条件下使用其他磷配体的实验生成醛的产率较低。只有使用 PPh_3 时可以达到的醛的产率为83%,l/b 比例为3.2。值得注意的是,在这些条件下,1-己烯的氢甲酰化中,NHC催化剂比 $HRh(CO)[P(OPh)_3]_3$ 或 $Rh(acac)[P(OPh)_3]_2$(acac=acetylacetonate,乙酰丙酮化物)更有效。

人们在用1-己烯的转化中研究了下图所示的NHC-铑羰基乙酰丙酮配合物(R=iPr和Mes)(CO/H_2=1∶1,60 bar;85℃,甲苯,2 h)[72]。两者在只加入如 PPh_3 或者Alkanox® 240的磷配体后就呈现活性。详细的^{31}P NMR研究显示起始的NHC-铑配合物与过量的 PPh_3 转化为 $Rh(acac)(NHC)(PPh_3)$。在20 bar合成气压下,生成两种配合物,分别是 $HRh(CO)_2(PPh_3)_2$ 和 $[Rh(CO)_3(NHC)_2(PPh_3)]^+$。后者在温度从30℃增加至100℃时,不可逆地消失。这一研究给出的 255

证据，证明了一开始所观测到的活性缺失的原因是卡宾配合物在所测试的氢甲酰化条件下的不稳定性。

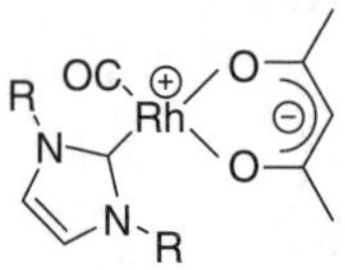

R = *i*-Pr, 莱基

对如图 2.56 所示的 NHC-铑配合物在 1-己烯为底物的反应中进行了筛查(CO/H_2=80 bar，80℃，S/C=1 000∶1，16 h)[47]。在几乎所有的实验中都可以观测到高催化活性和醛量化的产率，但是正庚醛以较差的 l/b 比例(上至 1∶0.6)
256 生成。在不完全氢甲酰化的情况下(**2**，**5** 和 **9**)，可以观测到分别异构成 2-己烯和 3-己烯的异构化。总的来说，此结果和使用 Wilkinson 催化剂在相同条件下达到的结果具有可比性(醛的量化转化和产率，l/b=1∶0.8)。

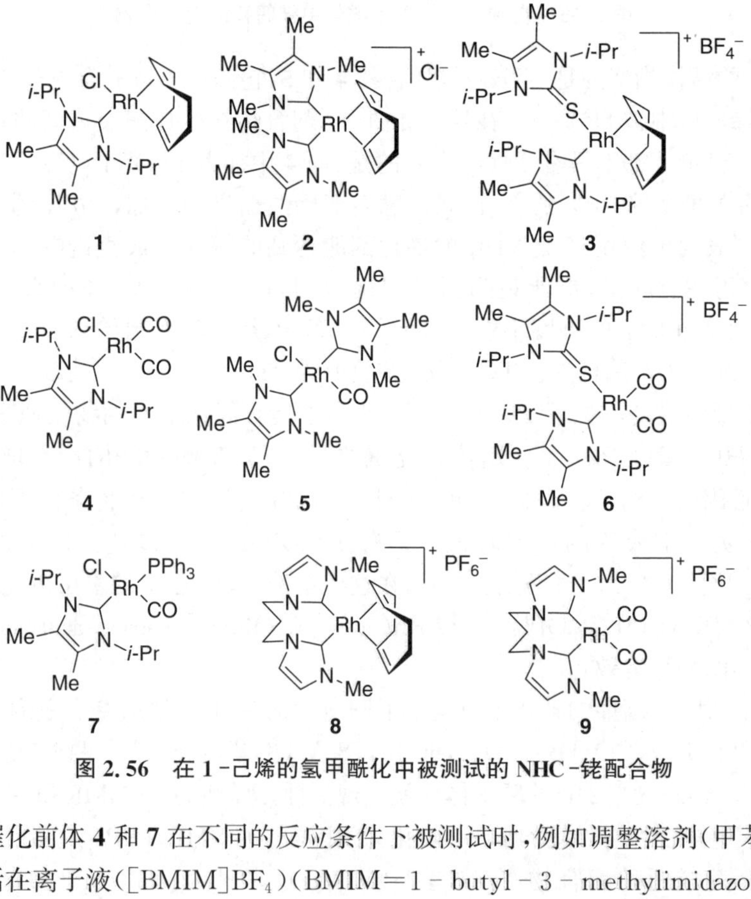

图 2.56　在 1-己烯的氢甲酰化中被测试的 NHC-铑配合物

当催化前体 **4** 和 **7** 在不同的反应条件下被测试时，例如调整溶剂(甲苯和十二烷)，包括在离子液([BMIM]BF_4)(BMIM=1-butyl-3-methylimidazolium，1-丁基-3-甲基咪唑)中反应和不同的反应时间(3～16 h)，可以观测到相似的结果[47]。当合成气压减少一半时，生成醛的量减少。使用配合物 **7** 时，可以观测到醛的全转化且 TOF 大于 111 h^{-1}，这与此系列的其他结果一致。

对如下图所示的两个不含 NHC 的铑(III)配合物在 1-己烯的氢甲酰化中进行了类似的测试($CO:H_2=1:1$,20 bar,90℃,甲苯,3 h)[66]。在这些条件下，两者都没有任何氢甲酰化活性，原因可能是铑(III)-卡宾配合物的高稳定性。为了将铑(III)还原为铑(I)，加入了金属锌，它可以明显改善烯烃向醛的转化(85%～91%)。事实上，^{31}P NMR 和^{1}H NMR 实验也证明了三价金属离子确实被还原了；但是，在这些条件下卡宾被 CO 取代所以结果必须归因于 $RhCl(CO)(PPh_3)_2$ 的催化效应。

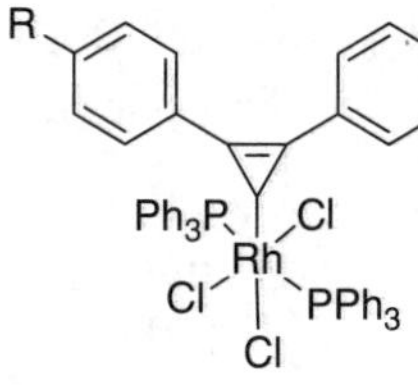

R = H, F

人们研究了在无溶剂、80℃和 10 atm 合成气压下使用树脂固定的铑配合物 **1** 和 **2**(图 2.57)的 1-己烯的氢甲酰化[59]。

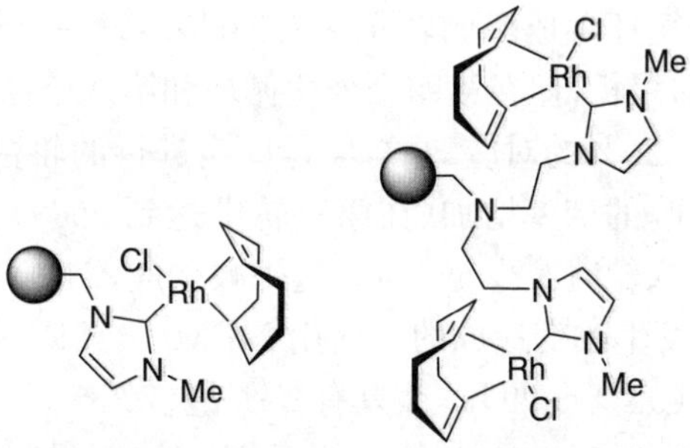

1 **2**

图 2.57 在亚磷酸三酯和 PPh_3 存在的情况下，在 1-己烯的氢甲酰化中被筛查的基于聚合物的 Rh(NHC)配合物

在这些条件下，反应不能进行，但是只要加入 $P(OPh)_3$ 就可以启动转化。使 257
用两种催化前体时，反应活性随着磷配体量的上升而增加，直到比例为 P/Rh=2。使用 **1** 时庚醛的产率可达到 70%，且有高达 6.7 的 *l/b* 比例。使用 $P(OCH_2CF_3)_3$ 时甚至可以观测到更高的 *n*-区域选择性(上至 49.8)，而使用 PPh_3 时产率和区域选择性都会明显降低。$P(OPh)_3$ 配位的催化前体还在 1-辛烯的氢甲酰化中进行了测试，结果类似但是需要两倍的反应时间(8 h)。当催化剂再利用时可以保持醛的高产率，但是在这些条件下 *l/b* 比例会减少。只有当重新补充 $P(OPh)_3$ 到再利用的催化剂中时，醛的产率和区域选择性才能得以保持。基于 $P(OCH_2CF_3)_3$ 的系统只能连续运行两轮。IR 光谱学显示，催化前体配合物中 $P(OPh)_3$ 取代了一个 CO 生成了 RhX(NHC)(CO)[$P(OPh)_3$]。

对如下图所示的基于亲水聚合物的铑配合物在使用双水相系统的 1-辛烯的氢甲酰化中进行了四轮连续测试(50 bar 合成气，100℃，2 h)[56]。聚合链影响了 *n*-区域选择性，导致第一轮测试后 *l*/*b* 比例为 72∶28。第四轮测试过后，催化系统的 TOF 达到 2 360 h^{-1}，这与使用对应单体铑配合物时具有可比性(2 400 h^{-1}，*l*/*b*=40∶60)。

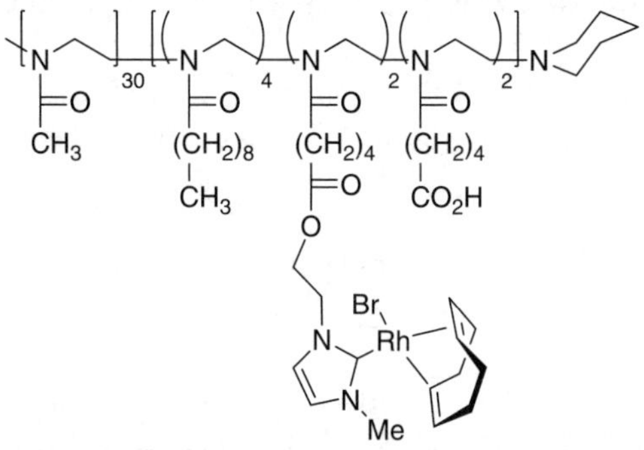

在间隙孔状结构的材料 MCM-41 上固定的催化剂(与图解 2.165 相比)也在 1-辛烯的多重氢甲酰化中进行了测试且再利用了 8 个循环[35]。使用 MCM-41(R=莱基)时，前两个循环生成醛的转化率有 80%。第一个催化循环中可观测到上至 20 mg/kg 的铑的浸析，但在第四个催化循环和第八个催化循环中没有任何损失。一开始，还发现了 20%的对应的醇，但是反应进行的轮数越多，醇的生成就越少(达到 2%)。同时，醛的产率增加(在第三轮中达到 99%)。催化剂一开始的直链选择性为 1.9，在第八轮时减少至 1.1。这一减少应该是 MCM-41 的微结构由于严苛的反应条件而发生改变造成的。使用 MCM-41(R=*t*-Bu)时，醛的生成在
258 所有轮数中保持稳定(95%～99%)且只有极少量(2%～5%)还原成醇。总的来说，区域选择性较差(0.92～0.86，从第一轮至第八轮)。没有观测到明显的起始烯烃的异构化。

如下图所示的两种相关的铑配合物在 1-辛烯的氢甲酰化中被测试[36]。在反应温度为 100℃，合成气压(CO/H_2=33∶67)调整在 30～55 bar 时，两个系统的反应中都能实现几乎等量转化的高选择性醛转化。

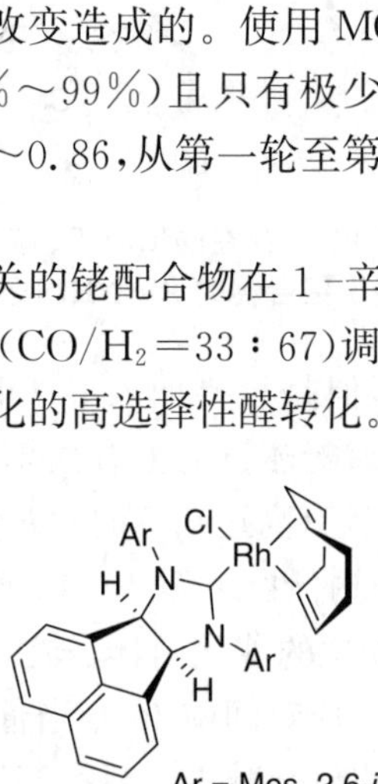

Ar = Mes, 2,6-*i*-$Pr_2C_6H_3$

1 -辛烯使用下图中的不对称配合物 **1** 在 CO/H_2＝33∶67 的合成气中进行了氢甲酰化反应[37]。结果显示，当合成气压升高(30 bar)时，催化剂的化学选择性也倾向产生大于等于 99%的醛(l/b＝0. 82～2. 5)。没有发生向 2 -辛烯的异构化。配合物 **2** 在氢甲酰化条件下会首先激发 1 -辛烯的异构化[42]。

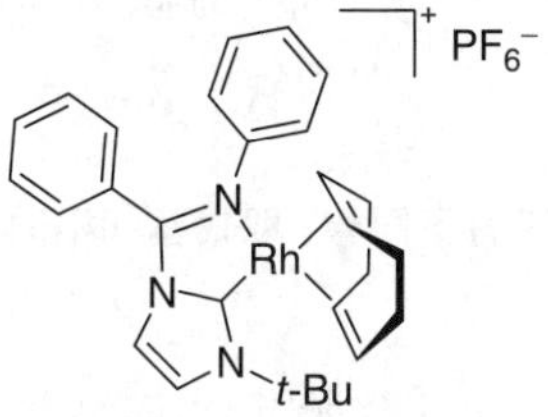

PF_6^-　　Ar = 2,6-(*i*-Pr)$_2$C$_6$H$_3$

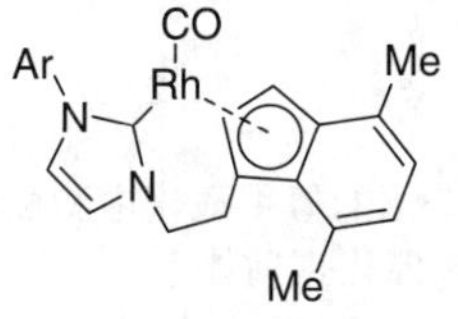

对带有不同 *N* -烷基基团或者卤配位的四氢吡啶 NHC -铑配合物 **1**～**4**(图 2. 58)在 1 -辛烯的氢甲酰化中进行了类似的测试(CO/H_2＝1∶1，50 bar；100℃，S/C＝5 000∶1，甲苯)[50]。

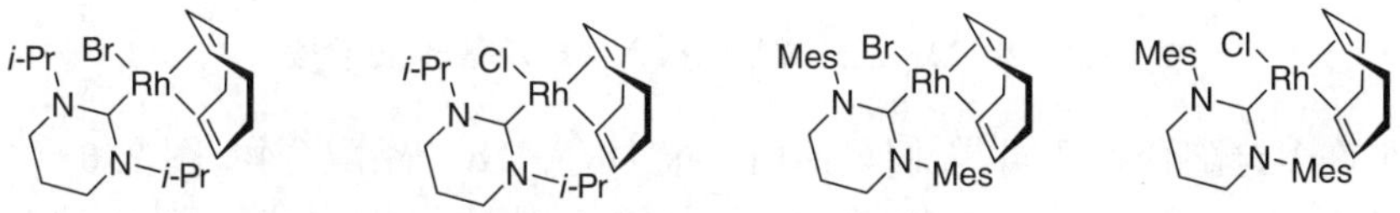

图 2. 58　在 1 -辛烯的氢甲酰化中筛查的带有不同 N -取代基和卤配体的 Rh(NHC)配合物

使用 1 中产生的催化剂时，烯烃的异构化——主要向 2 -辛烯——进行的速度要快于氢甲酰化。尽管如此，初始 TOF 可以达到 520 h^{-1}(l/b＝1. 4)。当对氮原子上的取代基进行修饰后(配合物 3)，反应活性增加(初始 TOF＝1 480 h^{-1}，l/b＝0. 9)，但是异构化仍然是存在的重要问题。当将氯替换为溴(1 与 2 对比和 3 与 4 对比)时，也能观测到类似的结果。不同的 TOF 数值可以解释为预形成周期中的速度不同。通过 HX 的还原消去氢被氧化加成，生成具有催化活性的氢化物 $HRh(NHC)(CO)_2$(图解 2. 171)[8,73]。 259

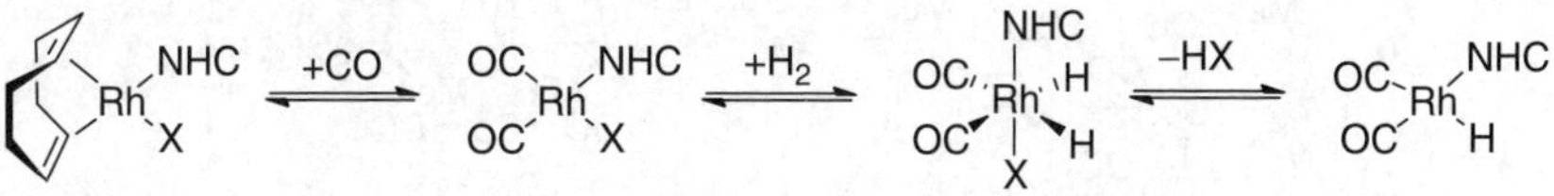

图解 2. 171　合成气下铑- NHC 配合物向催化剂的转化

在相同的条件下，人们在 1 -辛烯作为底物的反应中比较了 NHC -铑配合物 **1**～**3** 和 **4**(图 2. 59)的催化活性[8]。在高转化率下，由于伴随的异构化，*n* -区域选择性降低。最高的活性在铑催化剂 **4** 使用四唑卡宾时达到(TOF＝3 540 h^{-1})。带有两个大型金刚烷基取代基团的铑配合物 **2** 在氢甲酰化条件下分解。结论是，活性与 NHC 的给电子特性相关。缺电子的 NHC 配体表现出的活性比富电子的同类物要高。

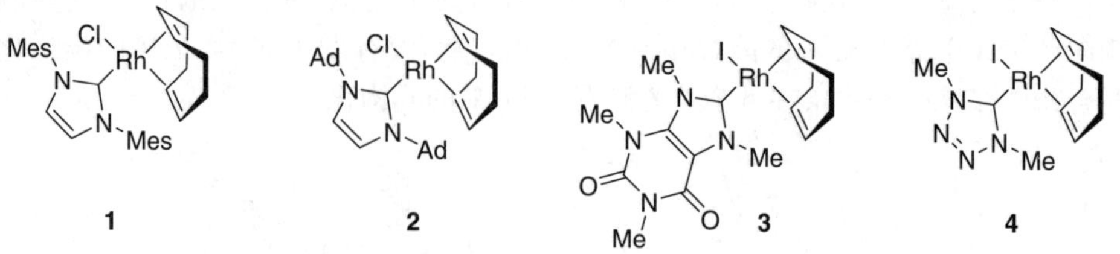

图 2.59 在 1 -辛烯的氢甲酰化中测试的带有不同 *N* -取代基和不同数量的 N 原子的 NHC 铑催化剂前体

显然，在中间物铑- π -烯烃配合物中，低电子密度会促进氢化物转移并插入双键，这与带有吸电子配体的铑配合物的行为类似，如亚磷酸三酯(图解 2.172)。

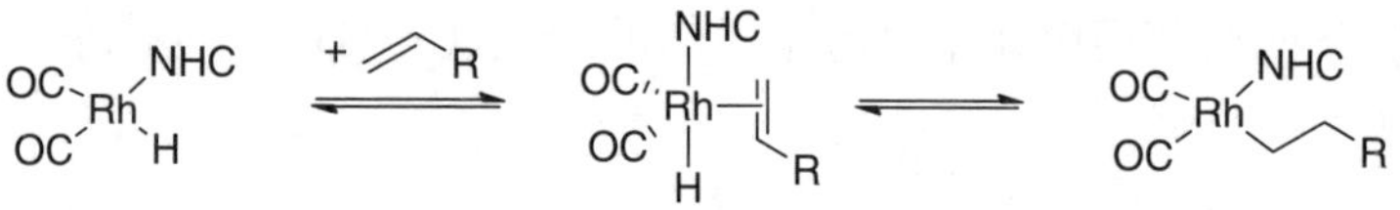

图解 2.172 通过烯烃的插入形成烷基-铑配合物

260 与许多铑配合物不同，人们只使用了很少的 NHC -钴配合物(图 2.60)。钴二聚物 **1** 的制备和其膦同类物类似，最大的不同是作为合成中间体的歧化盐 $[Co(CO)_3(配体)_2]^+[Co(CO)_4]^-$(配体＝膦、NHC)，在带有 IMes 基时通过加热不能生成预期的 $Co_2(CO)_6(IMes)_2$ 类型的催化前体。因此，**1** 由 $Co_2(CO)_8$ 与 IMes 在 65℃的庚烷中于 CO 环境下直接反应制备。对双核的钴配合物在 1 -辛烯的反应中进行了测试(CO/H_2＝1∶2，85 bar；170℃，正庚烷/THF)[74]。产物分析显示在这一条件下没有发生氢甲酰化反应，但是可以观察到配体被还原消去为相应的咪唑盐。进一步的研究显示配体 **2** 在温度超过 75℃时已经分解。当 1，3 -二甲基咪唑- 2 -亚基和 1，3，4，5 -四己基咪唑- 2 -亚基作为配体时也可以发现类似的结果。

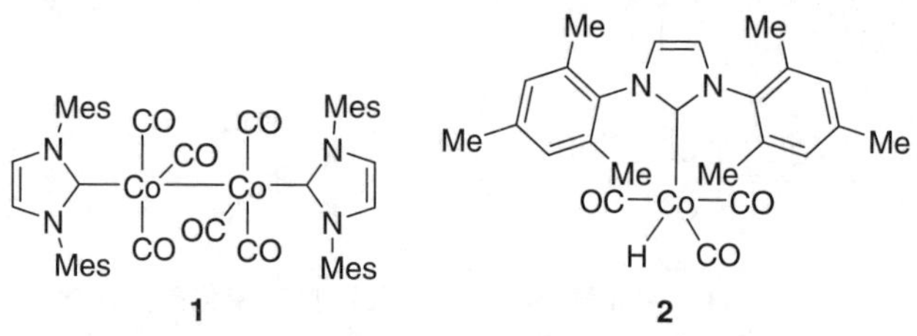

图 2.60 在氢甲酰化中测试的钴- NHC 配合物

当 **2** 在低很多的合成气压下测试时可以得到更好的结果(1 -辛烯，CO/H_2＝8 atm，50℃，1%(摩尔分数)催化剂浓度，甲苯)[75]。反应 17 h 后，可以达到倾向生成 2 -甲基辛醛的约 50%的转化率(39.3%对比 4.5%正壬醛)。由于反应是在相对较低的温度下进行的，会有微量的中间产物醛氢化形成醇(3.5%)。

2. 苯乙烯和其他芳香烯烃的氢甲酰化

Crudden 和其同事[76]对 NHC-铑配合物 **1a** 在不同的乙烯基芳烃氢甲酰化中进行了测试($CO/H_2=1:1$,约 70 bar;1%(摩尔分数)的催化前体,60℃,苯)。和预想的一样,支链醛以高产率(85%~95%,$b/l=94:6$~$98:2$)优先生成。但是反应活性很低(TOF=7 h^{-1})。催化前体 **1b** 也得到类似的结果。加入不同量的 PPh_3 可以略微提高效率但是不会有异构区域选择性的改变。有趣的是,在这些条件下从 **1b** 得到的催化剂被证明比用于比较的 $RhCl(CO)(PPh_3)_2$ 更加具有活性和选择性。

261

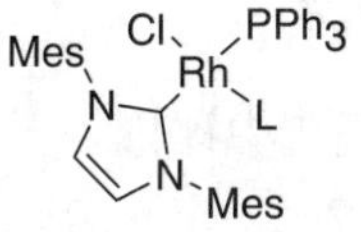

1a: L = PPh_3
b: L = CO

人们用下图所示的配合物研究了附加磷配体对性质的影响[48]。大型膦,比如 P(*o*-tolyl)$_3$、PCy_3 和 Ph-DBP 会带来低反应活性(TOF=2~3 h^{-1})。用 $P(OPh)_3$ 取代膦可以进一步减少 TOF 值(0.5 h^{-1})。这一系列中最佳的 TOF 和区域选择性来自 P(呋喃基)$_3$(TOF=44 h^{-1},$b/l=91:9$)。值得注意的是,在几乎所有的情况中加入 0.5%的三乙基胺 TOF 都会大幅增加(可至 125 h^{-1})。区域选择性几乎保持不变。

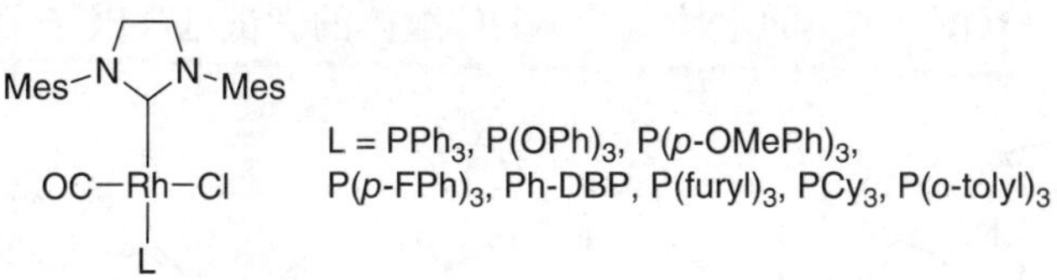

L = PPh_3, $P(OPh)_3$, P(*p*-OMePh)$_3$, P(*p*-FPh)$_3$, Ph-DBP, P(furyl)$_3$, PCy_3, P(*o*-tolyl)$_3$

由于金属-卤化物配合物在生成催化活性的乙酸氢化金属配合物时需要经历 HX 的消去反应而表现出诱导期,因此配合物 **1** 和 **2** 被用于氢甲酰化(苯乙烯,$CO/H_2=1:1$,约 70 bar;2%(摩尔分数)催化剂)的测试[77]。配合物 **1** 在苯存在、80℃、无任何添加物的条件下就呈现活性,可以以 93%的产率、常见的支链异构体倾向($b/l=10:1$)生成异构的醛。加入 2%的 PPh_3 会使产率降低至 78%,但是能进一步增加支链醛的形成($b/l=27:1$)。TOF 的范围在 283~725 h^{-1}。带有两个 NHC 配体的配合物 **2** 没有表现出任何的氢甲酰化活性。

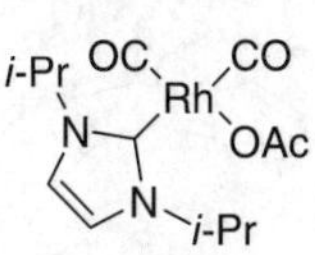

1 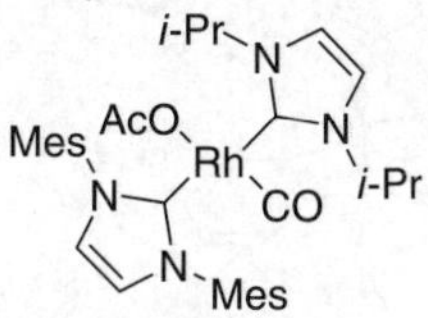　　**2**

双核的 NHC-铑配合物 **1** 在苯乙烯的氢甲酰化中呈现催化活性(CO/H_2 = 80 bar，80℃，甲苯)[55]，可以达到完全转化和高化学选择性以及中等的异构区域选择性(99%的醛，b/l=87∶13)。倾向生成支链醛的区域选择性可以通过将温度降至 40℃来增加。在类似条件下，配合物 **2** 表现较弱。

262

人们在苯乙烯的不对称氢甲酰化中评价了下图中的手性铑配合物[61]。可以在十分温和的条件下(CO/H_2 =1∶2，12 bar；60～80℃，甲苯，48 h)达到高转化率(90%～97%)和 100%倾向生成醛的化学选择性。加入 10 当量的 PPh_3 可以增加区域选择性(b/l=91∶9)。遗憾的是，在所有的实验中对映选择性都很差(7%～12.5%)。

为了解决在氢甲酰化过程中使用单齿 NHC 配体时常常发生的还原消去问题而使用例如 **1**～**4**(图 2.61)的手性双齿 NHC 配体的尝试都失败了[36]。

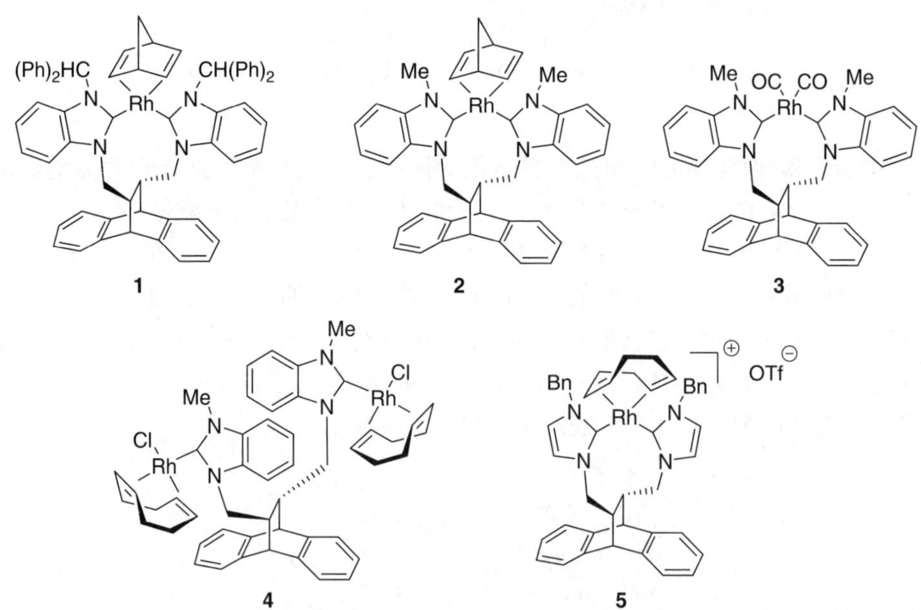

图 2.61 手性 NHCs 和铑的配合物及其单齿和双齿配位模型

在苯乙烯的氢甲酰化中(CO/H_2=80 bar,50℃),这些 NHC 催化前体失去了 263
它们的 NHC 配体,观测到的催化结果是由未修饰的铑配合物产生的。这一观测结果解释了迄今为止在不对称氢甲酰化中观测到的较差的对映异构过量值。测试手性配合物 **5** 时也得出了类似的结论[65]。

2.5.6 结论

从 Hoechst 的研究小组[25]在 1997 年第一次尝试使用卡宾作为铑催化的氢甲酰化的辅助配体以来,这种新型的配体越来越多地受到关注。在一些例子中,使用一些普遍使用的三价磷配体也可以达到类似优秀的催化结果。通常,带有卡宾和磷配体的混合催化剂会得到出色的结果。遗憾的是,与之前的假设相反,NHC-金属配合物在氢甲酰化反应条件下并非表现取代惰性,而这又恰恰是在整个反应过程中达到稳定的活性和区域化学选择性的先决条件。这也许可以解释为什么尽管 NHCs 在包含氢甲酰化的连锁反应(如氨基甲基化)中,或者是在不对称氢甲酰化中仍然有很多空白领域未被研究,但与此相关的文献数量近 2~3 年来降到了零。

参考文献

1. Bourissou, D., Guerret, O., Gabbaï, F.P., and Bertrand, G. (2000) *Chem. Rev.*, **100**, 39–92.
2. Herrmann, W.A. and Köscher, C. (1997) *Angew. Chem. Int. Ed. Engl.*, **36**, 2162–2187.
3. Gleiter, R. and Hoffmann, R. (1968) *J. Am. Chem. Soc.*, **90**, 5457–5460.
4. Nanchen, S. (2005) *N*-heterocyclic carbene ligands for iridium-catalysed asymmetric hydrogenation. PhD thesis. University of Basel, Switzerland.
5. Arduengo, A.J. III, Dias, H.V.R., Dixon, D.A., Harlow, R.L., Klooster, W.T., and Koetzle, T.F. (1994) *J. Am. Chem. Soc.*, **116**, 6812–6822.
6. Gil, W. and Trzeciak, A.-M. (2011) *Coord. Chem. Rev.*, **255**, 473–483.
7. Köcher, C. and Herrmann, W.A. (1997) *J. Organomet. Chem.*, **532**, 261–265.
8. Bortenschlager, M., Schütz, J., von Preysing, D., Nuyken, O., Herrmann, W.A., and Weberskirch, R. (2005) *J. Organomet. Chem.*, **690**, 6233–6237.
9. Veige, A.S. (2008) *Polyhedron*, **27**, 3177–3189.
10. Srebro, M. and Michalak, A. (2009) *Inorg. Chem.*, **48**, 5361–5369.
11. Dorta, R., Stevens, E.D., Scott, N.M., Costabile, C., Cavallo, L., Hoff, C.D., and Nolan, S.P. (2005) *J. Am. Chem. Soc.*, **127**, 2485–2495.
12. Sparta, M., Børve, K.J., and Jensen, V.R. (2007) *J. Am. Chem. Soc.*, **129**, 8487–8499.
13. Huang, J., Stevens, E.D., and Nolan, S.P. (2000) *Organometallics*, **19**, 1194–1197.
14. Herrmann, W.A., Schütz, J., Frey, G.D., and Herdtweck, E. (2006) *Organometallics*, **25**, 2437–2448.
15. Tolman, C.A. (1977) *Chem. Rev.*, **77**, 313–348.
16. Hillier, A.C., Sommer, W.J., Yong, B.S., Petersen, J.L., Cavallo, L., and Nolan, S.P. (2003) *Organometallics*, **22**, 4322–4326.
17. Clavier, H. and Nolan, S.P. (2010) *Chem.* 264
Commun., **46**, 841–861.
18. Díez-González, S., Marion, N., and Nolan, S.P. (2009) *Chem. Rev.*, **109**, 3612–3676.
19. Wanzlick, H.W. (1962) *Angew. Chem. Int.*

Ed. Engl., **1**, 75–80.
20. Wanzlick, H.-W. and Schönherr, H.-J. (1968) *Angew. Chem. Int. Ed. Engl.*, **7**, 141–142.
21. Öfele, K. (1968) *J. Organomet. Chem.*, **12**, P42–P43.
22. (a) Arduengo, A.J. III, Harlow, R.L., and Kline, M. (1991) *J. Am. Chem. Soc.*, **113**, 361–363; (b) Arduengo, A.J. III, (1999) *Acc. Chem. Res.*, **32**, 913–921.
23. Herrmann, W.A. (2002) *Angew. Chem. Int. Ed.*, **41**, 1290–1309.
24. Almeida, A.R., Peixoto, A.F., Calvete, M.J.F., Gois, P.M.P., and Pereira, M.M. (2011) *Curr. Org. Synth.*, **8**, 764–775.
25. Herrmann, W.A., Elison, M., Fischer, J., and Köscher, C. (to Hoechst Aktiengesellschaft) (1997) Patent US 5,663,451.
26. Gridnev, A.A. and Mihaltseva, I.M. (1994) *Synth. Commun.*, **24**, 1547–1555.
27. Herrmann, W.A., Köcher, C., Gooßen, L.J., and Artus, G.R.J. (1996) *Chem. Eur. J.*, **2**, 1627–1636.
28. Arduengo, A.J. III, Krafczyk, R., Schmutzler, R., Craig, H.A., Goerlich, J.R., Marshall, W.J., and Unverzagt, M. (1999) *Tetrahedron*, **55**, 14523–14534.
29. Nishiyama, T., Nanno, Y., and Yamada, F. (1988) *J. Heterocycl. Chem.*, **25**, 1773–1776.
30. Herrmann, W.A., Elison, M., Fischer, J., Köcher, C., and Artus, G.R.J. (1996) *Chem. Eur. J.*, **2**, 772–780.
31. Kuhn, N. and Kratz, T. (1993) *Synthesis*, 561–562.
32. Liu, L.-J., Wang, F., and Shi, M. (2009) *Organometallics*, **28**, 4416–4420.
33. Praetorius, J.M., Wang, R., and Crudden, C.M. (2009) *Eur. J. Inorg. Chem.*, **2009**, 1746–1751.
34. Douglas, S., Lowe, J.P., Mahon, M.F., Warren, J.E., and Whittlesey, M.K. (2005) *J. Organomet. Chem.*, **690**, 5027–5035.
35. Dastgir, S., Coleman, K.S., and Green, M.L.H. (2011) *Dalton Trans.*, **40**, 661–672.
36. Jeletic, M.S., Jan, M.T., Ghiviriga, I., Abboud, K.A., and Veige, A.S. (2009) *Dalton Trans.*, 2764–2776.
37. Dastgir, S., Coleman, K.S., Cowley, A.R., and Green, M.L.H. (2006) *Organometallics*, **25**, 300–306.
38. Schenck, T.G. and Bosnich, B. (1985) *J. Am. Chem. Soc.*, **107**, 2058–2066.
39. Brindley, J.C., Caldwell, J.M., Meakins, G.D., Plackett, S.J., and Price, S.J. (1987) *J. Chem. Soc., Perkin Trans. 1*, 1153–1158.
40. Coleman, K.S. (2005) *J. Organomet. Chem.*, **690**, 5591–5596.
41. Downing, S.P., Guadaño, S.C., Pugh, D., Danopoulos, A.A., Bellabarba, R.M., Hanton, M., Smith, D., and Tooze, R.P. (2007) *Organometallics*, **26**, 3762–3770.
42. Downing, S.P., Pogorzelec, P.J., Danopoulos, A.A., and Cole-Hamilton, D.J. (2009) *Eur. J. Inorg. Chem.*, **2009**, 1816–1824.
43. Schütz, J. and Herrmann, W.A. (2004) *J. Organomet. Chem.*, **689**, 2995–2999.
44. Hahn, F.E., Wittenbecher, L., Boese, R., and Bläser, D. (1999) *Chem. Eur. J.*, **5**, 1931–1935.
45. Dastgir, S., Coleman, K.S., Cowley, A.R., and Green, M.L.H. (2009) *Dalton Trans.*, 7203–7214.
46. Dastgir, S., Coleman, K.S., Cowley, A.R., and Green, M.L.H. (2010) *Organometallics*, **29**, 4858–4870.
47. Neveling, A., Julius, G.R., Cronje, S., Esterhuysen, C., and Raubenheimer, H.G. (2005) *Dalton Trans.*, 181–192.
48. Chen, A.C., Allen, D.P., Crudden, C.M., Wang, R., and Decken, A. (2005) *Can. J. Chem.*, **83**, 943–957.
49. Herrmann, W.A., Frey, G.D., Herdtweck, E., and Steinbeck, H. (2007) *Adv. Synth. Catal.*, **349**, 1677–1691 and ref. cited therein.
50. Bortenschlager, M., Mayr, M., Nuyken, O., and Buchmeiser, M.R. (2005) *J. Mol. Catal. A: Chem.*, **233**, 67–71.
51. Mayr, M., Wurst, K., Onganiaand, K.-H.,

and Buchmeiser, M.R. (2004) *Chem. Eur. J.*, **10**, 1256–1266.

52. Lee, K.-M., Chen, J.C.C., and Lin, I.J.B. (2001) *J. Organomet. Chem.*, **617–618**, 364–375.

53. Loch, J.A., Albrecht, M., Peris, E., Mata, J., Faller, J.W., and Crabtree, R.H. (2002) *Organometallics*, **21**, 700–706.

54. Poyatos, M., Mas-Marzá, E., Mata, J.A., Sanaú, M., and Peris, E. (2003) *Eur. J. Inorg. Chem.*, 1215–1221.

55. Poyatos, M., Uriz, P., Mata, J.A., Claver, C., Fernandez, E., and Peris, E. (2003) *Organometallics*, **22**, 440–444.

56. Zarka, M.T., Bortenschlager, M., Wurst, K., Nuyken, O., and Weberskirch, R. (2004) *Organometallics*, **23**, 4817–4820.

57. Herrmann, W.A., Gooβen, L.J., and Spiegler, M. (1997) *J. Organomet. Chem.*, **547**, 357–366.

58. Altava, B., Burguete, M.I., García-Verdugo, E., Karbass, N., Luis, S.V., Puzary, A., and Sans, V. (2006) *Tetrahedron Lett.*, **47**, 2311–2314.

59. Gil, W., Boczoń, K., Trzeciak, A.M., Ziółkowski, J.J., Garcia-Verdugo, E., Luis, S.V., and Sans, V. (2009) *J. Mol. Catal. A: Chem.*, **309**, 131–136.

60. Wang, F., Liu, L.J., Wang, F., Li, S., and Shi, M. (2012) *Coord. Chem. Rev.*, **256**, 804–853.

61. Laï, R., Daran, J.-C., Heumann, A., Zaragori-Benedetti, A., and Rafii, E. (2009) *Inorg. Chim. Acta*, **362**, 4849–4852.

62. Seiders, T.J., Ward, D.W., and Grubbs, R.H. (2001) *Org. Lett.*, **3**, 3225–3228.

63. Gibis, K.-L., Helmchen, G., Huttner, G., and Zsolnai, L. (1993) *J. Organomet. Chem.*, **45**, 181–186.

64. Jeletic, M.S., Ghiviriga, I., Abboud, K.A., and Veige, A.S. (2007) *Organometallics*, **26**, 5267–5270.

65. Lowry, R.J., Jan, M.T., Abboud, K.A., Ghiviriga, I., and Veige, A.S. (2010) *Polyhedron*, **29**, 553–563.

66. (a) Green, M., McMullin, C.L., Morton, G.J.P., Orpen, A.G., Wass, D.F., and Wingad, R.L. (2009) *Organometallics*, **28**, 1476–1479; (b) Chotima, R., Dale, T., Green, M., Hey, T.W., McMullin, C.L., Nunns, A., Orpen,
A.G., Shiskov, I.V., Wass, D.F., and 265
Wingad, R.L. (2011) *Dalton Trans.*, **40**, 5316–5323.

67. Tobey, S.W. and West, R. (1964) *J. Am. Chem. Soc.*, **86**, 4215–4216.

68. Crudden, C.M. and Allen, D.P. (2004) *Coord. Chem. Rev.*, **248**, 2247–2273.

69. Scholten, J.D. and Dupont, J. (2008) *Organometallics*, **27**, 4439–4442.

70. (a) McGuinness, D.S., Saendig, N., Yates, B.F., and Cavell, K.J. (2001) *J. Am. Chem. Soc.*, **123**, 4029–4040; (b) Yu, X., Sun, H., Patrick, B.O., and James, B.R. (2009) *Eur. J. Inorg. Chem.*, **2009**, 1752–1758.

71. Gil, W., Trzeciak, A.M., and Ziółkowski, J.J. (2008) *Organometallics*, **27**, 4131–4138.

72. Datt, M.S., Nair, J.J., and Otto, S. (2005) *J. Organomet. Chem.*, **690**, 3422–3426.

73. Evans, D., Osborn, J.A., and Wilkinson, G. (1968) *J. Chem. Soc. A*, 3133–3142.

74. van Rensburg, H., Tooze, R.P., Foster, D.F., and Slawin, A.M.Z. (2004) *Inorg. Chem.*, **43**, 2468–2470.

75. Llewellyn, S.A., Green, M.L.H., and Cowley, A.R. (2006) *Dalton Trans.*, 4164–4168.

76. Chen, A.C., Ren, L., Decken, A., and Crudden, C.M. (2000) *Organometallics*, **19**, 3459–3461.

77. Praetorius, J.M., Kotyk, M.W., Webb, J.D., Wang, R., and Crudden, C.M. (2007) *Organometallics*, **26**, 1057–1061.

78. (a) Seayad, A.M., Selvakumar, K., Ahmed, M., and Beller, M. (2003) *Tetrahedron Lett.*, **44**, 1679–1683; (b) Ahmed, M., Buch, C., Routaboul, L., Jackstell, R., Klein, H., Spannenberg, A., and Beller, M. (2007) *Chem. Eur. J.*, **13**, 1594–1601.

267 # 3　合成气和其替代来源

3.1　概述

合成气(syngas),作为氢甲酰化试剂的 CO 和 H_2 的混合物,几乎可以从所有的碳原料中得到,如天然气、挥发油或者煤炭(图 3.1)[1]。同时,生物质(蔬菜废弃物、稻草、谷物、造纸业产生的黑液等)或者塑料垃圾也成为可持续利用化学领域里的焦点。甲烷蒸气重整(SMR)是最常用的方法。其他方法是基于碳原料的部分氧化(POX)或者自热重整(ATR)。还有一些用甲醇或者乙醇作为原料[2]。现今,合成气主要被用于生产氨和甲醇。纯 CO 可以用合成气通过低温分离的方法得到。氢气可以通过甲烷或者其他的碳氢化合物的蒸气重整大量得到。另一个非常重要的方法是重油的部分氧化(POX)。每年世界范围内会生产约 $5\times10^9\,m^3$ 的 H_2[3]。

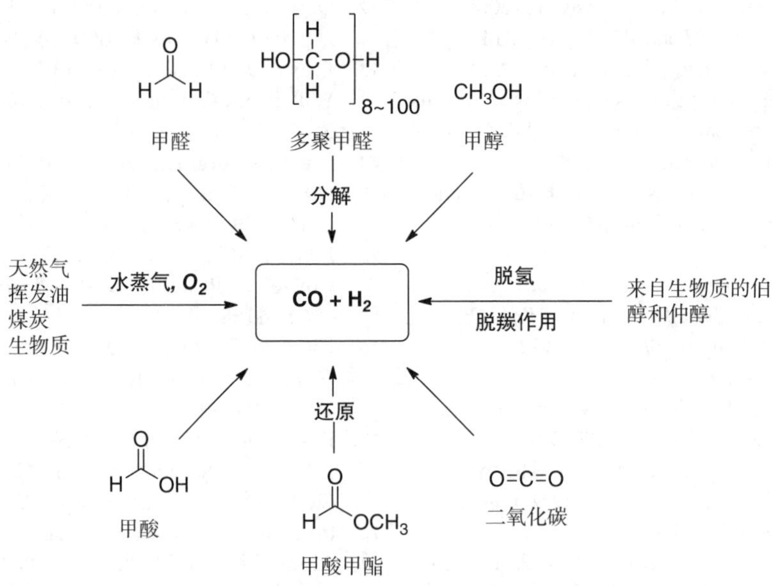

图 3.1　用于氢甲酰化的合成气的来源

迄今为止,大规模消耗的合成气还没有替代的来源。大公司一般都拥有自己的合成气生产装置或者通过管道来运输合成气。特别是后者存在争议,尤其是当 CO 的运输通过人群密集居住的地区时。一个明显的例子是 Bayer(德国)的一条长达 67 km 的被争议多年的 CO 运输管道。

气体原料的纯度受到特别的关注。毒剂有可能会对氢甲酰化催化剂的长期稳定性产生非常大的影响且随之影响转化率和选择性。在小公司里，通过氢甲酰化进行的醛的生产可能会因为 CO 的价格比 H_2 高许多而产生严重的问题。这一问题主要是因为高毒性气体的运输成本高而导致的。因此，可内部生产的、基于廉价且毒性较少的合成气或 CO 的替代方法的研究就显得十分有吸引力。但是其他的氢气分子来源，例如从甲酸中产生，也受到人们的关注。大部分合成气、CO 或者 268
H_2 的液体或者固体替代物都很容易以高纯度制得。

2004 年，Morimoto 和 Kakiuchi[4] 总结了不使用气体 CO 的羰基化化学领域（氢酯基化、羟基羰基化、烷氧羰基化、氢酰胺化、氨基羰基化、Pauson-Khand 反应）的主要进展，其中也提及了一些不使用合成气的氢甲酰化的内容。2014 年，Beller 小组给出了一份相关更新[5]。这里我们只关注精细化工框架下的不含合成气的氢甲酰化。在这里 CO 和 H_2 的来源是甲醛和其聚合物仲甲醛、CO_2、甲醇或者甲酸和甲酸甲酯。最大的区别是碳原子的不同的氧化态。甲醛和仲甲醛分解出等量的 H_2 和 CO。甲醇分解出的 H_2 和 CO 的比例是 1∶2。甲酸、甲酸甲酯和 CO_2 所含的碳原子在较高的氧化态，所以需要还原条件（主要是和 H_2 反应）才能产生合成气。最近几年，通过均相催化剂的辅助从生物排泄物中的伯醇和仲醇中产生合成气成为了学术研究关注的焦点。

从烯烃中不使用合成气合成醛的其他方法，例如包括硼氢化-同素化和最终氧化的同釜反应（图解 3.1）不在本书的讨论范围内，所以也不在这里详细叙述[6]。

同样地，我们也不提及甲硅烷甲酰化[7]、以甲醛作为 CO 来源的催化 Pauson-Khand 型反应[8] 和与甲醛的丁二烯或者炔的氢甲基化[9]。

269

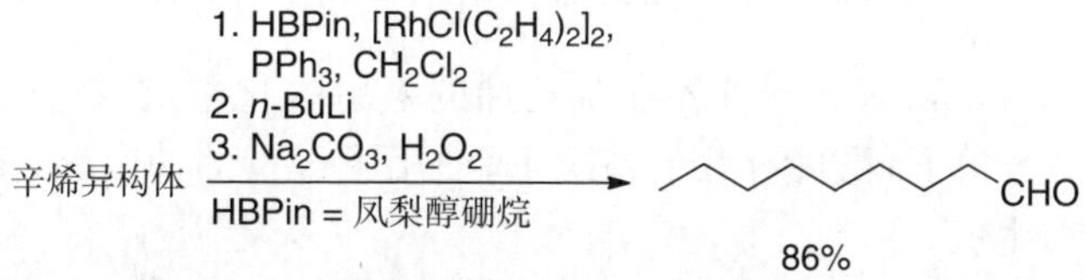

图解 3.1 通过硼氢化-同素化和最终氧化的同釜反应进行的烯烃的不含合成气的氢甲酰化

3.2 由甲醛或仲甲醛产生合成气

使用甲醛和仲甲醛在反应内产生合成气的方法受到人们特别的关注。市场上的甲醛在水中形成的水溶液叫作 formol 或者 formalin（福尔马林）。市场上 40%（体积分数）或者 37%（质量分数）的甲醛饱和水溶液被认为是 100% 的福尔马林。甲醛通常是由甲醇的金属催化的氧化反应（formox 过程）以每年几百万吨的产量生产[10]。仲甲醛是甲醛的平均聚合量为 8～100 个单位的固体聚合产物（mp=

120℃)。加热后会解聚合为甲醛。迄今为止,甲醛的三聚产物,1,3,6-三氧杂环乙烷,在氢甲酰化中不起作用。

使用甲醛的氢甲酰化利用的是铑、铱、钌或者钴的过渡金属催化剂对芳香或者脂肪族醛类的脱羰作用的反应原理(见第8章)[11]。在与甲醛的反应中,分解产生
270 CO和H_2(图解3.2)。以这种方式产生的合成气可以用于第二个烯烃氢甲酰化的催化循环。除了这种分子间的过程,氢甲酰化还可以在不释放H_2和CO的情况下,通过分子内方法将暂态过渡金属-酰基配合物配位层上的甲酰基转移到烯烃上来进行。这两种机理或许以竞争关系存在,取决于反应的条件[12]。

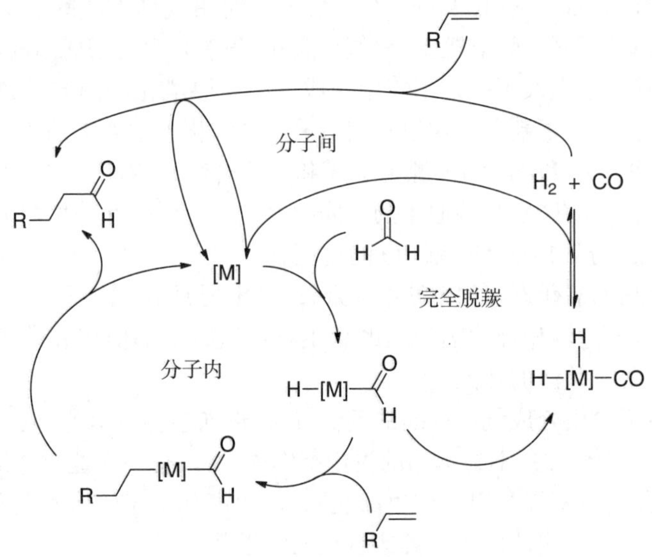

图解3.2 使用甲醛的氢甲酰化中的两个竞争机制

1982年,Okano和Kiji[13]首先在苯乙烯的氢甲酰化中,在铑(碳酸氢阴离子)催化剂、脂肪烯烃和丙烯酸酯存在的情况下,使用了过量的仲甲醛(图解3.3)。甲醛作为主要产物生成。

Ph⁀ + $[CH_2O]_n$ —— $H_2Rh[OC(O)OH][(i\text{-}Pr)_3P]$ [2.5%(摩尔分数)], 120 °C, THF, 20 h;转化率为73% ——→ Ph(CHO) 54% { Ph(OH), Ph(COOMe) + Ph }

烯烃/$[CH_2O]_n$ = 2:5

图解3.3 使用仲甲醛的烯烃的氢甲酰化

在这些条件下,$RhCl(PPh_3)_3$或者$Ru(CO)_3(PPh_3)$几乎没有活性。当温度增加到120℃至150℃,甲醛的产率下降且主要生成醇和酯。

Seok和其同事研究了在$HRh(CO)(PPh_3)_3$存在的情况下使用仲甲醛的烯

丙基醇的氢甲酰化(图解 3.4)[14]。与使用合成气在反应中的发现类似(见第 4 章中的“烯丙基和高烯丙基醇”),烯烃底物中的官能团决定了反应的区域化学性质且人们假设在催化剂和底物之间存在环化过渡态。达到的最大异构化产物比例为$l/b=21$。向仲甲醛中加入合成气,或者加入过量的膦会阻止直链醛的生成。

$HRh(CO)(PPh_3)_3$ [0.3%(摩尔分数)],
PPh_3 [1.5%(摩尔分数)],
100 °C, THF, 7 h

HO ⁄ + $[CH_2O]_n$ → HO ⁄ CHO

烯烃/仲甲醛 = 3.0:7.5

26%
l/b = 21

图解 3.4　使用仲甲醛的烯丙基醇的氢甲酰化

Rosales 等[15]发现,与使用合成气的氢甲酰化反应相反,使用仲甲醛的反应在含有两个双膦配体的铑配合物的情况下进行最佳。显然,带有铑的小螯合环是其优势所在,因为使用$[Rh(diphos)_2]^+$类型的配合物的反应速率随着两个磷原子之 271
间的碳链的增加而按如下顺序减小:

$$dppe > dppp > dppb$$

另外,这样的双配体配合物的活性比 $HRh(CO)_2$(二膦)类型的要高。后者在使用合成气的氢甲酰化中活性更高。

2010 年, Morimoto 和其同事展示了两种铑催化剂[Rh(BIPHEP), Rh(Nixantphos)]的组合使用的有利性,一种用于分解甲醛,另一种用于烯烃的氢甲酰化(图解 3.5)[16]。在这一系统中,醛可以在不取决于甲醛源(福尔马林,仲甲醛)的情况下以 95%的产率、$l/b=97:3$ 的比例生成。

$[RhCl(COD)]_2$ [1%(摩尔分数)],
BIPHEP [2%(摩尔分数)],
Nixantphos [2%(摩尔分数)],
甲苯, 90 °C

C_8H_{17} ⁄ + 甲醛源 (5 eq.) → C_8H_{17} ⁄ CHO + C_8H_{17} (CHO)

l/b = 97:3

BIPHEP　Nixantphos

福尔马林 (20 h): 转化率为98%; 产率为95%
仲甲醛 (20 h): 转化率为76%; 产率为75%
仲甲醛 (40 h): 转化率为95%; 产率为93%

图解 3.5　使用福尔马林或者仲甲醛的 1-癸烯的氢甲酰化

使用仲甲醛所需要的反应时间比使用福尔马林的要长。BIPHEP 或者 Nixantphos 作为配体也得出类似的结果。

2015 年,这一理论应用在了不对称的反应中[17a,b]。(*S*,*S*)-Ph-BPE 作为手性调节剂使用,而其他的配体例如(*S*)-BINAP,(*R*,*S*)-BINAPHOS 或(*S*,*S*)-

BDPP 在转化、产率和区域选择性及对映选择性上的表现明显较弱。优化条件下可以合成布洛芬和萘普生的醛的前体(图解 3.6)。加入外源 CO,反应减速。在同
272 样的实验中,使用[^{13}C]甲醛证明了在铑的配位层发生了 CO 混杂。

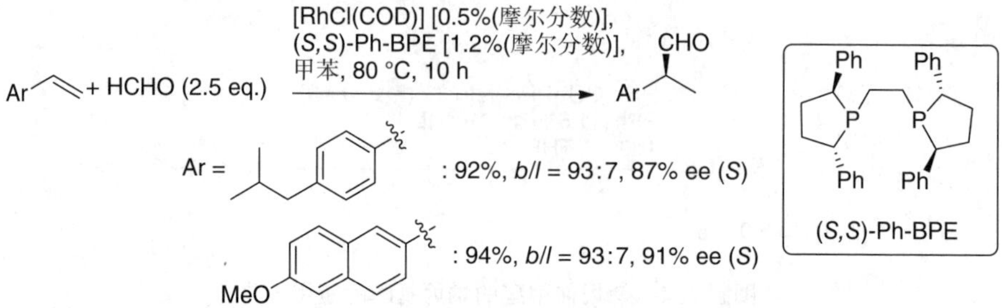

[RhCl(COD)] [0.5%(摩尔分数)], (S,S)-Ph-BPE [1.2%(摩尔分数)], 甲苯, 80 °C, 10 h

Ar + HCHO (2.5 eq.) → Ar(CHO)

Ar = : 92%, *b*/*l* = 93:7, 87% ee (*S*)

MeO : 94%, *b*/*l* = 93:7, 91% ee (*S*)

(*S*,*S*)-Ph-BPE

图解 3.6 使用仲甲醛[37%(质量分数)的水溶液]的乙烯基芳烃的不对称氢甲酰化

Taddei 小组利用了有关甲醛的氢甲酰化化学的重要发现,即微波辐射的附加价值[18]。相关方法的研究被拓展到许多氢甲酰化-环合连锁反应,如图解 3.7 所示的这一最终的 *N*,*O*-缩醛化步骤。

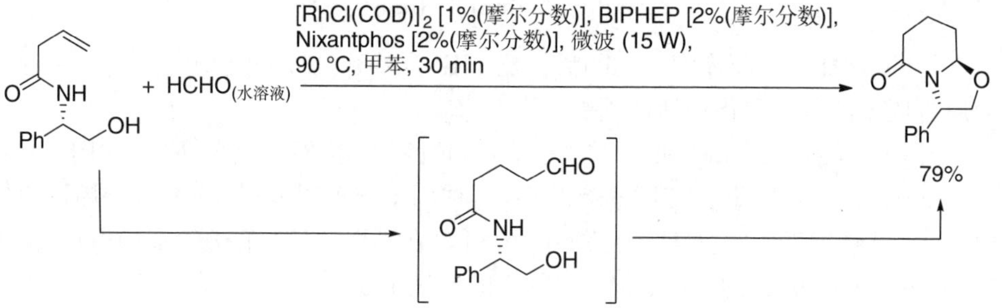

[RhCl(COD)]$_2$ [1%(摩尔分数)], BIPHEP [2%(摩尔分数)], Nixantphos [2%(摩尔分数)], 微波 (15 W), 90 °C, 甲苯, 30 min

+ HCHO$_{(水溶液)}$

CHO

79%

图解 3.7 使用福尔马林和带有两个不同双膦配体的铑催化剂的串联氢甲酰化-缩醛化反应

由于氢气在多数有机溶剂中的溶解度都比 CO 要低,加入外来的氢气就更为有利。Börner 和其同事发现,当使用福尔马林在 5~10 atm 氢气压下进行反应,无论使用何种溶剂,转化数量和 *n*-区域选择性可以以 2~3 倍得到改进(表 3.1)[19]。

Morimoto[20]将此基于甲醛的氢甲酰化的研究延伸到了以炔类为底物的领域,在这里的双羰基化步骤中,*α*,*β*-丁烯羟酸内酯最终以 98%的产率形成(图解 3.8)。反应在水中由水溶性的 TPPTS(3,3,3-膦次三(苯磺酸)基的三钠盐)铑催化剂参与调节进行。为了增加溶解度,加入了表面活性剂。值得注意的是,使用 dppp(1,3-双(二苯基膦)丙烷)代替 TPPTS 会引起严重的产率下降。使用福尔马林得到的产率比使用仲甲醛或者合成气(CO/H_2=1∶1,1 atm)都要高。

表 3.1 使用甲醛/H_2 的铑催化的 1-辛烯的氢甲酰化①

溶剂	p_{H_2}/bar	转化率/%	产率/%	l/b	异构化/%	辛烷/%
甲苯	—	34	30	1.8	4	—
甲苯	10	79	69	3.9	5	5
THF	—	27	23	1.9	4	—
THF	10	59	56	2.4	2	1

① 反应条件：[1-辛烯]=1 mol/L；1.2 eq. 甲醛，$[RhCl(COD)]_2$/BINAP/1-辛烯=1∶4∶1 000，90℃，溶剂，6 h。

273

[RhCl(COD)]$_2$ [5%(摩尔分数)], dppp [10%(摩尔分数)], TPPTS [10%(摩尔分数)], SDS [2%(摩尔分数)], H_2O, 100 °C

dppp = 1,3-双(二苯基膦)丙烷
SDS = 十二烷基硫酸钠

图解 3.8 在水介质中使用甲醛作为合成气来源的炔烃的氢甲酰化

2013 年，Ren 和 Wulff[21] 使用不含合成气的氢甲酰化来构建自然界中存在的哌啶，如(−)-毒芹碱(图解 3.9)。手性的烯丙基胺作为底物，由正丁醛与不饱和二芳基胺的氨基烯丙基化及随后的 Boc 氨基保护合成得到。使用 BIPHEP 和 Nixantphos 的铑催化的氢甲酰化可以得到手性的二氢吡啶。值得注意的是，使用仲甲醛所得的产率比使用福尔马林要高。通过氢化和移除保护基团可以得到哌啶生物碱。以类似的方法，可以制备顺-或者反-氨基醇(+)-异景天啶和(+)-景天啶。

1. 手性 boroxinate 催化剂
2. HCl, THF

Boc_2O

Boc = 叔丁氧羰基

$[RhCl(COD)]_2$ [1%(摩尔分数)], BIPHEP [2%(摩尔分数)], Nixantphos [2%(摩尔分数)], 仲甲醛, 甲苯, 90 °C

71%

1. Pd催化剂, H_2
2. HCl

(−)-毒芹碱

(+)-异景天啶 (+)-景天啶

图解 3.9 通过使用甲醛的氢甲酰化合成自然界中存在的哌啶

3.3 从 CO_2 产生合成气

另一种反应内生成合成气的替代方法是二氧化碳与氢气反应(反向水煤气转
274 换=RWGS)。在这里均相钌催化剂展现了特别的活性(见第 1.6 节)。早在 1994 年,Tominaga 和 Sasaki 发现,在氢甲酰化中具有活性的钌催化剂,例如 $Ru_3(CO)_{12}$,也可以在总气压约为 78.5 bar、双(三苯基正膦基)氯化铵([PPN]Cl)存在的情况下将 CO_2 还原为 CO(图解 3.10)[22]。高温是必须的;温度低于 100℃时没有 CO 产生。在具有给体性质的溶剂中,例如 NMP(*N*-甲基吡咯烷酮)或者 DMA(二甲基乙酰胺),反应具有最高的活性。

$$\underset{1:3\ (80\ \mathrm{kg/cm^2})}{CO_2 + H_2} \xrightleftharpoons[]{\mathrm{Ru_3(CO)_{12},\ [PPN]Cl,}\ \mathrm{NMP,\ 160\ ^\circ C,\ 5\ h}} CO + H_2O$$

PPN = 双(三苯基正膦基)铵阳离子
NMP = *N*-甲基吡咯烷酮

图解 3.10 通过钌催化的反向水煤气转换(RWGS)反应生成 CO

同一个研究小组还提出了基于 IR 光谱研究的机理(图解 3.11)[23]。在开始步骤中,起始配合物$[RuCl_3(CO)_3]^-$与溶剂分子竞争释放出一个 CO。在下一步中,氢化配合物通过 H_2 的作用生成。生成的阴离子配合物可以容纳 1 当量的 CO_2。通过质子化,配位的 CO_2 转化为 CO 配体。最终加入氯生成催化剂。

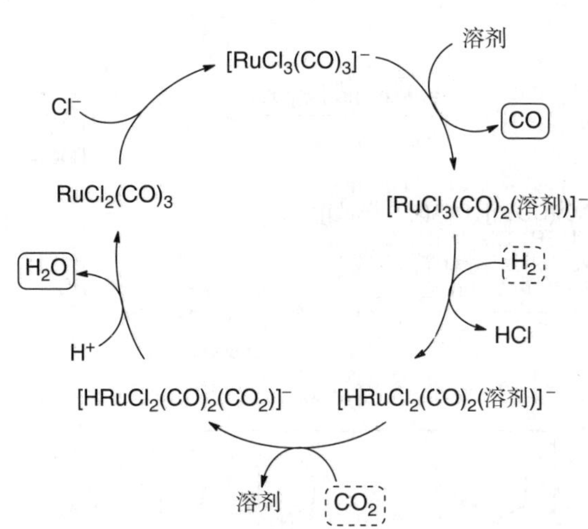

图解 3.11 钌催化的反向水煤气转换(RWGS)反应的原理

Haukka 和 Pakkanen 发现用单配位二吡啶(bpy)配体修饰硅石浸渍的钌配合
275 物也可以得到 RWGS 的活性催化剂[24]。CO 气体环境下用 NaOH、KOH 或者碳酸钠预处理对于将催化前体转化为活性物质是必须的[25]。由经 NaOH 预处理的

$[Ru(bpy)(CO)_2Cl]_2/SiO_2$(bpy＝2,2′-联吡啶)达到最高的活性,它可以在 150℃时达到每 24 h 145 000 mol CO_2/mol Ru 的转化率(TOF)。反应在内径为 4 mm、长度为 20 cm 的连续流反应容器中进行(图 3.2)。

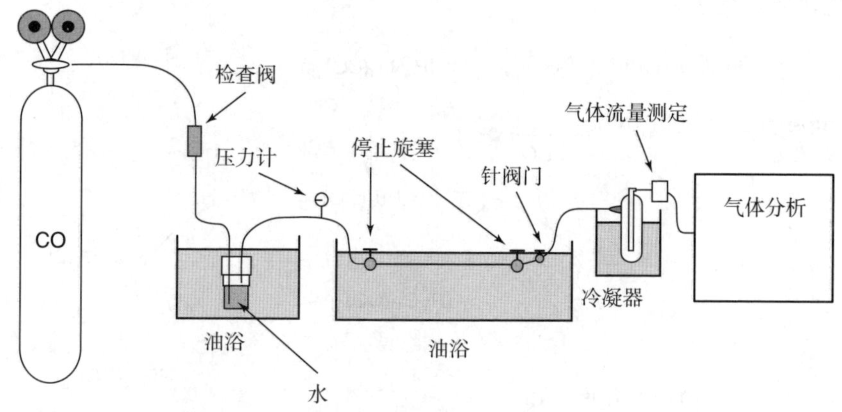

图 3.2　水煤气转换反应装置系统(典型反应条件:载入催化剂＝1.4～1.6 g;p_{CO}＝1～12 bar;p_{H_2O}＝1～11 bar;总流率＝1.5～195 cm^3/min;T＝100～185℃)(来自参考文献[24])

$[Ru(bpy)CO]_2Cl_2]$在弱酸性氧化铝上的异相化可以增强催化活性[26]。水煤气转换反应(WGSR)活性随着载体的性质按如下顺序增加:

Al_2O_3(强酸性)＜Al_2O_3(中性)＜无载体＜Al_2O_3(碱性)＜
ZrO_2＜SiO_2＜发光沸石＜TiO_2(锐钛)

在烯烃作为 CO 受体存在的情况下,氢甲酰化可以和 RWGS 结合[22]。人们发现想要反应成功进行必须要加入盐。一般来说,反应速率以 I^-＜Br^-＜Cl^-的顺序递增,这与卤化物的亲质子性质相对应。由于钌催化剂的强还原能力,生成的醛立刻氢化成为对应的醇。除了 $Ru_3(CO)_{12}$,$H_4Ru_4(CO)_{12}$ 也可以用于环己烯为烯烃的反应(图解 3.12)。值得注意的是,在同样条件下,丙烯作为底物会被还原为丙 276
烷[27]。在没有 LiCl 存在或者使用 $RuCl_2(PPh_3)_3$ 时,烯烃底物会优先氢化。

$H_4Ru(CO)_{12}$ [2%(摩尔分数)], CO_2 (40 bar), H_2 (40 bar), LiCl [8%(摩尔分数)], 140 °C, NMP, 30 h

NMP = *N*-甲基吡咯烷酮

OH 88%　+　CHO 2%

图解 3.12　受益于反向水煤气转换(RWGS)反应的钌催化的氢甲酰化

基于以 $Ru_3(CO)_{12}$/[PPN]Cl 系统(PPN＝双(三苯基正膦基)铵阳离子)为起始的电喷雾电离质谱法(ESI-MS)的研究,人们建立了全面的机理(图解 3.13)[28]。此机理对催化循环和其相互依存关系有着深入的理解。同时,氯化物的作用也被明确指示了出来。在 RWGS 的第一步中，起始催化前体由氯化物去质子化生成不含氢的、低价的配合物$[Ru_4(CO)_{12}]^{4-}$。在钌的配位层，CO_2 还原为 CO。CO 被引入同时进行的氢甲酰化循环中，此循环以新生成的醛的氢化结束。CO 的生成比氢甲酰化要快得多。

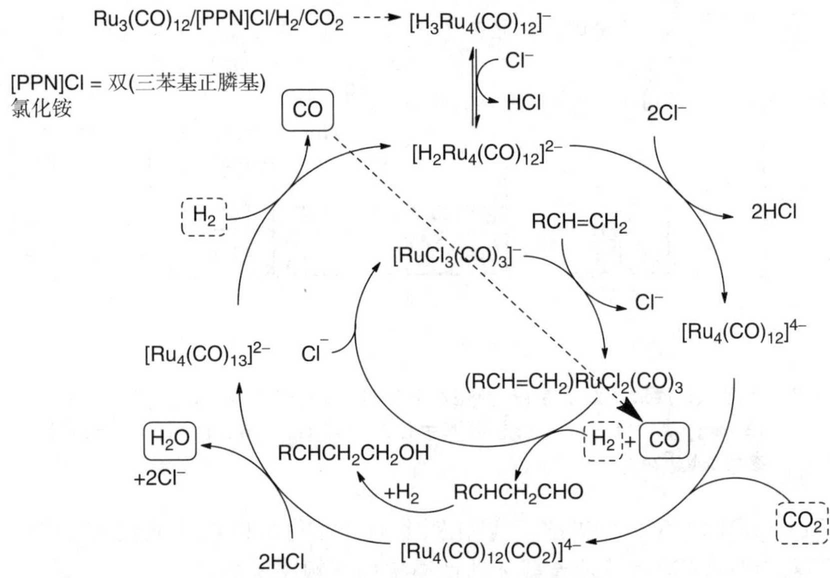

图解 3.13 使用二氧化碳的钌催化的氢甲酰化的反应机理[外圈：CO(和 H_2O)的生成以及内圈：氢甲酰化和随后的氢化]

除了 LiCl，Li_2CO_3 也被用于与$[Ru(CO)_3Cl_2]_2$ 结合[29]。增加 CO_2 和 H_2 的总压力能促进 RWGS 且增加醛的产率[30]。它们最终的氢化会随着 H_2 分压的增加而增加，随着 CO_2 分压的增加而减小。或者作为替代，可以使用聚合材料$[Ru(CO)_4]_n$ 作为催化前体[31]。在应用的反应条件下，它可以转化为 $Ru_3(CO)_{12}$。

最近，Fleischer 和 Beller 发表了用于氢甲酰化-氢化串联反应的配体修饰的钌催化剂，如图解 3.14 所示的使用环辛烯作为底物的例子[32]。

277

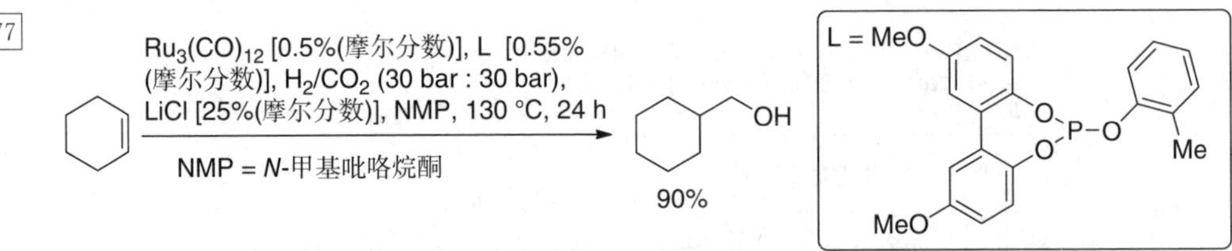

图解 3.14 使用二氧化碳的氢甲酰化-氢化串联反应

单齿的亚磷酸三酯作为配体比双齿的双亚磷酸三酯或者 PPh_3 要出色。大量过量的配体会阻碍反应。值得注意的是，亚磷酸三酯修饰的钌催化剂在第二轮中保持稳定。与 CO_2 分压相比，增加 H_2 的分压会引起烯烃底物的氢化。在所有的条件下，都只有少量醛生成。基于这一流程，一些其他的环状或者非环状的烯烃可以以 45%～88%的产率转化为对应的醇。

合成气也可以通过组合在两个独立电池中进行的电化学反应生成[33]。第一个反应槽带有水氧化阳极和硫酸钾电解液，这里水电解为 H_2 和氧气。氧气被萃取。剩下的氢气与来自阴极还原 CO_2（−1eV，0.5 mol/L 氯化钾作为电解液）生成的 CO 结合产生合成气。在同一反应槽中，电化学氢甲酰化发生在钴阴极，载体为吡啶。

Srivastava 和 Elibracht 展示了，从 CO_2 生成合成气可以与氢氨甲基化反应相结合[34]。许多胺可以以高达 98%的产率得到。

3.4 从甲醇产生合成气

在温度大于 200℃时，甲醇可以在负载于氧化铝板的钯催化剂上转化为 CO 和 H_2[35]。由于反应吸热，建议使用快速热交换器，如平直翅片类型的反应装置。整体的转化是基于以下几个步骤：(i)甲醇分解吸附为甲氧基基团和氢，两者都被吸附在钯一侧；(ii)甲氧基分解为 CO 和 H_2；(iii)表面 CO 和 H_2 的解吸附。动力学研究证明，第二步是速率决定步骤且表面的氢增强了甲氧基的分解。

另外，有证据表明 MeOH 确实可以在异相双金属催化剂的存在下用于丙烯的氢甲酰化。这一催化剂由铂和氧化铈在硅石上的小于 10 nm 的纳米管单层上组合形成(图 3.3)[36]。MeOH 的分解主要发生在 Pt-CeO_2 界面处。在这一侧 MeOH 的高浓度会阻碍 CO 的氢化。另一方面，Pt-SiO_2 界面一侧的高浓度对氢甲酰化有利。丙烯的氢化活性比其氢甲酰化活性要低得多。 278

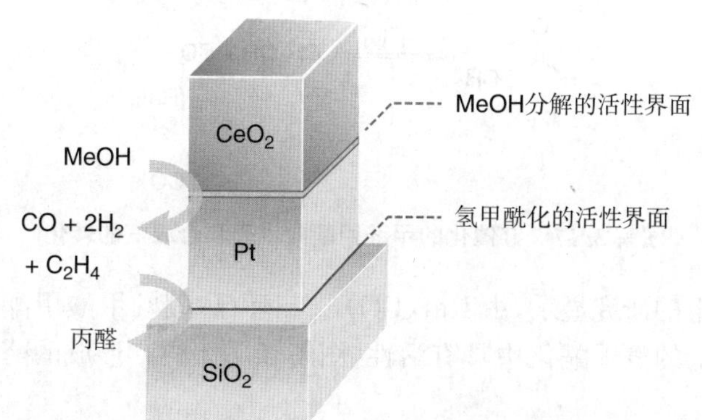

图 3.3 在串联催化上使用 MeOH 的乙烯氢甲酰化(来自参考文献[36])

3.5 甲酸或者甲酸甲酯作为氢气的来源

Alper 和其同事[37]发现合成气混合物中的氢气可以在 PCy_3 修饰的铑催化剂

存在的情况下由 HCOOH 代替(图解 3.15)。在 7 bar 的 CO 压力下有近 25 种端烯烃被成功转化。与使用合成气的反应相比,醛的产率和区域选择性没有明显变化。烯烃中的功能基团不受影响[38]。

R＝烷基,芳基；烯烃/HCOOH = 5:6；R–CH=CH₂ + HCOOH → R–CH₂–CH(CH₃)–CHO；上至 96%

条件：$Rh_6(CO)_{16}$ [0.1%(摩尔分数)], PCy_3 [2.5%(摩尔分数)], CO (100 psi), 50~100 °C, DME, 20 h

DME = 乙二醇二甲醚

图解 3.15 使用甲酸作为氢气来源的氢甲酰化

有趣的是,当在类似的条件下使用 2-反-癸烯时,只有 2-甲醛以中等转化率生成(图解 3.16)[37]。与之相比,顺式的同类物能得到 2-醛和 3-醛的混合物。

2-癸烯 + HCOOH → 2 + 3

条件：$Rh_6(CO)_{16}$ [0.1%(摩尔分数)], PCy_3 [2.5%(摩尔分数)], CO (100 psi), 50 °C, DME, 20 h

DME = 乙二醇二甲醚

反式: 产率为46%; **2**:**3** = 0:100

顺式: 产率为70%; **2**:**3** = 54:46

图解 3.16 使用甲酸作为氢气来源的异构烯烃的氢甲酰化

作为替代,人们建议使用分解甲酸甲酯的方法,它可以在钌催化剂的协助下在第一步得到甲醇和 CO[39]。在水中建立水煤气平衡,最终生成等量的 H_2 和 CO(图解 3.17)。

$$HCOOCH_3 \overset{[Ru]}{\rightleftharpoons} CH_3OH + CO \overset{[Ru],\ H_2O}{\rightleftharpoons} H_2 + CO$$

图解 3.17 钌催化的甲酸甲酯向甲醇和合成气的转化

279 Jenner 小组的研究显示,由 $Ru_3(CO)_{12}$、三环己基膦、甲酸甲酯和水组成的催化系统在环己烯的氢甲酰化中具有活性(图解 3.18)[40]。形成的醛立刻还原为对应的醇。

环己烯 + HCOOMe → [环己基–CHO] →(H_2) 环己基–CH_2OH；65%

条件：$Ru_3(CO)_{12}$ [0.75%(摩尔分数)], PCy_3 [4.7%(摩尔分数)], H_2O, 180 °C, 10 h

图解 3.18 钌催化的使用甲酸甲酯的环己烯氢甲酰化

Karakhanov 和其同事[41]通过使用含有均相钌和铑配合物的双金属催化剂将使用甲酸甲酯的氢甲酰化合并入氢氨甲基化串联反应中(图解 3.19)。与铑相比,钌催化剂过量使用。图解 3.19 中是以 1-戊烯为底物的例子。同样,其他的端烯烃和内烯烃也可以与二甲基胺反应转化成为对应的胺。高温可以增强预期的胺的形成且减少烯烃氢化的程度。当吗啉和哌啶作为仲胺时,反应也进行良好。与使 280
用合成气的氢氨甲基化形成强烈对比的是,二甲基甲酰胺(DMF)不能作为胺的来源[42],但是可以支持反应的进行。

H(C=O)OCH₃ + H₃C–NH–CH₃ ; $Rh(acac)(CO)_2$, $Ru_3(CO)_{12}$, PPh_3, DMF, H_2O, 170 °C, 6 h ; [Rh]:[Ru] = 1:10 ; $N(CH_3)_2$; 92% ; l/b = 48:52

图解 3.19 使用甲酸甲酯的氢氨甲基化同釜反应

3.6 来自生物质的醇作为合成气的来源

在自然界中存着大量的伯醇和仲醇,所以它们是重要的来自生物质的原料起始物[43]。Olsen 和 Madsen[44]指出,通过使用均相铱催化剂,伯醇可以转化为合成气。例如,1.0 mmol 2-萘基甲醇与膦修饰的铱催化剂加热作用(图解 3.20)。如图解 3.20 中所示是气体的生成与时间的关系。由图可知,有 42.4 mL 的气体物质生成,大约对应的是 1.8 mmol。

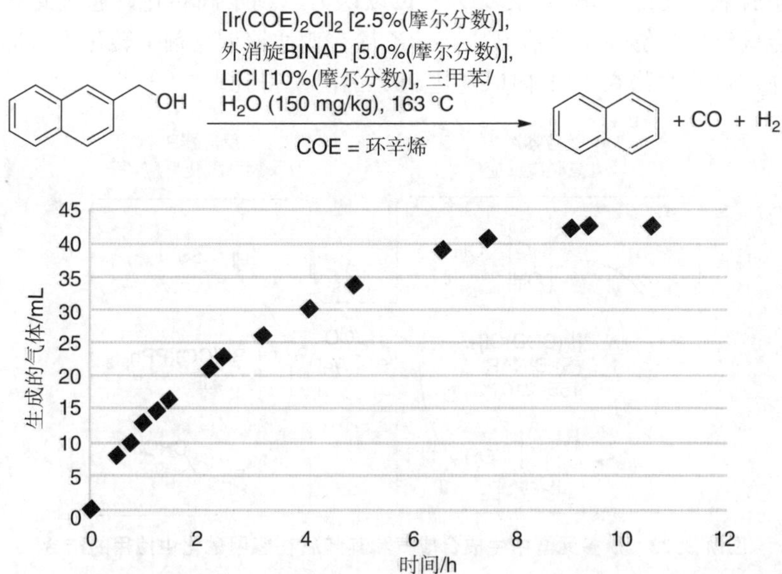

图解 3.20 2-萘基甲醇的除氢脱羰作用和气体的生成与时间的关系(摘自参考文献[44])

许多其他的伯醇也可以通过这样的方法转化为对应的烷类和合成气。人们提出的机理包含脱羰和除氢循环，其中以不饱和配位的铱配合物作为一般中间体(图解 3.21)。

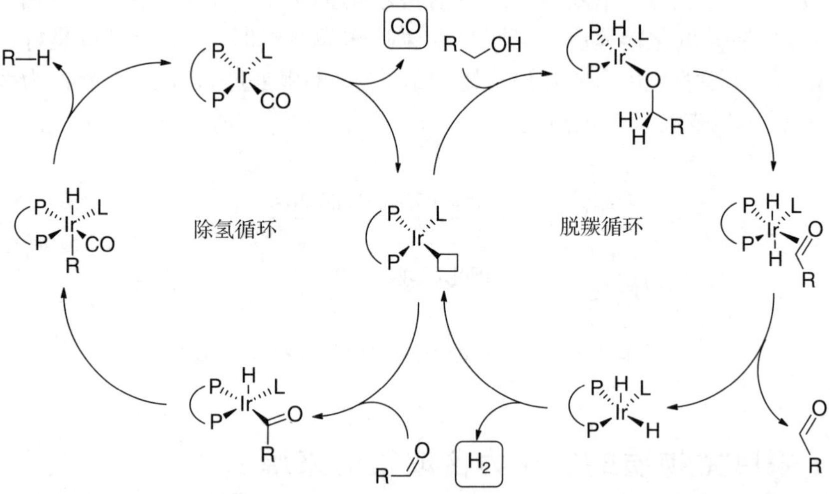

图解 3.21 通过不饱和配位铱配合物作为连接的两个独立催化反应生成合成气

Anderson 小组将此铱催化的合成气的生成与铑催化的苯乙烯的氢甲酰化相
281 结合[45]。一些自然界存在的多元醇，例如山梨糖醇、甘露醇、木糖醇和甘油都被用作醇组分。反应过程在两个单独的容器中进行(图解 3.22)。反应器 A 中，在每个羟基基团加入 1%(摩尔分数)铱催化剂的协助下建立了小于 0.5 bar 的合成气压。基于剩余脱氧产物的产率(上至 89%)，可以认为达到了高转化。通过此方法生成得到的合成气压足够在反应器 B 中将苯乙烯在普通铑催化剂下转化为目标产物醛的异构体。这些产物在 66 h 内以高达 98%的产率得到。

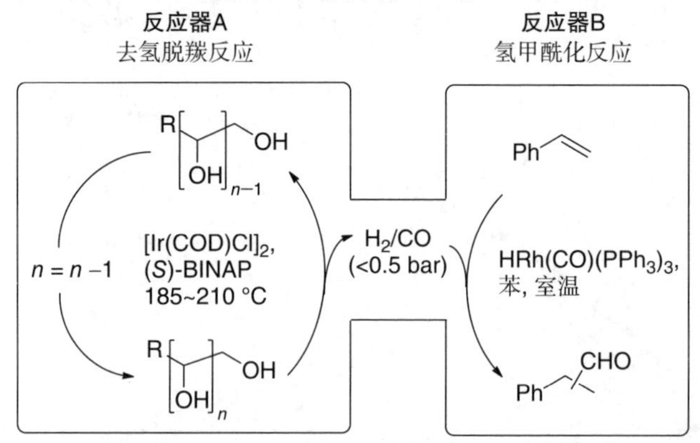

图解 3.22 从多元醇中生成合成气和其随后在氢甲酰化中使用的结合

3.7 结论

282

最近几年，人们发现了许多新的生成合成气的来源。在这里，甲醛、仲甲醛、甲酸和甲酸甲酯作为活性 C_1 基团都十分具有吸引力。特别是在精细化工中，由于避免了使用具有毒性和易燃的合成气，这些替代品使得氢甲酰化反应更为便利。同时，也出现了基于使用二氧化碳和甲醇而开发的流程。这两种试剂都代表了易得性和价格的极致。但是，由于它们的化学惰性高，必须使用具有活性和选择性的催化剂。或许这些问题可以通过异相催化剂的帮助来解决。因此，这一方面是异相和均相催化剂协同工作的理想领域。

参考文献

1. Rostrup-Nielsen, J. and Christiansen, L.J. (2011) *Concepts in Syngas Manufacture*, Imperial College Press, London.
2. See e.g. (a)Thiebaut, D.M. (to Acetex (Cyprus) Limited) (2010) Patent US 7,732,499; (b) Seelig, H.S. and Marschner, R.F. (1948) *Ind. Eng. Chem.*, **40**, 583–586.
3. Hydrogeit (0000) http://www.hydrogeit.de/wasserstoff.htm (accessed 11 September 2015).
4. Morimoto, T. and Kakiuchi, K. (2004) *Angew. Chem. Int. Ed.*, **43**, 5580–5588.
5. Wu, L., Liu, Q., Jackstell, R., and Beller, M. (2014) *Angew. Chem. Int. Ed.*, **53**, 6310–6320.
6. Edwards, D.R., Crudden, C.M., and Yam, K. (2005) *Adv. Synth. Catal.*, **347**, 50–54.
7. See e.g.: Leighton, J.L. and Chapman, E. (1997) *J. Am. Chem. Soc.*, **119**, 12416–12417.
8. See e.g.: (a) Morimoto, T., Fuji, K., Tsutsumi, K., and Kakiuchi, K. (2002) *J. Am. Chem. Soc.*, **124**, 3806–3807; (b) Fuji, K., Morimoto, T., Tsutsumi, K., and Kakiuchi, K. (2003) *Angew. Chem. Int. Ed.*, **42**, 2409–2411.
9. (a) Smejkal, T., Han, H., Breit, B., and Krische, M.J. (2009) *J. Am. Chem. Soc.*, **131**, 10366–10367; (b) Bausch, C.C., Patman, R.L., Breit, B., and Krische, M.J. (2011) *Angew. Chem. Int. Ed.*, **50**, 5687–5690; (c) Köpfer, A., Sam, B., Breit, B., and Krische, M.J. (2013) *Chem. Sci.*, **4**, 1876–1880.
10. Reuss, G., Disteldorf, W., Gamer, A.O., and Hilt, A. (2008) *Ullmann's Encyclopedia of Industrial Chemistry*, 7th edn, vol. A11, Wiley-VCH Verlag GmbH, Weinheim, pp. 619–652.
11. See e.g.: (a) Beck, C.M., Rathmill, S.E., Park, Y.J., Chen, J., Crabtree, R.H., Liable-Sands, L.M., and Rheingold, A.L. (1999) *Organometallics*, **18**, 5311–5317; (b) Lenges, C.P. and Brookhart, M. (1999) *Angew. Chem. Int. Ed.*, **38**, 3533–3537; (c) Kreis, M., Palmelund, A., Bunch, L., and Madsen, R. (2006) *Adv. Synth. Catal.*, **348**, 2148–2154.
12. Kondo, T., Akazome, M., Tsuji, Y., and Watanabe, Y. (1990) *J. Org. Chem.*, **55**, 1286–1291.
13. Okano, T., Kobayashi, T., Konishi, H., and Kiji, J. (1982) *Tetrahedron Lett.*, **23**, 4967–4968.
14. Ahn, H.S., Han, S.H., Uhm, S.J., Seok, W.K., Lee, H.N., and Korneeva, G.A. (1999) *J. Mol. Catal. A: Chem.*, **144**, 295–306.
15. (a) Rosales, M., Gonzáles, A., Gonzáles, B.A., Moratinos, C., Pérez, H., Urdaneta, J., and Sánchez-Delgado, R.A. (2005) *J.*

Organomet. Chem., **690**, 3095–3098; (b) Rosales, M., Arrieta, F., Baricelli, P., Gonzalez, A., Gonzalez, B., Guerrero, Y., Moratinos, C., Pacheco, I., Perez, H.,
283 and Urdaneta, J. (2008) *Catal. Lett.*, **126**, 367–370.

16. Makado, G., Morimoto, T., Sugimoto, Y., Tsutsumi, K., Kagawa, N., and Kakiuchi, K. (2010) *Adv. Synth. Catal.*, **352**, 299–304.
17. (a) Morimoto, T., Fuji, T., Miyoshi, K., Makado, G., Tanimoto, H., Nishiyama, Y., and Kakiuchi, K. (2015) *Org. Biomol. Chem.*, **13**, 4632–4636; (b) Fuentes, J. A., Pittaway, R., and Clarke, M.L. (2015) *Chem. Eur. J.*, **21**, 10645–10649.
18. Airiau, E., Gerard, N., Mann, A., Salvadori, J., and Taddei, M. (2011) *Synlett*, 199–202.
19. (a) Uhlemann, M., Doerfelt, S., and Börner, A. (to Miltitz Aromatics GmbH) (2011) Patent DE 102011107930; (b) Uhlemann, M., Doerfelt, S., and Börner, A. (2013) *Tetrahedron Lett.*, **54**, 2209–2211.
20. Fuji, K., Morimoto, T., Tsutsumi, K., and Kakiuchi, K. (2005) *Chem. Commun.*, 3295–3297.
21. Ren, H. and Wulff, W.D. (2013) *Org. Lett.*, **15**, 242–245.
22. Tominaga, K.-i., Sasaki, Y., Hagihara, K., Watanabe, T., and Saito, M. (1994) *Chem. Lett.*, 1391–1394.
23. Tsuchiya, K., Huang, J.-D., and Tominaga, K.-i. (2013) *ACS Catal.*, **3**, 2865–2868.
24. Haukka, M., Venäläinen, T., Kallinen, M., and Pakkanen, T.A. (1998) *J. Mol. Catal. A: Chem.*, **136**, 127–134.
25. Luukkanen, S., Haukka, M., Kallinen, M., and Pakkanen, T.A. (2000) *Catal. Lett.*, **70**, 123–125.
26. Moreno, A., Haukka, M., Venäläinen, T., and Pakkanen, T.A. (2004) *Catal. Lett.*, **96**, 153–155.
27. Tominaga, K.-i. and Sasaki, Y. (2000) *Catal. Commun.*, **1**, 1–3.
28. Tominaga, K.-i. and Sasaki, Y. (2004) *J. Mol. Catal. A: Chem.*, **220**, 159–165.
29. Jääskeläinen, S. and Haukka, M. (2003) *Appl. Catal., A: Gen.*, **247**, 95–100.
30. Fujita, S.-i., Okamura, S., Akiyama, Y., and Arai, M. (2007) *Int. J. Mol. Sci.*, **8**, 749–759.
31. Kontkanen, M.-L., Oresmaa, L., Moreno, A., Jänis, J., Laurila, E., and Haukka, M. (2009) *Appl. Catal., A: Gen.*, **365**, 130–134.
32. Liu, Q., Wu, L., Fleischer, I., Selent, D., Franke, R., Jackstell, R., and Beller, M. (2014) *Chem. Eur. J.*, **20**, 6888–6894.
33. Sivasankar, N., Barton, E., and Teamey, K. (2012) Patent US 2012/0132537.
34. Srivastava, V.K. and Eilbracht, P. (2009) *Catal. Commun.*, **10**, 1791–1795.
35. Shiizaki, S., Nagashima, I., Matsumura, Y., and Haruta, M. (1998) *Catal. Lett.*, **56**, 227–230.
36. (a) Yamada, Y., Tsung, C.-K., Huang, W., Huo, Z., Habas, S.E., Soejima, T., Aliaga, C.E., Somorjai, G.A., and Yang, P. (2011) *Nat. Chem.*, **3**, 372–376; (b) Yang, P., Somojai, G., Yamada, Y., Tsung, C.-K., and Huang, W. (to The regents of the university of california) (2012) Patent US 2012/0302437.
37. El Ali, B., Vasapollo, G., and Alper, H. (1996) *J. Mol. Catal. A: Chem.*, **112**, 195–201.
38. This reaction has to be differentiated from hydroxycarbonylation with formic acid, where formic acid is dehydrated at high temperatures (>160 °C) in the presence of acetic acid to give CO and H_2O under the effect of an iridium catalyst. With an olefin as substrate carboxylic acids are formed: Simonato, J.-P., Walter, T., and Métivier, P. (2001) *J. Mol. Catal. A*, **171**, 91–94.
39. Lee, J.S., Kim, J.C., and Kim, Y.G. (1990) *Appl. Catal.*, **57**, 1–30.
40. (a) Jenner, G., Nahmed, E.M., and Libs-Konrath, S. (1991) *J. Mol. Catal.*, **64**, 337–347; (b) Jenner, G. (1991) *Tetrahedron Lett.*, **32**, 505–508.
41. Karakhanov, E., Maksimov, A.,

Kardasheva, Y., Runova, E., Zakharov, R., Terenina, M., Kenneally, C., and Arredondo, V. (2014) *Catal. Sci. Technol.*, **4**, 540–547.

42. Karakhanov, E.A., Runova, E.A., Kardasheva, Y.S., Losev, D.V., Maksimov, A.L., and Terenina, M.V. (2012) *Pet. Chem.*, **52**, 179–185.

43. Serrano-Ruiz, J.C., Luque, R., and Sepúlveda-Escribano, A. (2011) *Chem. Soc. Rev.*, **40**, 5266–5281.

44. Olsen, E.P.K. and Madsen, R. (2012) *Chem. Eur. J.*, **18**, 16023–16029.

45. Verendel, J.J., Nordlund, M., and Anderson, P.G. (2013) *ChemSusChem*, **6**, 426–429.